“十二五”普通高等教育本科国家级规划教材

U0184988

计算机网络

（第4版）

主编　冯博琴　陈　妍

编著　王志文　张未展　夏　秦

中国教育出版传媒集团

高等教育出版社·北京

内容提要

本书自1999年首次出版以来，其前三版均入选高等教育本科国家级规划教材，获得2002年国家级优秀教材一等奖、2021年全国首届优秀教材建设奖二等奖。

本书在突出计算机网络基本概念和原理的基础上，与实用网络技术相结合，力图反映计算机网络技术的最新发展。全书分8章，以层次化的网络体系结构为线索，采用自顶向下的方式详细介绍数据通信和计算机网络领域的基本概念、原理和技术。本书主要内容包括引论、网络体系结构、应用层、传输层、网络层、数据链路层、数据通信与物理层、网络安全与管理。书中介绍了近年来的热点技术，如软件定义网络、物联网等。

本书可作为高等学校计算机专业及理、工、管等非计算机专业"计算机网络"课程的教材或参考书，也可供各类希望了解计算机网络的人员作为培训教材或参考书。

图书在版编目（ＣＩＰ）数据

计算机网络 / 冯博琴，陈妍主编；王志文，张未展，夏秦编著. -- 4版. -- 北京：高等教育出版社，2023.8
　　ISBN 978-7-04-059990-9

　　Ⅰ.①计⋯　Ⅱ.①冯⋯　②陈⋯　③王⋯　④张⋯　⑤夏⋯　Ⅲ.①计算机网络　Ⅳ.①TP393

中国国家版本馆CIP数据核字（2023）第032419号

Jisuanji Wangluo

策划编辑	武林晓	责任编辑	武林晓	特约编辑	薛秋丕	封面设计	李卫青
版式设计	李彩丽	责任绘图	于博	责任校对	王雨	责任印制	田甜

出版发行	高等教育出版社	网　址	http://www.hep.edu.cn	
社　址	北京市西城区德外大街4号		http://www.hep.com.cn	
邮政编码	100120	网上订购	http://www.hepmall.com.cn	
印　刷	人卫印务（北京）有限公司		http://www.hepmall.com	
开　本	850mm×1168mm　1/16		http://www.hepmall.cn	
印　张	22.25	版　次	1999年6月第1版	
字　数	480千字		2023年8月第4版	
购书热线	010-58581118	印　次	2023年8月第1次印刷	
咨询电话	400-810-0598	定　价	45.40元	

计算机网络

（第4版）

冯博琴　陈　妍

王志文　张未展
夏　秦

1　计算机访问 http://abook.hep.com.cn/1859021，或手机扫描二维码、下载并安装 Abook 应用。

2　注册并登录，进入"我的课程"。

3　输入封底数字课程账号（20位密码，刮开涂层可见），或通过 Abook 应用扫描封底数字课程账号二维码，完成课程绑定。

4　点击"进入课程"，开始本数字课程的学习。

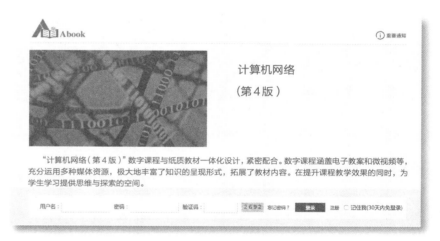

课程绑定后一年为数字课程使用有效期。受硬件限制，部分内容无法在手机端显示，请按提示通过计算机访问学习。

如有使用问题，请发邮件至 abook@hep.com.cn。

扫描二维码
下载 Abook 应用

http://abook.hep.com.cn/1859021

前　　言

　　计算机网络在过去的几十年中取得了长足的发展，尤其是近十年来，Internet深入千家万户，对科学、技术乃至整个社会的发展产生了巨大的影响，已成为国家基础设施之一。计算机网络的开发研究以及计算机网络作为一门课程进行教学，培养计算机网络领域的专业人才，已受到了广泛的重视。本书作者们长期从事计算机领域的教学和科研，担任计算机专业及非计算机专业的本科生及研究生的计算机网络课程教学任务，认识到"计算机网络"课程对培养各专业学生的信息素养的重要作用，激发了我们坚守"计算机网络"课程教材阵地的使命感。二十余年来作者队伍有变化，教材已出过3版，但我们始终以学生为本，紧跟网络技术的发展，继续努力为网络教学提供优质资源。

　　本教材的第3版为"十二五"普通高等教育本科国家级规划教材，2021年被评为首届全国优秀教材二等奖。计算机网络飞速发展，网络的应用和普及对教材的内容不断提出新的要求，为此教材进行了新一轮的改版，主要有以下改变。

　　① 以实际网络应用为抓手，深入浅出地剖析计算机网络的工作机理。本书采用自顶向下的架构描述计算机网络，即首先讲解读者熟悉的网络应用，以此为抓手引入计算机网络的相关概念；然后借助分层思想的剖析方法，让读者透过网络应用理解网络内部的工作原理。

　　② 面向不同层次、不同专业的教学需求设置差异化的教学内容。本书各章节设置了基础部分、原理部分（目录中带*的章节）和拓展部分（目录中带**的章节）三种教学内容形态，基础部分适合学时数少的非计算机专业课程教学；原理部分适合48学时的计算机专业课程教学；拓展部分适合56学时以上的课程教学或者作为自学内容。

　　③ 以计算机网络基本原理为基础，融合未来网络新技术。本书主要由网络体系结构、数据通信、局域网、TCP/IP协议簇、因特网应用、网络安全等计算机网络原理基本知识构成；在此基础上引入5G、软件定义网络、未来网络、区块链、网络生存等网络新技术，极大丰富了本书的内涵。

　　本书的参考课时数为48~64学时，内容分为8章，具体如下。

　　第1章介绍计算机网络的基本概念，主要内容包括计算机网络的发展，计算机网络的概念、组成、结构、分类和标准化组织等。

　　第2章介绍计算机网络的体系结构和标准，主要内容包括网络体系结构的分层研究方法、服务及协议等的基本概念，常见的网络参考模型等。

　　第3章介绍应用层的基本概念及常用的应用层协议，主要内容包括DNS服务、远程登录、电子邮件、万维网、多媒体应用、网络应用的发展等。

第4章介绍传输层的基本概念及常用的传输层协议，主要内容包括传输层的基本概念、TCP/IP协议集中的传输层、拥塞控制、UDP、TCP等。

第5章介绍网络层的基本概念及TCP/IP协议集中的网际层，主要内容包括网络层的基本概念、路由算法及Internet中的路由、网络互联、服务质量、IP及Internet网际层的相关协议、软件定义网络SDN等。

第6章介绍数据链路层的基本概念及常用的局域网实例，主要内容包括数据链路层的基本概念、差错控制、流量控制、广播式信道访问控制方法、PPP、以太网、无线网络等。

第7章介绍数据通信与物理层的基本概念，主要内容包括数据通信理论及模型、传输介质、编码、复用技术、交换技术、物理层规程等。

第8章介绍网络安全与管理的基本概念，主要内容包括网络安全基本概念、密码学基础、网络安全威胁、网络安全技术、Internet安全协议、网络管理协议、区块链的基本概念等。

书内各章均附有习题，可供读者检验对所学内容的掌握程度。作为新形态教材，本书还提供了大量相关的电子资源：电子教案PPT、RFC文档、动画演示、拓展阅读材料、重要知识点的微视频以及部分习题答案等，可供读者参考、学习使用。目录中带有**的章节属于拓展提高内容，各学校可根据教学的学时安排酌情讲授。

本书由冯博琴、陈妍主编，参加编写的作者有陈妍（第1章、第4章、第5章）、张未展（第3章）、王志文（第2章、第6章、第7章）和夏秦（第8章）。陈文革在编写过程中提出了很多好的建议。

本书由温州大学施晓秋教授、西北工业大学蔡皖东教授、西安电子科技大学丁振国教授审稿，专家们提出了许多宝贵意见，我们衷心感谢；编写过程中参考了诸多文献资料和教材，在此深表谢意；由于作者们水平有限，不足之处恳请广大读者不吝指正。

作者

2022.10

目　　录

第1章 引　　论

计算机网络是密切结合计算机技术和通信技术，正迅速发展并获得广泛应用的信息化基础设施。一个国家网络建设的规模和应用水平是衡量一个国家综合国力、科技水平和社会信息化的重要标志。当今的信息社会，网络技术已日益深入到国民经济各部门和社会生活各个方面，成为人们日常生活工作中不可缺少的工具。本章将从计算机网络的产生和发展开始，全面地介绍计算机网络的功能、结构、组成、标准化组织等基本概念。

1.1　计算机网络的定义

在计算机网络发展过程的不同阶段，人们对计算机网络有着不同的定义。不同的定义反映了特定时代的网络技术发展水平以及人们对网络的认知程度。这些定义从三种不同的视角观点来看待计算机网络，即广义的观点、用户透明性的观点与资源共享的观点。广义的观点定义了计算机通信网络，用户透明性的观点定义了分布式计算机系统，资源共享的观点将计算机网络定义为"以能够相互共享资源的方式互联起来的自治计算机系统的集合"。从目前计算机网络的特点看，资源共享观点的定义能比较准确地描述计算机网络的基本特征，这主要表现在以下几个方面。

① 计算机网络从产生到现在最主要的目的就是实现计算机资源的共享。这些资源包括硬件、软件与数据三种类别。网络用户不但可以使用本地计算机资源，而且可以通过网络访问联网的远程计算机资源，甚至还可以协调网络中不同计算机的资源共同完成任务。

② 互联的计算机是分布在不同地理位置的独立"自治计算机"。互联的计算机之间没有明确的主从关系，每台计算机既可以联网工作，也可以脱离网络独立工作（此时不能共享其他计算机资源），联网计算机可以为本地用户提供服务，也可以为远程网络用户提供服务。

判断计算机是否互联成计算机网络，关键看它们是不是独立的"自治计算机"。如果两台计算机之间有明确的主从关系，其中一台计算机能够强制开启与关闭另一台计算机，或者控制另一台计算机的自主运行，那么其中的受控计算机就不是"自治"的计算机。根据资源共享观点的定义，由一个中心控制单元与多个从属单元组成的计算机系统不是一个计算机网络。同样，带有多个远程终端或远程打印机的计算机系统也不是一个计算机网络，只能称为联机系统（历史上的许多终端都不能算是自治计算机）。但随着半导体技术的发展，计算机硬件价格急剧下降，许多终端设备都具有一定的业务处理能力，此时的"终端"和"自治计算机"逐渐失去了严格的界限。

另外，目前的计算机网络并不局限于互联计算机，还可以广泛用于互联各种专用终端设备，例如智能手机、物联网末端设备，这些设备在计算机网络中通常被称为节点，这些节点可寻址，且具有一定的处理能力。

③ 联网计算机之间的通信必须遵循共同的网络协议。计算机网络是由多个互联的节点组成的，节点之间要做到有条不紊地交换数据，每个节点都必须遵守一些事先约定好的通信规则。这就和人们之间的对话一样，要么大家都说中文，要么大家都说英文，如果一个说中文，一个说英文，那么就需要找一个翻译。如果一个人只能说中文，另一个人又不懂中文，而又没有翻译，那么这两个人就无法进行交流。

对于用户而言，计算机网络就是一个透明的传输机构，用户在访问网络共享资源时，无须考虑这些资源所在的物理位置。为此，计算机网络通常是以网络服务的形式来提供各种网络功能和资源访问。

1.2　计算机网络产生和发展

计算机网络源于计算机技术与通信技术的结合，始于 20 世纪 50 年代，经过近 70 年得到迅猛发展。从单机与终端之间远程通信，到今天全球范围内成千上万台计算机互联；传输速率从 1 600 bps 发展到 50 Tbps，其发展主要经历了以下几个阶段。

1.2.1　以单计算机为中心的联机系统

以单计算机（又称为主机，host）为中心的联机系统通常被称为第一代网络。20 世纪 60 年代中期以前，计算机主机资源极为昂贵，而通信线路和通信设备的价格相对便宜得多，为了共享主机资源（强大的处理能力）和进行信息的采集及综合处理，以单计算机为中心的联机终端系统是一种主要的网络形式。

早在 1951 年，美国麻省理工学院林肯实验室就开始为美国空军设计名为 SAGE 的半自动化地面防空系统，该系统分为 17 个防区，每个防区的指挥中心装有两台 IBM 公司的 AN/FSQ-7 计算机，通过通信线路连接防区内各雷达观测站、机场、防空导弹和高射炮阵地，形成计算机联机系统，由计算机程序辅助指挥员决策，自动引导飞机和导弹进行拦截。SAGE

拓展阅读 1-1：
SAGE 简介

系统最先采用了人机交互作用的显示器，研制了小型计算机形式的前端处理机，制定了 1 600 bps 的数据通信规程，并提供了多种路由选择算法。SAGE 系统最终于 1963 年建成，被认为计算机技术和通信技术结合的先驱。

计算机通信技术应用于民用方面，最早起源于美国航空公司与 IBM 公司在 20 世纪 50 年代初开始联合研究、60 年代初投入使用的飞机订票系统 SABRE-1。这个系统由一台中央计算机与全美范围内的 2 000 个终端组成，这些终端采用多点线路与中央计算机相连。美国通用电气公司的信息服务系统（GE information service）则是当时世界上最大的商用数据处理网络，其地理范围从美国本土延伸到欧洲、大洋洲和日本。该系统于1968年投入运行，具有交互式处理和批处理能力，网络配置采用分层星形结构：各终端连接到分布在世界上23个地点的75个远程集中器，远程集中器再分别连接到16个中央集中器；同时，各计算机也连接到中央集中器；最后，中央集中器经过50 kbps线路连接到交换机。

在以单计算机为中心的联机系统中，涉及多种通信技术、数据传输设备以及数据交换设备等。从计算机技术角度来看，这是由单用户独占一个系统发展到远距离的分时多用户系统。联机终端系统主要有如下缺点：一是主机负荷较重，既要承担通信工作，又要承担数据处理；二是通信线路的利用率低，尤其在远距离时，分散的终端都要单独占用一条通信线路，费用高；三是这种网络结构属集中控制方式，可靠性低，中央主机的失效直接导致整个系统的崩溃。

在早期的计算机网络中，为了提高通信线路的利用率并减轻主机的负担，人们开始使用多点通信线路、终端集中器以及前端处理机。这些技术对以后计算机网络的发展有着深刻的影响，现分别介绍如下。

① 多点通信线路就是在一条通线路上串接多个终端，如图1-1（a）所示。这样，多个终端可以共享同一条通信线路与主机进行通信。由于主机—终端间的通信具有突发性和高带宽的特点，所以各个终端与主机间的通信可以分时地使用同一条高速通信线路。相对于每个终端与主机之间都设立专用通信线路的配置方式，这种多点通信线路能极大地提高信道的利用率。

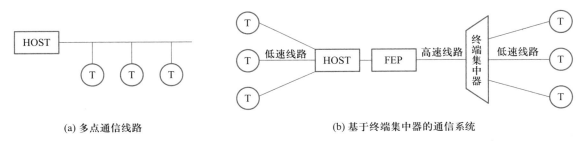

(a) 多点通信线路   (b) 基于终端集中器的通信系统

图1-1　多点通信线路和终端集中器

② 终端集中器主要负责从终端到主机的数据集中和从主机到终端的数据分发。主机资源应主要用于计算任务，如果由主机兼顾与终端的通信任务，一来会影响主机的计算任务，二来使得主机的接口很多，配置过于庞大，系统缺乏灵活性。为了解决这一矛盾，可以把与终端的通信任务分配给专门的终端集中器承担。终端集中器的硬软件配置都是面向通信的，可以放置于终端相对集中的地点，它与各个终端以低速线路连接，收集终端的数据，然后用高速线路传送给主机的前端处理机。这种通信配置的结构如图1-1（b）所示，采用终端集中器可提高远程高速通信线路的利用率。

③ 前端处理机（front end processor，FEP）除了具有终端集中器的功能外，还可以通过互

相连接来支持多主机互联，它具有路由选择功能，能根据数据包的地址把数据发送到特定的主机。不过在早期的计算机网络中前端处理机的功能还不是很强大，互联规模也不是很大。

1.2.2　分组交换网络

微视频 1-1：
分组交换网

动画资源 1-1：
分组交换网络
的转发过程

从20世纪60年代中期到70年代中期，随着计算机技术和通信技术的进步，利用通信线路将多个单计算机联机终端系统互相连接起来，形成了多计算机互联的网络，并利用分组交换技术传输网络数据，为用户提供服务。这种网络被称为分组交换网，在分组交换网络中数据以分组为单位进行交换，且中间节点采用先存储再处理最后转发的方式进行中转，这个过程也被称为存储转发。所谓分组是指并不把用户的原始报文直接发出去，而是先分成有长度上限的段（分组）再发送。分组交换的实现细节参见7.7节。

这个时期网络的最初互联形式是通过通信线路将各主机直接互联起来，主机既承担数据处理又承担通信工作，如图1-2（a）所示。当网络规模扩大后，网络的互联形式演变为把通信任务从主机中分离出来，设置通信控制处理机（communication control processor，CCP），主机间的通信通过CCP的中继功能间接进行。由多个CCP组成的传输网络称为通信子网，如图1-2（b）所示。

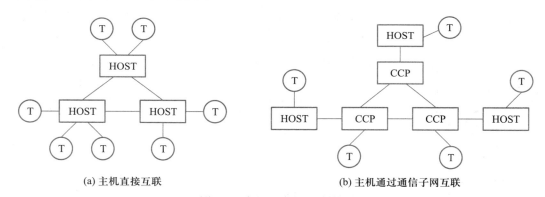

(a) 主机直接互联　　　　　　　　　　(b) 主机通过通信子网互联

图1-2　主机互联的两种情况

通信控制处理机负责网络中各主机间的通信控制和通信处理，它们组成的通信子网是计算机网络的内层（骨架层）。主机负责数据处理，是业务资源的拥有者，它们组成了计算机网络的资源子网，是网络的外层。通信子网为资源子网提供信息传输服务，资源子网上用户间的通信建立在通信子网的基础上。没有通信子网，主机间无法交互；而没有资源子网，通信子网的传输则失去意义，两者共同组成了统一的资源共享的两层网络。将通信子网的规模进一步扩大，使之变成社会公用的数据通信网，如图1-3所示。这种网络允许异种机入网，兼容性好、通信线路利用率高，是计算机网络概念最全、设备种类最多的一种形式。

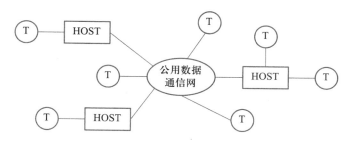

图 1-3 建立在公用数据通信网之上的计算机网络

现代意义上的计算机网络是从 1969 年美国国防部高级研究计划署（Defense Advanced Research Projects Agency，DARPA）建成的 ARPANET 实验网开始的。该网络当时只有 4 个节点，以电话线路作为主干网络，两年后，扩展到 15 个节点，进入工作阶段。此后，ARPANET 的规模不断扩大。到 20 世纪 70 年代后期，网络节点超过 60 个，主机 100 多台，地域范围跨越了美洲大陆，连通了美国东部和西部的许多大学和研究机构，并通过通信卫星与夏威夷和欧洲等地区的计算机网络相互联通。ARPANET 的主要特点是资源共享、分布式控制、分组交换、采用专门的通信控制处理机以及网络协议分层。这些特点通常被认为是现代计算机网络的一般特征。

拓展阅读 1-2：ARPANET

同时期著名的计算机网络还包括以下几种：英国国家物理实验室 NPL 网络，20 世纪 70 年代初连接主机 12 台，终端 80 多个；英国邮政局的 EPSS 公用分组交换网络（1973 年）；法国信息与自动化研究所的 CYCLADES 分布式数据处理网络（1975 年）；加拿大的 DATAPAC 公用分组交换网（1976 年）；日本电报电话公司的 DDX-3 公用数据网（1979 年）；等等。这些网络均以远程大规模互联为主要特点，称为第二代网络，它们根据应用目的可分为以下 3 种类型。

① 用户为在一定范围内共享专用资源而建立的网络，如由美国加州大学劳伦斯原子能研究所建立的 OCTOPUS 网络。它由 2 台 CDC-7600、2 台 CDC-6600 和 500 多个终端设备组成，可共享容量巨大的数据库。另一个例子是 DCS 网，它由加州大学的欧文分校研制，是一个面向进程通信的分布式异种机环形网络。

② 用户为在一定的地域范围内进行通信处理和通信服务而建立的通信网络，如欧洲情报网络 EIN。

③ 用于商用目的的公用分组交换数据通信网络，如美国的 TELENET 网络，它是由美国远航网络公司建立的，是能够向美国国内 250 个城市、国外 37 个国家的用户提供服务的全球性分组交换网。另外，加拿大的 DATAPRC 网、法国的 TRANSPAC 网等都属于这一类型网络。

1.2.3 计算机网络体系结构标准化

计算机网络在体系结构上按功能划分为若干层次（layer）。另外，网络中计算机之间要进行正常有序的通信，也必须有一定的约定，如信息应按什么顺序进行交互，信息应该如何表示等，这就是所谓的协议（protocol），协议是不同网络实体同等层次之间信息交互的规则。计算机网络的层次结构及各层协议的集合统称计算机网络的体系结构（architecture）。

早在 20 世纪 70 年代到 80 年代，全世界涌现出大量的计算机网络，它们大都由研究部门、大学或公司各自研制开发，没有统一的体系结构，难以实现相互间的互联。这种封闭性使独立的计算机网络变成一个个孤岛，不能适应更大范围的信息交流与资源共享。于是，开放（open）就成了计算机网络发展的主题。

1977 年国际标准化组织（International Organization for Standardization，ISO）下属的计算机与信息处理标准化技术委员会成立了一个专门的分委员会研究计算机网络体系结构的标准化问题，经过多年艰苦的努力，于 1983 年制定出了称为开放系统互联参考模型（Open System Interconnection/Reference Model，OSI/RM）的国际标准 ISO 7498。OSI/RM 分为 7 层，每层都规定了相应的服务和协议标准，这些标准总称为 OSI 标准。OSI 标准的基本宗旨就是开放，遵循该标准的系统必须是相互开放的，能够实现互联。

但是，OSI 标准在实施时受到了诸多因素的制约，最终并没有达到预期的效果。其原因是多方面的：首先，作为 Internet（因特网）基础的 TCP/IP 协议集就是 OSI 的强大对手。Internet 过去和现在都得到迅猛的发展，投资者（包括建网机构和大量的用户）不会轻易放弃在 TCP/IP 协议集网络上已经投入的巨额投资。其次，研究人员虽然从学术上对 OSI 进行了大量的研究工作，但是它缺乏商业运作的驱动力和积极配合。最后，OSI 网络体系结构本身分层过多，有些功能在多个层次中重复出现，实现比较复杂。

虽然 OSI 没有发展成新一代的计算机网络，但它所提出的很多关于计算机网络的概念和思想被人们广泛地接受和使用。也正是在 OSI 的推动和影响下，计算机网络体系结构的标准化才得以不断发展。

在 DARPA 资助下，20 世纪 70 年代末期推出了 TCP/IP 协议集。1983 年，DARPA 将 ARPANET 上的所有计算机转向 TCP/IP 协议集，并以 ARPANET 为主干建立和发展了 Internet，最终形成了 TCP/IP 体系结构。

1.2.4　局域网

局域网（local area network，LAN）是计算机网络发展史上的一个重要而又活跃的领域。它是连接范围比较小的一种网络类型。LAN 的发展始于 20 世纪 70 年代，1972 年美国加州大学研制了 Newhall Loop 网，1975 年 Xerox 公司 Palo Alto 研究中心研制了第一个总线结构的实验性的以太网（Ethernet）网络，1974 年英国剑桥大学计算机实验室建立了剑桥环（Cambridge Ring）网。20 世纪 80 年代，多种类型的 LAN 纷纷出现，并投入了市场。

超大规模集成电路 VLSI 技术的发展大大促进了微型计算机的发展，使得微型计算机的价格大幅度下降；同时，连接 LAN 的网络接口卡和其他 Internet 设备的价格也不断下降，导致了微型计算机联网成本的大幅度下降，直接推动了局域网的快速发展。

LAN 技术发展最迅速的是以太网 Ethernet，历经了 50 多年的发展，其速率已由原来的

10 Mbps提高到今天的100 Gbps。以太网是有线LAN的主流网络，全世界大部分的有线LAN都是以太网，它保持了统治性的市场地位。

电气及电子工程师协会IEEE对LAN的发展做出了卓越的贡献，它制定的IEEE 802标准已成为有广泛影响力的局域网国际标准。

1.2.5 Internet时代

20世纪90年代以后，计算机网络进入了一个崭新的历史时代，这就是Internet时代。Internet的应用发展从科研、教育到商用，逐步深入到人类社会活动的各个角落，它大大地改变了人们的生产、工作、生活和思维方式，对人类信息社会的发展产生了巨大而深远的影响。

Internet的形成和发展始于20世纪60年代后期，是由ARPANET发展演化而逐步形成的。20世纪70年代末期，DARPA又资助网络研究者开发了著名的TCP/IP协议集，并于20世纪80年代初期在ARPANET上正式使用。TCP/IP协议集为Internet的发展注入了新的活力，使大规模网络互联成为现实。到1983年ARPANET网上已连接了300多台计算机，由美国政府部门和研究机构使用。1984年ARPANET分成两个部分，一个用于军事目的，称为MILNET，另一个用于民用科研和教育，仍称ARPANET。ARPANET由多个网络互联而成，成为Internet的主干网，但后来逐渐被NSFNET所取代，于1990年彻底退出了历史舞台。

具有政府背景的美国国家科学基金会（National Science Foundation，NSF）继DARPA之后对Internet的发展也做出了卓越的贡献。1986年NSF建立了国家科学基金网NSFNET，连接全美范围100所左右的大学和研究机构。NSFNET为三级网络结构，分为主干网、区域网和校园网。主干网的速率开始为56 kbps，后来提高到1.544 Mbps，成为Internet的重要主干网。

20世纪90年代初许多公司纷纷接入Internet，网络通信大幅度增长，每日传送的分组数达10亿个之多，NSFNET不堪重负。为解决这一问题，美国政府决定将Internet主干网交给私人公司来经营。IBM、MCI和Merit三家公司共同组建了一个高级网络服务公司经营NSFNET。ANS于1993年建造了一个速率为44.746 Mbps的主干网ANSNET，取代了旧的NSFNET。

与此同时，世界许多国家相继建立了本国的主干网，并接入Internet。这其中包括欧洲主干网EBONE、加拿大的Canet、英国的PIPEX和JANET以及日本的WIDE等，Internet逐渐成了全球性的互联网。现在，Internet已经覆盖了全世界所有国家。

Internet的发展推动了网络应用范围的迅速扩展，文本、语音、图形、图像等多媒体传输业务的大量涌现，对网络的带宽要求越来越高。另外，Internet上的主机数量的急速增加，使得原来设计的32位IP地址空间也几乎用尽。因此，在新的信息时代中，推进Internet的进一步发展就成了各国研究人员的共同任务。

Internet在短短的几十年时间里已经大大地改变了人们的工作和生活方式。而未来它会如

拓展阅读 1-3：第 50 次中国互联网发展状况统计报告

何发展呢？从我国提出的"互联网+"战略中可以一见端倪，所谓"互联网+"就是利用互联网平台，把互联网和各行各业结合起来，在新的领域创造一种新的生态。

中国互联网络信息中心（China Internet Network Information Center，CNNIC）在 2022 年发布的《第 50 次中国互联网络发展状况统计报告》显示，截至 2022 年 6 月，我国网民总人数达到 10.51 亿，互联网普及率已达到 74.4%，手机网民已有 10.47 亿人；域名总数量为 3 380 万个，其中 ".cn" 域名总数达到 1 786 万；IPv6 地址数量为 63 079 块 /32（其中，/32 表示 IPv6 的 128 位地址中前 32 位为网络号）。

1.2.6 "三网"融合

所谓"三网"合一就是指原先独立设计和运营的传统电信网、计算机互联网和有线电视网将趋于相互渗透和相互融合。顾名思义，就是把三网业务层融合为一个网络来运营。相应地，三类不同的业务、市场和产业也将相互渗透和相互融合，以传统三大业务来分割三大市场和行业的界限逐步变得模糊，将逐渐形成一个统一的网络系统。该系统以全数字化的网络设施来支持包括数据、话音和视频等在内的所有业务的通信，即全业务网络。

根据三网融合的功能要求和目标，融合后的新的网络体系应该具有以下几个特征。

① 网络在物理上是互通的，即一个网络的信号可以直接传递或者经过组织、变换，传送到另外一个网络中去，并且在通过其他网络传送到用户终端时，不改变信息的内容，也就是说，网络之间要互相透明。

② 用户只需一个物理网络连接，就可以使用其他网络上的所有共享资源或者能够与其他网络上的用户通信。

③ 在应用上，各网络之间的业务是相互渗透和交叉的，但又可以相互独立，互不妨碍，并且在各自的网络上可以像以往那样独立发展自己的新业务。

④ 网络之间的协议要么兼容，要么可以进行无缝转换，这是因为各个网络都有自己的内部协议，因此信息从一个网络传送到另一个网络时，它应该满足所转向网络的协议要求。

通过以上分析可以发现："三网"合一并不只是三个通信网络物理设施的简单互联，这一工作所涉及的不仅是技术上的问题，更多的则是政治、经济、文化和社会等方面的因素。一方面，融合将推动信息产业的发展；另一方面，融合的过程也会导致信息产业结构的重新组合和管理体制及政策法规的相应变革。比如，"三网"合一需要统一管理原先分散建设的各种网络，同时开放电信市场，以充分利用现有的通信设备和资源，实现面向用户的自由、透明而无缝的信息网络，为用户提供真正的宽带信息高速公路服务。在"三网"合一过程中，既要使各方面保持原有的市场，又要开拓更大的市场，使用户也同步受益。

尽管"三网"合一在目前的实现过程中存在不少困难，但它正在成为势不可挡的历史大潮，可以说"三网"合一是迎接未来信息社会的根本性网络变革。

1.2.7　全光网络

随着人们对信息的需求与日俱增，Internet业务正在按指数规律逐年增长。一些与人们视觉有关的图像信息，如电视点播（video-on-demand，VOD）、可视电话、数字图像、高清晰度电视（high definition television，HDTV）等宽带业务迅速扩大，远程教育、远程医疗、家庭购物、家庭办公等正在蓬勃发展，这些都必须依靠完善的网络。目前，Internet构建在以波分多路复用（wavelength division multiplexing，WDM）技术为核心的光通信基础之上。WDM充分利用了光纤的巨大带宽资源，一根光纤上可以同时传输多路光波。WDM技术和高速交换式路由器的IP转发技术结合起来称为IP over WDM。

传统光纤传输系统中，光纤传输线路速率的提高引入新的问题。如果网络节点仍以电信号形式进行数据交换，则网络节点要完成光—电—光转换，电子器件在适应高速度、大容量的需求上，存在着带宽限制、时钟偏移、高功率损耗等问题，成为光纤通信网中的"电子瓶颈"。为此，人们提出了全光网（all optical network，AON）的概念，信息流始终以光信号的形式在网络中传输和交换。基于WDM技术的传输系统和以光交叉连接（optical cross connect，OXC）、光分插复用（optical add drop multiplexer，OADM）设备为主体的光交换系统开始构筑出今天的光网络，并向3T（T bps传输、T bps交换和T bps路由）全光网络发展演进。

全光网将以光节点取代现有网络的电节点，并用光纤将光节点互联成网，利用光波完成信号的传输、交换等功能，克服了现有网络节点在传送和交换时的瓶颈，减少信息传输的拥塞，提高网络的吞吐量。全光网已经引起了人们极大的兴趣，一些发达国家已对全光网的关键技术和设备、部件、器件和材料开展研究，加速推进产业化和应用的进程。如美国的光网络计划ARPA，欧洲与美国一起进行的光网络计划RACE和ACTS等。

1.2.8　SDN网络

在传统网络的通信子网中，每个中间设备（例如路由器）都采用分布式架构，包含独立的控制平面和数据平面。其中，控制平面负责网络控制，主要功能为协议处理与计算。比如路由协议用于路由信息的计算、路由表的生成。数据平面是指设备根据控制平面生成的指令完成用户业务的转发和处理。例如路由器根据路由协议生成的路由表将接收的数据包从相应的出接口转发出去。这导致传统网络存在着路由调整的灵活性不足，网络协议实现复杂，运行维护成本较大，网络新业务升级困难等问题。为解决这些问题，软件定义网络应运而生，并被大家广泛接受和认同。

软件定义网络（software defined networking，SDN）是一种新兴的基于软件的网络架构及技术，其最大的特点在于解耦了控制平面与数据平面，支持集中化的网络状态控制，实现了底层网络设施对上层应用的透明。SDN具有灵活的软件编程能力，使得网络的自动化管理和控制能力获得了空前的提升，有效解决了当前网络系统所面临的资源规模扩展受限、组网灵活性差、难以快速满足业务需求等问题。

在 SDN 发展过程中，开放网络基金会（Open Networking Foundation，ONF）作为非营利标准化组织，发挥了重要作用，其提出并倡导的基于 OpenFlow 的网络架构首次全面系统地阐释了 SDN 的重要特性，从而成为当前 SDN 发展的重要基础。随着 SDN 日益获得关注、成为网络领域的焦点，其内涵和外延也在不断丰富中。对于 SDN 的理解，不同的参与者从各自的视角出发存在很多差异，因此业界存在着多种多样的 SDN 定义。其中，最具有代表性的除了 ONF 从用户角度出发定义的 SDN 架构外，还有欧洲电信标准化协会（European Telecommunications Standards Institute，ETSI）从网络运营商角度出发提出的网络功能虚拟化（network functions virtualization，NFV）架构；另外，思科、IBM、微软等巨头联手推出了名为 OpenDaylight 的开源 SDN 项目，虽然该项目并非以制定标准为目标，但它非常有可能成为业界的事实标准。

下面以 ONF 提出的 SDN 架构为例进行说明。如图 1-4 所示，架构分为三层，最上层为应用层，包括各种不同的业务和应用；中间的控制层主要负责处理平面资源的编排，维护网络拓扑、状态信息等；最下层的基础设施层负责数据处理、转发和状态收集。除了上述三个层次之外，控制层与基础设施层之间的接口、应用层与控制层之间的接口也是 SDN 架构的重要组成部分。按照接口与控制层的位置关系，前者被称作南向接口，后者被称为北向接口。ONF 在南向接口上定义了开放的 OpenFlow 标准，而在北向接口上还没有做统一要求。因此，ONF 的 SDN 架构更多的是从网络资源用户的角度出发，希望通过对网络的抽象推动更快的业务创新。

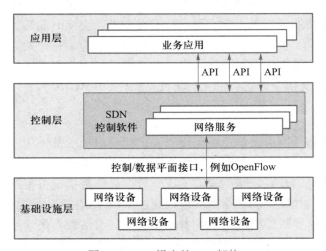

图 1-4　ONF 提出的 SDN 架构

根据 ONF 提出的 SDN 架构可以看出 SDN 的主要特征在于集中控制、开放接口和网络虚拟化三个方面。

① 集中控制：逻辑上集中的控制能够支持获得网络资源的全局信息并根据业务需求进行资源的全局调配和优化，例如流量工程、负载均衡等。同时，集中控制还使得整个网络可在逻辑上被视作是一台设备进行运行和维护，无须对物理设备进行现场配置，从而提升了网络

控制的便捷性。

② 开放接口：通过开放南向和北向接口，能够实现应用和网络的无缝集成，使得应用能告知网络如何运行才能更好地满足应用的需求，比如业务的带宽、时长需求，计费对路由的影响等。另外，支持用户基于开放接口自行开发网络业务并调用资源，加快新业务的上线周期。

③ 网络虚拟化：通过南向接口的统一和开放，屏蔽了底层物理转发设备的差异，实现了底层网络对上层应用的透明化。逻辑网络和物理网络分离后，逻辑网络可以根据业务需要进行配置、迁移，不再受具体设备物理位置的限制。同时，逻辑网络还支持多租户共享，支持租户网络定制需求。

1.2.9 未来网络与下一代互联网体系架构

随着互联网的快速发展，网络用户数量不断增长，网络规模持续扩大，新型互联网业务层出不穷，但由于时延和速率受限，当前的网络无法保障未来新应用的交付，比如 VR、全息、工业互联网、触觉互联网、车联网等。为了应对传统互联网体系结构暴露出的诸多问题，世界各国已经实施了多项未来网络相关的研究项目。

国际电信联盟于2018年7月成立了网络2030焦点组（Focus Group on Network 2030），旨在探索面向2030年及以后的新兴ICT部门网络需求以及IMT-2020（5G）系统的预期进展。该研究统称为"网络2030"，从广泛的角度探索新的通信机制，不受现有的网络范例概念或任何特定的现有技术的限制，包括完全向后兼容的新理念、新架构、新协议和新的解决方案，以支持现有应用和新应用。

1. 未来网络的基本特征

未来网络的核心就是面向工业互联网、天地一体化网络等重大需求，探索前沿网络基础理论，攻关超低时延、超高通量带宽、超大规模连接的网络体系架构及关键技术，构造数字经济和智能社会的超链接网络，突破高性能、可扩展、服务化的网络操作系统核心技术，构建开放的网络生态环境。未来网络既包含各种新型的、能够改变现有TCP/IP网络工作模式的网络体系架构，又包含网络相关的各种关键和前沿技术，如低时延/确定性网络技术、云边端协同计算网络技术、网络人工智能技术等。

未来网络作为战略新兴产业的重要发展方向，将对全球智能制造、万物互联等领域产生重大影响。未来网络将支撑万亿级、人机物、全时空、安全、智能的连接与服务，也就是说未来网络应该具备的能力与特征包括① 支持超低时延、超高通量带宽、超大规模连接；② 满足与实体经济融合的需求，支持差异化服务；③ 实现网络、计算、存储多维资源一体化，并具备多维资源统一调度的能力；④ 实现海陆空天一体化融合网络架构；⑤ 实现硬件设备简化的同时保证其处理性能，并通过软件定义的方式增强网络弹性；⑥ 具备"智慧大脑"，实现网络内生智能；⑦ 具备内生安全、主动安全功能，进而更好地维护全球网络安全；⑧ 基础设施与服务去中心化，促进个人数据与应用解耦，强调隐私保护与信息中立。

2. 未来网络基础试验设施与CENI

网络发展需要大规模、真实的试验环境，用于支持创新架构和技术的测试验证。我国建设了未来网络试验设施（CENI）、长三角区域一体化网络、大湾区未来网络试验与应用环境，将 SDN/NFV 等技术运用于未来网络基础试验设施。其他发达国家和地区也在开展国家级网络创新试验环境建设，如综合网络环境计划 GENI（美国）、未来的互联网研究与实验 FIRE（欧盟）、千兆网络 JGN-X（日本）、科研环境开放网络 KREONET-S（韩国）。

下面以CENI为例，介绍大规模、虚拟化、可编程、可扩展、开放、可测可控的未来网络基础设施构建。2013年，我国首次将"未来网络试验设施"（CENI）列入《国家重大科技基础设施建设中长期规划（2012—2030）》。CENI未来网络试验设施目前已覆盖全国40个城市，建设88个主干网络节点、133个边缘网络，主干链路带宽超100 Gbps，实现与国内知名网络及国际GENI等未来网络试验床的互联互通，具备不少于128个异构网络、4 096个并行试验的支撑能力；具备新型网络革新与传统IP网络演进两条技术方向融合的试验能力。CENI未来网络试验设施的体系架构如图1-5所示。具有以下核心技术特点。

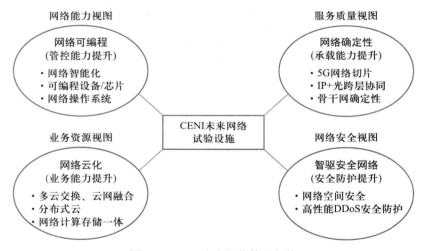

图1-5　CENI未来网络体系架构

① 网络可编程："分钟级"按需定制网络。形成网络柔性组织、智能内容协同传输、主动感知与认知等基础理论和方法，构建具有深度学习能力、设备/芯片可编程、操作系统智能化的新型网络。基于大网网络操作系统，可基于同一个物理网络为用户分钟级开通一个专属的定制化虚拟网络，并支持按需定制带宽、路由等多个维度的网络指标，实现资源复用，提升网络利用率。

② 网络确定性："微秒级"确定性保障服务。构建可控制、可定义的5G网络切片，实现IP与光网络的有效协同，为工业远程生产控制、远程手术、全息通信等新型服务应用提供骨干网络的确定性转发保障，将网络端到端时延抖动控制在微秒级。

③ 网络云化："千万级"大规模多云交换、云网融合。在分布式云、去中心化场景实现网络、计算、存储一体化调度，基于CENI覆盖全国40多个PoP点，实现与国内外多个商业云平台的对接互通，推动工业企业上云。

④ 智驱安全网络："TB级"智驱网络安全防护。建立基于网络体系结构要素的安全机制，刻画网络空间安全态势发展模型。实现超高性能DDoS安全防护，中心节点对全网安全状态统一研判部署、独立即时响应决策，DDoS防护能力达到TB级。

CENI是我国首个基于全新网络架构构建的大规模、多尺度、跨学科的网络创新环境，可以支撑不同层次协议的网络创新试验。作为国家重大科技基础设施，CENI将与国际对标，在建设和运行过程中不断吸收最新的技术，发挥在未来网络领域的示范引导及服务支撑作用，为我国在互联网下半场的竞争中赢得优势。

1.3　计算机网络分类

由于计算机网络的广泛使用，目前在世界上已出现了多种形式的计算机网络。对网络的分类方法也很多，从不同角度观察和区分网络，有利于全面了解计算机网络的各种特性。

1. 按网络覆盖范围划分

按网络覆盖范围不同，计算机网络可分为个域网、局域网、城域网和广域网。

① 个域网（personal area network，PAN）：个域网的作用范围通常在10米以内。用于连接各种便携式设备、外围设备等，是为这些设备之间进行短距离通信建立的网络。

② 局域网（local area network，LAN）：局域网的作用范围通常为几米到几十千米。用于将有限范围内（如一个实验室、一幢大楼、一个校园等）的各种计算机设备互联成网。

③ 城域网（metropolitan area network，MAN）：城域网的作用范围介于LAN与WAN之间，其运行方式与LAN相似。如果不做严格的区分，城域网可以认定为局域网的一种特殊形式。

④ 广域网（wide area network，WAN）：广域网的作用范围一般为几十千米到几千千米。覆盖国家、地区，或横跨几个洲，形成国际性的远程网络。

2. 接通信介质划分

按通信介质对信号的导向性不同，计算机网络可分为有线网络和无线网络。

① 有线网络：采用同轴电缆、双绞线、光纤等有线通信介质来传输数据的网络。

② 无线网络：采用卫星、微波等无线通信介质来传输数据的网络。

3. 按使用用户划分

按使用用户的不同，计算机网络可分为公用网和专用网。

① 公用网：公用网又称公众网，简称公网。对所有的人来说，只要符合网络拥有者的要求就能使用这个网络，也就是说它是为全社会所有的人提供服务的网络。

② 专用网：专用网为一个或几个部门所拥有，简称专网。它只为网络拥有者提供服务，这种网络不向拥有者以外的人提供服务。

4. 按网络控制方式分类

按网络所采用的控制方式，计算机网络可分为集中式网络和分布式网络。

① 集中式网络：这种网络的处理和控制功能高度集中在一个或少数几个节点上，所有的数据流都必须经过这些节点之一，因此，这些节点是网络的控制中心，而其余的大多数节点只有较少的，甚至没有控制功能。星形网络和树形网络都是典型的集中式网络。

② 分布式网络：在这种网络中，不存在控制中心，网络中的任一节点都至少和另外两个节点相连接，数据从一个节点到达另一节点时可能存在多条路径。同时，网络中的各个节点均以平等地位相互协调工作和交换数据，并共同完成任务。网状网络属于分布式网络，这种网络具有信息处理的分布性强、可靠性高、可扩充性及灵活性好等优点。

5. 按网络环境分类

按应用环境的不同，计算机网络可分为部门网络、企业网络和校园网络等。

① 部门网络（departmental network）：部门网络是作用于一个部门的LAN，该网络通常由几十个工作站、若干个服务器以及可共享的打印机等设备所组成。部门网络中的数据流主要局限于部门内部流动，约占80%，只有少量（约占20%）的数据流跨越了部门网络到其他网络中进行远程资源访问。

② 企业网络（enterprise-wide network）：这是在一个企业中配置的、能覆盖整个企业的计算机网络。规模适中的企业网络通常由两级网络构成，其低层是分布在各个部门（分公司、处、科）的部门网络，而高层则是用于互联这些部门网络的高速主干网。在规模较大且地理上分散的企业中，往往还需要通过广域网络将各地的主干网和部门网互联起来。

③ 校园网络（campus network）：指在学校中配置的、覆盖整个学校的计算机网络。通常在一所大学的计算中心和一些系里都配置了部门LAN，它们分散在各个大楼中，可利用一个高速主干网络将这些分散的LAN连接起来而形成一个两级结构的校园网。校园网络可以说是企业网络的一种特殊形式，经常会作为网络新技术的试运行网络。

除以上几种划分方式外还有一些其他的分类方式，如按交换方式、按网络构成成分、按通信性能等。

按网络跨度及覆盖范围的划分方式是最常用的一种网络分类方式，由于网络的覆盖范围不同，导致网络的物理结构及传输方式上有很大差异。局域网通常是由一个企业或单位独立建设，并且只负责本企业或单位的计算机互联；广域网通常由服务提供商或运营商（如电信公司或互联网公司等）来建设，并面向公众提供不同服务质量类型的网络服务。将分布在不同国家、地域，甚至全球范围内的各种局域网、广域网通过各种网络设备互联后就形成了大型（或巨型）的互联网络，如Internet就是目前全球最大的互联网络。一个典型的计算机互联网络结构如图1-6所示。

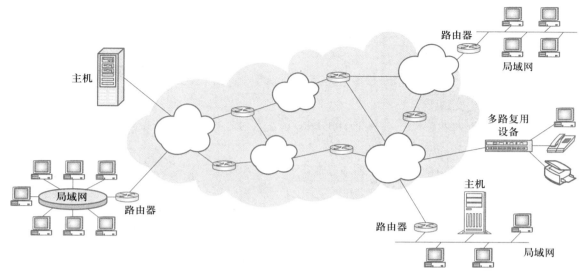

图1-6　计算机互联网结构示意图

1.4　计算机网络结构

用通信线路、通信设备将地理上分散的计算机及各种设备连接起来构成计算机网络后，还需制定相应的通信规则，才能保证设备间的正常通信。设备的物理连接方式（拓扑结构）和信号的传输方式都会对网络的传输性能产生很大的影响。

1.4.1　拓扑结构

网络拓扑结构是使用拓扑系统方法来研究计算机网络的结构。拓扑（topology）是从图论演变而来的，是一种研究与大小形状无关的点、线、面的特点的方法。在计算机网络中抛开网络中的具体设备，把计算机、服务器等网络单元抽象为"点"，把网络中的电缆等通信介质抽象为"线"，这样从拓扑学的观点看计算机和网络系统，就形成了点和线组成的几何图形，从而抽象出了网络系统的具体结构。我们称这种采用拓扑学方法抽象的网络结构为计算机网络的拓扑结构。

计算机网络系统的拓扑结构主要有星形、树形、总线型、环形、全互联形和不规则形等几种，如图1-7所示。网络拓扑结构对整个网络的设计、功能、可靠性、费用等方面有着重要的影响。

（1）星形结构

星形结构由一个功能较强的中心节点以及一些通过点到点线路连到中心节点的从节点组成。各从节点间不能直接通信，从节点间的通信必须经过中心节点，如图1-7（a）所示。例如 A 节点要向 B 节点发送数据，A 节点先发送给中心节点 S，再由 S 发送给 B 节点。

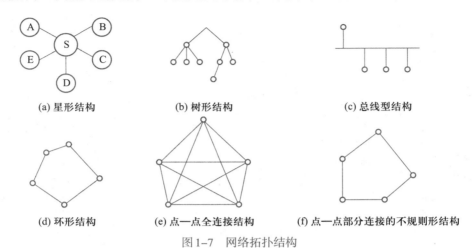

（a）星形结构　　　　（b）树形结构　　　　（c）总线型结构

（d）环形结构　　（e）点—点全连接结构　　（f）点—点部分连接的不规则形结构

图 1-7　网络拓扑结构

星形结构有两类：一类是中心节点仅完成各从节点连通的转接作用。另一类是中心节点是有很强处理能力的计算机，从节点是一般计算机或终端，这时中心节点有转接和数据处理的双重功能。强的中心节点也成为各从节点共享的资源，中心节点也可按存储转发方式工作。

星形结构的优点是建网容易，易于扩充，控制相对简单。其缺点是属于集中控制，对中心节点依赖性大。

（2）层次结构（树形结构）

层次结构的特点是联网的各计算机按树形或塔形组成，树的每个节点都为计算机，如图 1-7（b）所示。一般来说，越靠近树根（或塔的顶部），节点的处理能力就越强，最低层的节点命名为 0 级，次低层的为 1 级，塔顶的级别最高。低层计算机的功能和应用有关，一般都具有明确定义的和专门化很强的任务，塔的顶部则有更通用的功能，以便控制、协调系统的工作。低层的节点通常仅带有限数量的外围设备，相反，顶部的节点常为可带有前端机的中型甚至大型计算机。烦琐的重复性的功能和算法，像数据收集和变换都在最低层处理。而数据处理、命令执行（控制）、综合处理等都由顶部节点完成。如共享的数据库放在顶部而不分散在各个低层节点。信息在不同层次上进行垂直传输，这些信息可以是程序、数据、命令或以上三者的组合。层次结构如果仅有两级，就变为星形，一般来说，层次结构的层也不宜过多，以免转接开销过大。

层次结构适用于相邻层通信较多的情况，典型的应用是低层节点解决不了的问题，请求中层节点解决，中层节点解决不了的问题请求顶部节点来解决。

（3）总线型结构

总线型结构是由一条高速公用总线连接若干个节点所形成的网络，如图 1-7（c）所示。

总线型网络通常采用广播通信方式，即由一个节点发出的信息可被网络上的多个节点所接收。由于多个节点连接到一条公用总线上，因此必须采取某种介质访问控制方法来分配信道，以保证在一段时间内，只允许一个节点传送信息。常用的介质访问控制方法有CSMA，本书的第6章将进行详细阐述。

在总线结构网络中，作为数据通信必经的总线的负载能力是有限度的，这是由通信介质本身的物理性能决定的。所以，总线结构网络中节点的数量是有限制的，如果节点的数量超出总线负载能力，就需要采用分段等方法，并加入相当数量的附加部件，使总线负载限制在其能力范围之内。

总线结构简单灵活、可扩充、设备投入量少、成本低、安装使用方便。但某个节点出现故障时，对整个网络系统影响较大。特别是由于所有的节点通信均通过一条共用的总线，所以实时性较差，当节点通信量增加时，性能会急剧下降。

（4）环形结构

环形网是一种首尾相连的总线型拓扑结构，它由通信线路将各节点连接成一个闭合的环。数据在环上单向流动，每个节点按位转发所经过的信息，常用令牌控制来协调各节点的数据发送，如图1-7（d）所示。环形拓扑的特点与总线形类似，但网络的可靠性对环路更加依赖。

（5）点—点全连接结构

点—点全连接结构的网络，每一节点和网络上其他所有节点都有通信线路连接，这种网络的复杂性随节点数目增加而迅速地增长，如图1-7（e）所示。例如，将6个处理机用点—点方式全连接起来，每个处理机要连5条线路，必须有5个通信端口，全网共需15条线路。该类网络的优点是无须路由选择，通信方便。但这种网络连接复杂，适合于节点数少的网络，通常只在距离很近（如一个房间）的环境中使用。

（6）点—点部分连接的不规则形结构/网状结构

在广域网中，互联的节点一般都安装在各个城市，各节点间距离很长，某些节点间是否用点—点线路专线连接，要依据其间的信息流量以及网络节点所处的地理位置而定。如果两个节点间的通信可由其他中继节点转发且不甚影响网络性能时，可不必直接互联。因此在地域范围很大且节点数较多时，都设计为部分节点连接的网状拓扑结构，如图1-7（f）所示。部分节点连接的网络必然带来经由中继节点转发而相互通信的行为，称为交换。

1.4.2　网络的逻辑结构

当网络中的各种设备按照一定的拓扑结构连接起来后，节点发出的信号在通信线路上的传输方式主要有广播式和点对点式两种方式，与之相对应的网络也被称为广播式网络与点对点式网络。

（1）广播式网络

广播式网络中的所有节点共享一条公共通信信道，当一个节点利用共享信道发送数据时，所有其他节点都能接收到这个数据。由于发送的数据中携带有目的地址，所以接收到数据的节点必须检查目的地址是否与自身地址相匹配；若匹配，则接收数据，否则就丢弃数据。

由于所有的节点都使用同一条共享信道，当两个及以上节点同时发送数据时，就会产生"冲突"，导致接收方收到的数据被破坏而无法使用。因此，在广播式网络中要解决的核心问题就是共享信道的访问权控制问题，即如何避免冲突或者减少冲突产生的概率以及发生冲突后如何解决等。

（2）点对点式网络

与广播式网络不同，点对点式网络中的每条通信线路只连接一对节点。若两个节点间没有直接连接的通信线路，数据传输就必须依赖中间节点的存储转发。由于点对点式网络的拓扑结构可能较为复杂，从源节点到目的节点可以存在多条路由，故路由选择是点到点式网络要解决的核心问题。

微视频 1-2：
星形拓扑结构的两种传输方式

下面以星形拓扑结构为例说明两种信号传输方式的不同，图 1-8 给出了从节点 A 发送数据给节点 D 时信号的传输方向。如果采用广播式传输方式，如图 1-8（a）所示，中间节点（例如集线器）从节点 A 接收到数据后，将沿着除节点 A 所连端口以外的所有端口广播发送数据。如果采用点到点式传输方式，如图 1-8（b）所示，中间节点（例如交换机）从节点 A 接收到数据后，在根据路由选择结果判断出目的节点 D 所在的端口后，将数据仅发给节点 D 所连端口。是否采用存储转发与路由选择是点对点网络与广播网络的主要区别之一。

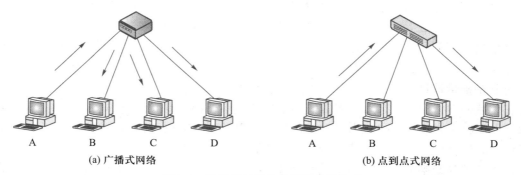

(a) 广播式网络　　　　　　　　(b) 点到点式网络

图 1-8　星形拓扑结构的两种传输方式

1.5　计算机网络的性能指标

计算机网络的类别多种多样，用户的需求也是千差万别，为了评价网络的优劣，判断用户的需求是否能在网络中被满足，通常会使用下面的性能指标作为依据。

动画资源 1-2：
传输延迟和传播延迟

1. 时延

数据通信系统中，时延（delay）是指一个数据包（帧、分组、报文段等）从链路或信道的一端传输到另一端所需要的时间。一般而言，时延由以下3个部分组成。

（1）发送/传输时延

发送时延（transmission delay）是指节点发送数据时把完整数据包从节点送入到传输介质所需要的时间，即从发送数据包的第一个比特开始到发送完最后一个比特所花费的时间，发送时延的计算公式如下：

$$发送时延=数据包长度/信息传输速率$$

（2）传播时延

传播时延（propagation delay）是指电磁波信号在一定长度的传输信道上传播所需要的时间，即信号从信道的一端传播到另一端所经历的时间，传播时延的计算公式如下：

$$传播时延=传输信道长度/电磁波信号传播速率$$

电磁波信号在真空中的传播速度等于光速300 000 km/s；而在铜线或光纤中，电磁波信号的传播速度大约降低到真空中光速的2/3，即200 000 km/s，相当于1 km/5 μs或200 m/μs。

（3）转发时延

转发时延（relay delay）又叫中继时延，是指数据包在中间节点（交换机、路由器等）执行存储转发所引起的时延。不同中间节点引入不同类型的转发时延，但主要包括以下类型。

① 排队时延（queueing delay）：数据包在输入和输出缓冲区排队所花费的时间，与网络负载状况紧密有关，不同情形下该时延的数值可能相差较大，是影响转发时延的主要因素。

② 处理时延（processing delay）：执行数据包转发处理所花费的时间，如首部检查、差错检验、转发表查询等。

这样，数据包传输所经历的总时延为上述3种时延之和，即

$$总时延=发送时延+传播时延+转发时延$$

时延是衡量计算机网络性能的一项重要指标，各种时延也影响到网络参数的设计。与时延相关的一个概念是往返时间（round trip time，RTT），例如在TCP中，RTT表示从报文段发送出去的时刻到确认返回时刻这一段时间，即在TCP连接上报文段往返所经历的时间，TCP的重传策略设计将会使用到这一概念。

与时延关联紧密的另外一个性能指标就是时延带宽积，它是指信道传播时延与信道带宽的乘积，时延带宽积的单位是比特。可以用一个圆柱形管道形象地表示一条传输信道，管道的长度代表信道的传播时延，管道的截面积代表信道的带宽，因此管道的体积就是信道的时延带宽积，表示这一信道可以容纳多少比特。比如，某一信道的传播时延为500 μs，带宽为100 Mbps，则时延带宽积为50 000比特。这就意味着，当发送端发送的第一个比特到达终点时，发送端已发出了50 000个比特，这50 000比特充满了整个信道，且正在信道上传输。对于传输信道而言，只有在信道的传输过程中充满比特时，信道资源才能得到充分的利用。

时延带宽积又称为比特长度，即以比特为单位的信道长度。数据链路控制中的ARQ和以太网的性能分析中都使用了比特长度的概念。而在TCP的窗口比例因子分析设计中也使用了

时延带宽积概念。

2. 传输速率

传输速率是通信系统的重要指标，直接表明了通信系统能够提供的传输能力，根据传输对象的不同可以分为信息传输速率和码元传输速率，两者又可以简称为信息速率和码元速率。

（1）信息传输速率

信息传输速率表示信道单位时间内传输的编码前的数字数据的二进制比特数，单位是比特/秒，简称bps（bit per second）。信息传输速率又称为比特率。

通常所说的100兆以太网指的就是其信息传输速率为100 Mbps，这里包括传输的净负荷以及为控制传输所附加的信息。

（2）码元传输速率

一个数字脉冲称为一个码元，码元传输速率表示单位时间内信号波形的变换次数，即单位时间内通过信道传输的码元个数，单位是波特（Baud）。若信号码元宽度为T秒，则码元速率$B=1/T$。码元传输速率在不同场合下有多个名称，如波特率、调制速率、波形速率或符号速率。

在条件允许的情况下，数字传输可以采用多进制编码方式，以获得更高的信息传输速率。例如在有4种码元状态的多进制编码中，每种码元可以携带2比特数据，此时的比特率等于2倍的波特率。一般情况下，如果码元状态数为M（M通常为2的整数次幂），则信息速率C和码元速率B的关系为

$$C=B \times \log_2 M$$

例如，对于波特率$B=2\,000$ Baud/s，若M分别为2、4和8，则对应的比特率C分别为2 000 bps、4 000 bps和6 000 bps。

码元速率决定了信息速率，而码元速率的大小又与什么因素相关呢？答案就是信道带宽。我们已经知道，数字信号是通过物理信道进行传输的，一旦物理信道确定，其所有物理特性也就随之确定，而描述信道物理特性的一个重要参数就是带宽。带宽受信道的物理材料、加工性能、传输环境以及长度等因素影响，一般认为，通信系统中的信道带宽是一个常数。

（3）带宽

带宽（bandwidth）在计算机网络领域中有两个含义。

① 信号具有的频带宽度（单位是赫兹，Hz），简单地说就是信道（通信系统）能够通过的频率范围。

② 信道的最大传输速率（单位是比特每秒，bps），表示网络（信道）的传输能力。例如宽带网络、窄带网络就是从带宽的这种定义而产生的。

（4）吞吐量

吞吐量（throughput）表示在单位时间内通过网络（或者信道、接口）的实际数据数量，

如果用比特来衡量数据量的多少，则吞吐量的单位也是bps，吞吐量的计算公式如下：

$$吞吐量 = 传输的有效数据的长度 / 传输的总时延$$

吞吐量反映了用户实际获得的有效数据传输速率，例如带宽为1 Gbps的以太网，用户在下载文件时下载速率可能只能到达100 Mbps左右的吞吐量。

3. 可靠性

数据通信系统的可靠性一般使用误码率和误比特率这两个指标表示，它们都是统计型指标。

（1）误码率

衡量通信信道传输质量的一个重要参数是误码率P_e，它是指传输的码元被传错的概率，当传输的码元总数很大时，P_e可以近似定义为

$$P_e = 传错的码元数 / 传输的码元总数$$

（2）误比特率

误比特率又称为比特误码率P_b（bit error rate，BER），有时直接简称为误码率，是指传输的比特被传错的概率，当传输的比特总数很大时，P_b可以近似定义为

$$P_b = 传错的比特数 / 传输的比特总数$$

数据通信系统的速率一般使用信息传输速率，即比特率，相应地，传输差错一般使用误比特率。一般而言，当$P_b \leq 10^{-6}$，属于正常通信范围。局域网和光纤传输系统通常有着更低的误码率，能够达到$10^{-9} \sim 10^{-12}$，随着数字通信技术的进步，通信信道的误码率还在不断下降，但永远不可能降到零误码率，只能接近于或趋向于该理想值。

不同层次的协议因为传输的基本单位不同，例如基本单位为帧、分组、报文段等，还会有误帧率、误分组率、误报文率等，计算方法都是传输中出错的总数占传输总数的比率。

1.6 计算机网络应用

1.6.1 计算机网络的应用

计算机网络的应用已经深入到社会的各个角落，在这里仅介绍几种典型的网络应用服务。

（1）企业信息化

现在企业、机关等单位内部都运行着大量的计算机，它们通常是分布在整幢办公大楼、工厂与园区内的。同时，规模较大的企业通常拥有多家工厂，这些工厂与企业的一些分支机构/部门可能分布在世界各地。为了实现对全企业的生产、经营与客户资料等信息的收集、分析、管理工作，很多企业将分布在企业大楼、厂区内以及分布在世界各地的各分支机构办公室内的计算机先连接到各自的局域网内，然后再将这些地理位置分散的多个局域网互联起

来，构成支持整个企业大型信息系统的网络环境。员工可以通过计算机网络方便地收集各种信息资源，利用不同的计算机软件对信息进行处理，将各种管理信息发布到各地的分支机构中，实现信息资源的收集、分析、使用与管理，完成从产品设计、生产、销售到财务等的全面管理。

（2）电子商务

现代计算机技术为信息的传输和处理提供了强大的工具，特别是Internet在世界范围的普及，改变了产品的生产过程和服务过程，商业空间拓展到全球，传统意义上的服务、商品流通、产品生产等概念和内涵发生理念上的变化。面对全球激烈的市场竞争，企业的产品目录查询、收受订单、送货通知、网络营销、账务管理、库存管理、股票及期货的分析、交易等，从多方位给企业提供了更多商机，必须做出及时反应，充分利用现有技术和资源，对企业内部进行必要的改造和重组，以谋求更为广阔的市场。事实上，电子商务正在将计算机技术，特别是万维网技术广泛应用于企业的业务流程，形成崭新的业务构架和交易模式。

从企业角度出发，电子商务是基于计算机的软硬件、网络通信等基础上的经济活动。它以最新的Internet、内联网和外联网作为载体，使企业有效完成自身内部的各项经营管理活动，如市场、生产、制造、产品服务等，并处理企业之间的商业贸易和合作关系，发展和强化个体消费者与企业之间的联系，最终降低产、供、销的成本，增加企业利润，开辟新的市场。在这里，电子技术、网络手段、新的市场等汇合起来，形成一种崭新的商业机制，并逐步发展成与数字社会相适应的贸易形式。

针对个人而言，电子商务正在逐渐渗透到每个人的生存空间，其范围波及人们的生活、工作、学习及消费等广泛领域。网上购物、远程医疗、远程教学、网上炒股等，逐渐成为每个人生活的一部分。

电子商务对人类生活方式也会产生深远影响。网上购物可以使我们足不出户就能够实现交易的全过程，网上搜索功能可方便地让顾客货比多家。同时，消费者将能以一种十分轻松自由的自我服务方式来完成交易，从而使用户对服务的满意度大幅度提高。

（3）信息发布与检索

随着新闻走向在线与个性化，人们可以通过网络向公共传媒服务商订阅所感兴趣的新闻，然后服务商会将你订阅的新闻传送到你的计算机上或手机上。这种服务也可以应用在以杂志、书籍和学术论文为主导的在线数字图书馆。

另一类应用就是以万维网方式访问各类信息系统，它包括的信息类型有政府、教育、艺术、保健、娱乐、科学、体育、旅游等各个方面，甚至是各类的商业广告。

在信息浩如烟海的互联网上，搜索引擎（如百度、Google等）为人们快速检索信息提供了有力的帮助，但是信息爆炸仍是阻碍人们获取有用信息的一大难题。

还有一些网络应用允许用户主动在网上发布信息，互相提供信息服务，如允许用户浏览、编辑或添加信息，以共享某个领域的知识的维基（Wiki）以及在网络上出版、发表和张贴个人文章的网络日志（Blog、Web log）等。

（4）个人通信

19世纪个人与个人之间通信的基本工具是电话，21世纪个人与个人之间的基本通信工具逐步变成了计算机网络，且计算机网络与个人移动通信业务的融合更加速了这方面的应用。目前，电子邮件E-mail已经逐步取代了传统邮件，E-mail不仅可以用于传送文本文件，还可以用于传送语音与图像等各种各样的文件。实时交互应用允许远程用户之间无延时地进行通信，进行通信的双方可以看到对方的图像，听到对方的声音。这种技术可以用于网络会议，而网络会议可用于远程教学、远程医疗以及其他很多方面。即时通信（IM）自1998年面世以来，功能日益丰富，逐渐集成了电子邮件、博客、音乐、电视、游戏和搜索等多种功能。目前，腾讯、微软、AOL、Yahoo等公司都提供了互联网即时通信业务，如微信、QQ、Skype等。

（5）家庭娱乐

家庭娱乐正在对信息服务业产生着巨大的影响。它可以让人们在家里点播电影和电视节目，目前在一些发达国家已经开展了这方面的服务。看电影可能成为交互式的，观众可以在看电影时参与到电影情节中。家庭电视也可以成为交互的，观众可以参与到猜谜等活动之中。

家庭娱乐中最重要的应用可能是在游戏上。现在已经有很多人喜欢多人实时仿真游戏。如果使用虚拟现实的头盔和三维实时、高清晰度的图像，那么我们就可以共享虚拟现实的很多游戏和训练。

总之，基于计算机网络发展起来的各种应用、信息服务、通信与家庭娱乐正在促进信息产品制造业、软件产业与信息服务业的高速发展，也正在引起社会产业结构和从业人员结构的变化。

1.6.2 计算机网络带来的社会问题

计算机网络的广泛应用已经对经济、文化、教育、科学的发展与人类生活质量的提高产生了重要影响，同时也不可避免地带来一些新的社会、道德、政治与法律问题。

随着社会信息化的发展，金融服务向着综合化、网络化方向发展，目前金融机构向客户提供的金融服务种类已达数百种，其服务网络遍布全世界，直接面向客户的网络金融机构已经投入营业。目前，人们已经不习惯随身携带大量现金的购物方式，微信、支付宝等新型的支付方式已逐渐成为人们最普通使用的货币流通方式。大批的商业活动与大笔资金通过计算机网络在世界各地快速流通已经对世界经济的发展产生了重要和积极的影响，但同时也面临着严峻的挑战。

计算机犯罪正在引起社会的普遍关注，而计算机网络是攻击的重点。计算机犯罪是一种高技术型犯罪，由于其犯罪的隐蔽性，对计算机网络安全构成了巨大的威胁。国际上计算机犯罪案件正在以100%的速度增长，在Internet上的"黑客"（hacker）攻击事件则以每年10倍的速度在增长，计算机病毒从1986年发现首例以来，近几十年来以几何级数增长，现已有几万种计算机病毒，对计算机网络带来了很大的威胁。国防网络和金融网络则成了计算机犯罪案犯的主攻目标。各国的计算机系统经常发现非法闯入者的攻击。金融界为此每年损失金额近百亿美元。因此，网络安全问题引起了人们普通的重视。

Internet带来的好处是不言而喻的，但同时人们对Internet上一些不健康的、违背道德规范的信息极为担忧。一些不道德的Internet用户利用网络发表不负责或损坏他人利益的消息，窃取商业、科研机密，危及个人隐私，这类事件常常发生，其中有一些已诉诸法律。人们将分布在世界各地的Internet用户称作"Internet公民"，将网络用户的活动称为"Internet社会"的活动。这说明了Internet的应用已经在人类生活中产生了前所未有的影响。社会是靠道德和法律来维系着的。必须意识到，对于大到整个Internet，小到各个公司的企业内部网与各个大学的校园网，都存在来自网络内部与外部的威胁。要使网络有序、安全地运行，必须加强网络使用规则、网络安全与道德教育，完善网络管理，研究和不断开发各种网络安全技术与产品，同样也要重视"网络社会"中的"道德"与"法律"，这对于人类是一个新的课题。

计算机网络的工业界已经充分认识到了计算机网络广泛应用带来的各种安全挑战，通过各种安全技术的部署实施来尽可能保障网络安全，网络安全的主要技术将在第8章介绍。此外，各国政府也制定了相关的法律，来保证计算机网络环境的安全。我国制定了诸如《中华人民共和国网络安全法》《互联网信息服务管理办法》等法律、法规来保障安全、和谐的网络环境。

1.7 计算机网络相关国际标准化组织

标准化是推动计算机网络发展的至关重要因素，本节介绍一些与计算机网络技术相关的、在国际上影响力较大的标准化组织。

1.7.1 国际标准化组织

（1）国际标准化组织（ISO）

拓展阅读1-4：
国际标准化组
织ISO

国际标准化组织（International Organization for Standardization，ISO）是1946年成立的一个全球性非政府组织。ISO负责目前绝大部分领域（包括军工、石油、船舶等垄断行业）的标准化活动。ISO现有140多个成员国家和地区。代表中国参加ISO的国家机构是中国国家标准化管理委员会，代表美国参加ISO的国家机构是美国国家标准协会（American National Standards Institute，ANSI）。ISO的技术工作从国际一级到国家（Member body）一级再到技术委员会（Technical Committee，TC）、分委员会（Sub-Committee，SC），最后到工作组（Working Group，WG）连成一个有机的整体。技术委员会（TC）按建立的顺序编号，每个委员会处理专门的主题。如TC97负责计算机和信息处理。每个技术委员会下设分委员会（SC），而分委员会又下设工作组（WG）。

ISO已经制定了10 000多种不同领域的标准，其中既包括OSI计算机网络这样复杂的标准，也有螺钉、螺帽之类的简单标准。

拓展阅读1-5：电气与电子工程师协会

（2）电气与电子工程师协会

电气与电子工程师协会（Institute of Electrical and Electronics Engineers，IEEE）是一个国际性的电子技术与信息科学工程师协会，是目前全球最大的非营利性专业技术学会，拥有全球近175个国家超过40万名会员，在国际计算机、电信、生物医学、电力及消费性电子产品等学术领域中都是主要的权威，在电气及电子工程、计算机及控制技术领域中，IEEE发表的文献占了全球将近30%。IEEE每年主办或协办上百次技术会议。

IEEE一直致力于推动电工技术在理论方面的发展和应用方面的进步。作为科技革新的催化剂，IEEE通过在广泛领域的活动规划和服务支持其成员的需要。

1.7.2　Internet标准化组织

（1）Internet领域的标准化组织

与ISO不同，Internet标准化机构是非政府性质的。Internet最具权威的国际组织是Internet协会（Internet Society，ISOC），它于1992年成立，目标是推动Internet的发展和全球化，它由选举的理事会管理。

更早成立的Internet体系结构研究委员会（Internet Architecture Board，IAB）后来也并入到Internet协会中，Internet协会理事会指定IAB成员。IAB下设两个重要附属机构，一个是Internet工程任务部（Internet Engineering Task Force，IETF），另一个是Internet研究任务部（Internet Research Task Force，IRTF）。

IETF注重处理短期的工程问题。IETF下分为工作组，每个工作组都解决专门的问题，工作组的主题包括新的应用、用户信息、路由和寻址、安全、网络管理和标准等。工作组又分成了不同的领域，各个领域的组长组成了Internet工程指导组（Internet Engineering Steering Group，IESG）。

IRTF注重长期的研究。IRTF由一些研究组组成，具体工作由Internet研究指导组（Internet Research Steering Group，IRSG）管理。

IAB下还设有一个Internet编号管理机构（Internet Assigned Numbers Authority，IRSG），它负责协调IP地址和顶层域名的管理和注册，后来这项工作转交给Internet名称和号码分配公司（Internet Corporation for Assigned Names and Numbers，ICANN）负责。IAB下还设有RFC（Request for Comments）编辑部，它负责编辑RFC文档。

（2）RFC文档

所有的Internet协议标准都是以RFC文档形式发表，但并不是所有的RFC文档都是Internet协议标准。任何人都可通过RFC发表对Internet某些技术的建议，但只有其中的一部分才能最终成为真正的标准。RFC按编写的时间顺序编号，新的较大编号的RFC文档可以更新和替代老的文档。

拓展阅读1-6：常用的RFC文档

RFC文档总体上可以分为3类：标准化进程中的（standards track）、当前使用效果最好的

（best current practice，BCP）和非标准的（non-standards）。

标准化进程中的RFC描述正在标准化的协议。一个Internet协议标准是由Internet草案开始，然后还要历经三个成熟水平阶段：建议标准（proposed standard）、草案标准（draft standard）和最终的Internet标准（Internet standard），这三个阶段有相应的RFC文档。一旦最终成为Internet标准，就被分配一个标准序号。

为了成为建议标准，作者须在RFC中详细阐述基本思想，并且在团体中能引起足够的兴趣。为了能到达草案标准阶段，必须在至少两个独立的地点进行4个月的完全测试的运行实现。如果IAB认为它思路可行并且软件能正常工作，才能宣布该RFC为Internet标准。

BCP类的RFC文档是某些操作规则或IETF处理工作方式的标准，它们被给予一个BCP序号。例如说明标准化程序的RFC2026（BCP9）。

并不是所有的RFC文档都可以成为Internet标准或BCP文档，它们可归类为非标准的。它又包括实验的（experimental）、报告的（informational）和历史的（historic）。实验的RFC文档可以是IRTF下属研究组RG或IETF下属工作组WG的研究结果报告或个人的成果。报告的RFC文档来自各个方面，不代表一个Internet团体的一致意见或推荐，包括对常见操作问题的回答等。历史的RFC文档可以被新的文档代替或在标准化进程中被中止。RFC文档都可以从Internet免费下载。

1.7.3　电信标准化组织

拓展阅读1-7：
国际电信联盟

电信界在网络技术标准化方面最有影响的组织是国际电信联盟（International Telecommunication Union，ITU）。国际电信联盟是联合国的一个重要专门机构，也是联合国机构中历史最长的一个国际组织之一。ITU是主管信息通信技术事务的联合国机构，负责分配和管理全球无线电频谱与卫星轨道资源，制定全球电信标准，向发展中国家提供电信援助，促进全球电信发展等。ITU成员包括193个成员国和700多个部门成员及部门准成员和学术成员。

ITU的组织结构主要分为电信标准化部门（ITU-T）、无线电通信部门（ITU-R）和电信发展部门（ITU-D）。ITU每年召开一次理事会，每4年召开一次全权代表大会、世界电信标准大会和世界电信发展大会，每2年召开一次世界无线电通信大会。

与计算机网络密切相关的是ITU-T（ITU Telecommunication Standardization Sector），它负责电信标准化的工作。1953年至1993年，ITU-T的前身被称为国际电报电话咨询委员会（Consultative Committee International Telegraph and Telephone，CCITT）。CCITT和ITU-T都在电话和数据通信领域提出建议。虽然仍然可以看到CCITT建议，例如CCITT X.25，但自1993年起这些建议都打上了ITU-T标记。ITU-T标准称为"建议"，各国政府可以按自己的意愿决定是否采用。

小　　结

本章首先从介绍计算机网络的产生和发展开始，明确了计算机网络的概念。计算机网络是指把若干台地理位置不同且具有独立功能的计算机，通过通信设备和线路相互连接起来，以实现数据传输和资源共享的一种计算机系统。它既区别于多机系统、终端分时系统、分布式计算机系统，又具有某些共性。随后给出了一般计算机网络系统的组成结构，并按照拓扑结构、距离、通信介质、通信传播方式等对计算机网络进行分类，便于读者全面了解计算机网络系统的各种特性。在本章的最后不仅讨论了几种典型的网络应用服务和计算机网络带来的社会问题，还简单介绍了与计算机网络技术相关的一些国际标准化组织。

习　　题

1. 填空题

（1）按照覆盖的地理范围不同，计算机网络可以分为_____、_____、_____和_____等。

（2）计算机网络的拓扑结构主要有_____、_____、_____、_____和_____等。

（3）影响传输时延的主要因素有_____，影响传播时延的主要因素有_____。

（4）数据传输的总时延是_____、_____和_____三种时延之和。

（5）"三网"合一指的是_____、_____和_____的融合。

（6）所有的Internet标准都是以_____的形式发表。

（7）利用计算机网络可以共享的资源包括_____、_____和_____。

2. 选择题

（1）计算机网络的拓扑结构主要取决于它的（　　　　）。

    A. 节点的数量　　　　B. 资源子网　　　　C. 通信子网　　　　D. 节点的物理位置

（2）建立计算机网络的主要目的是（　　　　）和数据通信。

    A. 共享资源　　　　B. 增加内存容量　　　　C. 提高计算精度　　　D. 提高运行速度

（3）下列有关计算机网络叙述中，错误的是（　　　　）。

    A. 利用Internet网可以使用远程的超级计算中心的计算机资源

    B. 计算机网络是在通信协议控制下实现的计算机互联

    C. 建立计算机网络的最主要目的是实现资源共享

    D. 以接入的计算机多少可以将网络划分为广域网、城域网和局域网

（4）随着电信和信息技术的发展，国际上出现了所谓"三网融合"的趋势，下列不属于三网之一的是（　　　　）。

    A. 传统电信网　　　　　　　　　　　　　B. 计算机网（主要指互联网）

    C．有线电视网   D．卫星通信网

（5）计算机网络中，所有的计算机均连接到一条通信传输线路上，在线路两端连有防止信号反射的装置。这种连接结构被称为（   ）。

    A．总线型结构   B．环形结构   C．星形结构   D．网状结构

（6）在网络体系结构中，OSI 表示（   ）。

    A．Open System Interconnection   B．Open System Information

    C．Operating System Interconnection   D．Operating System Information

（7）制定 OSI 的组织是（   ）。

    A．ANSI   B．EIA   C．ISO   D．IEEE

3. 简答题

（1）什么是计算机网络？

（2）计算机网络的发展可划分为几个阶段？每个阶段各有何特点？

（3）利用计算机网络可以共享资源，具体包括哪些？

（4）计算机网络与分布式计算机系统之间的区别与联系是什么？

（5）计算机网络由哪些部分组成？什么是通信子网和资源子网？试述这种层次结构的特点以及各层的作用是什么。

（6）计算机网络可以从哪些角度进行分类？

（7）比较计算机网络的几种主要的拓扑结构的特点和适用场合。

（8）局域网与广域网的主要特征是什么？

（9）总线结构是否适合于广域网络，为什么？

（10）计算机网络在企业、机关的信息管理与信息服务中应用的目标是什么？

（11）计算机网络的应用会带来哪些社会问题？

第2章　网络体系结构

计算机网络诞生之时并没有明确定义计算机网络的体系结构，只是根据通信需求定义了对应的功能，由此导致了各种计算机网络的出现，这给网络互联带来了很大的困难。为了改变这一状况，必须对计算机网络进行规范化和标准化，这就是计算机网络体系结构的由来。计算机网络体系结构是指计算机网络层次结构模型，它是各层的协议以及层次之间的接口的集合。基于该思想，不同公司、机构与标准化组织定义了不同的网络体系结构，其中最为经典的计算机网络体系结构就是国际标准化组织（International Organization for Standardization，ISO）提出的开放系统互联（Open System Interconnection，OSI）参考模型（Reference Model，RM）以及 TCP/IP 参考模型。

本章将介绍计算机网络分层思想的由来以及网络体系结构及其描述方法，ISO/OSI 参考模型和 TCP/IP 参考模型及其优缺点以及与实际网络对应的五层网络参考模型。

2.1　概　　述

计算机网络是一个非常复杂的巨系统。为了说明这一点，可以设想一个最简单的网络应用：利用连接在网络上的两台计算机进行文件传送。显然，在这两台计算机之间必须有一条传送数据的通路，但这还远远不够，至少还有以下几项工作需要完成。

① 发起通信的计算机必须将数据通信的通路进行激活（activate），所谓"激活"就是要发出一系列控制命令，保证要传送的数据能在这条通路上正确发送和接收。

② 要告诉网络如何识别要接收数据的计算机。

③ 发起通信的计算机必须检测接收计算机是否已准备好接收数据。

④ 发起通信的计算机必须弄清楚，接收计算机的文件管理程序是否已做好文件接收和文件存储的准备工作。

⑤ 若通信双方的计算机文件格式不兼容，则至少其中的一方应完成格式转换。

⑥ 对出现的各种差错和意外事故，如数据传送错误、重复或丢失，网络中某个节点交换机出现故障等，应当有可靠的措施保证接收计算机最终能够收到正确的文件。

除此之外，还可以列举出其他要做的更加棘手的工作，如断点续传、带宽保障、保密传输以及身份验证等。由此可见，相互通信的两个计算机系统必须高度协调才能完成最终的网络应用，而这种"协调"多数情况下是相当复杂的。为了设计这种复杂的计算机网络，早在最初的阿帕网（Advanced Research Projects Agency Network，ARPANET）设计时就提出了分层的方法。"分层"可将庞大而复杂的问题转化为若干较小的局部问题，而这些较小的局部问题就比较易于研究和处理。

1974 年，美国的 IBM 公司宣布了它研制的系统网络体系结构（system network architecture，SNA），它就是按照分层的方法制定的，之后 IBM 又对 SNA 不断改进，更新了几个版本。紧随 IBM 之后，其他一些公司也相继推出了自己的网络体系结构，并都采用了不同的名称，如 Digital 公司的数字网络体系架构（digital network architecture，DNA）、美国国防部的 TCP/IP 等。

网络体系结构出现后，使得同一公司生产的各种网络设备都能够很容易地互联成网。这种情况显然有利于一家公司垄断自己的产品，用户一旦购买了某个公司的网络，当需要扩大容量或升级改造时，就只能再次购买该公司的网络产品。如果此时用户购买了其他公司的网络产品，那么由于网络体系结构的不同，相互间就很难连通。

然而全球经济的发展使得不同网络体系结构的用户迫切要求能够互相交换信息，为此，国际标准化组织 ISO 于 1977 年成立了专门机构研究这个问题。不久，他们就提出了一个试图使各种计算机在世界范围内实现网络互联的标准框架，即著名的 OSI 参考模型。这里的"开放"是指，只要遵循 OSI 参考模型，一个计算机系统就可以和位于世界上任意地方的、同样遵循这一标准的其他任何计算机系统进行通信。这一特征很像世界范围的电话和邮政系统，而这两个系统都是开放系统。

拓展阅读 2-1：
网络参考模型
诞生背景

OSI 参考模型试图达到一种理想境界，即全世界的计算机网络都遵循这个统一的标准，进而使得全世界的计算机系统都能够方便地进行互联和交换数据。在 20 世纪 80 年代，许多大公司甚至一些国家的政府机构都纷纷表示支持 OSI 参考模型。当时看来，似乎在不久的将来全世界都会按照 OSI 参考模型来构建计算机网络。然而到了 20 世纪 90 年代初期，虽然整套的 OSI 参考模型的标准都已经制定出来了，但由于 Internet 已抢先在全世界覆盖了大部分的计算机网络市场，而与此同时却几乎找不到有什么厂家生产出符合 OSI 标准的商用产品。因此人们得出这样的结论：OSI 参考模型只获得了一些理论研究的成果，但在市场化方面则事与愿违地失败了。现今规模最大的、覆盖全世界的 Internet 并未使用 OSI 参考模型。OSI 参考模型失败的原因可归纳为如下几个方面。

① 制定 OSI 参考模型的专家们缺乏实际经验，他们在制定 OSI 参考模型时没有商业驱动力。

② OSI 参考模型的协议实现起来非常复杂，而且运行效率很低。

③ OSI 参考模型的标准制定周期太长，因而使得按 OSI 参考模型标准生产的设备无法及时进入市场。

④ OSI 参考模型层次划分不太合理，例如有些功能在多个层次中重复出现。

按照一般的概念，网络技术和设备只有符合有关的国际标准才能在大范围获得工程上的应用。但现实情况却相反，得到最广泛应用的不是国际标准 OSI 参考模型，而是非国际标准的 TCP/IP 协议集。这样，TCP/IP 协议集就常被称为事实上的国际标准。从这种意义上说，能够占领市场的就是标准。在过去制定标准的组织中往往以专家、学者为主，但现在许多高新技术公司都纷纷挤进各种各样的标准化组织，使得技术标准具有浓厚的商业气息。一个新标准的出现，有时不一定反映出其技术水平是最先进的，而是说明它有着一定的市场背景。

2.2 网 络 分 层

2.2.1 分层思想

为了减少计算机网络设计的复杂性，大多数网络都采用分层（layer）或分级（level）的方式来组织，每一层都建立在它的下层之上。不同的网络，尽管其层次的数量、各层的名称、内容和功能都不尽相同，但所有的层次网络都有一个共同点，即每一层的目的都是向它的上一层提供特定的服务（service），而把如何实现这一服务的细节对上一层加以屏蔽。这就是计算机网络的分层思想，即从垂直视图看待和分析计算机网络。

为了加深读者对分层思想的理解，下面通过一个现实生活中的简单对话交流例子来进行说明。

如图 2-1 所示，假设有两位哲学家（对应于第 3 层中的对等实体，对等实体的概念将在下面介绍）希望对话，其中一位说德语，而另一位讲汉语。由于没有共同的语言，两人都选择了翻译（对应于第 2 层中的对等实体）。每个翻译又进一步和秘书联络（对应于第 1 层中的对等实体）。如果哲学家 1 希望能向哲学家 2 表达某一哲学话题，他首先把这一信息用德语通过第 2 层与第 3 层之间的接口（interface）与翻译 2 预先确定好一种双方都能够理解的中立语言，如英语，则哲学家 1 的哲学话题被翻译成英文。应该说，选择哪一种中立语言是第 2 层协议的内容，使用什么样的语言取决于第 2 层的对等实体。接下来，翻译 1 将译好的信息交付给秘书 1，让她传送给秘书 2，至于采用哪种传送方式（如电话、传真、电子邮件等）则完全是第 1 层内部关注的事情。当信息到达时，先由秘书 2 递交给翻译 2，经过翻译后的信息再通过2/3 层间接口递交给哲学家 2。这样哲学家 2 就看到了哲学家 1 的哲学话题。

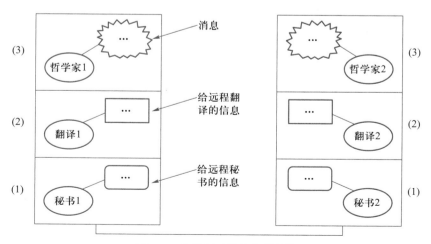

图 2-1 哲学家对话的分层结构

在上面例子中，为了实现哲学家对话，每一方都将对话这个应用划分成对话层、翻译层和传送层三个层次，每个层次中的实体（如哲学家、翻译和秘书），只负责自己在系统中所担当的任务（如哲学交流、语言翻译与信息传送等），并按规则与对方的对等层次中的实体进行交互。

分层思想对于计算机网络的设计和实现有着极大的优势，主要表现在如下几个方面。

① 各层之间相互独立。一个层次并不需要知道它的下一层是如何实现的，而仅仅需要知道该层通过层间的接口所提供的服务即可。由于每一层只实现一种相对独立的功能，因而可将一个难以处理的复杂问题分解为若干个容易处理的较小问题。这样，整个问题的复杂程度就下降了。

② 灵活性好。当任何一层发生变化时（例如由于技术的变化），只要层间接口关系保持不变，则位于其上的各层均不受影响。此外，对某一层提供的服务还可进行修改。当某层提供的服务不再需要时，甚至可以将这一层次取消。

③ 结构上可分割开。各层都可以采用最合适本层的技术方案来实现。

④ 易于实现和维护。层次结构使得实现和调试一个庞大而又复杂的系统变得容易，因为整个系统已被分解为若干个相对独立的子系统。

⑤ 能促进标准化工作。因为每一层的功能及其所提供的服务都已有了精确的说明。

图2-2说明了一个划分成3层网络的通信过程，不同主机中处于同一层次的实体叫对等实体（peer entities），对等实体利用协议进行通信。

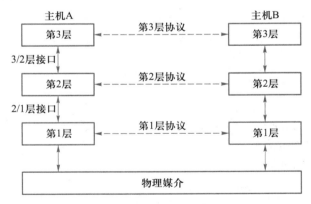

图2-2　层、协议和接口

实际上，数据不是从一台主机的第 n 层直接传送到另一台主机的第 n 层，而是每一层都把它的数据和控制信息交付给它的相邻下一层，如此重复，直到底层，即第1层。第1层之下是物理介质/媒介（physical medium），它执行的是真正的物理通信，即信号传输。图2-2中所示的对等实体之间的通信都是虚拟通信。

每一对相邻层之间都有一个接口。接口定义了下层向上层提供的原语操作和服务。当网络设计者在决定一个网络应包括多少层，每一层应当做什么时，其中一个很重要的考虑就是要在相邻层之间定义一个清晰的接口。除了尽可能地减少必须在相邻层之间传递的信息的数量外，一个清晰的接口可以使一个层次能轻易地用一种新的实现来替换现有旧的实现（如用卫星信道来代替有线电话线），只要新的实现能向上层继续提供旧的实现所提供的同一组服务即可。

为了完成计算机之间的通信合作，把各个计算机互联的功能划分成定义明确的层次，并规定对等实体进行通信的协议。这些层与协议的集合被称为网络体系结构（network architecture）。网络体系结构的描述必须包含足够的信息，使实现者可以用来为每一层编写程序和设计硬件，并使之符合有关协议。协议实现的细节和接口的描述都不是体系结构的内容，因为它们都隐藏在主机内部，对外部来说是不可见的。任何一个网络系统都能够提供多种通信功能，有些功能比较复杂，可能需要多个协议协同支持才能实现，这些为实现某一特定功能的相关协议集合被称为协议栈（protocol stack）。网络体系结构、协议栈和协议是本章的主题，读者只有牢牢把握这一主题，才能够深入、准确地理解和掌握计算机网络的工作原理。

2.2.2 层次设计主题

尽管计算机网络的不同层次提供各自独立的服务，但一些关键主题可能在多个层次设计中都会出现。下面简要介绍其中比较重要的几个主题。

（1）编址机制（address）

每一层次都需要有一种机制来识别发送方和接收方。例如，在网络中不仅要准确定位到一台计算机，还要定位到该计算机上的收发进程。

微视频2-1：
层次设计主题

（2）数据传输（data transfer）

第二个设计主题与数据传输的控制规则有关。在某些系统中，数据仅在一个方向上传输，即单工通信（simplex communication）；而在另一些系统中，数据能在任意一个方向上传输，但不是同时传输，即半双工通信（half-duplex communication）；还有一些系统，数据能同时双向传输，即全双工通信（full-duplex communication）。此外，协议还需确定每条连接对应多少条逻辑通道，它们的优先级别如何。在很多网络中，每个连接至少需要提供两条逻辑通道，一条给正常数据，另一条留给紧急数据。

（3）差错控制（error control）

物理通信电路并非完美无缺的，所以差错控制也是一个重要的主题。已知的检错和纠错代码有多种，连接的双方必须一致同意使用哪一种。另外，接收方还应该通知发送方哪些报文已经被正确地收到了，哪些还没有收到。

（4）顺序控制（sequence control）

计算机网络采用的是存储转发交换技术，该技术并不能保证报文发送先后顺序的正确性。为了解决可能出现的传输顺序错误，协议必须通过一定机制保证接收方能够把各接收报文按原来的发送顺序重新组合在一起。一个易于想到的直观方法就是对这些报文进行编号，不过，该方法只能检测传输过程中的顺序错误，并没有提供如何解决该错误的具体措施。

（5）流量控制（flow control）

多个层次都存在高速发送方发送数据过快，致使低速接收方难以应付的问题。为此，人们提出了各种流量控制方案，这些方案的工作机制将在本书的后续章节中详细讨论。一些方案要求接收方向发送方直接或间接地反馈接收方的当前状态；另一些方案则直接限制发送方以约定的速率发送。

（6）拥塞控制（congestion control）

网络的吞吐量与通信子网负荷有着密切的关系。当通信子网负荷比较小时，网络的吞吐量随网络负荷的增加而线性增加。当网络负荷增加到某一值后，若网络吞吐量开始出现下降，则表明网络中出现了拥塞现象。当拥塞比较严重时，通信子网中相当多的线路资源和节点缓冲器都用于无效的重传，从而使通信子网的有效吞吐量下降。严重情况下，通信子网的局部甚至全部处于死锁状态，导致网络吞吐量接近为0。为了避免拥塞的出现或降低拥塞造成的性能影响，需要实施拥塞控制，即对进入通信子网的网络负荷执行一定的准入策略，从而保证网络负荷不会超过通信子网的承载能力。

（7）拆分与重组（disassemble and reassemble）

由于计算机网络层次工作的独立性，各层次实体都设置有自己的最大接收报文长度限制，如果上层实体要求传输的报文长度超过下层实体的最大允许报文长度，必须要求网络层次能够提供报文拆分、传输和重新组装的能力。

（8）复用与解复用（multiplex and demultiplex）

为每一对通信实体建立一个独立的连接，有时候会很不方便，或者非常浪费。这时，可以利用下一层的同一连接为多个独立的上一层会话提供传输服务。只要这种多路复用和解多路复用是透明的，那么任意层次都可以采用这种方法。

（9）路由（routing）

当源节点与目的节点之间存在多条路径时，必须进行路由选择。判断路由好坏可能有各种各样的指标，比如时延、可靠性等，并且路由的好坏可能是动态变化的，因此路由选择是一个相对复杂的问题。

2.2.3　实体和协议

网络体系结构定义的实体（entity）是指网络层次中的活动元素，它可以是软件（如进程），也可以是硬件（如网卡、智能输入/输出芯片），不同网络层次中的实体实现的功能互不相同。为表述方便，将网络层次的第 n 层表示为（n）层；相应地，处于第 n 层的实体表示为（n）实体。发送方与接收方处于同一层次的实体称作对等实体（peer entities）。

在概念上可以认为数据传输是在同一层次中的对等实体之间进行的，是虚拟传输，或者是逻辑传输，如图 2-2 中的虚线所示。之所以称为虚拟传输，是因为对等实体之间的数据传输实际上必须要经过底层的物理传输才能完成。尽管如此，对等实体之间的通信协议必须存在，如两者之间必须约定什么样的代码表示连接请求，什么样的代码表示连接响应等，以便在通信过程中能够对接收到的数据执行正确的操作。

计算机网络的对等实体要想做到有条不紊地交换数据，必须遵守一些预先约定好的规则，这些规则明确定义了所交换数据的格式、含义以及有关的同步问题。这里所描述的同步不是狭隘的（即信号同频或同频同相），而是广义的，即在满足一定条件下应当发生的特定事件，如在可靠性数据传输中，接收到一个数据后应该发送一个应答信息，因此同步含有时序的意义。这些为网络执行数据交换而建立的规则、标准或约定就是网络协议。典型的网络协议包含三个方面的要素。

（1）语法

语法（grammar）用来规定由协议的控制信息和传送的数据所组成的传输信息应遵循的格式，即传输信息的数据结构形式，以便通信双方能正确地识别所传送的各种信息。

（2）语义

语义（semantic）是指对构成协议的各个协议元素的含义的解释。不同的协议元素规定了通信双方所要表达的不同含义，如帧的起始定界符、传输的源地址和目的地址、帧校验序列等。有的协议元素还可以用来规定通信双方应该完成的操作，如在什么条件下信息必须应答或重发等。

（3）同步

同步（synchronization）规定实体之间通信操作执行的顺序，协调双方的操作，使两个实体之间有序地进行合作，共同完成数据传输任务。例如在双方通信时，首先由源端发送一份数据报文，若目的端接收的报文无差错，就向源端发送一个正向应答报文，通知源端它已经正确地接收到源端所发送的报文；若目的端发现传输中出现差错，就发送一个负向应答报文，要求源端重发原报文。这里的同步并不是指双方同时执行同样的操作。

根据网络分层结构，可以把网络上的数据传输看成是各层对等实体之间在协议控制下的数据交换，所交换的数据块称为协议数据单元（protocol data unit，PDU）。PDU由两部分组成：本层的协议控制信息和用户数据，而本层的用户数据又是上层的PDU，如此便形成了层间协议数据单元的嵌套封装关系。下一节将详细介绍PDU。

2.2.4 接口和服务

在计算机网络分层结构中，每一层次的功能都是为它的上层提供服务的，例如可靠性保证服务等。（n）实体提供的服务为（$n+1$）实体所利用，在这种情况下，（n）层被称为服务提供者（service provider），（$n+1$）层则被称为服务用户（service user）；与此同时，（n）层又利用了（$n-1$）层的服务来实现自己向（$n+1$）层提供的服务。基于上述服务使用关系，可以对服务提供者和服务用户进行延伸，对于（n）层提供的服务，（$n+1$）层及其之上的所有层次，如（$n+2$）层、（$n+3$）层等都是（n）层服务用户，但（$n+1$）层是直接用户，位于其上的各层则是间接用户；同样的道理，（n）层及其之下的所有层次，如（$n-1$）层、（$n-2$）层等都是（n）层服务提供者，但只有（n）层是直接提供者，位于其下的各层则都是间接提供者。

图2-3给出了层间接口与数据单元的关系。服务是在服务访问点（service access point，SAP）提供给上层使用的。（n）层SAP就是（$n+1$）层可以访问（n）层服务的地方，每个SAP都有一个唯一标明自己身份的地址。例如，电话系统中的SAP可以看成标准电话机的物理连接口，则SAP地址就是这些物理连接口的电话号码。用户要想和他人通电话，必须预先知道他的SAP地址（即电话号码）。

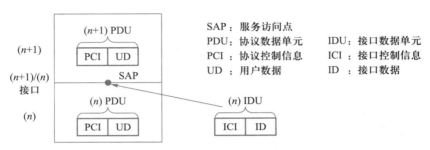

图2-3　层间接口与数据单元的关系

接口是分隔相邻层次的界面，与协议通信相类似，如果上下相邻网络层次之间要交换数据，必须对其间的接口制定一致的规则。在典型的接口上，（$n+1$）实体通过SAP把一个接口数据单元（interface data unit，IDU）传递给（n）实体。IDU由服务数据单元（service data unit，SDU）和一些控制信息组成，其中的SDU是那些将要通过网络传输给对等实体，然后再向上递交给（$n+1$）层的信息，而控制信息则用于帮助下一层完成通信服务，它本身不属于对等通信的范畴。为了能够在不同的网络环境下传递SDU，（n）实体可能需要将SDU拆封成多个段，每一段加上协议控制信息（protocol control information，PCI）后作为独立的协议数据单元（protocol data unit，PDU）送出。同时，为了提升网络传输效率，有时会将短时间内具有相同发送实体与接收实体的多个小容量的SDU聚合成一个大的用户数据，避免重复的PCI传输。

在计算机网络层次体系结构中，对等实体间按协议进行通信，相邻层次实体间按服务进行通信，这些通信都是按数据单元进行的。OSI体系结构对采用的数据单元类型做了规定，但对具体的长度、格式则没有限制。

（1）协议数据单元

（n）协议数据单元是在一个（n）协议中规定的数据单元，它由（n）协议控制信息和可能的（n）用户数据组成，用（n）PDU表示。（n）协议控制信息是（n）实体为实现协议而在传送的用户数据的首部或尾部添加的控制信息，如地址、差错控制信息、序号信息等，用（n）PCI表示；（n）用户数据（user data，UD）是指（n）实体为提供服务而传送的信息，用

（*n*）UD表示。

考虑到协议的性能要求，如时延、效率等因素，不同层次的协议数据单元一般都有一定的长度要求，既不能太大，也不能太小。一般而言，作为头部控制开销的协议控制信息，其大小是固定的，而用户数据的大小是可变的，若使用过大的用户数据，尽管降低了控制开销比例，但整个协议数据单元出现差错和重传的概率明显增大，真正的传输效率并未提升。若使用太小的用户数据，则控制开销占比过大，也会降低信息的传输效率。另外，相邻层间的协议数据单元存在嵌套的协议封装关系，即（*n*+1）PDU作为一个整体充当（*n*）PDU的用户数据部分，如图2-4所示。当（*n*+1）PDU的长度不满足（*n*）层协议对用户数据长度的要求时，可能就不是图2-4这种映射方式，会有分段、填充等情况。

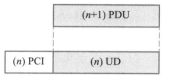

图2-4 协议数据单元封装

（2）接口数据单元

（*n*）接口数据单元作用于（*n*+1）实体和（*n*）实体之间，在一次交互作用中通过服务访问点传输的数据单元。每个（*n*）接口数据单元包含（*n*）接口控制信息和（*n*）接口数据，用（*n*）IDU表示。（*n*）接口控制信息是接口数据在通过层间接口时，添加的一些控制信息，如通过多少字节或要求的服务质量等，用（*n*）ICI（interface control information）表示，接口控制信息只对接口数据单元通过接口时起作用。（*n*）接口数据是（*n*）实体与（*n*+1）实体为实现服务而通过接口传送的信息内容，用（*n*）ID（interface data）表示，简单情形下，（*n*）ID与（*n*）SDU是相同的。

表2-1给出了上述定义的各数据单元之间的关系。

动画资源2-1：层间数据封装

表2-1 数据单元间的关系

相关实体	控制	数据	组合
（*n*）-（*n*）对等实体	（*n*）协议控制信息	（*n*）用户数据	（*n*）协议数据单元
（*n*+1）/（*n*）层间实体	（*n*）接口控制信息	（*n*）接口数据	（*n*）接口数据单元

2.2.5 服务分类

从数据通信的关联角度看，（*n*）层向（*n*+1）层提供的服务可以分为两大类别，即面向连接服务（connection-oriented service）和无连接服务（connectionless service）。下面分别介绍各自的特点。

（1）面向连接服务

所谓连接，就是两个对等实体为进行数据通信而进行的一种关联协商，关联协商包含的内容可以复杂，如数据安全；也可以简单，如数据顺序。面向连接服务是在数据传输之前，必须先建立连接，当数据传输结束后，则应释放这个连接。

微视频2-2：面向连接服务与无连接服务

　　面向连接服务模拟了电话系统的工作模式，具有连接建立、数据传输和连接释放三个阶段。在传输数据时是按序传输的，这和电路交换的许多特性很相似，虽然在两个服务用户的通信过程中并没有始终占用一条端到端的完整物理电路，但用户在感觉上却好像一直在使用这样一条电路，实质上它是通过分时共享物理电路的技术来实现的。面向连接服务比较适合于在一定期间内要向同一目的地发送较多数据的情况。对于偶尔发送很少量的数据，面向连接服务则由于开销过大而不太适用。

　　若两个用户需要经常进行频繁的通信，则可建立永久连接。这样可以免除每次通信时连接建立和连接释放这两个过程，永久连接与电话网中的专用话音电路十分相似。

　　（2）无连接服务

　　在无连接服务的情况下，两个实体之间的通信无须预先建立一个连接，因此，需要的有关资源不需要事先进行预定保留，这些资源在数据传输时才动态地进行分配。日常通信中的短信业务提供的就是无连接服务。

　　无连接服务的另一个特征就是它不需要通信的两个实体同时处于活跃状态。当发送端的实体正在进行数据传输时，它必须是活跃的，但此时接收端的实体并不一定必须是活跃的。只有当接收端的实体正在进行数据接收时，它才必须是活跃的。

　　无连接服务的优点在于灵活方便和迅速及时，但它不能防止数据的丢失、重复或乱序。无连接服务特别适合于传输少量数据的情形。

　　无论是面向连接服务还是无连接服务，都不能完全保障数据传输的可靠性。在网络中通常使用服务质量（quality of service，QoS）来评价网络服务的特性。为了满足用户对数据传输服务质量的要求，网络通常需要制定一些规则。例如，用户要求实现可靠的服务，可能会制定这样的规则：由接收端对接收到的每一份数据进行确认，以便发送端能确信数据已经正确到达接收端。这种确认机制要增加额外的传输开销和延迟，对于不同的网络应用，有时是值得的，但有时则不尽然。

　　数据的传输有两种控制方式：基于消息流的控制和基于字节流的控制。基于消息流的控制保持应用消息的边界，例如发送端发送两个 1 KB 的消息，接收端肯定也是接收到两个 1 KB 的消息，绝不会变成一个 2 KB 的消息。而基于字节流的控制则不保持消息边界，例如 2 KB 字节到达接收端后，接收端根本无法分辨所接收的数据究竟是一个 2 KB 的消息还是两个 1 KB 的消息，或者是 2 048 个单字节消息。如果在网络上传送一本数字书籍，把每页内容作为分离的消息进行传输时，保留消息的边界就变得非常重要。然而作为一个终端在远程分时系统上登录时，终端与计算机的交互采用字节流传输就能够满足要求。

　　对于某些网络应用而言，面向连接的数据传输因确认引起的延迟可能难以满足用户的需求。比如数字化的音频传输，网络用户宁可听到线路上偶尔出现的杂音，或不时混淆的声音，也不愿意因要等待确认而听到断断续续的声音。同样，在传输视频数据时，错了几个像素并无大碍，但是视频突然停顿以等待纠正传输错误却令人十分不满意。

拓展阅读2-2：
Socket原语

*2.2.6 服务原语

服务在形式上是由一组服务原语（primitive）来描述的，这些原语专供用户和其他实体访问服务，利用服务原语可以通知服务提供者采取某些行动或报告对等实体正在执行的活动。值得注意的是，服务原语只是对服务进行概念性的功能描述，至于如何实现并不做明确规定，它是描述服务的一种简洁的语法形式，而不是可执行的程序语言。

OSI定义了4种类型的服务原语，如表2-2所示。

表2-2　服务原语类型

原语类型	含义
请求（request）	（$N+1$）实体请求（N）实体提供服务
指示（indication）	（N）实体通知（$N+1$）实体发生了某一事件
响应（response）	（$N+1$）实体对（N）实体指示的响应
证实（confirm）	（N）实体向（$N+1$）实体确认，（$N+1$）实体请求的服务已完成

下面以连接建立服务和连接释放服务的执行过程为例，说明服务原语的作用和使用方法。当某一实体发出连接请求（CONNECT.request）原语以后，接收方会收到一个连接指示（CONNECT.indication）原语，被告知某处的一个实体希望和它建立连接。收到连接指示的实体再使用连接响应（CONNECT.response）原语表示它是否愿意建立连接。但无论是哪一种情况，请求建立连接的实体都可以通过接收连接证实（CONNECT.confirm）原语获知接收方的响应结果，是拒绝还是同意连接建立。

原语可以带参数，并且大多数原语都带参数。连接请求的参数可能需要指明要与哪台主机连接、需要的服务类别和拟在该连接上传输的最大数据长度。连接指示原语的参数可能包含呼叫者标志、需要的服务类别和建议的最大数据长度。如果被呼叫实体不同意呼叫实体所建议的最大数据长度，它可以在响应原语中做出一个反向建议，呼叫实体可从证实原语中获知它，当出现长度不一致的情况时，协议可以规定选择较小的值。

根据使用服务原语的类型，可将服务划分成"有证实"（Confirmed）和"无证实"（Unconfirmed）两种。有证实服务需要使用请求、指示、响应和证实原语；而无证实服务则只需使用请求和指示原语即可。例如，CONNECT服务总是有证实的服务，因为远程对等实体必须同意才能建立连接。另一方面，数据传输和连接释放可以是有证实的，也可以是无证实的，这取决于发送方是否要求确认。有证实和无证实服务在网络中的使用都很普遍。

为了让读者对服务原语的概念更清晰，下面再列举一个简单的面向连接的数据传输例子，它使用了如下8条服务原语。

① CONNECT.request：请求建立连接。

② CONNECT.indication：指示有连接建立请求。

③ CONNECT.response：被呼叫实体用来表示接收/拒绝建立连接的请求。

④ CONNECT.confirm：通知呼叫实体建立连接的请求是否被接受。

⑤ DATA.request：请求发送数据。

⑥ DATA.indication：指示数据已到达。

⑦ DISCONNECT.request：请求释放连接。

⑧ DISCONNECT.indication：指示对等实体释放连接的完成情况。

在本例中，CONNECT 是有证实的服务，它需要有明确的响应；而 DATA 和 DISCONNECT 是无证实的服务，不需要响应。8 条服务原语的执行过程如图 2-5 所示。

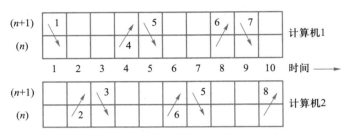

图 2-5　面向连接服务的原语执行过程

需要明确的是，一种服务是有证实的还是无证实的并非是绝对的，它依赖于网络层次提供的服务质量需求。例如，对于数据传输服务，在上面的例子中就是无证实服务，但对于具有可靠性要求的数据传输而言，数据传输服务就必须是有证实的。另外，有证实服务只是要求该服务的完成需要使用 4 条服务原语，至于最终的结果并非一定是服务用户所期待的。例如，在上面的建立连接服务中，服务用户肯定希望能够与对方顺利地建立起连接，但结果可能是连接建立成功，也可能是连接建立失败，不管是哪一种结果，这个连接建立服务都是有证实的。

TCP/IP 协议集中的套接字（Socket）本质上就是传输层的一种服务原语。

2.2.7　服务与协议间关系

服务和协议是截然不同的概念，但是两者却经常被混淆在一起，理解两者的区别非常重要。服务是指某一层向它的上一层提供的一组原语或操作，服务定义了该层为用户执行了哪些操作，但是它并没有涉及如何实现这些操作；服务也会涉及相邻两层之间的接口，其中低层是服务提供者，上层就是服务用户。

协议是一组规则，用来规定同一层上的对等实体之间交换消息或分组的格式和含义。实体利用协议来实现它们的服务定义，根据网络分层原则，实体尽管可以自由地改变协议，但不能改变服务，因为服务对于用户是可见的，而协议则是不可见的。从这个角度出发，服务和协议又是完全分离的。换言之，服务涉及上下相邻层间的接口，而协议则涉及不同主机上对等实体之间发送的数据分组，如图 2-6 所示。读者务必理解这两个概念，不要混淆，这对于理解网络体系结构是非常重要的。

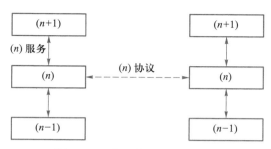

图2-6 服务和协议之间的关系

为了更好地让读者理解，可以用编程语言来对这两个概念做个类比。服务好比是面向对象编程语言中的抽象数据类型或者对象，它定义了在对象上可以执行的操作，但是并没有规定这些操作该如何实现；而协议则对应于对象方法的代码，定义了对象内部方法的具体执行过程。

2.3 网络参考模型

网络体系结构中的分层、服务以及协议等概念确实比较抽象，难于理解。为此，本节介绍两个重要的网络参考模型，即OSI参考模型和TCP/IP参考模型。尽管与OSI参考模型相关的协议很少在实际中使用，但该模型本身是通用的，所涉及的描述方法在今天依然有效。而TCP/IP参考模型则有着截然不同的特点，模型本身的意义并不是很重大，但它的协议却被广泛地应用。

值得指出的是，OSI参考模型和TCP/IP参考模型尽管影响很大，但计算机网络体系架构并不是只有这两个。根据不同的视角、不同的需求，可以为计算机网络定义不同的网络体系结构，但这些体系结构遵循的是同样的设计方法。

2.3.1 OSI参考模型

计算机网络发展史上的一个重要里程碑便是ISO对OSI七层网络参考模型的定义，OSI参考模型是一种框架性的设计方法，它是一个逻辑上的定义、一个规范。

图2-7给出了OSI参考模型的基本结构，它把计算机网络从逻辑上分为7层，分层的原则如下。

① 当需要一个不同抽象实体时，应该创建一个新的层次。

② 每一层次必须执行一个明确定义的功能集合。

③ 确定一个层次功能时，必须考虑如何定义标准化的协议。

④ 选择层次边界时，应该使接口控制信息尽可能少。

拓展阅读2-3：OSI Reference Model–The ISO Model of Architecture for Open Systems Interconnection

⑤ 层次数量应该足够多，以保证不同的功能不会被混杂在同一个层次中。同时，层次数量又不能太多，以避免整个体系结构变得过于庞大。

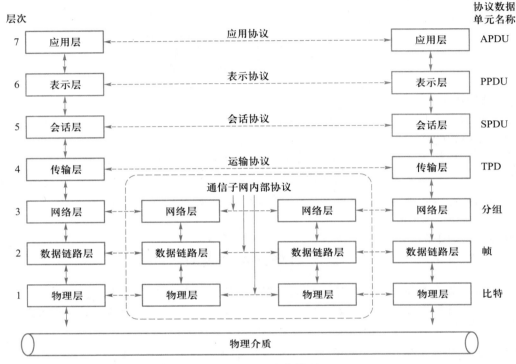

图 2-7　OSI 参考模型

下面将从模型的最底层开始，依次描述各个层次。需要特别说明的是，OSI 模型本身并不是一个真正的网络体系结构，因为它并未定义每一层次上需要用到的服务和协议，它只是给出了每一层次上应该实现的功能。尽管 ISO 已经为各个层次制定了相应的标准，但这些标准都是作为单独的国际标准发布的，并不属于 OSI 模型本身。

（1）物理层

物理层（physical layer）的任务就是在通信信道上透明地传输比特流，即 0、1 二进制数据流。在物理层上所传输的数据的基本单位是比特。需要明确的是，物理层是一个逻辑的层次，但它传输数据位所利用的传输介质（如双绞线、同轴电缆以及光纤等）则是物理的。传输介质不在物理层之内，而是在物理层的下面，尽管有人将物理介质称作第 0 层，但它并不具备网络体系结构中的层次含义。

"透明"是一个很重要的网络术语。它使得一个实际上存在的事物看起来却好像不存在一样。"透明地传输比特流"表示经实际通信信道传输后的比特流并没有发生变化，因此，对传输比特流来说，由于这个通信信道并没有对其产生什么影响，因而比特流就"看不见"

这个通信信道；或者说，这个通信信道对该比特流而言就是透明的。这样，任意组合的比特流都可以在该通信信道上传输。至于这些比特流所表示的语义内容，则不是物理层所要考虑的。

物理层需要保证当一方发送比特位"1"时，另一方收到的也是比特"1"，而不是比特"0"。为此，物理层需要考虑如何表示比特"1"和比特"0"，每一个比特的持续时间长短，传输过程是否允许在两个方向上同时进行，初始物理连接如何建立，物理连接器有多少芯针以及每一芯针的用途，等等。这些问题涉及机械、电气、功能、规程特性以及物理介质等。

（2）数据链路层

数据链路层（data link layer）的主要任务是将一条物理传输线路变成一条可靠的逻辑传输信道。在原始的物理传输线路上，如果不加控制，会存在一些未检测出来的传输错误。数据链路层完成这项任务的做法是，让发送方将输入的数据拆开，分装到数据帧（data frame，一般为几百个或者几千个字节）中，然后顺序地传送这些数据帧。如果是可靠的服务，则接收方必须确认每一帧都已经正确地接收到了，即给发送方送回一个确认帧（acknowledgement frame）。

数据链路层上的另一个问题是（大多数高层都有这样的问题），如何避免一个快速的发送方"淹没"掉一个慢速的接收方。所以，往往需要一种流量调节机制，以便让发送方知道接收方当前时刻有多大的接收能力。通常情况下，这种流量调节机制与错误处理机制集成在一起。

对于广播式网络，在数据链路层上还有另一个问题：如何控制共享信道的访问。数据链路层为此设置了一个特殊子层，即介质访问控制子层，就是专门解决共享信道的访问问题的。

（3）网络层

网络层（network layer）控制通信子网的运行过程。网络层面临的一个关键问题是需要确定如何将数据分组从源节点路由到目的节点。从源节点到目的节点的路径选择通常建立在路由表的基础之上，这些表相当于网络的"布线"图，而且路由表会根据通信子网的当前情况（例如链路故障、流量变化等）进行修正。

如果有太多的分组同时出现在一个通信子网中，那么这些分组彼此之间有时会相互妨碍，从而形成传输瓶颈，这个瓶颈的解决依赖于网络层的拥塞控制机制。此外，如何提供更好的服务质量（比如延迟、传输时间、抖动等）也是网络层需要考虑的问题。

当一个分组必须从一个网络传输到另一个网络才能够到达目的节点时，这种跨网传输可能会产生很多问题，例如，第二个网络所使用的编址方案可能与第一个网络不同；第二个网络可能根本不能接受这个分组，因为它太大了；两个网络所使用的协议也可能不一样，等等。网络层应负责解决这些协议异构问题，从而允许不同种类的网络可以互联起来。

在广播式网络中，路由问题比较简单，所以网络层往往比较薄弱，甚至根本不需要存在。

（4）传输层

传输层（transport layer）的基本功能是接收来自上一层的数据，并且在必要时把这些数据分割成较小的单元，然后把这些数据单元传递给网络层，并且保证这些数据单元都能够正确地到达目的端。所有这些功能都必须高效率地完成，并且必须使上面各层不受低层技术变化的影响。

传输层还决定了将向会话层（实际上最终是向网络的用户）提供哪种类型的服务。其中最为常见的类型是，传输连接充当一个完全无差错（error-free）的点到点信道，此信道按照原始发送的顺序来传输报文或者字节数据。然而，其他类型的传输服务也是可能的，例如传输独立的报文（不保证传送的顺序），将报文广播给多个目的地址等。服务的类型是在建立连接时就确定下来的（需要说明的是，真正完全无错的信道是不可能实现的，人们使用这个术语的真正含义是指，错误的发生概率足够小，甚至于在工程实践中可以忽略这样的错误）。

传输层是一个真正的端到端的层次，所有的处理都是按照从源端到目的端来进行的。换句话说，源主机上的一个程序利用报文头与控制信息，与目的主机上的一个类似的程序进行对话。在其下面的各层上，协议存在于每台主机与它的直接邻居之间，而不存在于最终的源主机和目的主机之间，源主机和目的主机可能被许多中间路由器隔离开了。第 1 层到第 3 层是被串联起来的，是点到点的（point-to-point）；而第 4 层到第 7 层是端到端的（end-to-end）。

（5）会话层

会话层（session layer）的功能是在传输层服务的基础上增加控制会话的机制，建立、组织和协调应用进程之间的交互过程。

会话类似于两个人之间的交谈。交谈也是靠某些约定使双方有序并完整地交换信息。交谈中需要协调控制因素的一个例子是半双工方式，即对话双方交替地谈话，发言权的交替往往靠约定俗成的表情、手势、语气等协调。另一个例子是同步，即一方因外界干扰或注意力不集中等未听清对方的话，可请对方重复，使听方和说方同步起来。

会话层提供的基本服务是为用户建立、引导和释放会话连接。会话层提供的会话服务种类包括双向同时（双工）、双向交替（半双工）和单向（单工）。会话管理的一种方式是令牌管理，只有令牌持有者才能执行某种操作。

另一种会话层服务是同步。一个会话连接可能持续较长的时间，若在会话连接即将结束时出现故障，则整个会话活动都要重复一遍，这显然不合理。会话层设置了同步控制功能，在一个会话连接中设置了一些同步点，这样当出现故障时，会话活动可以在故障点之前的同步点开始执行，而不必从头开始，使得重发数据降至最少。

（6）表示层

表示层（presentation layer）定义用户或应用程序之间交换数据的格式，提供数据表示之间的转换服务，保证传输的数据到达目的端后意义不变。由于各种计算机都可能有自己描述数据的方法（也被称为"局部语法"），因此不同类型计算机之间的数据传输一般要经过一定的数据转换才能保持数据的意义不变。如同一个中国人用汉语"新年好"打电话向一个美国人表示新年的问候，应该翻译为"Happy New Year"给美国人，才保持了原始转达的语义。表示层的功能是对源端计算机内部的数据结构编码，形成适合于网络传输的数据流（符合"传输语法"要求），到了目的端计算机再进行解码，转换成目的端用户所要求的格式（符合目标端"局部语法"要求），保持传输数据的语义不变。

数据转换工作包括不同类型计算机中内部格式的转换、密码转换和媒体文件的压缩转换等。计算机的内部格式指的是字符集的编码方法、整数和浮点数的表示方法等。密码转换是为了实现数据的保密，为此在发送时将数据转换成密文而在接收时将密文恢复成原来形式。媒体文件压缩包括静止和运动图像的编码方法和格式标准，如PEG和MPEG等。

抽象语法标记（abstract syntax notation.1，ASN.l）是表示层定义的用来表示各种应用协议数据单元的数据类型的工具，是一种数据类型的通用描述语言。

（7）应用层

应用层（application layer）直接面向用户应用，为用户提供对各种网络资源的访问服务。OSI应用层标准已经规定的一些应用协议包括虚拟终端协议（virtual terminal protocol，VTP），文件传送、存取和管理（file transfer access and management，FTAM），作业传送与操纵（job transfer and management，JTM），远程数据库访问（remote database access，RDA），报文处理系统（message handling system，MHS）等。

2.3.2　TCP/IP参考模型

Internet是基于TCP/IP技术的，使用的是TCP/IP参考模型（通常被称为TCP/IP协议集），该模型分为4个层次，自下而上分别是网络接口层、网际层、传输层和应用层，不过，TCP/IP参考模型并没有定义网络接口层的具体内容。图2-8给出了TCP/IP参考模型的层次结构以及与OSI参考模型的对应关系。

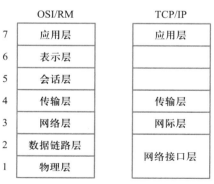

动画资源2-2：ISO数据传输流程

图2-8　TCP/IP与OSI层次对应关系

（1）网络接口层

网络接口层（host-to-network layer）负责将网际层的IP分组通过物理网络发送，或从物理网络接收数据帧，抽取出 IP 分组提交给网际层。TCP/IP 参考模型并没有定义具体的网络接口层协议，其目的旨在提供灵活性，以适用于不同的物理网络，可以使用的物理网络种类很多，如各种 LAN、MAN、WAN 甚至点对点链路，等等。物理网络不同，其对应的接口也不同，但网络接口层的定义使得上层的 TCP/IP 协议簇和底层的物理网络无关。

严格说来，TCP/IP 参考模型的网络接口层并不是一个独立的层次，只是一个接口，TCP/IP 参考模型并没有对它定义具体的内容。网络接口层对应 OSI 的 1~2 层，即物理层和数据链路层。

在 Internet 世界中，物理网络是一个经常使用的概念，它位于网际层之下。各种物理网络的差异可能很大，比如 LAN、MAN 和 WAN 的网络跨距就相差很大，不同物理网络的编址方式、数据格式也可能不同。在 TCP/IP 参考模型中，各种物理网络都是 Internet 的构件，在 IP 分组的传输过程中，它们只是作为两个相邻路由节点之间的一条传输通道而已。

TCP/IP 参考模型的基本目标就是使各种各样的物理网络互联，它给物理网络技术的发展更新留下了广阔的自由空间，Internet 经过短暂的时间就发展到如今覆盖全球的巨大规模正是对这一设计目标的最好回报。

（2）网际层

网际层（Internet layer）也称互联网层。网际层提供的是一种无连接、不可靠但尽力而为的数据报传输服务，将分组从源主机传送到目的主机。从一台主机传送到另一台主机的数据报可能会通过不同的路由，且数据报可能出现丢失、乱序等。为了达到高效的数据报传输速率，网际层放弃了一些并非必需的可靠性操作。

网际层传送的数据单位是 IP 分组。网际层最主要的协议是网际协议，即 IP。与 IP 配套的其他协议还有地址解析协议（address resolution protocol，ARP）、Internet 控制报文协议（Internet control message protocol，ICMP）等。

（3）传输层

传输层（transport layer）也称为运输层。传输层为应用进程提供端到端的传输服务，为应用进程提供一条端到端的逻辑信道，端到端的逻辑信道存在于源节点和目的节点的两个传输层实体之间，不涉及网络中的路由器等中间节点。

传输层主要提供了两个协议，即传输控制协议（transmission control protocol，TCP）和用户数据报协议（user datagram protocol，UDP）。

TCP 提供面向连接的可靠的端到端的传输服务，它可在低层不可靠的情况下（如出现分组传输的丢失、乱序等）提供可靠的传输服务。为此 TCP 需要额外增加许多开销，提供一些必要的传输控制机制，以保证数据传输按序、无丢失、无重复、无差错。

UDP 则提供无连接、不可靠的端到端的传输服务。在数据传输之前，不需要先建立连接，而且接收方在收到 UDP 数据报文之后也不需要给出任何应答信息。显然这减少了很多为保证可靠传输而附加的额外开销，因而它的传输效率高。在某些应用场合下，这是一种非常有效的传输方式。

（4）应用层

应用层（application layer）提供面向用户的网络服务，它对应OSI的高三层，即取消了OSI的表示层和会话层，将这两个层次的有效功能集中到应用层上。

TCP/IP参考模型的应用层已经存在许多面向特定应用的著名协议，如文件传输协议（FTP）、远程通信协议（Telnet）、简单邮件传送协议（SMTP）、域名系统（DNS）、超文本传输协议（HTTP）和简单网络管理协议（SNMP）等。FTP协议用来控制网络上两个远程主机之间的文件传送。Telnet远程通信协议亦称远程终端访问协议，用于本地用户登录到远程主机以访问远程主机的资源。SMTP是一个简单的面向文本的传输协议，用于有效地传输邮件。DNS是一个名字服务协议，它提供主机域名到IP地址之间的转换。HTTP用于万维网的信息传输，SNMP用于网络管理。

**2.3.3　OSI与TCP/IP参考模型比较

OSI参考模型和TCP/IP参考模型有很多共同点。两者都是以协议栈的概念为基础，并且协议栈中的协议彼此相互独立。同时，两个模型中各个层次的功能也大体相似。例如，在两个模型中，传输层以及传输层以上的各层都是为希望进行通信的进程提供了一种端到端的、与网络无关的传输服务，这些层形成了传输提供方。另外，在这两个模型中，传输层之上的各层都是传输服务的用户，并且都是面向应用的用户。

除了上述基本的相似之处以外，两个模型也有许多不同的地方，本小节重点介绍两个模型之间的关键差别。值得指明的是，这里比较的是参考模型，而不是对应的协议。

对于OSI模型，它的核心在于明晰了下面3个概念，即服务、接口和协议。OSI模型最大的贡献是使这三个概念的定义和区别变得清晰、明了。每一层都为它的上一层提供一定的服务。服务的定义指明了该层做些什么，而不是上一层的实体如何访问这一层，或这一层是如何工作的。

每一层的接口告诉它上层实体应该如何访问本层的服务。它规定了有哪些参数以及结果是什么。但是它并没有说明本层内部是如何工作的。

最后，每一层上用到的对等协议是本层自己内部的事情。它可以使用任何协议，只要它能够完成任务（也就是说提供所承诺的服务）。它也可以随意地改变协议，而不会影响上面的各层。

这些思想与现代的面向对象的程序设计思想非常吻合。一个对象就如同一个层次一样，它有一组方法（或者叫操作），对象之外的过程可以调用这些方法。这些方法的语义规定了该对象所提供的服务集合。方法的入口参数和返回结果构成了对象的接口，对外是可见的。对象的内部代码是它的协议，对于外部而言是不可见的，也不需要被外界关心。

TCP/IP参考模型被大家习惯性地称为TCP/IP协议集，是因为它的产生过程是按需设计协议，所有这些协议构成了以TCP和IP为代表的协议集，这个协议集的本质就是一种网络体系结构。因此，它在最初并没有明确地区分服务、接口和协议三者之间的差异，在它成型之后，人们努力对它做了改进，以便更加接近于 OSI 模型。

因此，OSI 模型中的协议比 TCP/IP 模型中的协议有更好的隐蔽性，当技术发生变化时，OSI 模型中的协议相对更加容易被替换为新的协议。最初采用分层协议的主要目的之一就是能够做这样的替换。

OSI 参考模型是在协议制定之前就已经产生的。这种顺序关系意味着 OSI 参考模型不会偏向于任何某一组特定的协议，因而该模型更加具有通用性。这种做法的缺点是，设计者在这方面没有太多的经验可以参考，因此不知道哪些功能应该放在哪一层上。例如，数据链路层最初只处理点到点网络，因此当广播式网络出现以后，必须在模型中嵌入一个新的子层。当人们使用 OSI 参考模型和已有的协议来建立实际的网络时，才发现这些网络并不能很好地匹配所要求的服务规范，这使得当初的设计者感到万分的惊讶！因此不得不在模型中加入一些子层，以便提供足够的空间来弥补这些差异。另外，标准委员会最初期望每一个国家都将有一个由政府来运行的网络并使用 OSI 参考模型，所以根本不考虑网络互联的问题。

而 TCP/IP 参考模型却正好相反：协议先出现。TCP/IP 参考模型只是这些已有协议的一个描述而已。所以，协议一定会符合模型，而且两者确实吻合得很好。唯一的问题在于，TCP/IP 参考模型并不适合任何其他的协议栈，因此，要想描述其他非 TCP/IP 网络，该模型并不是很有用。本书的后续章节还是使用大家都习惯的方式来称呼它，即 TCP/IP 协议集。

接下来从模型的基本思想转到更为具体的方面上来，它们之间一个很显然的区别是所划分层次的数目：OSI 参考模型有 7 层，而 TCP/IP 参考模型只有 4 层。它们都有网络层（或者网际层）、传输层和应用层，但是其他的层并不相同。

另一个区别在于无连接的和面向连接的通信范围有所不同。OSI 参考模型的网络层同时支持无连接和面向连接的通信，但是传输层上只支持面向连接的通信，这是由该层的特点所决定的（因为传输服务对于用户是不可见的）。TCP/IP 参考模型的网际层上只有一种模式（即无连接通信），但是在传输层上同时支持两种通信模式，这样可以给用户一个选择的机会。这种选择机会对于简单的请求—应答方式的应用显得特别重要。

2.4 五层网络参考模型

**2.4.1 OSI 与 TCP/IP 参考模型的评价

OSI 参考模型与 TCP/IP 参考模型的共同之处在于它们都采用了层次结构的概念，在传输层中两者定义了相似的功能。但是，两者在层次划分与使用的协议上有很大区别。无论是 OSI 参考模型与协议，还是 TCP/IP 参考模型与协议都不是完美的，对两者的评论与批评都很多。OSI 参考模型与协议的设计者从工作的开始，就试图建立一个全世界范围的计算机网络都要遵循的统一的标准。从技术角度，他们希望追求一种完美的理想状态。在 20 世纪 80 年代几乎所有专家都认为 OSI 参考模型与协议将风靡世界，但事实却与人们预想的相反。

造成OSI参考模型不能流行的原因之一是模型与协议自身的缺陷。大多数人都认为OSI参考模型的层次数量与内容可能是最佳的选择，其实并不是这样的。会话层在大多数应用中很少用到，表示层几乎是空的。在数据链路层与网络层有很多的子层插入，每个子层都有不同的功能。OSI参考模型将"服务"与"协议"的定义结合起来，使得参考模型变得格外复杂，实现起来是困难的。同时，寻址、流量控制与差错控制在每一层里都重复出现，必然要降低系统效率。关于数据安全性、加密与网络管理等方面的问题也在参考模型的设计初期被忽略了。

有人批评OSI参考模型的设计更多是被通信的思想所支配，很多选择不适合于计算机与软件的工作方式。很多"原语"在软件的高级语言中实现起来是容易的，但严格按照层次模型编程的软件效率很低。尽管OSI参考模型与协议存在着一些问题，但至今仍然有不少组织对它感兴趣，尤其是欧洲的通信管理部门。

总之，OSI参考模型与协议缺乏市场与商业动力，结构复杂，实现周期长，运行效率低，这是它没有达到预想目标的重要原因。

TCP/IP参考模型与协议也有自身的缺陷，主要表现在以下方面。

① TCP/IP参考模型在服务、接口与协议的概念区别上不是很清楚。一个好的软件工程师在实践中都要求区分哪些是规范，哪些是实现，这一点OSI模型非常谨慎地做到了，而TCP/IP参考模型恰恰没有很好地做到这点。因此，在使用新技术设计新的网络时，TCP/IP参考模型不是一个很好的参照。

② TCP/IP参考模型不通用，它不适合于用来描述TCP/IP之外的任何其他协议栈。

③ 在网络分层结构中，TCP/IP参考模型的网络接口层并不是常规意义上的层次概念。它实际上只是一个位于网络层和数据链路层之间的接口，而接口和层的区别在分层网络结构中十分重要。

④ TCP/IP参考模型没有区分（甚至没有提及）物理层和数据链路层。而这两个层次是完全不同的，物理层必须考虑不同传输介质的物理传输特征，但数据链路层的任务则是确定帧的边界，并按照预期的可靠程度将这些帧从一端发送到另一端。一个好的参考模型应该将它们区分开来，而TCP/IP参考模型却没有做到这点。

但是，自从TCP/IP参考模型在20世纪70年代诞生以来已经历了50多年的实践检验，其已经成功赢得了大量的用户和投资。TCP/IP参考模型的成功促进了Internet的发展，Internet的发展又进一步扩大了TCP/IP参考模型的影响。

2.4.2 五层网络参考模型

无论是OSI还是TCP/IP参考模型与协议，都有它成功的一面和不足的一面。国际标准化组织ISO原本计划通过推动OSI参考模型与协议的研究来促进网络的标准化，但事实上其目标没有达到。而TCP/IP参考模型利用正确的策略，伴随着Internet的发展而成为目前公认的工业标准。在网络标准化的进程中始终面对这样一个艰难的抉择。OSI参考模型由于要照顾各方面的因素，使得它变得大而全，效率很低。尽管它是一种理想化的网络模型，至今没有流行起来，但它的很多研究思想、方法和成果以及提出的概念对于今后的网络发展还是有很好的指导意义。TCP/IP 参考模型应用广泛，赢得了市场，但它的参考模型研究却很薄弱。

为了保证"计算机网络"课程教学的科学性和系统性，本书遵循网络界的主流观点（由 Andrew S. Tanenbaum 首先提出），使用一种虚构的网络参考模型来描述网络体系结构。这是一种折中的方案，它吸收了 OSI 参考模型和 TCP/IP 参考模型的优点，该参考模型将网络划分为 5 个功能明确的层次，如图 2-9 所示。与 OSI 参考模型相比，缺少了表示层和会话层，与 TCP/IP 参考模型相比，用物理层和数据链路层替代空洞的网络接口层。在此需要提醒的是，网络功能与网络层次并没有绝对的绑定关系，一个特定的网络功能可以在不同的层次上出现，也可以同时在多个层次上出现；换言之，不同参考模型间的同一层次并非完全相同，只是它们的主要功能相同而已。尽管五层网络参考模型没有会话层和表示层，但并不意味着 OSI 参考模型定义在这两个层次上的网络功能全部被取消。事实上，取消的仅是那些定义不是很明确的功能，而定义明确的功能（如数据压缩表示）则被放置到应用层上了。

OSI	TCP/IP	5层体系结构
高层（5~7）	应用层	应用层
传输层（4）	传输层	传输层
网络层（3）	网际层	网络层
数据链路层（2）	网络接口层	数据链路层
物理层（1）		物理层

图 2-9　五层参考模型

小　　结

计算机网络体系结构是计算机网络的基础与灵魂，只有深入理解了计算机网络体系结构定义的各个术语才能够对现有网络进行分析和改造，如果要设计全新的计算机网络，首要问题就是确定网络的体系结构，否则就无法实现相应的层次主题。

本章通过一个现实生活中的交互实例介绍了计算机网络分层思想的由来，解释了计算机网络的层次设计主题，定义了网络体系结构相关的基本术语，如实体、协议、接口、服务、数据单元、服务分类、服务原语等；在此基础上分析了 ISO/OSI 参考模型和 TCP/IP 参考模型的功能特征及优缺点，并引出了与实际网络对应的五层网络参考模型，即物理层、数据链路层、网络层、传输层以及应用层。

习　　题

1. 填空题

（1）计算机网络层次结构模型和各层协议的集合称为计算机网络_____。

（2）ISO/OSI中OSI的含义是_____。

（3）TCP/IP参考模型从下向上将网络分为网络接口层、_____、_____和_____四个层次。

（4）OSI环境下，下层能向上层提供两种不同形式的服务，即_____和_____。

（5）在OSI参考模型中，对等实体在一次交互作用中传输的数据单元称为_____，它包括控制信息和用户数据两部分。

2. 选择题

（1）完成路由选择功能是在OSI模型的（　　）。

　　A. 物理层　　　　　B. 数据链路层　　　C. 网络层　　　　　D. 运输层

（2）网络协议组成部分为（　　）。

　　A. 数据格式、编码、信号电平　　　　B. 数据格式、控制信息、速度匹配

　　C. 语法、语义、定时关系　　　　　　D. 编码、控制信息、定时关系

（3）协议是（　　）之间进行通信的规则或约定。

　　A. 同一节点的上下层实体　　　　　　B. 不同节点的上下层实体

　　C. 同一节点的对等实体　　　　　　　D. 不同节点的对等实体

（4）在TCP/IP体系结构中，与OSI参考模型的网络层对应的是（　　）。

　　A. 网络接口层　　　B. 网际层　　　　　C. 传输层　　　　　D. 应用层

（5）下列选项中，不属于网络体系结构所描述的内容是（　　）。

　　A. 网络的层次　　　　　　　　　　　B. 每一层使用的协议

　　C. 协议的内部实现细节　　　　　　　D. 每一层必须完成的功能

（6）在OSI参考模型中，自下而上第一个提供端到端服务的层次是（　　）。

　　A. 数据链路层　　　B. 传输层　　　　　C. 会话层　　　　　D. 应用层

（7）（　　）是各层向其上层提供的一组操作。

　　A. 网络　　　　　　B. 服务　　　　　　C. 协议　　　　　　D. 实体

（8）TCP/IP体系结构的网际层提供的服务是（　　）。

　　A. 无连接不可靠的数据报服务　　　　B. 无连接可靠的数据报服务

　　C. 有连接不可靠的虚电路服务　　　　D. 有连接可靠的虚电路服务

（9）在OSI参考模型中，（n）层与它之上的（$n+1$）层的关系是（　　）。

　　A.（n）层为（$n+1$）层提供服务

　　B.（$n+1$）层为从（n）层接收的报文添加一个报头

  C.（n）层使用（$n+1$）层提供的服务

  D.（n）层与（$n+1$）层相互没有影响

（10）TCP/IP 的网络接口层对应 OSI 的（ ）。

  A. 物理层与传输介质   B. 链路层与网络层

  C. 网络层与传输层   D. 物理层与链路层

3. 简答题

（1）什么是网络体系结构？请说出使用分层思想的理由。

（2）什么是实体？什么是对等实体？

（3）面向连接服务和无连接服务的主要区别是什么？

（4）OSI 网络参考模型定义了哪些数据单元？

（5）有两个网络都可以提供可靠的面向连接的服务。其中一个提供可靠的字节流，另一个提供可靠的报文流。这两者是否相同？请给出一个例子予以说明。

（6）一个计算机网络系统有 n 层协议的层次结构。应用程序产生的消息的长度为 M 字节，在每一层上需要加上一个 h 字节的头部。请问：这些头部需要占用多少比例的网络带宽？

（7）协议与服务有何区别？有何关系？

（8）分层网络体系结构中，各层次面临的设计主题有哪些？

（9）列出 OSI 参考模型和 TCP/IP 参考模型的相同点和不同点。

第3章 应 用 层

电子教案:
第3章 应用层

大多数的网络用户是通过应用程序调用应用层协议来完成各种各样的网络服务的，特别是Internet（因特网）的应用已成为科技发展对社会生活产生重大影响的范例。除了传统的远程登录、文件传输、域名服务、邮件传输、内容包罗万象的万维网等，近年来不断有新的网络应用得到广泛的使用和飞速的发展，例如即时通信、社交网络以及以音视频直播、点播、视频会议、虚拟现实/增强现实等为代表的网络多媒体应用等。本章将介绍Internet应用层协议的工作原理及其代表协议，并对网络应用的发展趋势进行展望。

拓展阅读3–1:
虚拟现实/增强
现实

3.1 应用层概述

网络的应用层是用户访问网络的接口，由于用户要求网络完成的服务千差万别，因此应用层的协议在所有的层次中也是最丰富的。

一般情况下，用户并不直接使用应用层协议，而是通过应用层代理程序间接地调用应用层协议完成特定的功能。下面以远程文件传输协议（file transfer protocol，FTP）为例说明应用层协议的工作原理。在图3–1中，主机A的用户希望通过FTP从FTP服务器（图3–1中的主机B）下载文件，一般情况下，用户是通过某种FTP的客户机程序（如CuteFTP、LeapFTP等程序）完成这个FTP下载过程的。FTP客户机程序就属于应用层的代理程序，其主要功能如下。

① 为用户提供一个调用FTP的接口，用户可以通过这个接口方便地调用FTP完成文件的下载、上传等操作。并且，用户在完成这些操作时不必关心FTP实现的细节，例如数据格式。

② 按照用户输入的指令调用FTP完成下载任务。即FTP客户机程序必须实现FTP的具体协议。FTP的实现是建立在传输层的传输控制协议（transmission control protocol，TCP）基础上的。

③ 为用户提供与FTP相关的各种管理功能，例如，建立新的下载目录，管理FTP服务器地址等。这些管理功能是和具体的FTP完全无关的，这部分也就是图3–1中FTP之外的部分。

从上述例子的描述过程中还可以看到，一个应用层协议的设计主要包括以下内容。

① 应用层协议采用传输层的哪种协议，是面向连接的TCP，还是无连接的用户数据报协议（user datagram protocol，UDP）。

② 在对等应用层实体间传送的数据单元的类型以及格式。

③ 对等应用层实体间通信的规则及时序关系。

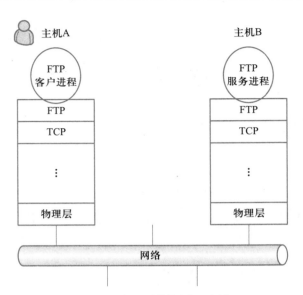

图3-1 应用层协议原理示例

在本书第4章将详细介绍TCP和UDP的工作原理，为了确定某种应用层协议在传输层到底应该采用哪种协议，必须明确不同应用层协议的应用需求以及TCP和UDP提供服务的差别。

应用层对传输层服务质量主要是通过以下参数来衡量：数据传输的可靠性、传输时延、系统资源消耗以及带宽等。当数据传输的性能必须让位于数据传输的完整性、可控性和可靠性时，TCP是好的选择。当强调传输性能而不是传输的完整性时，如音频和多媒体应用，UDP则是好的选择。并且，在数据传输时间很短，以至于此前的连接过程成为整个流量主体的情况下，UDP也是一个好的选择。

Internet上的网络应用大部分采用客户机/服务器（Client/Server或C/S）模式，客户机/服务器一般分别处在网络上的两台计算机上，客户机程序的任务是将用户的要求提交给服务器程序，再将服务器程序返回的结果以特定的形式返回给客户机并显示给用户。客户机/服务器模式是一种软件系统体系结构，通过它可以充分利用两端硬件环境的优势，将任务合理分配到客户机和服务器来实现，这样有利于降低系统的通信开销。网络应用模式的演变将在3.7.1小节中进行介绍。

3.2 域 名 系 统

微视频3-1：
域名系统

为了把数据送到正确的目的主机，就必须给每个主机进行编址。例如在Internet中，每个主机需要有一个IP地址，路由器是按照IP地址进行转发的。第5章将详细地介绍IP地址，这里有必要简单地介绍一下，IPv4地址由4个字节组成，用"."分隔的十进制数为一个字节，如202.117.35.160。由于4个字节的IP地址很难记忆，为此在Internet上设计了域名（domain name）这样一种有联想意义、方便记忆的地址。用户可以使用域名来指定目的节点，但是Internet中的路由节点却只能使用IP地址进行路由和转发，因此，在数据发送前必须通过某种机制来完成从域名到IP地址的转换。

拓展阅读3-2：
RFC：DNS

3.2.1 DNS域名系统

Internet的前身ARPANET发展初期规模非常小，因此一直到20世纪70年代末，从主机名（域名前身）到IP地址的映射还是通过网络信息中心主机上维护的一个数据文件来实现的，网络上所有其他主机通过下载该文件获得主机名到IP地址的最新映射。但随着主机数量的急速增长，通过"主机表"来完成地址映射的方式暴露出明显的缺点，例如，发布新版本"主机表"对网络带宽的消耗指数级增长，按区域的地址分配和管理机制导致网络信息中心对"主机表"的维护带来困难等。为了解决这个问题，引入了域名系统（domain name system，DNS）[RFC 1304]。

DNS域名系统的设计目标如下。

① 为访问网络资源提供一致的名字空间。

② 从数据库容量和更新频率方面考虑，必须实施分散的管理，通过使用本地缓存来提高性能。

③ 在获取数据的代价、数据更新的速度和缓存的准确性等方面折中。

④ 名字空间适用于不同协议和管理办法，不依赖于通信系统。

⑤ 具有从个人机到大型主机各种主机的适用性。

Internet中的域名空间被设计成树状层次结构，如图3-2所示。类似于UNIX的文件系统结构，最高级的节点称为"根"（Root），根以下是顶层子域，再以下是第二层、第三层……。每个域对它下面的子域和主机进行管理。在这个树状图中的每个节点都有一个标识（label），标识可以包含英文大小写字母、数字和下画线，节点的域名是由该节点到根所经节点的标识顺序排列而成的。域名可以包含英文大小写字母、数字和下画线，并且由"."所分开的字符数字串所组成。例如www.xjtu.edu.cn。域名是大小写无关的，例如"edu"和"EDU"相同。域名最长255个字符，每部分最长63个字符。

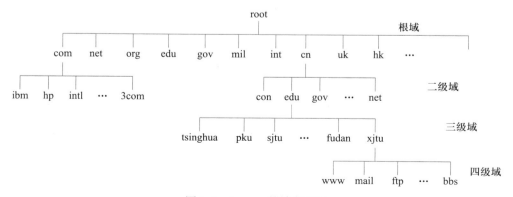

图3-2 Internet的域名空间

Internet 的顶级域名分为组织结构和地理结构两种命名方式。按照组织结构有 com、edu、net、org、gov、mil、int 等，分别表示商业组织、大学等教育机构、网络组织、非商业组织、政府机构、军事单位和国际组织等；按照地理结构，美国以外的顶层子域，一般是以国家名的两字母缩写表示，如中国 cn，英国 uk，日本 jp 等。

3.2.2　DNS 域名服务器

为了庞大的 Internet 的日常运作，DNS 使用了大量服务器，以层次型结构分布在世界各地。每台 DNS 服务器只能存储部分 DNS 数据，但所有的 DNS 服务器之间都存在某种形式的映射。一般来说，DNS 服务器可以分成三种类型。

本地域名服务器（local name server）：每个 Internet 服务提供商（Internet service provider，ISP），如大学、学术机构、企业等，都有本地域名服务器（首选 DNS 服务器）。本地域名服务器一般距用户较近，例如，校园网中的域名服务器与用户主机往往在同一个局域网中，本地 DNS 服务器为本地用户提供快速的 DNS 解析服务。

根域名服务器（root name server）：在 Internet 中有十几个这样的服务器，大部分在北美地区。当本地域名服务器不能满足用户查询要求，它会转而向根域名服务器发出查询，根域名服务器可以直接以所查询主机的 IP 地址回复（前提是在根域名服务器存有该主机的记录），或者再向所查询主机注册的授权域名服务器查询，最后将查询结果返回给发出查询的主机。

授权域名服务器（authoritative name server）：授权域名服务器负责本域名及下一级域名的分配和管理，例如，.cn 的授权域名服务器负责着所有 .cn 下的二级域名的分配和管理。每台提供服务的 Internet 主机都应该在上级的授权域名服务器进行注册。一般的授权域名服务器就是用户所在 ISP 的本地主机中的 DNS 服务器，许多本地域名服务器同时也是授权域名服务器。

在 DNS 服务器的数据库中采用资源记录来表示主机和子域的信息，当应用程序进行域名解析时，得到的便是域名所对应的资源记录。资源记录采用如下五元组的形式：

（域名 domain_name，生存时间 Time_to_live，类型 Type，类别 Class，值 Value）

其中，生存时间限定了超时间隔，一旦超时，资源记录将被删除；而其他字段的含义和取值是由类型字段确定的。常用的类型有以下几种。

① 始授权机构（start of authority，SOA）：它表示最初创建它的 DNS 服务器或现在是该区域的主服务器的 DNS 服务器。它还用于存储会影响区域更新或过期的其他属性，如版本信息和计时。在创建新区域时，该资源记录被自动创建，并且是 DNS 数据库文件中的第一条记录。

② 名字服务器（name server，NS）：也被称为服务器记录，用于说明这个区域有哪些 DNS 服务器负责解析，SOA 记录说明负责解析的 DNS 服务器中哪一个是主服务器。创建新区域时，该资源记录被自动创建。

③ 主机地址（address，A 或 AAAA）：记录 DNS 域名对应的 IPv4 或者 IPv6 地址。

④ 指针（point，PTR）：反向资源记录，记录IP地址对应的DNS域名。

⑤ 邮件交换器资源记录（mail exchange，MX）：记录DNS域名对应的邮件服务器。

⑥ 别名（canonical name，CNAME）：记录DNS域名是另一个域名的别名。

3.2.3　DNS域名解析过程

域名系统采用客户机/服务器模式，并使用分布式数据库实现这种命名机制。DNS将域名空间划分为许多无重叠的区域（zone），每个区域覆盖了域名空间的一部分并设有本地域名服务器（local name server）对这个区域的域名进行管理；区域的边界划分是人工设置的，比如，edu.cn、xjtu.edu.cn、cs.xjtu.edu.cn是三个不同的区域，分别有各自的域名服务器。在每个区域中，有一个主域名服务器（primary server），用于管理域中的主文件数据；若干个备份域名服务器（secondary server），为主域名服务器提供备份；若干缓存服务器（cache-only server），缓存从其他域名服务器获得的信息，以加速查询操作。

> 实验3-1：
> DNS的认知

一个域名服务器还可以将自己管理的区域进行划分和委托授权，但是仍然管理着部分域名；在这种情况下，域名的管理就由它自己和授权域名服务器共同完成。

下面举例说明域名解析的过程。假设一个用户在其某个应用程序（如浏览器）中输入了如下域名：www.xjtu.edu.cn，这时域名的解析按照如下过程进行。

> 动画资源3-1：
> DNS查询过程1

① 应用程序向解析器传送要查询的域名www.xjtu.edu.cn。

解析器（resolver）的作用是按照客户程序的要求从域名服务器中查询指定的域名。解析器至少记录着一个能直接访问的域名服务器，通过这个域名服务器直接获取IP地址信息或利用域名服务器提供的索引，向其他域名服务器继续查询。解析器一般是用户应用程序可以直接调用的系统进程，不需要附加任何网络协议。

如果解析器本身的缓存数据中包含了要查询的域名，则直接返回；否则继续执行下面的步骤，直到查询到域名对应的IP地址。

> 动画资源3-2：
> DNS查询过程2

② 解析器向本地域名服务器传送要查询的域名，如果本地域名服务器的缓存数据中包含了要查询的域名，则返回；否则继续执行第③步。

③ 本地域名服务器向根域名服务器传送要查询的域名，根域名服务器通过向下的层次查询得到对应的资源记录，返回给本地域名服务器。

在这个例子中，根域名服务器依次查询管理.cn、.edu.cn、.xjtu.edu.cn的域名服务器，即可获得域名www.xjtu.edu.cn对应的IP地址。

根域名服务器通常情况并不存储关于域名的任何信息，只负责将顶级域名授权委派给其他的授权服务器，并记录对这些服务器的引用。目前，在全球范围内共有13个域名根服务器。其中，1个主根服务器，位于美国；其余12个均为辅根服务器，分别位于美国（9个）、欧洲（2个，分别位于英国和瑞典）、亚洲（1个，位于日本）。所有的根服务器均由ICANN（Internet名称与数字地址分配机构）统一管理。 另外，常用的顶级域名.com和.net在全球范围也有13个服务器，分别位于美国（8个）、英国（1个）、瑞典（1个）、荷兰（1个）、日本

（1个）和中国香港（1个）。它与国内的 .cn 服务器同属一个级别。

从向根域名服务器发送请求到最终在管理.xjtu.edu.cn的DNS服务器中找到其所对应的IP地址这个过程中，需要经历多次查询过程，这个过程可以直接由根域名服务器来完成（这种方式称为递归方式）；也可以在根域名服务器查询到顶级域名服务器后，随后的查询由本地DNS服务器来完成（这种方式称为迭代方式）。由于所有的请求都会发送给根域名服务器，因此采用迭代方式可以避免根服务器成为瓶颈。

④ 最后资源记录（RR）被返回给发起域名解析的机器，并在该区域的域名服务器中做缓存，超时后删除。

DNS服务器的域名解析在传输层同时支持TCP和UDP两种协议，并且端口号都是53。但是，大多数的查询都是基于UDP的，一般需要使用TCP查询的情况主要有以下两种。

① 当DNS查询数据过大以至于产生了数据截断时，需要利用TCP的分片能力来进行数据传输。

② 当主DNS服务器和备份DNS服务器之间传送大量区域信息时。

3.3 电子邮件系统

电子邮件（E-mail）是Internet上使用得最多的和最受用户欢迎的一种应用。电子邮件将邮件发送到ISP的邮件服务器，并放在其中的收信人邮箱（mailbox）中，收信人可随时上网到ISP的邮件服务器进行读取。电子邮件不仅使用方便，而且还具有传递迅速和费用低廉的优点。现在电子邮件不仅可传送文字信息，而且还可附上声音和图像。

最初的电子邮件系统的功能很简单，邮件无标准的内部结构格式，计算机很难对邮件进行处理；用户接口也不好；用户将邮件编辑完毕后必须退出邮件编辑程序，再调用文件传送程序方能传送已编辑好的邮件。但经过人们的努力，在1982年制定了电子邮件标准——简单邮件传送协议（simple mail transfer protocol，SMTP）[RFC 821]和Internet文本报文格式[RFC 822]，它们目前仍然是Internet最主要的电子邮件标准。

拓展阅读3-3：
RFC：SMTP

拓展阅读3-4：
MIME消息格式

由于SMTP只能传送可打印的ASCII码邮件，因此在1996年又制定了新的电子邮件标准[RFC 2045][RFC 2046]，即"通用Internet邮件扩充"（multipurpose Internet mail extensions，MIME）。MIME在其邮件首部中说明了邮件的数据类型（如文本、声音、图像、视像等）。MIME邮件可同时传送多种类型的数据，这在多媒体通信环境下是非常有用的。

拓展阅读3-5：
RFC：MIME媒体类型

3.3.1 电子邮件系统的组成

一个电子邮件系统应具有如图3-3所示的三个主要组成部件，即用户代理（user agent，UA）、邮件服务器以及电子邮件使用的协议。

用户代理就是用户与电子邮件系统的接口，在大多数情况下它就是在用户主机中运行的电子邮件应用程序。用户代理使用户能够通过一个很友好的接口（目前主要是用图形界面）来发送和接收邮件，例如，Outlook Express 和 Foxmail等。用户代理除了收发邮件外，一般还有撰写邮件、显示邮件和管理邮箱等功能。

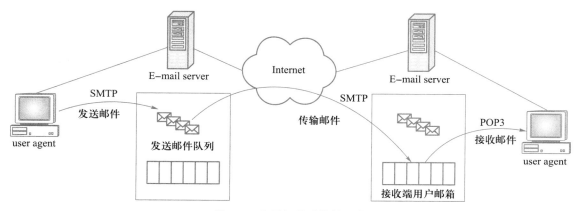

图3-3 电子邮件系统的组成

邮件服务器是电子邮件系统的核心构件，它通常由ISP提供并进行维护。邮件服务器的功能是发送和接收邮件，同时还要向发信人报告邮件传送的情况（已交付、被拒绝、丢失等）。邮件服务器按照客户机/服务器方式工作。邮件服务器需要使用两个不同的协议。一个协议用于发送邮件，如SMTP，而另一个协议用于接收邮件，如邮局协议POP（post office protocol）。

当邮件服务器向另一个邮件服务器发送邮件时，这个邮件服务器就作为SMTP客户机。当邮件服务器从另一个邮件服务器接收邮件时，这个邮件服务器就作为SMTP服务器。

下面就是一封电子邮件的发送和接收过程（参考图3-3）。

① 发信人调用用户代理来编辑要发送的邮件。用户代理用SMTP将邮件传送给发送端邮件服务器。

② 发送端邮件服务器将邮件放入邮件缓存队列中，等待发送。

③ 运行在发送端邮件服务器的SMTP客户进程发现在邮件缓存中有待发送的邮件，就向运行在接收端邮件服务器的SMTP服务器（25号端口）进程发起TCP连接的建立。如果接收服务器关闭，则发送服务器将信件继续保留在信件队列中，并在以后再次尝试发送。

④ 当TCP连接建立后，SMTP客户进程开始向远程的SMTP服务器进程进行握手交互（这同人类见面打招呼类似）。交互内容包括彼此之间的自我（邮件服务器本身的）介绍，邮件中发件人和收件人的邮件地址等（如果邮件收件人的邮箱拼写有误，发送即告结束），如果握手交互成功，则可发送邮件。当所有的待发送邮件发送完了，SMTP就关闭所建立的TCP连接。

⑤ 运行在接收端邮件服务器中的SMTP服务器进程收到邮件后，将邮件放入收信人的用户邮箱中，等待收信人在方便时进行读取。

⑥ 收信人在打算收邮件时，就调用用户代理，使用POP3（post office protocol version 3.0）或IMAP（Internet message access protocol）将自己的邮件从接收端邮件服务器的用户邮箱中取回（如果邮箱中有信）。

细心的读者可能会想到这样的问题，即如果让图3-3中的邮件服务器程序在发送方和接收方的计算机中运行，那么是否就可以将两个用户端的用户代理程序省略呢？答案是否定的。这是因为并非所有的计算机都能运行邮件服务器程序。有些计算机可能没有足够的存储器来运行允许程序在后台运行的操作系统，或可能没有足够的CPU能力来运行邮件服务器程序。更重要的是，邮件服务器程序必须不间断地运行，每天24小时都必须不间断地连接在Internet上，否则就可能使很多外面发来的邮件丢失。这样来看，让用户的计算机运行邮件服务器程序显然是很不现实的（一般用户在不使用计算机时就将其关闭）。让来信暂时存储在ISP的邮件服务器中，而当用户方便时就从邮件服务器的用户信箱中读取信件，是一种比较合理的做法。

3.3.2　简单邮件传送协议 SMTP

简单邮件传送协议（SMTP）是Internet电子邮件的核心。如上所述，SMTP既使用在发送方的邮件服务器向接收方的邮件服务器发送邮件的过程中，又使用在发送方的用户代理向发送方的邮件服务器发送邮件的过程中。SMTP的RFC是在1982年制定的，但SMTP的应用更为久远。SMTP有着许多优点，这从其在Internet上应用广泛的程度就可以看出，但是它也存在着某些严重的不足之处。例如，它规定邮件信体（不仅仅是信件首部）必须是7位ASCII码。这个规定在20世纪80年代，网络通信能力欠缺，邮件没有使用大型附件和图像资料的情况下似乎还有些道理。但在今天多媒体时代已经到来的情况下，这个规定成了Internet应用协议中的一个"永远的痛"——它要求所有的多媒体二进制数据在使用SMTP发送前必须统统转换成ASCII码；传送到目的地后，ASCII码的报文又必须再转换成二进制数据。

由于SMTP使用客户机/服务器模式，因此负责发送邮件的SMTP进程就是SMTP客户机，而负责接收邮件的SMTP进程就是SMTP服务器。

下例说明了使用Telnet和原始的SMTP命令来进行一次邮件发送（其中黑体字是用户输入的信息，其他为系统的响应信息）。Telnet[RFC 854]是一个简单的字符界面的远程终端协议，用户用Telnet就可在其所在地通过TCP连接登录到网络中另一个主机上（使用主机名或IP地址）。Telnet能将用户的键盘输入传送到远程主机，同时也能将该主机的输出通过TCP连接返回到用户屏幕。这种服务是透明的，因为用户感觉到好像键盘和显示器是直接连在该主机上。

```
$ Telnet mail.xjtu.edu.cn 25
Trying 202.117.1.21...
Connected to mail.xjtu.edu.cn.
```

```
Escape character is '^]'.
220 ESMTP¹ ready [202.117.35.70/unknown]
HELO 202.117.35.170
250 HELO：202.117.35.170
MAIL FROM：<guest01@202.117.35.70>
250 OK（eyou mta）
RCPT TO：<comnet@xjtu.edu.cn>
250 OK（eyou mta）
DATA
354 go ahead（eyou mta）
This is a test message.
Be sure is send by Telnet.
.
250 OK：has queued（eyou mta）
QUIT
221 close connection（eyou mta）
Connection closed by foreign host.
```

SMTP十分简单，上面寥寥几条指令就可以把邮件发送出去。从上面的会话过程中可以看到，SMTP的请求消息由4个字母组成，而每一种响应信息一般只有一行信息，由一个3位数字的代码开始，后面附上简单的文字说明。

SMTP规定了14种请求信息和21种响应信息。以下通过SMTP通信的3个阶段介绍其中最主要的请求信息和应答信息。

① 连接建立，发信人先将要发送的邮件送到邮件缓存。SMTP客户每隔一定时间（例如30分钟）对邮件缓存扫描一次。如发现有邮件，就使用SMTP的熟知默认端口（25号）与目的主机的SMTP服务器建立TCP连接。在连接建立后，SMTP服务器发出"220 ESMTP ready"①。然后SMTP客户向SMTP服务器发送HELO请求信息，附上发送方的主机名。SMTP服务器若有能力接收邮件，则回答"250 OK"，表示已准备好接收。若SMTP服务器不可用，则回答"421 Service not available"。如在一定时间内（例如72小时）发送不了邮件，则将邮件退还发信人。

SMTP不使用中间的邮件服务器。不管发送端和接收端的邮件服务器相隔有多远，不管

---

① ESMTP，英文全称是"Extended SMTP"意为扩展SMTP。顾名思义，扩展SMTP就是对标准SMTP进行的扩展。它与SMTP服务的区别仅仅是，使用SMTP发信不需要验证用户账户，而使用ESMTP发信时，服务器会要求用户提供用户名和密码以便验证身份。验证之后的邮件发送过程与SMTP方式没有两样。

在邮件的传送过程中要经过多少个路由器，TCP连接总是在发送端和接收端这两个邮件服务器之间直接建立。当接收端邮件服务器发生故障而不能工作时，发送端邮件服务器只能等待一段时间后再尝试和该邮件服务器建立TCP连接，而不能先找一个中间的邮件服务器建立TCP连接。

② 邮件传送，邮件的传送从MAIL请求信息开始。MAIL请求信息后面有发信人的地址，如MAIL FROM：<guest01@202.117.35.70>。若SMTP服务器已准备好接收邮件，则回答 "250 OK"。否则，返回一个代码，指出原因，如451（处理时出错），452（存储空间不够），500（请求信息无法识别）等。

然后跟着一个或多个RCPT请求信息，取决于将同一个邮件发送给一个或多个收信人，其格式为RCPT TO：<收信人地址>。每发送一个请求信息，都应当有相应的信息从SMTP服务器返回，如 "250 OK" 表示指明的邮箱在接收端的系统中，"550 No such user here" 表示不存在此邮箱。

RCPT请求信息的作用是，先弄清接收端系统是否已做好接收邮件的准备，然后才发送邮件。这样做是为了避免浪费通信资源，不致发送了很长的邮件以后才知道因地址错误而白白浪费了许多通信资源。

接下来是DATA请求信息，表示要开始传送邮件的内容。SMTP服务器返回的信息是 "354 go ahead"。接着SMTP客户就发送邮件的内容。发送完毕后，再发送一个只有一个 "." 符号的行，表示邮件内容结束。实际上在服务器端看到的可显示字符只是一个英文的句点。若邮件收到了，则SMTP服务器返回信息 "250 OK：has queued" 表示已将邮件放入发信队列。

这里需要说明的是，SMTP以 "持续连接" 的模式工作，若某邮件服务器要向另一邮件服务器发送若干邮件报文，那么它可以在同一TCP连接 "一次性" 将所有邮件报文发送出去。虽然SMTP使用TCP来保证邮件的传送可靠性，但其本身并不能保证不丢失邮件。没有端到端的确认返回给发信者，出错指示也不保证能传送给发信者。

③ 连接释放，邮件发送完毕后，SMTP客户机应发送QUIT请求信息。SMTP服务器返回的信息是 "221 close connection"，表示SMTP同意释放TCP连接。邮件传送的全部过程即结束。

这里需要说明的是，上述的SMTP客户机与服务器交互的过程一般都被电子邮件系统的用户代理屏蔽了，一般用户是看不见这些过程的。

*3.3.3 电子邮件的信息格式

电子邮件由信封（envelope）和内容（content）两部分组成。电子邮件的传输程序根据邮件信封上的信息来传送邮件。用户在从自己的邮箱中读取邮件时才能见到邮件的内容。

在邮件的信封上，最重要的就是收信人的地址。TCP/IP体系的电子邮件系统规定电子邮件地址（E-mail address）的格式如下：

收信人邮箱名@邮箱所在主机的域名

其中，符号"@"读作"at"，表示"在"的意思。收信人邮箱名又简称为用户名（user name），是收信人自己定义的字符串标识符。但应注意，标识收信人邮箱名的字符串在邮箱所在计算机中必须是唯一的。例如，邮箱user@mail.xjtu.edu.cn中，邮箱所在邮件服务器的域名是mail.xjtu.edu.cn。

由于一个邮件服务器的域名在Internet上是唯一的，而每一个邮箱名在该主机中也是唯一的，因此在Internet上的每一个人的电子邮件地址都是唯一的。这一点对保证电子邮件能够在整个Internet范围内准确交付是十分重要的。

还应注意到，在发送电子邮件的过程中，邮件服务器只使用电子邮件地址中的后一部分，即邮件服务器的域名。只有在邮件到达目的主机后，目的主机的邮件服务器才根据电子邮件地址中的前一部分（即收信人邮箱名），将邮件存放在收件人的邮箱中。

电子邮件的标准格式[RFC 822]只规定了邮件内容中的首部（header）格式，而对邮件的主体（body）部分则让用户自由撰写。用户写好首部后，邮件系统将自动地将信封所需的信息提取出来并写在信封上，而用户不需要填写电子邮件信封上的信息。

邮件内容首部包括一些关键字，后面加上冒号。最重要的关键字是To和Subject。"To："后面填入一个或多个收信人的电子邮件地址。在电子邮件软件中，用户将经常通信的对象姓名和电子邮件地址写到地址簿（address book）中。当撰写邮件时，只需打开地址簿，点击收信人名字，收信人的电子邮件地址就会自动地填入到合适的位置上。"Subject："是邮件的主题。它反映了邮件的主要内容。主题便于用户查找邮件。

邮件首部还有一项是抄送"Cc："。这两个字符来自"carbon copy"，其后跟上另一个收信人的电子邮件地址，表示将邮件副本同时发送给该收信人。有些邮件系统允许用户使用关键字Bcc（blind carbon copy）来实现暗送。这是使发信人能将邮件的副本送给某人，但不希望原收信人知道。

首部关键字还有"From"和"Date"，表示发信人的电子邮件地址和发信日期。这两项一般都由邮件系统自动填入。另一个关键字是"Reply-To"，即对方回信所用的地址。这个地址可以与发信人发信时所用的地址不同。这一项是事先设置好的，不需要在每次写信时都进行设置。

3.3.4 邮件读取协议

拓展阅读3-6：
RFC：PoP3协议

常用的邮件读取协议有POP3（post office protocol version 3.0）和IMAP（Internet message access protocol）。

1. POP

POP（邮局协议）是一个非常简单但功能也有限的邮件读取协议。邮局协议POP最初公布于1984年，经过几次更新，现在使用的是它的第三个版本POP3[RFC 1939]。POP3已成为

Internet 的标准，大多数的 ISP 都支持 POP3。

POP3 是 Internet 上电子邮件的第一个离线协议，规定了如何将个人计算机连接到邮件服务器进行电子邮件下载和管理。

所谓离线协议是指 POP3 允许用户从邮件服务器上将邮件下载并存储到本地主机，下载后电子邮件客户代理可以删除或修改任意邮件，而无须与电子邮件服务器联机交互。这样客户不必长时间地与邮件服务器连接，很大程度上减少了服务器和网络的整体开销。

POP3 采用客户机/服务器模式。初始时，客户的用户代理向邮件服务器的 TCP 端口 110 发出连接建立请求。当 TCP 连接建立后，首先进入认证阶段，在认证阶段客户需要向邮件服务器确认自己的身份，常用的方式是使用 USER 和 PASS 命令发送用户名和密码信息。一旦认证成功，就进入操作阶段，此时客户可以向 POP3 服务器发送命令来完成各种邮件操作，这个过程一直要持续到连接终止。当客户在完成相应的操作后发送 quit 命令，则进入更新状态。

动画资源 3-3：
E-mail 发送和
接收

2. IMAP

IMAP 和 POP3 一样是采用客户机/服务器模式工作，但它们有很大的差别。现在常见的是版本 4，即 IMAP4[RFC 2060]。在使用 IMAP 时，所有收到的邮件同样是先送到 ISP 的 IMAP 服务器。而由于 IMAP 在用户的计算机上运行有客户程序（可设置定时自动访问 ISP 的 IMAP 服务器，或由 ISP 的 IMAP 服务器自动向客户机发通知），用户在自己的计算机上就可以操纵 ISP 的邮件服务器的邮箱，就像在本地操纵一样，因此 IMAP 是一个联机协议。当用户计算机上的 IMAP 客户程序打开 IMAP 服务器的邮箱时，用户就可看到邮件的首部。若用户需要打开某个邮件，则该邮件才传到用户的计算机上。用户可以根据需要为自己的邮箱创建便于分类管理的层次式的邮箱文件夹，并且能够将存放的邮件从某一个文件夹中移动到另一个文件夹中。用户也可按某种条件对邮件进行查找。在用户未发出删除邮件的命令之前，IMAP 服务器邮箱中的邮件一直保存着。这样就省去了用户计算机硬盘上的大量存储空间。

IMAP 最大的好处就是用户可以在不同的地方使用不同的计算机（例如，使用办公室的计算机或家中的计算机，或在外地使用笔记本电脑）随时阅读和处理自己的邮件（但每次必须上网才能阅读邮件）。

IMAP 还允许收信人只读取邮件中的某一个部分。例如，收到了一个带有视频的附件（此文件可能很大）的邮件，而用户使用的是拨号上网，信道的传输速率较低。为了节省时间，可以先下载邮件的正文部分，待以后有时间再读取或下载这个很长的附件。

IMAP 的缺点是如果用户没有将邮件复制到自己的计算机上，则邮件一直存放在 IMAP 服务器上。因此用户需要经常与 IMAP 服务器建立连接（因而许多用户要考虑到所花费的上网费问题）。

**3.3.5　通用 Internet 邮件扩充

Internet 文本报文格式 [RFC 822] 规定传送 ASCII 码文本的办法，而对多媒体信息和许多其他非英语国家的文字（如中文、俄文，甚至带重音符号的法文或德文）则无法传送。即使在SMTP网关将EBCDIC码转换为ASCII码时也会遇到一些麻烦。为了能够传输ASCII码以外的信息，RFC 2045和RFC 2046对RFC 822进行了扩充，定义了新的邮件消息格式和邮件媒体类型。

拓展阅读3-7：
RFC：Internet
文本报文格式

为适应任意数据类型和表示，每个MIME报文包含告知收信方用户代理数据类型和使用编码的信息。MIME将增加的信息加入邮件首部中。下面是MIME增加的5个新的邮件首部的名称及其意义（有的是可选项）。

① MIME–Version：标识MIME的版本，目前版本号是1.0。若无此行，则为英文文本。

② Content–Description：这是可读字符串，用于简单描述邮件内容，类似于Subject。

③ Content–Id：邮件内容的唯一标识符。

④ Content–Transfer–Encoding：说明在传送时邮件的主体是如何编码的。

⑤ Content–Type：说明邮件内容的性质。

MIME扩充的目的是为支持多媒体数据通过电子邮件传送，两个关键的首部为内容传送编码（content–transfer–encoding）和内容类型（content type）。这两个首部使得邮件接收方的用户代理知道如何对接收到的邮件数据进行处理。

（1）内容传送编码（quoted–printable）

这种编码方法可用于处理邮件中的非英文的文本，例如汉字。其要点就是对于可打印的ASCII码，除等号"＝"外，都不改变。等号"＝"以及编号超过127的ASCII码的编码方法是，先将每个字节的二进制代码用两个十六进制数字表示，然后在前面再加上一个等号"＝"。例如，汉字的"系统"的二进制编码是10111111 10100101 10111100 10100011，其十六进制数字表示为CFB5CDB3，用quoted–printable编码表示为=CF=B5=CD=B3。而等号"＝"的二进制代码为00111101，即十六进制的3D，因此等号"＝"的quoted–printable编码为"=3D"。

（2）内容传送编码（base64）

对于任意的二进制文件，可用base64编码。base64要求把每3个8位的字节转换为4个6位的字节（3×8 = 4×6 = 24），然后把6位再添两位高位0，组成4个8位的字节，也就是说，转换后的字符串理论上将要比原来的长1/3。6比特组的二进制代码共有64种不同的值，从0到63。用A表示0，用B表示1，等等。26个大写字母排列完毕后，接下去再排26个小写字母，再后面是10个数字，最后用"+"表示62，而用"/"表示63。再用两个连在一起的等号"=="和一个等号"="分别表示最后一组的代码只有8或16比特。回车符和换行符都忽略，它们可在任何地方插入。例如，假设有一个二进制代码，共24 bit：01001001 00110001 01111001。先将其划分为4个6比特组，即010010 010011 000101 111001。对应的base64编码为STE5。

（3）内容类型

MIME内容类型（Content–Type）的格式如下：

```
Content-Type:type/subtype;parameters
```

MIME标准规定Content-Type说明必须含有两个标识符，即内容类型（type）和子类型（subtype），中间用"/"分开，而参数（parameters）则是可选的。

标准定义了7个基本内容类型，对每种基本内容类型而言还有若干相关的子类型，而且子类型的种类几乎每年都在增加。除了标准类型和子类型外，MIME允许发信人和收信人定义专用的内容类型。但为避免可能出现名字冲突，标准要求为专用的内容类型选择的名字要以字符串"X-"开始。而参数可以对子类型进行修饰而不会影响到类型的性质。

下面介绍几种基本内容类型。

文本（text）：该类型表示邮件中包含了文字信息。典型的type/subtype为text/plain。其中的子类型plain表示文本中不包含格式命令，文本只需按字面形式显示，除了指明的字符集外，无须使用其他软件来进行解析。随意用一个普通的文本编辑器打开一个邮件（如*.eml），就可以看到"Content-Type:text/plain:charset="gb2312""的类型说明。这里的参数说明用2312国标码对邮件内容进行显示。另一个常用的type/subtype为text/html，这里的html子类型要求邮件阅读器对邮件中的HTML标记进行解析，使得邮件阅读器能够将邮件报文作为网页处理，而网页中则可能包含各种字型、超链接，甚至小程序（applets）等。

图像（image）：该类型表示邮件报文体是一个图像，常用的图像类型对有image/gif和image/jpeg。当接收方用户代理见到image/gif时就会用GIF方式对图像进行解码。

音频（audio）：该类型要求使用音频输出设备（如扬声器或电话），其标准化子类型包括basic（基本8位μ律编码）和32kadpcm（32 Kbps格式，定义于RFC 1911）。

视频（video）：其子类型包括mpeg和QuickTime。

应用（application）：该类型囊括了所有不能归入其他类型的数据。这种数据一般需要应用程序处理后才能显示或使用。例如，用户在邮件附件中加入了Word文件，发送方则会在邮件中加入application/ms-word的类型说明。一个很重要的子类型是octet-stream，它说明了邮件中包含了任意的二进制内容。一旦收到这样的信息，邮件阅读器将提示用户选择保存到磁盘中，以便将来处理。

另外，MIME中的多重（multipart）类型是很有用的，因为它使邮件增加了相当大的灵活性。标准为多重类型定义了4种可能的子类型，每个子类型都提供重要功能。

① 混合（mixed）子类型允许单个报文含有多个相互独立的子报文，每个子报文可有自己的类型和编码。混合子类型报文使用户能够在单个报文中附上文本、图形和声音，或者用额外数据段发送一个备忘录，类似商业信笺含有的附件。在mixed后面还要用到一个关键字，即Boundary=，此关键字定义了分隔报文各部分所用的字符串（由邮件系统定义），只要在邮件的内容中不会出现这样的字符串即可。当某一行以两个连字符"--"开始，后面紧跟上述的字符串，就表示下面开始了另一个子报文。

② 变通（alternative）子类型允许单个报文含有同一数据的多种表示。当给多个使用不同硬件和软件系统的收信人发送备忘录时，这种多重类型的报文很有用。例如，用户可同时用普通的ASCII码文本和格式化的形式发送文本，从而允许拥有图形功能计算机的用户在查看

图形时选择格式化的形式。

③ 并行（parallel）子类型允许单个报文含有可同时展示的各个子部分（例如，图像和声音子部分必须一起播放）。

④ 摘要（digest）子类型允许单个报文含有一组其他报文（例如，从讨论中收集电子邮件报文）。

下面给出一个电子邮件的实例。

```
From: chen@xjtu.edu.cn
To: wang@mit.edu
Date: Mon, 16 Apr 2022 20: 39: 43 +0800
Subject: Pictures
MIME-Version: 1.0
Content-Type: multipart/mixed;
  boundary="-----=_1176727183_8745.attach"
-----=_1176727183_8745.attach"
Content-Type: text/plain
  Hello!
-----=_1176727183_8745.attach"
Content-Transfer-Encoding: base64
Content-Type: image/jpeg
    base64 encoded data .....
-----=_1176727183_8745.attach"
```

在上面例子中可以看到，邮件的首部包含了发信人、收信人、日期、主题等信息；在邮件主体中首先使用"MIME-Version: 1.0"表示当前使用的 MIME 的版本号；而 Content-Type 定义了正文的类型，例子中的 text/plain 表示的是无格式的文本正文，image/jpeg 表示的是 jpeg 格式的图片等。

需要特别说明的是，上面的邮件是最常见到的复合类型，用 multipart 类型表示正文是由多个部分组成的，后面的子类型说明的是这些部分之间的关系，常用的子类型有以下几种：① multipart/alternative，表示正文由两个部分组成，可以选择其中的任意一个，其主要作用是当正文中同时有 text 格式和 html 格式时，可以在两个正文中选择一个来显示，支持 html 格式的邮件客户机软件一般会显示其 html 正文，而不支持的则会显示其 text 正文；② multipart/mixed，表示文档的多个部分是混合的，指明正文与附件的关系，如果邮件的 MIME 类型是 multipart/mixed，则表示邮件带有附件；③ multipart/related，表示文档的多个部分是相关的，一般用来描述 html 正文与其相关的图片。这些复合类型还可以嵌套使用。

　　由于复合类型由多个部分组成，因此，需要一个分隔符来分隔多个部分，上面的邮件源文件中的boundary="----=_1176727183_8745.attach"就是用于指示多个部分之间的分隔。一般情况下，这个分隔符采用正文中不可能出现的一串古怪的字符组合。在具体正文中，以"--"加上这个boundary来表示一个部分的开始，在文档的结束，以"--"加boundary再在最后加上"--"来表示文档的结束。

　　Content-Transfer-Encoding：base64表示这个部分文档的编码方式，可能取值就是上面所介绍的base64或QP（Quote-Printable）。

拓展阅读3-8：
RFC：FTP

3.4　文件传输协议

　　文件传输协议（file transfer protocol，FTP）[RFC 959]是Internet上使用得最广泛的文件传输协议。FTP提供交互式的访问，允许客户指明文件的类型与格式（如指明是否使用ASCII码），并允许文件具有存取权限（如访问文件必须经过授权和输入有效口令）。FTP屏蔽了各计算机系统的细节，因而适合于在异构网络/主机间传输文件。

　　当用户（在Windows操作系统中有同名的应用程序，可以使用Windows中的"运行"对话框或在DOS命令状态下运行）启动FTP与TCP/IP的网络主机进行文件传输时，实际上要用到两个程序：本地机上的FTP客户机程序，它提出传输文件的请求。另一个是运行在远程主机上的FTP服务器程序，它响应用户请求并把指定的文件传输到响应的主机上。

　　一般来说，Internet上有两大类FTP文件服务器，一类是所谓的"匿名FTP服务器"（anonymous FTP server），这类服务器的目的是向公众提供文件资源服务，不要求用户事先在该服务器进行注册。与这类匿名FTP服务器建立连接时，一般在用户名栏输入"anonymous"，而在密码栏输入用户的电子邮件地址（许多用户无须通过专用的FTP程序，直接通过Web浏览器下载文件，在使用这种方式时，浏览器通常要求在密码栏输入电子邮件地址）。另一类为非匿名FTP服务器，进入该类服务前，用户必须先向服务器系统管理员申请创建用户名及密码，非匿名FTP服务器通常供内部使用或提供咨询服务。

　　FTP是基于TCP的文件传输协议，其传输的可靠性由TCP来保障。在TCP/IP协议集中还有一个基于UDP的文件传输协议TFTP，它与FTP同属文件共享协议，即在传输过程中复制整个文件，其特点是，若要传输一个文件，就必须先获得本地的文件副本。若要修改文件，就只能对文件的副本进行修改，然后再将修改后的文件副本传回到原主机。

　　文件共享协议中的另一大类是联机访问（on-line access）。联机访问意味着允许多个不同主机上的程序同时对某台网上主机中的同一文件进行存取访问。该过程用户一般不需要调用特殊的客户机进程，而是由操作系统提供对远地共享文件进行访问的服务，对普通用户而言就如同对本地文件进行访问一样。这就使得用户可使用远程文件作为输入和输出来运行任何应用程序，而操作系统中的文件系统则提供对网络共享文件的透明存取。透明存取的优点是，将原来用于处理本地文件的应用程序用来处理远程文件时，不需要对该应用程序做明显的改动。

与前面介绍的Internet其他服务一样，FTP也使用客户机/服务器模式。用户通过一个支持FTP的客户代理（如LeapFTP、CuteFTP等），连接到在远程主机上的FTP服务器。用户通过客户代理向FTP服务器发出文件操作命令，FTP服务器执行用户所发出的命令，并将执行的结果返回到客户代理。例如，用户发出一条命令，要求从FTP服务器下载某一个文件，FTP服务器会响应这条命令，将指定文件送至用户的主机上。客户代理代表用户接收这个文件，将其存放在用户主机上的指定目录。

除了完成上传、下载这样的文件传输功能外，FTP还能提供其他一些服务，例如，交互访问、格式说明、授权控制等。

本地主机的用户要想完成文件的上传、下载等操作，首先必须通过用户身份的认证，即用户必须正确提供用户名和口令才能连接到远地的FTP服务器；并且只能按照FTP服务器为这个用户账号分配的权限进行操作。

和其他一些完成文件传输的应用层协议相同的是，FTP也是基于TCP连接的。FTP服务器以被动方式打开FTP端口（FTP保留端口为21号），等待客户机连接。客户则以主动方式打开FTP端口，建立到服务器的连接。FTP允许到服务器的并发访问。主机服务进程在等待到一个连接后就创建一个从进程处理该连接，而主进程继续等待其他客户的连接。接下来的过程与其他应用层服务稍有差别，从进程并不执行所有必需的服务，它只是接收并处理从客户机来的控制连接，而为数据传输创建一个独立的数据连接。即在FTP过程中，存在两种TCP连接：控制连接（使用端口21号）和数据连接（使用端口20号），如图3-4所示。数据传输连接以及使用该连接的传输进程可以在需要时动态创建，即数据连接随着文件的传输会不断地打开和关闭。但在整个FTP会话过程中，控制连接始终保持，一旦控制连接撤销了，会话终止，也就不可能再有数据连接了。

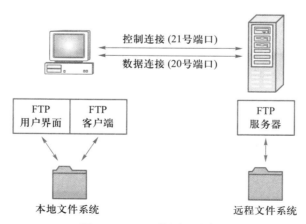

图3-4　FTP工作原理示意图

在整个会话过程中，FTP服务器必须始终保持用户的所有状态信息，特别是服务器必须注意特定用户账户和控制连接的关联，用户在远程系统内部"转悠"的同时，服务器必须保持用户当前目录的踪迹。由于需要跟踪每个联机用户的状态信息，需要耗费FTP服务器的大量资源，也就限制了同时能够联机的FTP用户的个数。

发自客户机的FTP命令和来自服务器的应答，都是通过FTP控制通道以7位ASCII码格式传递的。FTP命令是可以由用户辨读的。每条FTP命令由4个大写英文字母构成，有些需要加上可选参数，下面是一组常用的FTP命令。

① USER username：向服务器发送用户标识。

② PASS password：向服务器发送用户密码。

③ LIST：用于请求服务器发回远程系统当前目录下的所有文件名列表。该文件列表通过数据连接而不是控制连接传输。

④ RETR filename：从远程主机的当前目录中取回（get）文件。

⑤ STOR filename：将文件存回（put）远程主机的当前目录。

在一般情况下，用户所发布的命令和FTP通过控制连接发送的命令是一一对应的。每一条命令都会有响应的应答信息从服务器发回。应答信息一般是三位数字开头，尾随有相应的说明信息。例如：

```
331 Username OK, password required
125 Data connection already open; transfer starting
425 Can't open data connection
```

3.5 万 维 网

万维网（World Wide Web，WWW，Web）是Internet所提供的服务项目之一，也就是它把Internet带进了普通大众的视野，使得Internet真正成为电话、电视之后影响人们生活和工作方式的最重要信息工具之一。它是一个分布式超文本系统。这意味它的文件包含与其他文件的链接（超文本链接），并且可以与在网络上相距很远的不同计算机上的文件相互链接。万维网也是个超媒体系统，它的文件可以包括声音、图像以及其他媒体如视频信息等。

图3-5显示了一个万维网页，页面中的超文本链接通常在屏幕上显示为蓝色或带有下画线。

拓展阅读3-9：
RFC：HTML

万维网是Internet的组成部分之一，可以用浏览器（browser）查看，万维网的网页（Web page）可以包含文本、图片、动画、声音等元素，绝大部分是用HTML（hypertext markup language）[RFC 1866]语言编写并驻留在世界各地的网站（Web site）上。网站就是指放在Web服务器（Web server）上的一系列相互链接的网页文档（Web documents）。而Web服务器就是在Internet上昼夜不停地运行某些特定程序（如服务器程序等）的计算机，使得世界各地的用户可随时对其进行访问或获取其中的网页。因此，确切地说，"Web服务器"是指计算机和运行在它上面的服务器软件的总和。用户上网浏览一个网页，实际上是发送需求信息到一台Web服务器（它可以在世界上任何地方）上，请求它将一些特定的文件（通常是超文本和图片）发送到用户计算机上，这些文件通过用户计算机上的浏览器显示出来。

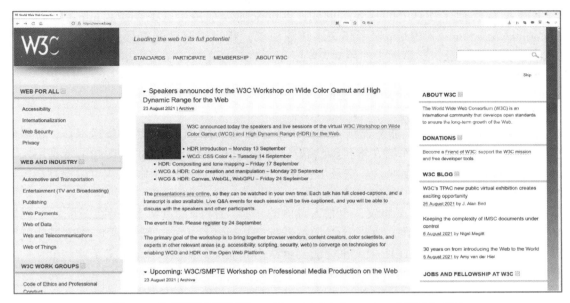

图3-5　负责万维网发展的World Wide Web Consortium（W3C）主页

那么超文本（hypertext）又是什么？超文本是一种信息管理技术，它能根据需要把可能在地理上分散存储的电子文档信息相互链接，人们可以通过一个文档中的超链指针打开另一个相关的文档。只要用鼠标点一下文本中通常带下画线的条目，便可获得相关的信息。网站或网页通常就是由一个或多个超文本组成的，用户进入网站首先看到的那一页称为主页或首页（home page）。网页的出色之处在于能够把超链接（hyperlink）嵌入网页中，这使用户能够从一个网页站点方便地转移到另一个相关的网页站点。它可以指向其他网页、普通文件、多媒体文件，甚至图像程序。超链接是内嵌在文本内或附着在图像中的；文本超链接在浏览器中通常带下画线；而图像超链接有时不容易分辨，但如果用户的鼠标碰到它，鼠标的指针通常会变成手指状（文本超链接也是如此）。

万维网的使用非常简单，当浏览文件时，通过单击鼠标或按键可以转到其他有链接的网页，此时浏览器会从Web服务器载入新的网页供浏览。万维网上文件之间的链接似乎是不可穷尽的。通常在这个过程中，用户唯一的困难是确定主题的起始点。不过万维网的寻址机制——统一资源定位器、索引、目录和搜索工具等可以帮助用户解决这个问题。

拓展阅读3-10：RFC：URL

统一资源定位器（uniform resource locator，URL）[RFC 1738]是专为标识Internet上资源位置而设的一种编址方式，它可以帮助用户在Internet的信息海洋中获取到所需要的资料。Internet上的每一个文档都有一个用URL来标识的地址。URL一般由三部分组成：

> **传输协议：//主机IP地址或主机域名：端口号/资源所在路径和文件名**

　　URL结构类似于DOS中的目录。例如，西安交通大学招生网的URL为http：//www.xjtu.edu.cn/index/zsw.htm。其中http表示超文本传输协议，相当于驱动器符号；www.xjtu.edu.cn是站点名，类似根目录，这里因为使用WWW服务的TCP默认端口80号，因此可以省略；index是子目录；zsw.htm为文件名。

3.5.1　超文本传送协议

　　无论用户通过浏览器向服务器请求网页，还是服务器响应请求向用户发送网页，都需要遵循一定的规程或协议，而超文本传输协议（hypertext transfer protocol，HTTP）就是用来在Internet上传送超文本的通信协议。它是运行在TCP/IP之上的一个应用协议，可以提高浏览器效率，减少网络传输。

　　HTTP是万维网的应用层协议，也是万维网的核心。HTTP通过两个程序实现：一个是客户机程序（一般称为浏览器），另一个是服务器程序（通常称为Web服务器）。两者通常运行在不同的主机上通过交换HTTP报文来完成网页请求和响应。而HTTP则定义了这些报文的结构和客户机/服务器之间交换报文的规则。

　　浏览器可以向Web服务器发送请求并显示接收到的网页。当用户在浏览器地址栏中输入一个URL或点击一个超链接时，浏览器就向服务器发出了HTTP请求，该请求被送往由URL指定的Web服务器。Web服务器收到请求后，进行相关文档的检索并以HTTP规定的格式送回所要求的文件或其他相关信息，再由用户计算机上的浏览器负责解释和显示。

　　在介绍HTTP的细节之前，有必要了解一些万维网的术语。

　　网页（Web page，也称为文档或document）是由若干个对象（object）组成的。而一个对象实际上就是一个文件——例如一个HTML文件、一个JPEG（joint photographic experts group）图像文件、一个Java应用程序、一个音乐片段等。所有这些都可以通过单一的URL访问。大部分网页由一个基本HTML文件（a base HTML file）和一些相关的对象组成。例如，一个网页有HTML文本和5个JPEG图像，那么这个网页就是由6个对象组成：一个基本HTML文件和5个相关对象。网页通过各个对象的URL对其进行引用。

　　HTTP的协议任务分别由浏览器和Web服务器来协作完成。HTTP的工作流程为，当用户要求某个网页（如点击了某个超链接），浏览器立即向该网页所在的Web服务器发送"请求报文"（request message）。服务器一旦收到请求报文，立即查找网页文档并生成"响应报文"（response message）送回浏览器，浏览器在接收到响应报文后，随即在屏幕上的浏览器窗口进行网页的显示。

　　在1997年之前，几乎所有的浏览器和Web服务器都使用HTTP v1.0 [RFC 1945]，从1998年开始，一些浏览器和Web服务器开始使用HTTP v1.1[RFC 2616]。HTTP v1.1向后兼容HTTP v1.0，即分别运行这两个版本的浏览器和Web服务器可以互相"对话"。

　　HTTP v1.0和HTTP v1.1在传输层使用TCP，由于TCP可以提供"可靠的"文件传输，HTTP不必考虑数据丢失、出错等方面的问题。在HTTP中，必须注意Web服务器在发送用户要求的文档的过程中，并不存储任何有关客户机的状态信息。如果某个客户机在几秒之内两次来要求同一文档，服务器绝对不会认为不合理，因为它根本就不记得该客户机曾经来访过。由于HTTP不维持客户机状态，所以它被称为"无状态协议"（ stateless protocol ）。

拓展阅读3-11：RFC：HTTP v1.0

　　HTTP可以实现所谓的非持续连接和持续连接（ nonpersistent and persistent connection ）。HTTP v1.0使用非持续连接，HTTP v1.1的默认操作模式则是持续连接。

拓展阅读3-12：RFC：HTTP v1.1

　　这里以一个例子来说明什么是HTTP运作过程中的持续连接问题。假设某个网页有10个JPEG图像，总共11个对象存在同一个服务器中，该网页的基本文档形式的URL如下：

动画资源3-4：HTTP非持续连接

```
www.someshol.edu.cn/somedepartment/home.index
```

　　当采用HTTP v1.0时，Web服务过程如下。

　　① HTTP的客户机启动了对www.someshol.edu.cn服务器的TCP连接，该服务器的80号端口（HTTP的默认端口）用来监听来自网络的网页服务请求。

　　② HTTP的客户机通过第一步建立的连接套接字（socket）发送"请求报文"，请求报文中包含了文档的路径名（/somedepartment/home.index）。

　　③ HTTP的服务器通过第一步建立的连接套接字收到了该请求报文，从磁盘或内存中查找/somedepartment/home.index，将文档封装在HTTP的"响应报文"中，并通过先前建立的套接字将该报文送到客户机。

　　④ HTTP服务器告诉TCP断开连接（TCP在客户机完全收到响应报文之前，不会断开TCP连接）。

　　⑤ 当客户机接收完响应报文，本次TCP连接即告结束。到达的报文说明所封装的内容是一个HTML基本文件，客户机从响应报文中取出文件，对HTML文件进行解析，从而发现该文件还要引用另外10个JPEG对象。

　　⑥ 针对所有的JPEG对象，需要重复进行前4个步骤。

　　套接字（Socket）简单地说是传输层的服务原语，是应用层调用传输层服务的"接口"，参见4.1.3小节的介绍。

　　随着浏览器接收网页的进程执行，网页内容也逐步在浏览器窗口中显现。两个不同的浏览器所解析网页的效果是有可能不尽相同的。而HTTP则与浏览器如何解析网页毫无关系，HTTP只定义了浏览器和Web服务器的通信协议。

　　上述步骤使用的是非持续连接的工作模式，这是由于服务器在每个对象发送过后，都要关闭 TCP 连接。由于每个 TCP 连接传输一个请求报文和一个响应报文，这样，上面这个例子中传送一个网页需要进行 11 次 TCP 连接。显然，非持续连接的效率是比较低的，因为每次 TCP 连接的建立过程会有比较大的开销。另外，由于需要为每个请求的对象建立和维持一个"崭新"的连接，在客户机和服务器两端都需要为 TCP 分配缓存并保持 TCP 的变量，这会对同时可能为几百个客户机服务的 Web 服务器造成沉重的负担。

提高 HTTP 服务效率的办法有许多，其中以下两种方法是经常用到的。

一种方法是从一个客户机同时发送多个 TCP 连接到同一个 Web 服务器，即建立"并行"的 TCP 连接，目前的浏览器一般可以配置 5~10 个并行连接，每个连接完成一次 HTTP 的报文交互。但这种办法显然也没有从根本上解决服务器负担的问题。

另一种办法是使用所谓"持续连接"模式。在该模式下，服务器在完成一次 HTTP 报文交互后继续保持连接，同一客户机和服务器之间后继的请求和响应报文可以在原来的连接上进行。上述例子中的 11 个对象可以在同一 TCP 连接上完成，同一客户机对同一服务器的其他网页的请求也可以通过该 TCP 连接来完成。一般服务器只是在该 TCP 连接停止使用后，过一段时间才将其关闭（这个参数可以在 Web 服务器的设置文件中修改）。

动画资源 3–5：
HTTP 持续连接

实验 3–2：
协议分析软件
的使用

实验 3–3：
HTTP 协议的认
知与分析

*3.5.2　HTTP 报文格式

HTTP 会话可以分成两种报文：浏览器送往服务器的请求报文和服务器送往浏览器的响应信息。

下面是一个浏览器发往服务器的请求报文样例：

```
GET /jdgk/jdjj.htm HTTP/1.1
Accept: text/html, application/xhtml+xml, application/xml;
q=0.9, image/webp, */*; q=0.8
Referer: http: //www.xjtu.edu.cn/
Accept-Language: zh-cn
Accept-Encoding: gzip, deflate
User-Agent: Mozilla/5.0 (Windows NT 10.0; Win64; x64; rv: 92.0)
Gecko/20100101 Firefox/92.0
Host: www.xjtu.edu.cn
```

拓展阅读 3–13：
Cookie

由上例可以看出，HTTP 的请求报文由 ASCII 码构成，内容包括请求文件的指令、浏览器可以处理的对象类型、期望的语言代码以及 Cookie 的状态等。请求报文格式如图 3–6 所示。每个字段用回车换行字符结束。结尾的空行（只有回车换行字符对）表示报文的结束和从客户机发往服务器的数据的开始。本例中会话没有向服务器发送数据，因此空行结束请求。

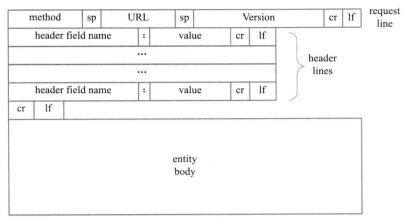

图3-6　HTTP请求报文的一般形式

请求报文由两个部分组成：method（方法）字段，它是请求报文的第一行，指定使用的HTTP方法和服务器上的资源地址；然后是header（头部）字段，它把有关客户机与对HTML文件的解析能力的相关信息传送到服务器。

方法字段包含3个文本字段，中间用空格（sp）或制表符（Tab）分开。

请求报文样例中的方法字段内容如下：

```
GET /jdgk/jdjj.htm HTTP/1.1
```

该字段的一般格式如下：

```
HTTP_method identifier HTTP_version
```

解释如下。

HTTP_method：指定HTTP方法，可以说明对URL指向的对象进行什么样的操作，例如使用GET和POST可以使用网页中的表单向Web服务器传送数据，在请求报文样例中使用GET方法。其他常用的方法还有HEAD：请求一个对象有关的首部信息。

identifier：资源标志符。这里是去掉协议和Internet域名字符串后的URL。若报文是送往代理服务器，就必须是整个URL。

HTTP_version：目前客户机使用的HTTP版本一般是HTTP/1.1。

请求报文样例中还有几个其他的请求首部。接收字段向服务器传送一系列数据，表明客户机可以接收的方案。它们以MIME内容类型给出，简单地告诉服务器客户机可以处理哪些类型的数据。MIME类型的含义很简单，例如，Accept：text/plain这一行表示客户机可以接收普通文本文件，而Accept：audio/*这一行表示客户机可以接收任何格式的音频数据。

服务器接收到来自浏览器的请求时，根据GET、POST或HEAD等指定的方法取得来自浏览器的数据或要求，并按ACTION指定的资源对象（文件或程序）进行相应的处理，然后把处理结果传回客户机。有关会话状态的报文会通过返回浏览器的响应报文首部传送给客户机。与从客户机送往服务器的请求首部字段一样，响应首部字段也都是由回车换行符（CRLF）结尾的文本行。响应首部的结束也是由仅包含回车换行符的一个空行表示，响应数据接在空行后面。

下面是一个服务器响应客户机请求后从服务器发往客户机的响应报文样例：

```
HTTP/1.1 200 OK
Date: Sat, 18 Sep 2022 06: 39: 52 GMT
Server: Apache/2.0.40 (Red Hat Linux)
Last-Modified: Mon, 30 Aug 2022 01: 52: 59 GMT
Accept-Ranges: bytes
Content-Length: 14916
Connection: Keep-Alive
Content-Type: text/html
Content-Language: zh-CN
(data data data data data data ..)
```

例中的前9行是响应首部。空行表示响应首部结束。请求的响应数据（这里是请求的HTML文档）跟在空行后面。图3-7是HTTP响应报文的一般形式。

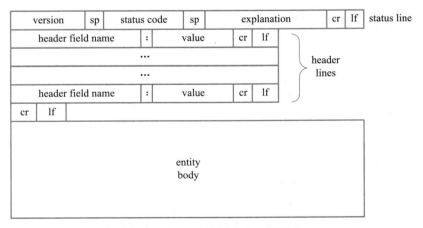

图3-7　HTTP响应报文的一般形式

响应首部的第一行是状态行（status line），让客户机知道服务器使用的协议和请求是否成

功完成。响应报文样例中的第一行如下:

```
HTTP/1.0 200 OK
```

这一行的一般格式如下:

```
version status_code explanation
```

version字段指出服务器使用的HTTP版本。status_code是200~599之间的数字,指出连接的状态,而explanation字段是文本字符串,它提供有关状态的更多解释性信息。解释字符串可能随服务器的不同而不同,而状态码由HTTP规范明确定义。200~299之间的数字状态码表示会话成功。300~399之间的数字表示重定向,表示URL指定的对象已经被移动到其他位置,服务器向客户机发回对象新的URL(服务器在LOCATION首部中发回新的URL)。400~599之间的数字表示错误信息。碰到错误时,服务器一般送回一个简短的HTML文档解释错误的原因。下面列出了几类主要的状态码。

(1)会话成功

200:完成请求。

201:请求的是POST方法,并成功实现。

202:请求已经被接受并进行处理,但是处理的结果是未知的,如果客户机以后还要发送数据进行批处理就会返回这一代码。

203:请求已完成,但是只返回部分报文。

(2)重定向

301:请求的数据已经被永久转移到新的URL。如果返回这一状态码,服务器应使用首部信息:"Location:URL comment",把新的地址发送给客户机。其中URL是文档的新URL,识别Location字段的浏览器会自动连接到新URL。

302:数据已经找到,但是实际上位于不同的URL。如果返回这一状态码,服务器应使用首部信息:"Location:URL comment",把正确的URL发送给客户机。识别Location的浏览器会启动连接到新URL。如果URL指向没有结尾斜杠字符的目录,就会返回302重定向状态码。

304:发送的是GET请求,其中包含if-modified-since字段。但是服务器发现在该字段所指定的日期之后并没有修改文档,因此服务器用这一代码响应,而不是重新发送文档。

(3)错误报文

400:请求语法错误。

401:请求需要Authorization字段,但是客户机没有指定该字段,服务器还使用WWW-Authenticate响应首部返回可容许的授权方案。客户机和服务器使用这一机制协商数据加密和用户认证方案。

402：请求操作需要交费，但是客户机没有在请求首部中指定有效的 Charge to 字段。

403：请求禁止使用的资源。

404：服务器找不到请求的资源。

500：服务器碰到内部错误，不能继续处理客户机的请求。

上面的例子中第 2 行到第 9 行为响应首部信息。前 2 行是 Data 和 Server 字段，解释服务器和会话的细节，而 Content-Type、Last-Modified 和 Content-Length 字段传递指定返回文档的信息。一些主要的首部字段的格式和意义如下。

Date-time：包含收集当前对象进行传输的时间和日期，格式为 Sat, 18 Sep 2022 06：39：52 GMT。注意时间必须是格林尼治时间，以确保所有的服务器使用同一时区标准。

Server：给出服务器的名字和版本，服务器名字和版本号之间用斜线分开。例如，Apache/2.0.40。

Content-Length：给出报文数据部分的长度字节数。有些情况下，长度是未知的（例如，网关的程序输出），这时就没有该字段。

Content-Type：给出发送数据的 MIME 内容类型。它告诉客户机/服务器发送的数据类型。

Last-Modified：给出文档最后修订的日期，格式为 Mon, 30 Aug 2022 01：52：59 GMT。与 Date-time 字段一样，Last-Modified 也必须以格林尼治时间给出。

响应报文的首部信息是如何生成的？如果请求报文要求的是 HTML 文件，HTTP 服务器自己构造这些信息。如果请求的是个公共网关接口（common gateway interface，CGI）程序，则需要由网关程序提供返回数据有关的详细信息，如 Content-Type（内容类型），它是不能够由服务器来确定的。服务器分析这些首部信息并加上一些它自己的内容构成一组完整的服务器响应首部。另外，网关程序也可以不经过服务器直接发送所有的响应首部给客户机。

读者如果有兴趣看看真正的 HTTP 响应报文，可以使用 Telnet 程序做一个简单的实验，这个实验需要 UNIX/Linux 类的操作系统配合，实验过程十分简单，假设实验用远程主机 IP 为 202.117.35.234，实验用 Linux 系统中一个名为 comnet 的账户，该账户的工作目录（$HOME）下有 $HOME/public_html/test.htm 文件，请参考以下指令：

```
Telnet 202.117.35.234 80
GET /~comnet/test.htm HTTP/1.1
```

HTTP 的响应报文会以其原始的方式显示在 Telnet 终端屏幕上。当然也可以用浏览器和下列 URL 访问该网页：

```
http: //202.117.35.234/~comnet/test.htm
```

请比较一下分别用这两种方式所得到的显示结果有哪些不同。

*3.5.3 万维网的缓存机制

为了降低查找文件的开销和减少Internet的传输流量，万维网缓存（Web cache）发挥了重大的作用，万维网缓存可以存储在客户机和Internet中。这里先讨论客户机的万维网缓存。

所谓客户机的万维网缓存是指在客户机主机上分配了一个专用的文件夹（如Windows系统中的..\ Temporary Internet Files）存放用户所有访问过的网页，当用户再次访问同一网页时，浏览器会从该文件夹进行查找，并使用该网页进行显示。显然，这是一个多快好省的办法，可以大大提高网页的响应时间。但这也提出了新问题，存在客户机的网页因为没有及时更新会变得过时（尤其是新闻类目录网页），这又怎么办？

幸运的是，万维网设计了一套既可以利用缓存，又能保证网页不过时的好办法。这个办法称为"有条件获取"（conditional GET），一个HTTP请求报文要满足"有条件获取"须具备两点。

① 在请求报文中使用GET方法。

② 在请求报文中包含"IF-Modified-Since"字样的首部信息。

下面举例说明"有条件获取"机制的工作原理。首先，浏览器从服务器请求一条未曾缓存过的对象：

```
GET   /images/jdgk.jpg /HTTP/1.1
User-agent: Mozilla/5.0
```

然后，Web服务器将响应信息发给客户机：

```
HTTP/1.1 200 OK
Date: Sat, 18 Sep 2022 06: 39: 52 GMT
Apache/2.0.40（Red Hat Linux）
Last-Modified: Mon, 30 Aug 2022 01: 52: 59 GMT
Content-Type: img/gif
（data data data data data data ..）
```

客户机在浏览器窗口显示数据的同时将对象内容全部存入所在主机的网页缓存。重要的是，Last-Modified信息是随对象（是文件而不是网页）保存的。

一个星期后，用户要求访问同样的对象，而该对象仍保存在网页缓存中。由于在服务器端保存的相应对象有可能在过去的一个星期进行了修改，所以浏览器首先需要检查对象是否更新过，这就用上了"有条件获取"机制。这时，浏览器会向Web服务器发送以下请求报文：

```
GET /market/front.gif /HTTP/1.1
User-agent: Mozilla/5.0
If-Modified-Since: Mon, 30 Aug 2022 01: 52: 59 GMT
```

注意"If-Modified-Since:"行中的日期与"Last-Modified:"行中的是完全一致的。所谓有条件获取的意思是服务器只在该对象在该特定日期之后有变动的情况下才重新发送该对象。假如该对象在这段时间里没有变化,则服务器发送以下响应报文:

```
HTTP/1.1 304 Not Modified
Date: Sat, 18 Sep 2022 06: 39: 52 GMT
Server: Apache/1.3.19（Unix）PHP/4.0.6
```

（empty entity body）

可以看到,Web服务器还是给客户机发送了响应报文,但并没有把要求的对象包含在响应报文中,如果把要求对象包含在报文中只会浪费时间和Internet的带宽。注意报文中状态行的304 Not Modified信息,这就是告诉客户机直接使用本地缓存中的对象。

另一种网页缓存是一种网络实体,称为代理服务器（proxy server）,代理其他主机浏览器来发出HTTP请求。代理服务器拥有自己的本地磁盘,并存储最近取得的请求对象的副本。如图3-8所示,用户可以将其浏览器配置成将所有的HTTP请求发到某个代理服务器,一旦配置生效,该浏览器的所有HTTP请求将发送到该代理服务器,由该服务器向Internet上的网站发送HTTP请求。当代理服务器从网站上得到请求对象时,一方面将对象封存在响应报文发给浏览器,另一方面,将获得的对象存放在代理服务器的本地磁盘上。当再有其他主机上的浏览器通过它发送HTTP请求时,代理服务器将先检查本地磁盘上是否有该请求需要的对象,若有则取出后直接发给相应的浏览器。

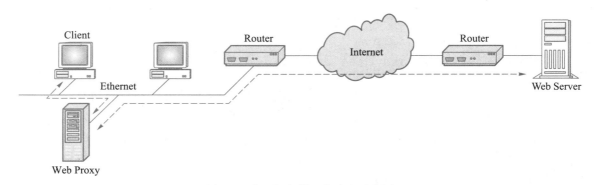

图3-8 代理服务器工作流程示意图

注意代理服务器同时扮演了服务器和客户机的双重角色。当它从浏览器接收请求和向其返回响应报文时，它扮演的是服务器角色；当它向其他网站发送请求报文并接收响应报文时，它扮演的是客户机角色。

使用代理服务器可以获得至少三大好处。

① 可以大大减少对客户机请求的响应时间，这种情况在客户机到请求站点的瓶颈带宽大大小于客户机到代理服务器的瓶颈带宽时尤其显著。

② 代理服务器用在企业、院校和机关环境中，可以大大降低访问Internet的信息流量，可以节省Internet接入的带宽投入。

③ 在Internet中设置代理服务器（例如，可以在机关、院校、厂矿企业、居民小区以及地区和国家级设置代理服务器）可以提供一个Internet内容快速发布的信息基础结构。在这种情况下，如果有一些"低档"网站（运行在低速服务器和低速链路上）的内容非常受欢迎，那么这些网站的内容会很快被复制到代理服务器上，并接受高密度的访问。

*3.5.4 HTTP的发展

HTTP之所以可以在不同主机间传送文件，要依赖TCP的传输服务。首先，HTTP基本上是一个"拉"的协议（pull protocol）——Internet上的大部分万维网应用都是从Web服务器上取资料，并由发出数据请求的主机来启动TCP连接。HTTP v1.0规定浏览器与服务器只进行非持续连接。浏览器每次请求均需要建立一个TCP连接，服务器处理完成后会立刻断开这个连接。这样会造成TCP开销过大的严重性能问题。

为此，HTTP v1.1诞生，HTTP v1.1支持持续连接，允许在建立的一个TCP连接上实现连接重用，从而将TCP开销分摊在多个请求之上。而且，HTTP v1.1支持带流水线的持续连接，进一步提升了性能。

HTTP v1.0与HTTP v1.1均基于拉模式，而新一代的HTTP v2.0则在支持多种性能优化技术的基础上，进一步支持服务端推送。HTTP v2.0已在2015年5月由IETF批准并发布[RFC 7540]。HTTP v2.0的新特性包括二进制分层帧、请求与响应复用、数据流优先、服务端推送、头部压缩。特别地，HTTP v2.0的一个强大功能就是服务端推送，服务器能够为单个客户机请求发送多个响应。也就是说，除了对原始请求的响应之外，服务器还可以将其他资源推送到客户机，而客户机不必显式地请求每个资源。

拓展阅读3-14：RFC：HTTP v2.0

HTTP v2.0性能相比HTTP v1.0及HTTP v1.1有了非常大的提升，但是HTTP v2.0依旧采用了TCP作为传输层协议，所以存在着TCP队头阻塞、TCP握手延时长以及TCP僵化等问题。2018年10月，互联网工程任务组HTTP及QUIC工作小组正式将基于QUIC（quick UDP Internet connections）协议的HTTP（HTTP over QUIC）重命名为HTTP v3.0，2022年6月由IETF正式发布[RFC 9114]。QUIC是基于UDP的传输协议，它基于UDP实现了可靠性、无序但可以并发的字节流，支持快速握手与传输层安全。HTTP v3.0与HTTP v2.0一样，同样支持服务端推送，并且连接建立过程可以实现0RTT或1RTT，极大提升HTTP服务性能。QUIC协议将在4.5节中详细介绍。

拓展阅读3-15：RFC：HTTP v3.0

微视频3-2：HTTP v3.0

此外，为了提高HTTP的安全性，还提出了安全的HTTP（hyper text transfer protocol over secure socket layer，HTTPS）。HTTPS在HTTP的基础上增加了安全套接字协议（secure sockets layer, SSL），通过传输加密和身份认证保证了传输过程的安全性。HTTPS的安全基础是SSL协议，SSL协议的具体实现参见8.5.2小节。简单地说，HTTPS存在一个不同于HTTP的加密/身份验证层（位于HTTP和TCP之间），这个层次提供了身份验证与加密通信方法。HTTPS被广泛用于万维网上安全敏感的通信，例如交易支付等方面。

3.5.5 超文本标记语言

HTML是万维网文档发布和浏览的基本格式。它具有很多特点，如独立于平台的格式、结构化设计，特别是超文本链接，都使它成为万维网较好的文档格式。

如同HTTP和URL一样，HTML作为定义万维网的基本规范之一，最初由蒂姆·本尼斯-李（Tim Berners-Lee）于1989年在CERN[1]研制出来。HTML的设计者是这样考虑的，HTML格式将允许科学家们透明地共享网络上的信息，即使这些科学家使用的计算机差别很大。因此，这种格式必须具备以下几个特点。

① 独立于平台（即计算机硬件和操作系统）。这个特性对各种受众是至关重要的，因为在这个特性中，文档可以在具有不同性能（即字体、图形和颜色差异）的计算机上以相似的形式显示文档内容。

② 超文本。允许文档中的任何文字或词组参照另一文档，这个特性将允许用户在不同计算机中的文档之间及文档内部漫游。

③ 精确的结构化文档。该特性将允许某些高级应用，如HTML文档和其他格式文档间互相转换以及搜索文本数据库。

本尼斯-李选择使用标准通用标记语言（SGML）[2]作为HTML的开发模式。作为一种国际标准，标准通用标记语言具有结构化和独立于平台的优点。SGML的标准化水平也确保了它长久的生命力，这意味着采用SGML格式的文档在相当长的时间里不需要重新构建。

SGML是独立于平台的，因为它对文档的语义结构或含义进行编码描述，而不是对文档的实际外观进行编码描述。因此，某书籍将每章标题标为"章标题"，而不是"隶书3号居中"。如果在不具备"隶书"字体或不支持不同大小写字母的计算机上显示文档，后一种风格会失败，而前一种风格可以在任何系统上个性化显示。每个读者都以一种对其计算机有利的方式定义章节标题的样式，并以这种风格来规范所有的文本。

这种结构的另一个特征是，按语义编码的文本可以由计算机更智能化地自动处理。例如，如果每个章节标题都用"Chapter Title"标识，再把章节号码作为一种属性，读者就可

---

① CERN是法文名conseil Europeen pour la Recherche Nucleaire的缩写。

② SGML（standard generalized markup language – International Standard ISO 8879，标准通用标记语言）是一种经典的标记语言，最初用于出版行业。其定义非常复杂，且依据SGML开发的应用实例非常昂贵，通常只在少数大公司和政府部门应用。

以要求只看第18章，SGML软件相应地会查找第18章标题和第19章标题，并抽取它们之间的所有内容。如果不用标准格式的字体和代码来标识文本，这个工作对计算机来说是无法完成的。

SGML的一大优点是它的灵活性。SGML本身并不是一种格式，而是定义其他格式的一种规范，用户可以创建新格式来编码某类文件（如技术手册、电话号码簿和法律文书）的所有结构，只需先阅读定义，任何能使用SGML的软件都能读懂它。人们已经为普通文档和十分专业化的文档建立了许多文档类型定义（document type definitions，DTD）。HTML只是一种DTD，或SGML的一种应用。

在万维网中传送的文档，绝大部分使用超文本标记语言编写，称为HTML文档。在基本HTML文档中，只允许两种元素存在，一种是所谓HTML标记，另一种则是普通文本（Unicode）。整个HTML文档由各种标记和文本组成。下面是一个简单的HTML文档的样例，通过它可观察到HTML文档的组成结构。

```
<HTML>                              <!--超文本文件开始-->
  <HEAD>                            <!--首部元素开始-->
   <TITLE>网页的标题</TITLE>
  </HEAD>
  <BODY>                            <!--主体元素开始-->

     这里是网页主体内容

  </BODY>                           <!--主体元素结束-->
 </HTML>                            <!--超文本文件结束-->
```

有关HTML标记的一些约定说明如下。

① 超文本标记用"<"和">"作为起始、终止符号。

② 超文本标记一般成对出现，用带"/"的标记表示结束。成对出现的超文本标记亦称容器元素。

③ 有些标记只有起始标记而没有结束标记（亦称空元素）。

④ 超文本标记可以忽略字母的大小写。

⑤ 构成容器元素的一对标记可以写在不同行，标记属性的相对位置不受限制。

注意，HTML（作为SGML的一个应用）只对文档的结构编码，这一点是很重要的。文档的外表，如字形风格、颜色、窗口大小等，是由浏览器和用户控制的。

下面对HTML文档中的常用标记进行简单介绍。

首先，每个HTML文件中都应该出现以下三个容器元素。

<HTML>text</HTML>：该元素包括整个文件（即第一个标识出现在文件头，第二个标识出现在文件尾），把括起来的文本定义成 HTML 文档，并且该元素将按顺序包含以下两个容器元素。

<HEAD>text</HEAD>：该元素是 HTML 文档的头部，它包含与文档有关的信息，这些信息并不是文本的一部分。它与书籍的页眉一样：给出了文本的上下文和位置信息，但不包含正文内容。

<BODY>text</BODY>：该元素内包含表示文档中文本主体的其他元素，通常占满几乎整个文件。

这三个元素一起构成如下所示的 HTML 文档结构模板，所有的 HTML 文档都应该遵循这个模板。

```
<HTML>
<HEAD>
    Header element
</HEAD>
<BODY>
    Body of document
</BODY>
</HTML>
```

<HEAD>容器元素中包含的最为常用的元素如下。

<TITLE>text</TITLE>：这个元素是文档的标题，类似书籍的页眉。在浏览器中，标题通常与文本页分开显示（例如，在窗口的标题栏中）。

<BODY>容器元素中包含以下几个常用元素。

<H#>text</H#>：这个元素把括起来的文本作为标题。从标记 <H1>、<H2> 直到 <H6>，可以有 6 个层次的标题（较小的数字标记较重要的标题）。标题通常用较大的字型编排，并且在该标题的上下各有一个空行。

<P>：这个标记标识文本主体中两个段落之间的间隔。

<IMG SRC="URL">：该元素把图像插入到文档中，图像可以在 SRC 属性中给出的 URL 处找到。

<UL><LI>text<LI>text<UL>：该结构提供了一个无序的条目列表；每个条目以 <L1> 标记开始。通常在显示出的各条目项前置一个实心的圆点。

<A HREF=URL>text</A>：此类元素标记超文本锚，也称为超链接。文本在屏幕上用某种特殊方式来显示（用颜色、下画线或其他类似方法）；当选择屏幕上的超文本链接（用鼠标指向它）时，Web 服务器将检索 "HREF"（hypertext reference，超文本检索）属性中的 "URL"

给出的文档，并将结果返回给用户浏览器。

<HR>：该元素放置一条横穿浏览器窗口的水平线，通常水平线的上下各有一个空行。

<ADDRESS>text</ADDRESS>：这个元素标记一个作为邮递地址或电子邮件地址的文本块。

：该元素在文本中强制换行，以便后继文本都放在下一行。

3.5.6　浏览器的结构

浏览器的结构要比服务器的结构复杂得多。服务器只是重复地执行一个简单的任务：等待浏览器打开一个连接，按照浏览器发来的请求向浏览器发送页面，关闭连接，并等待浏览器（也可能是另外的浏览器）的下一个请求。但浏览器却包含若干个大型软件组件，它们协同在一起工作。图3-9给出了浏览器的主要组成部分和各组成部分之间的关系。

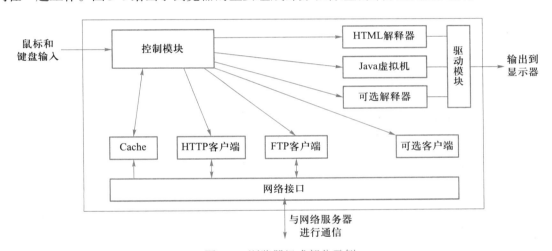

图3-9　浏览器组成部分示例

从图3-9可看出，一个浏览器有一组客户机程序、一组解释器以及管理这些客户机和解释器的控制模块。控制模块是浏览器的核心部件，它解释鼠标的点击和键盘的输入，并调用有关的组件来执行用户指定的操作。例如，当用户用鼠标点击一个超链接时，控制模块就调用一个客户机程序从所需文档所在的网络服务器上取回该文档，并调用解释器向用户显示该文档。

作为浏览器，HTML解释器是必不可少的，而其他解释器则是可选的。HTML解释器的输入就是符合HTML语法的文档。解释器将HTML元素转换为适合用户显示设备硬件的命令来处理页面的细节。例如，当遇到一个强制换行标记
，解释器就输出一个新行。HTML解释器对页面中所有的链接点都保存有其URL信息。当用户的鼠标点击某个超链接时，浏览器就根据当前光标位置和存储的URL信息来决定哪个超链接被用户选中。

　　浏览器的任务不仅是浏览，许多浏览器还包含一个 FTP 客户机，用来获取文件传输服务。一些浏览器也包含一个电子邮件客户机，使浏览器能够发送和接收电子邮件。现在的浏览器界面都设计得很好，它遮盖了许多细节，用户往往在没有意识到的情况下调用了一个可选客户机，如 FTP 客户机或 SMTP 客户机等。

　　在浏览器中还设有一个缓存，用于保存网页副本。虽然使用网页的本地缓存对提高网页的响应速度有好处，然而使用缓存也带来了一些问题。首先，缓存要占用磁盘大量的空间。其次，浏览器性能的改善只有在用户再次查看缓存中的页面时才显示出来。因此缓存中可能会保存了大量冗余的网页，要占用大量的磁盘空间。许多浏览器允许用户调整缓存策略。例如，用户可设置缓存的时间限制，并在此时间限制到期后在缓存中删除这些文件。

　　关于浏览器的另外一些常用术语，简述如下。

　　动态文档（dynamic document）：动态文档的内容在浏览器访问万维网服务器时才由应用程序动态创建。由于对浏览器每次请求的响应都是临时生成的，因此用户通过动态文档所看到的内容可根据需要不断变化。例如，动态文档可用来报告股市行情、天气预报或民航售票情况等内容。动态文档和静态文档（static document）不同。静态文档是指该文档的内容不会改变。由于这种文档的内容不会改变，因此用户对静态文档的每次读取所得到的返回结果都是相同的。

　　活动文档（active document）：活动文档将所有的工作都转移给浏览器。每当浏览器请求一个活动文档时，服务器就返回一段程序，使它在浏览器运行。由美国 Sun 公司开发的 Java 语言是一项用于创建和运行活动文档的技术。在 Java 技术中使用了一个新的名词"小应用程序"（applet）来描述活动文档程序。当用户从万维网服务器下载一个嵌入了 Java 小应用程序的 HTML 文档后，用户可在浏览器的显示屏幕上点击某个图像，然后就可看到动画的效果，或在某个下拉式菜单中点击某个项目，然后就可以看到根据用户输入的数据所得到的计算结果。

　　搜索引擎（search engine）：是万维网上的检索系统。用户使用搜索引擎可在万维网上查找信息（当不知道信息所在的网点时）。现在万维网上已有许多著名的搜索引擎，例如国内的百度和国外的谷歌等。

3.6　Internet 的多媒体应用

　　近年来，Internet 的多媒体（multimedia）内容（主要是音频和视频方面）应用出现了爆炸式的发展。新的多媒体网络应用（也称连续化媒体应用，continuous media application）包括娱乐视频、IP 电话、视频点播、视讯会议、交互式网络游戏、虚拟现实（virtual reality）、远程教学等。这些应用的服务要求不同于 WWW、E-mail 等传统的面向数据的应用。多媒体应用对端到端的延迟、延迟变动十分敏感，但可以容忍部分数据的丢失，这种对基础服务要求的不同使得原来为数据通信设计的网络体系结构很不适应。Internet 上的多媒体应用十分丰富，概括地可以分为存储式音频和视频、实况音频和视频流、实时交互式音频和视频三大类。在分别介绍这三类多媒体应用之前，先介绍三者均需要涉及的音频和视频压缩技术。

3.6.1 音频和视频压缩

当多媒体数据对象，如二值（黑白）文档图像、灰度图像、彩色图像、摄影或视频图像、音频数据或语音数据对象、动画图像及全运动视频等被数字化后，就产生了大量的数字化的数据。确切的数据量由采样频率、量化级别、彩色位数和图像分辨率决定。图像分辨率的提高将会使对象数据量以几何级数增长。

非常大的数据对象要求极大的数据存储空间。随着数据存储量的增加，用于检索数据的存储时间就会增加。光媒体能够在较小的空间存储大量的数据，但它比磁记录媒体的速度慢，另外，在网络中维护大量现场数据会带来新的问题。

动态对象对数据的传送速度有很高的要求。虽然网络速度已在持续地增长，但极大容量的数据对象仍需要一定时间来传输，尤其是当多个视频同时传输时问题更加严重。

通过以上分析可知，提高多媒体信息的存储和传输效率对多媒体系统来说是至关重要的。为了使多媒体数据的存储和传输达到实用的要求，多媒体中的数据对象必须进行压缩处理，以减少存储与实时传送的数据量。

每种对象类型都有一些分辨率的度量，例如，图像以像素/英寸（dpi）来衡量。分辨率越高，图像质量越好。对于文本显示，100~200 dpi 的分辨率就足够了；激光打印机和办公室用复印机提供的质量水平是从 300 dpi 到 600 dpi；用于出版书籍的专业胶版印刷质量是 1 200~1 800 dpi。

声音质量以采样速率和用于表示幅度的位数来衡量。较高的采样率能获取较高的保真度。同样，较高的位数能更精确地获得幅度变化。两个因素都对音质有帮助。8 位量化级别，4 kHz 的采样率对于（单声道）语音级别声音来说是可以接受的最低水平。音乐质量要求用 16 位、8 kHz 的采样率。对于 CD 质量的立体声，应使用 16 位、44.1 kHz 的采样率，多通道立体声甚至要求更高的质量。

视频质量主要以每帧视频图像的分辨率、用于定义彩色的位数以及视频每秒的帧数来衡量。首先，视频是一个帧序列，每个帧包含一个由图像元素或像素构成的网格，其分辨率是衡量视频质量的重要标准，视频分辨率从早期的 320 × 240 像素已发展到现在的 3 840 × 2 160 像素，甚至 7 680 × 4 320 像素，这对基于 Internet 的多媒体应用提出了更高的要求。另一个视频质量的度量是用于定义彩色的位数。16 位彩色是基本要求，一般应达到 24 位彩色。质量的第三个度量是每秒的帧数。广播电视每秒 60 帧（隔行）进行显示，它相当于非隔行的每秒 30 帧显示。低质量的视频显示系统也允许以每秒 15 帧进行显示。而 5G 环境下 VR 视频应用往往需要每秒 60 帧的帧率。

3.6.2 存储式音频和视频

首先，还是重点聚焦在存储式音频和视频，这类应用有三个特点。

① 存储式媒体（stored media）。服务器中所存多媒体资料是事先录制和存储的。所以用户可以对所播资料进行暂停、回退或查找索引。这种资料的典型响应时间为 1~10 秒。一般端到端的存储式多媒体的传输延迟的限制要比实况转播和交互式的低一些。

② 流媒体（streaming）。在大部分存储式多媒体应用中，客户机在开始接收文件后几秒就开始播放，这实际上是一边接收一边播放，而不是下载完全部文件后再开始播放（这就避免了过长的等待时间），这种技术称为流媒体。

③ 连续播出（continuous play out）。一旦播放开始，播出过程就必须按照录制速度进行。这就为数据交付提出了严格的限制。

存储式音频和视频流媒体中，客户机从服务器请求压缩的音频和视频文件，这些服务器可以是"普通"的 Web 服务器，也可能是专门设计的流媒体服务器，一旦有请求，服务器就将音频和视频文件发送到客户机所指定的套接字端口。在实际应用中，基于 TCP 和 UDP 的套接字都有使用。在文件传送上网前，一般文件都需要分段并附上特别的首部以便流媒体的传输。所谓实时协议（real time protocol，RTP）就是一种用于此类分段操作的通用标准（public domain standard）。RTP 数据包是封装在 UDP 数据包中传输的，本质上 RTP 是一个应用层的协议，但它实现的是不面向特定应用的通用传输功能，与 QUIC 协议类似，将在第 4 章中详细介绍。一旦用

拓展阅读 3–16：
实时流协议
RTSP

户开始接收文件，一般在几秒内开始播放。大部分现有产品也提供用户交互手段，在流媒体操作中进行暂停/恢复和跳跃等，这种交互操作需要在客户机和服务器之间提供协议。而实时流协议（real time streaming protocol，RTSP）则提供用户交互的通用协议。

拓展阅读 3–17：
RFC：实时流
协议

音频和视频流媒体用户一般通过浏览器请求服务。但由于目前的浏览器尚未集成流媒体的播放器，所以流媒体的播放往往需要通过被称为媒体播放器（media player）的辅助程序来进行。媒体播放器的功能如下。

① 解压。音频和视频流媒体一般都是压缩后传送的以减少存储空间和节省带宽占用，媒体播放器是在解压的同时播出。

② 消除抖动。在客户机对到达的数据进行短暂的缓存可以缓解由于传输通道的拥堵造成的分组到达延迟时间不稳定所带来的播出抖动现象。

③ 纠错。由于不可预见的原因造成的网络拥堵会导致部分数据丢失，如果丢失的数据过多，会造成用户接收的流媒体质量下降到不能容忍的程度。针对这个问题，媒体播放器可以从以下两个方面来解决，一是通过在传输过程中加入冗余数据来重建丢失的分组，二是由客户机发出请求重传丢失数据。

④ 为用户提供图形化操作界面。该人机交互界面上一般安放用户调谐的按钮，包括暂停/恢复和跳跃滑动等操作键。

媒体播放器也有可能作为插件（add–in）置入浏览器，但无论它以何种形式出现，媒体播放器与浏览器都是两个分离的不同程序。

1. 从浏览器访问音频和视频流媒体

存储式音频和视频流媒体可以驻留在 Web 服务器上以 HTTP 形式向用户传送，也可以驻

留在专用的流媒体服务器通过非HTTP（包括通用或专用的协议）向用户发送信息。

先看看音频流媒体。如果音频文件驻留在Web服务器上，它就是一个Web服务器文件系统中的一个普通对象，就如同JPEG和HTML文件一样。浏览器和服务器通过HTTP形式进行交互。而视频流则有点复杂，因为视频信息的音频和视频是存储在不同的两个文件中的，也就是说，有两个文件对象驻留在服务器的文件系统中。这样，就会用两个分离的HTTP请求报文（在HTTP v1.0中需要两个分离的TCP连接），而音频和视频流是平行地到达客户机，由客户机来管理这两部分信息流的同步。当然也可以将两种数据交织在一个文件中，这样使用HTTP来传输就比较简单。因此，这里就采用这种交织形式的视频流进行讨论。

图3-10显示了一种最初级的音频和视频流服务的体系结构。在这种体系结构中，实现方法如下。

① 浏览器通过TCP连接和HTTP的请求报文从Web服务器请求音频和视频流媒体。

② Web服务器用HTTP的响应报文来发送音频和视频流媒体文件。

③ 在响应报文的content-type首部行中指明了特定音频和视频流媒体的编码。客户机在分析了编码后调用相应的媒体播放器并把数据传送过去。

④ 媒体播放器对资料进行解码和播出。

尽管这种方法十分简单，但存在严重的不足：媒体播放器需要通过浏览器的中转才能同服务器通信。这会导致许多问题，由于有浏览器作为中介，整个对象必须完全下载后才能开始播出。当网速不高时，这种工作方式的响应速度将令人难以忍受。因此，大部分媒体播放器都设计成让服务器与媒体播放器直接通信，也就是使用专用的套接字连接服务器和媒体播放器的进程。这种方法如图3-11所示，这里使用了一种元文件（meta file）的机制，在该文件中对将要传输的流媒体文件的URL、编码方式进行描述。

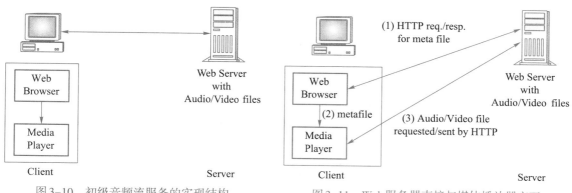

图3-10　初级音频流服务的实现结构　　　图3-11　Web服务器直接与媒体播放器交互

流媒体服务器和媒体播放器之间的TCP连接建立过程如下。

① 用户在浏览器上单击某个流媒体文件的超链接。

② 该超链接并不是直接指向流媒体文件，而是指向描述该流媒体文件的元文件。该文件

描述了将要传输的流媒体文件的 URL、编码方式信息。HTTP 的响应报文包含了 content-type 首部的元文件，这也说明了相关的应用程序（媒体播放器）。

③ 浏览器分析了 content-type 首部后，调用相关的应用程序，并将整个元文件（实际上是响应报文的主体）发送到该应用程序。

④ 媒体播放器直接同 HTTP 服务器建立 TCP 连接，并发送请求报文要求服务器发送流媒体文件。

⑤ 流媒体文件在 HTTP 响应报文中发送给媒体播放器并播出。

这里可以理解元文件的重要性，因为有了元文件，浏览器可以直接调用相关的应用程序，从而媒体播放器可以直接同服务器进行交互。基于 HTTP 的自适应流传输技术也使用元文件来描述视频片段和它们的属性，如基于 HTTP 的动态自适应流传输（dynamic adaptive streaming over HTTP，DASH）。但在应用领域，许多公司的产品并不使用上述的这些办法。由于以上办法要通过 HTTP 与服务器交互，不可避免地要用到 TCP 连接，且 HTTP 连接一般认为在多媒体交互方面功能还不够强大，尤其是不容易实现暂停/恢复和跳跃等媒体播放器的操作。

2. 从流媒体服务器向媒体播放器发送多媒体

为了摆脱 HTTP 和/或 TCP 的束缚，可以在一种专门的流媒体服务器上存储和直接向媒体播放器发送资料。这种服务器可以是商业化的服务如 RealNetworks 和微软的产品，也可以是一种开放性的软件。

拓展阅读 3-18：
HTTP 自适应流
传输技术

对流媒体服务器来说，多媒体数据可以通过 UDP（而不是 TCP）来传送，而其应用层的协议也可以专门设计以更符合传送流媒体的需要。在这种体系结构中，需要两台服务器，如图 3-12 所示，HTTP 服务器提供网页和元文件服务，流媒体服务器提供音频和视频文件服务。这两个服务器可以运行在同一主机或两台分离的主机中。这个体系结构的工作方式与上面描述过的十分类似，但这次音频和视频文件服务不再由 Web 服务器提供，而改由流媒体服务器提供。在 Web 服务器和流媒体服务器之间运行它们专用的应用协议，这种协议可以完成全部流媒体服务所需的操作。

在图 3-12 中，流媒体服务器在向媒体播放器发送资料的过程中有很多方案可供选择。基本的方案是音频和视频文件在 UDP 通道上用恒定的速度发送（该速度应与音频和视频数据的编码速度一致）。例如，音频文件使用 13 kbps 的 GSM 制式压缩，那么服务器就以 13 kbps 的速率将数据从服务器"泵出"。一旦客户机从网络上收到压缩的音频和视频资料，随即解码播出。

另外一个方案与基本方案类似，但开始的播出时间要晚几秒，以便消除传输中可能出现的抖动现象。

流媒体通过 TCP 传送，服务器尽可能快地将数据通过 TCP 套接字"推出"，客户机也尽可能快地将数据从端口读出，并置入缓冲区。在 2~5 s 的延迟后再进行解码和播出操作。由于 TCP 具备重传机制，因而可能会获得更好的流媒体传输质量。

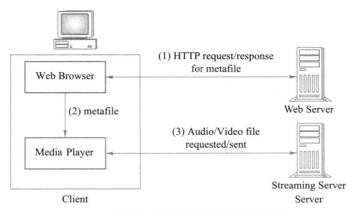

图 3-12 流媒体服务器直接与媒体播放器交互

3. 实时流协议

为了使用户能够控制流媒体的播放，人们制定了实时流协议（RTSP，[RFC 2326]）。RTSP 使得媒体播放器可以进行暂停/恢复、重新定义播出位置、快进、快退等操作。RTSP 也是所谓的"带外"（out-of-band）协议。虽然 RTSP 是"带外"的，而流媒体本身的结构并不是由 RTSP 定义的，因而被认为是"带内"（in-band）的。RTSP 报文使用了 544 号端口，不同于流媒体使用的端口。实时流协议定义中，允许其报文既可以使用 TCP，也可以使用 UDP 进行传送。从这里可以看出，RTSP 与 FTP 有许多相同之处。RTSP 的操作过程如图 3-13 所示。

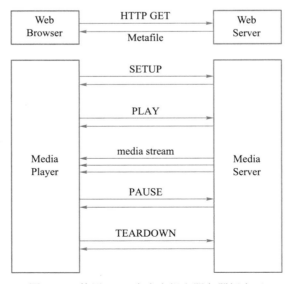

图 3-13 使用 RTSP 在客户机和服务器间交互

3.6.3　实况音频和视频

除了在Internet上传播之外，实况音频和视频流与传统的无线广播和电视中的实况转播是一样的。由于实况转播不能存储，所以也不能执行类似"快进"的操作。某些应用程序允许对本地磁盘上所接收到的实况转播数据进行一些交互式操作，如暂停、回退等。由于接收实况转播的用户很多，所以使用"组播"技术可以大大提高网络使用效率，例如，在Internet上收看世界杯足球赛。高效的网络层组播受制于网络层设备，往往难以实现，因此，在应用层构建覆盖网络，基于内容分发网络与对等网络分发技术，是实现大规模实况音频和视频流的重要手段。与存储式音频和视频流媒体类似，实况音频和视频流媒体的传输延迟的限制要比实时交互式的小一些。一般这种应用的响应时间控制在几十秒内都是可以接受的。但随着直播类应用的快速发展，如果实况音频和视频流还涉及多路同步以及文本交互等场景，响应时间控制会更类似于实时交互式的音频和视频。

3.6.4　实时交互式的音频和视频

用户使用此类手段进行实时交互，实时交互式的音频实际上就是人们常说的"IP电话"。这种技术的一个重要发展趋势是"计算机电话集成"（computer-telephone integration，CTI），它可以把实时通信、目录服务、呼叫者认证、呼叫者过滤等技术结合在一起。实时交互式的视频被称为"视讯会议"（video conference），人们可以在通话的同时看到对方的影像。这类应用的延迟时间一般须控制在数百毫秒内。对语音而言，小于150 ms的延迟一般人是感觉不到的，150~400 ms的延迟是可以接受的，400 ms以上的延迟会给通话和理解造成严重障碍。目前，有众多的RTC（real time communication）技术支持着交互式的音频和视频的发展，如W3C支持的WebRTC标准。

3.7　网络应用发展趋势

3.7.1　Internet应用的模式演进

Internet应用模式是指网络应用中的计算机在组织和处理网络上数据的方式。常见的有客户机/服务器模式、浏览器/服务器模式及对等网络模式等。

1. 客户机/服务器模式

在Internet网络应用中，客户机/服务器模式（Client/Server，C/S）是目前最常用的计算机之间的通信模式，其基本工作原理如图3-14所示。在这个模式中，服务器程序通常在一个众所周知的（或者通信双方约定好的）端口上监听客户程序发出的请求，服务进程一直保持休眠状态，直到有一个客户程序提出连接请求。当客户程序向服务器程序发出服务请求时，服务器程序做出应答，并为客户程序提供相应的服务。

　　客户机/服务器模式最重要的特点是非对等的相互作用，客户程序与服务器程序处于不平等的地位。运行服务器程序的主机一般拥有客户主机所不具备的各种软硬件资源和运算处理能力；服务器提供服务，客户请求服务，这种模式适应了网络资源、运算能力、信息分布不均等现象，成为目前IP应用的主要模式。本章介绍的几种应用层协议都是采用客户机/服务器模式。

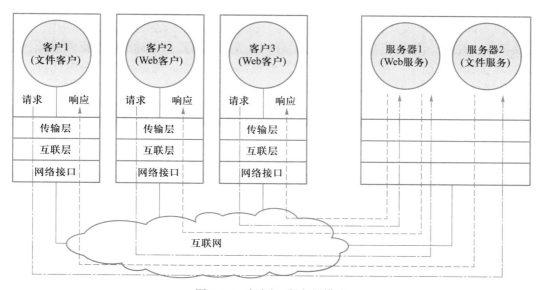

图3-14　客户机/服务器模式

　　从图3-14中可以看出，一台主机可以同时运行不同种类的服务程序，提供不同的服务，例如图3-14中的Web服务程序和文件服务程序；并且，一个服务程序可以同时为多个客户程序提供服务。

　　2. 浏览器/服务器模式

　　浏览器/服务器模式（Browser/Server模式，B/S模式）是随着Internet技术的普及，对客户机/服务器模式的一种改进，图3-15给出了一个最常见的B/S模式的示意图。在这种模式中，客户主机上的用户访问接口是通过WWW浏览器实现的，因此客户的请求通常是HTTP请求报文的格式，为了转换成数据库能理解的语言，通常还需要设置数据库访问网关，形成所谓的三层结构。

　　B/S模式的实现主要是利用不断成熟的WWW浏览器技术，结合浏览器的各种Script语言（例如VBScript、JavaScript等）和ActiveX技术等，用通用浏览器来实现原来需要复杂专用软件才能实现的强大功能。

图 3-15 一个常见的 B/S 模式

B/S 模式的优势如下。

① 成本降低：B/S 模式也被称为"瘦"客户机、"胖"服务器模式。这是因为整个系统的复杂性都集中在服务器端，客户机不需要额外的开发，只需要采用标准的浏览器即可。

② 维护和升级简单：正是由于所有的客户机都采用标准的浏览器，采用 B/S 模式系统的维护和升级也只需要针对服务器进行。

③ 服务器选择灵活：采用 B/S 模式的系统的服务器的选择非常灵活，完全不受客户机浏览器的制约。

④ 客户机运行灵活：由于浏览器几乎是每个用户终端必备的应用程序，因此 B/S 模式的客户机可以随时随地执行以完成各种请求操作。

但是 B/S 模式也存在着服务器负荷较重的问题。

3. 对等网络模式

对等（peer to peer，P2P）网络模式与前面介绍的两种网络模式截然不同，其基本概念是网络中的任何节点都可以作为服务器或者客户机。P2P 的模式与传统的客户机/服务器模式相比，其优势在于降低了对服务器的依赖以及它的分布式的控制能力。

P2P 系统通常需要在物理网络拓扑的基础上构造一个抽象的覆盖网络（overlay network）层，用于索引或者发现节点，使得 P2P 系统能够独立于物理网络拓扑。

P2P 系统的结构主要有三种，如图 3-16 所示。

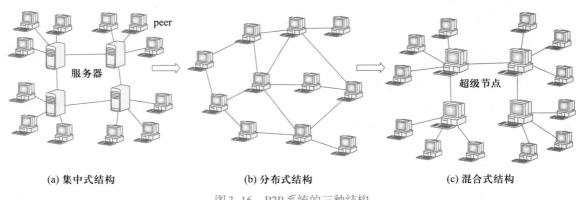

(a) 集中式结构　　　　　　　　(b) 分布式结构　　　　　　　　(c) 混合式结构

图 3-16 P2P 系统的三种结构

① 集中式结构 P2P：其主要特点是集中式控制，系统中存在中央服务器，用户向中央服务器提出查询请求，由服务器返回满足查询条件的文件列表。服务器负责维护所有的文件信

息并一直处于在线的状态。这种集中式的P2P简单，查询回复快，但是由于中央服务器容易成为系统的单一故障点和性能瓶颈，系统的鲁棒性和可扩展性相对较差。例如Napster。

② 分布式结构P2P：是一种完全无中心的分布式结构，所有的查询和响应均在分布式的P2P节点之间完成，它们以广播的方式或结构化的方式散发查询消息。这种分布式的P2P网络容错性能好，但分布式的文件管理与查询较为复杂。例如Chord、Gnutella、KaZaA和Freenet等。

③ 混合式结构P2P：同时具备前两代结构的高效性和容错性优点。这种混合式的结构的维护由处于主干位置的超级节点承担，各P2P节点通过和超级节点交互以获得文件信息并进行文件传输，这种结构具有合理的查询时间和良好的扩展性能，对现有的网络具有更好的适应性。

4. 云计算、雾计算与霾计算

对等网络没有固定的客户机与服务端，提升了系统的服务能力，为大规模的内容分发提供了一种解决思路。但同时也带来安全、可靠性、版权等诸多问题。Internet应用的演进模式总是螺旋式前进的，为了应对P2P网络带来的问题，传统的C/S、B/S架构再获新生，以云计算（cloud computing）模式诞生。

云计算体系架构的进一步演化，特别是随着5G、物联网、车联网等技术的发展及低时延应用需求的快速发展，边缘计算（edge computing）与雾计算（fog computing）模式诞生。相比于云计算，边缘计算具有更靠近终端用户的特点，从而为延迟敏感的应用及任务提供了可行的解决方案。终端用户可以将其应用计算与分析任务全部或者部分卸载（offloading）到边缘节点，在有效降低终端节点计算资源消耗的同时，为日趋复杂多样的智能应用提供低时延的解决方案。

有了云计算、雾计算，自然有人会考虑有没有霾计算（haze computing）。霾是不受欢迎的，所以有的研究者将霾计算定义为效果不佳的雾计算。而从与用户的距离出发，本书作者给出了另一种有趣的定义。云计算远在云端，雾计算在用户周边，而未来由可进入体内的传感器构成的网络计算模式，本书称其为霾计算。

**3.7.2 Internet应用与人工智能

Internet应用正随着计算机网络技术的快速发展而日新月异。特别地，大数据、机器学习、云计算、5G/6G、物联网的发展，为Internet应用带来了前所未有的复杂性、规模性、动态性。复杂、动态的网络环境，无法依赖确定性规则的传统网络/系统协议，而日新月异的机器学习应用，更凸显对计算机网络的依赖，成为智能化的Internet新应用。概括地讲，人工智能（artificial intelligence，AI）与Internet应用相互促进。一方面，人工智能提升Internet应用的性能与可用性，另一方面，在网络技术的支撑下，不断涌现智能化的Internet新应用系统。

一方面，人工智能技术可以优化Internet应用的负载调度、决策控制、安全机制、服务质量与用户体验等。例如，应用深度强化学习技术可以优化TCP的拥塞控制决策、HTTP自适应流媒体的码率决策，应用循环神经网络技术可以预测VR视频流的视角选择，基于卷积神经网络可以实现视频传输过程中的实时超分辨率，等等。

另一方面，计算机网络的快速发展，也催生了智能化Internet新应用的涌现。例如，基于计算卸载、分布式缓存、网络传输优化等方式，通过网络与分布式系统支持移动手机智能应用、头戴式设备智能应用等。又如，基于边缘计算的智能视频分析应用中，需要不同于3.6节介绍的视频传输技术作为支撑，视频传输不再以客观的用户服务质量（quality of service，QoS）或主观的用户体验质量（quality of experience，QoE）为优化目标，视频传输的优化目标在于提升视频分析机器推理质量（quality of inference，QoI），降低通信延迟以及提高网络与计算资源的利用率。由此可见，新的智能应用离不开计算机网络技术的发展与支持。

小　结

本章阐述了Internet发展过程中的许多解决工程问题的思路和做法，这对解决网络应用和其他工程问题也是一种启示，同时可以对Internet基础协议的设计有更深入的理解。

本章从概念和实现的角度讨论了Internet的应用。读者可以从本章的万维网、SMTP、POP3等应用协议体会到客户机/服务器模式在Internet上的广泛应用。从网络多媒体服务的引入，可以清楚地看到不同的网络应用对较低层网络协议所提供的服务的截然不同的要求，和目前Internet的体系结构所存在的不足和局限。这样也可以了解Internet技术满足社会需求的基本发展趋势。

习　题

1. 填空题

（1）FTP在传输层采用_____协议，SMTP在传输层采用_____协议。

（2）HTTP v1.1在传输层采用_____协议，HTTP v3.0在传输层采用_____协议。

（3）DNS协议在传输层采用_____协议。

（4）在客户机/服务器模式中，连接请求的发起方是_____。

（5）动态网页与静态网页的区别在于_____。

（6）DNS域名查询的方式有两种，它们是_____和_____。

（7）一个URL包括了_____、_____和_____。

（8）动态网页与活动网页的区别在于_____。

（9）POP和IMAP的主要区别是_____。

（10）从结构上讲，P2P网络可以分为_____、_____和_____三大类。

2. 选择题

（1）在http://www.****.org中，http代表（　　　）。

    A. 主机　　　　　　B. 地址　　　　　　C. 协议　　　　　　D. TCP/IP

（2）在Internet电子邮件系统中，下列说法正确的是（　　　）。

    A. 发送邮件和接收邮件都使用SMTP

    B. 发送邮件使用POP3，接收邮件使用SMTP

    C. 接收邮件使用POP3，发送邮件使用SMTP

    D. 发送邮件和接收邮件都使用POP3

（3）FTP客户机和服务器间传递FTP命令时，使用的连接是（　　　）。

    A. 建立在TCP之上的控制连接　　　　　　B. 建立在TCP之上的数据连接

    C. 建立在UDP之上的控制连接　　　　　　D. 建立在UDP之上的数据连接

（4）如果本地域名服务无缓存，当采用递归方法解析另一网络某主机域名时，用户主机和本地域名服务器发送的域名请求条数分别为（　　　）。

    A. 1条，1条　　　B. 1条，多条　　　C. 多条，1条　　　D. 多条，多条

（5）使用浏览器访问某大学Web网站主页时，不可能使用的协议是（　　　）。

    A. PPP　　　　　　B. ARP　　　　　　C. UDP　　　　　　D. SMTP

（6）域名解析可以有两种方式，分别是（　　　）。

    A. 直接方式和间接方式　　　　　　B. 迭代方式和递归方式

    C. 直接方式和迭代方式　　　　　　D. 递归方式和重复方式

（7）下列应用层协议中，在传输层可以使用无连接服务的是（　　　）。

    A. FTP　　　　　　B. DNS　　　　　　C. SMTP　　　　　　D. HTTP

（8）在向网络中心申请IP地址时，网络中心会同时告知DNS域名服务器的地址，这个DNS域名服务器是（　　　）。

    A. 根域名服务器　　　　　　B. 授权域名服务器

    C. 本地域名服务器　　　　　　D. 以上三种都有可能

3. 简答题

（1）应用层协议（包括文件传输类协议和多媒体应用协议）对传输层协议选择的主要考虑因素是哪些？

（2）为什么HTTP、FTP、SMTP、POP和IMAP需要TCP的支持而不是UDP？

（3）域名和IP地址的关系是什么？为什么要设计域名？

（4）DNS系统中，根域名服务器、本地域名服务器、授权域名服务器各完成什么样的功能？

（5）说明域名解析过程中，递归方式和迭代方式相比各有何特点。

（6）为什么电子邮件系统采用存储转发方式，而不使用直接投递到目的地的方式？

（7）在电子邮件协议中为什么要引入MIME协议？

（8）为什么发送邮件采用SMTP而接收邮件则采用POP3或其他协议？

（9）为什么大部分FTP服务器需要限制同时连接的客户机数量？

（10）在FTP中，21号和20号端口各实现什么功能？

（11）简单地说SMTP和FTP都是完成文件传输的，它们在本质上有何区别？

（12）HTML文档（网页）和Web服务器主机中的文件关系是怎样的？

（13）URL包含了哪些内容，其主要功能是什么？

（14）浏览器的主要功能是什么？

（15）请简单叙述浏览器本地缓存的应用机理。

（16）HTTP的请求报文在什么情况下会向服务器发送除报文首部外的数据信息？

（17）请简单叙述 HTTP v1.0、HTTP v1.1、HTTP v2.0、HTTP v3.0的区别。

（18）同样作为文件传输类的协议，HTTP和SMTP有什么重大区别？

（19）在Internet通信中的端对端延迟和延迟抖动有什么区别？延迟抖动产生的原因是什么？

（20）在客户机/服务器模式中，服务器是否能同时为多个用户提供服务？如果能，是如何实现的？

（21）浏览器/服务器模式又被称为"瘦客户机模式"，试分析为什么。

（22）P2P模式与客户机/服务器模式相比有何主要区别？

第4章 传 输 层

通信子网为网络提供了数据传输服务，但是通信子网一旦建好，能提供的服务质量也就确定了，并且当网络规模非常大时，资源子网中的网络用户根本无法了解网络的全貌，例如通信子网的拓扑结构、提供的服务类型等。为此，在网络层之上设计了传输层，传输层设计的目标是为源主机到目的主机提供可靠的数据传输服务，屏蔽通信子网的差异，使上层不受通信子网技术变化的影响。

为满足不同应用层的服务质量要求，TCP/IP协议集的传输层设计了两个并列的协议：面向连接的TCP（transmission control protocol）和无连接的UDP（user datagram protocol）。本章将对这两个协议进行详细的介绍。需要说明的是，TCP是一个非常复杂的协议，本章因为篇幅所限只介绍TCP的核心部分，要想了解TCP的全貌可以阅读相关RFC文档。

4.1 传输层概述

4.1.1 传输层提供的服务

应用层调用通信子网进行数据传输时，存在以下两大问题：首先，应用层在调用通信子网进行数据传输时，无法了解通信子网提供的服务以及实现的细节；其次，通信子网提供的服务也不一定能满足应用层数据传输的服务质量要求。为了解决以上两个问题，传输层应运而生。

传输层位于通信子网和资源子网之间，是整个协议层次中最核心的一层。它的作用是在优化网络层服务的基础上，为源主机和目的主机之间提供有效、可靠、满足服务质量的端到端的数据传输，使高层服务用户在相互通信时不必关心通信子网实现的细节。并且，如果应用层提出的服务质量要求在通信子网得不到满足，由传输层进行弥补，从而向应用层提供满足服务质量要求的数据传输服务。简单地说，传输层的主要功能是增加和优化网络层提供的服务质量。显然，传输层的工作任务依赖于网络层提供的服务。网络层服务很完善，传输层工作就很轻，网络层服务质量较差，传输层工作就较重。传输层需要完成的服务质量保证工作涉及差错控制、流量控制、拥塞控制等。

微视频4-1：
传输层的作用

此外，传输层与网络层在功能上的最大区别是前者提供进程通信能力，而后者不提供。在进程通信的意义上，网络通信的最终地址就不仅仅是主机地址了，还需要包括可以描述进程的标识符，即端口号。网络层的数据传输只能保证将数据送到目的主机，到达目的主机后，还需要将数据送到特定的应用进程进行后续处理。例如，用户同时打开了多个浏览器，当一个页面到达主机时，需要确定将页面送到哪个浏览器窗口进行处理和显示。传输层通过协议端口号（简称端口号）来标识不同的应用进程。图4-1给出了一个例子，在这个例子中，主机A的应用进程AP1要发送一个数据给主机B的应用进程AP4。主机A在发送数据之前必须通过某种方式获得主机B的网络地址（例如IP地址）和AP4对应的端口号。这样，作为通信子网最高层的网络层就可以使用主机B的网络地址进行路由选择，从而保证了数据能到达目的主机B；主机B接收到了数据后，使用AP4的端口号，将数据送到AP4进行后续处理。

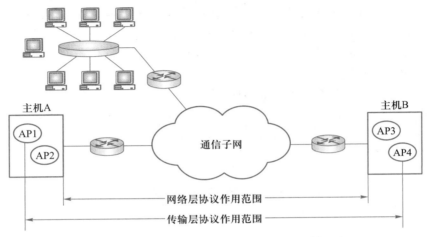

图4-1　传输层及网络层的作用范围示例

主机A如何获得主机B的网络地址是第5章将介绍的内容，这里主要介绍主机A如何获得AP4的端口号。获得目的主机端口号主要有以下三种方法。

① 双方在通信前约定各自使用的端口号。例如，在自己编写的通信程序中约定，一方使用端口号8000，另一方使用端口号8001。

② 为常用公共服务分配保留端口号。例如，TCP为Web服务分配的保留端口号是80。

③ 使用注册服务器的方式。例如，QQ用户登录后，会向QQ服务器发送自己的IP地址和端口号，这样其他用户可以查询注册服务器获得好友的IP地址和端口号。

为了允许用户访问传输服务，传输层必须为应用层提供一组操作，即传输服务接口。例如，套接字Socket就是这样的一种传输服务调用接口。

4.1.2　Internet中的传输层

Internet的传输层有两种主要的协议：面向连接的TCP和无连接的UDP。讨论TCP和UDP之前，需要首先简单介绍一下Internet网络层的核心协议——IP协议。IP提供"尽力而为"的服务，即IP服务将"尽力而为"地在主机间传送数据分组，但不做任何服务质量的保证。具体来说，网络层不保证分组的交付与否，不保证分组交付的顺序，不保证分组中数据的完整性。由于这些原因，IP服务被称为"不可靠"的服务。在理解IP服务的基础上，再来分析UDP和TCP的服务模型。这两个协议最基本的任务就是延伸IP所提供的服务，IP所提供的服务是在两个主机之间传递数据，而UDP和TCP的任务则是将传递服务延伸到各主机的诸多进程之间。如果用邮递服务做比喻，则IP服务就是邮递员的角色，邮递业务可以将邮件在两个企业间传递，而UDP和TCP的服务类似企业的收发室，只有收发室可以将邮递业务真正延伸到个人，也就是将邮件送到收件人手中。通过设置校验字段，UDP和TCP还提供保证数据完整性的验证功能。实际上，上述提到的两项功能（完成进程间通信和错误校验）是传输层协议的功能的最小集合，也就是UDP所提供的功能。与IP一样，UDP也是提供不可靠的无连接服务。

另一方面，TCP为应用层提供了若干附加的功能。首先也是最重要的，TCP提供了可靠数据传输。通过流量控制、顺序编码、应答和计时器，TCP可以保证将数据按序、正确地从某个主机中的一个进程传递到另一台主机中的一个进程。TCP将IP所提供的主机间不可靠传递服务转换成为进程间的可靠数据传输服务。TCP也提供拥塞控制功能，这个功能与应用层没有太大的关系，它是一种公益性的功能，意在防止网络的过度拥塞，这是通过控制发送端的数据发送速率来进行调节的。而UDP则完全不理会网络的拥塞状况，按照应用层的需求随意向网络发送数据。

TCP/UDP协议集使用协议端口（protocol port，简称端口）来标识通信的进程。应用程序（即进程）通过系统调用与某（些）端口绑定（binding）后，传输层传给该端口的数据都被相应进程所接收。从另一个角度说，端口是进程访问传输服务的入口点，在TCP/IP实现中，端口操作类似于一般的I/O操作，进程获取一个端口，相当于获取一个本地唯一的I/O文件，可以用一般的读写原语访问。

类似于文件描述符，每个端口都拥有一个被称为端口号的整数标识符，用于区分不同端口。由于TCP和UDP是完全独立的，因此各自的端口号也相互独立。按照TCP和UDP的规定，两者均允许长达16比特的端口值，所以TCP和UDP分别可以提供2^{16}个不同端口。

TCP/IP采用的端口分配方法是，端口分为两部分，一部分是保留端口，一部分是自由端口。其中保留端口只占很小的数目（256以内），以全局方式进行分配，即由一个公认的中央机构统一进行分配，并将结果公之于众。保留端口一般分配给常用的服务器进程，例如，UDP为SNMP分配的保留端口号为161，TCP为SMTP分配的保留端口号为25，为WWW服务分配的保留端口号为80。自由端口占全端口的绝大部分，以本地方式进行分配。

*4.1.3 套接字Socket

Socket（套接字）是从UNIX系统中的I/O命令集发展起来的，其基本模式是打开—读/写—关闭（open-write-read-close）。即在一个用户进程进行I/O操作时，它首先调用"打开"操作以获得对指定文件或设备的使用权，并返回称为文件描述符的整型数；然后这个用户进程多次调用"读/写"操作来完成数据的传输。当所有的传输操作完成后，用户进程关闭调用，通知操作系统已经完成了对某对象的使用。

当TCP/IP协议集被集成到UNIX内核中时，相当于在UNIX系统引入了一种新型的I/O操作。UNIX用户进程与网络协议的交互作用比用户进程与传统的I/O设备相互作用复杂得多。首先，进行网络操作的两个进程在不同机器上，如何建立它们之间的联系？其次，网络协议存在多种，如何建立一种通用机制以支持多种协议？

1. 套接字编程基本概念

Socket 英文原意为"插座"，作为不同系统进程间的通信机制，Socket的基本思想是为上层实体提供一种透明的访问网络的能力。从本质上说，Socket是一组传输层的服务原语。图4-2给出了Socket在网络体系结构中的位置。

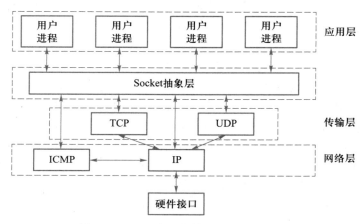

图4-2　Socket在网络体系结构中的位置

在网络通信中，参与通信的两个进程通常位于不同的机器上，为了能够找到对方，需要进行统一的编址。在Internet这样一个互联网络中，两台机器还可能位于不同的网络中，这些网络通过网络互联设备（如路由器）连接。因此需要如下的三级寻址结构。

① 某一主机可与多个网络相连，必须指定特定网络地址（在Internet中为IP地址）。

② 网络上每一台主机具有唯一的地址（物理地址/MAC地址）。

③ 每一主机上的每一进程具有该主机上的唯一标识符（端口号）。

在Internet网络中，在到达目的节点所在的子网后，可通过ARP（参见5.4.4小节）完成目的IP地址到目的物理地址的转换，因此主机的地址可以简单地由IP地址和端口号来标识。由于在Internet的网络中存在着两种服务方式不同的协议——TCP和UDP，因此在两个网络进程的通信过程中，还需要明确指明所采用的协议类型。综上所述，网络中用一个三元组可以在全局唯一标识一个进程：

（协议，本地地址，本地端口号）

这样一个三元组被称为一个半相关（half-association），它指定连接中的一个进程；所谓全相关是指一个完整的网间进程通信需要由两个进程组成，并且只能使用同一种高层协议。这样一个相关（association）可以表示成如下的五元组形式：

（协议，本地地址，本地端口号，远地地址，远地端口号）

在采用TCP/IP协议集的Internet中，提供以下三种类型的套接字。

（1）流式套接字（SOCK_STREAM）

提供了一个面向连接、可靠的数据传输服务，数据无差错、无重复地发送，且按发送顺序接收。这种套接字主要是针对TCP设计的。

（2）数据报式套接字（SOCK_DGRAM）

提供了一个无连接服务。数据包以独立包的形式被发送，不提供无错保证，数据可能丢失或重复，并且接收顺序混乱。这种数据报式套接字主要是针对UDP设计的。

（3）原始式套接字（SOCK_RAW）

原始式套接字主要针对那些直接使用IP层服务的协议而设计的，例如ICMP、OSPF等。

2. Socket中提供的系统调用

在Socket实现中主要采用客户机/服务器模型。下面是Socket中提供的主要系统调用，需要注意的是，这些系统调用有些是专门针对面向连接的TCP而设计的。

① socket( )系统调用：系统调用socket( )向应用程序提供创建套接字的手段，这个系统调用的执行结果是返回一个套接字，并为其分配相应的资源，同时返回一个整型套接字号。

② bind( )系统调用：当一个套接字用socket( )创建后，使用bind( )调用将套接字所使用的地址（包括IP地址和端口地址）与所创建的套接字号联系起来，即指定本地半相关。

③ listen( )系统调用：这个系统调用是针对面向连接的TCP设计的，表示服务器进程已经处于就绪状态，随时可以响应来自客户机的连接建立请求。

④ connect( )系统调用：用于向远地的进程（通常为服务器进程）发出连接建立请求，这个调用通常是由客户机发起的。

⑤ accept( )系统调用：accept( )适用于面向连接的TCP，用于响应请求连接队列上的第一个客户。accept( )调用执行后创建一个与原套接字有相同特性的新套接字号，新的套接字可用于处理服务器并发请求。

通过以下4个套接字系统调用：socket( )、bind( )、connect( )、accept( )，可以完成一个完全五元相关的建立。socket( )指定五元组中的协议元，它的用法与是否为客户机或服务器、是否面向连接无关。bind( )指定五元组中的本地二元，即本地主机地址和端口号，其用法与是否面向连接有关：在服务器方，无论是否面向连接，均要调用bind( )；在客户机，若采用面向连接，则可以不调用bind( )，而通过connect( )自动完成。若采用无连接，客户机必须使用bind( )以获得一个唯一的地址。

⑥ read( )与write( )：当一个连接建立以后，就可以传输数据了。常用的系统调用有read( )和write( )。read( )调用用于在指定的数据报或流套接字上发送输出数据，write( )用于从指定

的数据报或流套接字上接收数据。

　　⑦ close ( )：close ( )调用用于关闭指定的套接字，并释放分配给该套接字的资源；如果涉及一个打开的TCP连接，则该连接被释放。

　　图4-3以TCP为例描述了使用套接字建立连接和完成数据传输的过程。

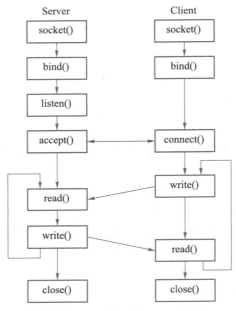

图4-3　TCP中的套接字系统调用

4.2　拥 塞 控 制

　　数据由源节点产生后，应该以什么样的发送速率发送到网络中，主要受两个因素制约：一是网络的带宽，也就是网络的容量或者承载能力；二是接收节点的接收能力，也就是接收端有没有足够的缓冲区来存放到达的数据。前者是拥塞控制解决的问题，后者是流量控制解决的问题，流量控制将在第6章进行介绍。

4.2.1　什么是拥塞

微视频4-2：拥塞控制

　　通信子网中信息量太多，导致性能大为下降的现象称为拥塞。图4-4示意性说明了拥塞引起网络性能下降的现象。当进入通信子网的分组数量未达到网络最大承载能力时，所有分组都能进行转发，通信子网转发的分组数量与进入通信子网的分组数量成正比；当进入通信子网的分组数接近网络的最大承载能力时，由于通信子网资源的限制，中间节点会丢弃一些分组，此时如果继续增加入网分组数量，在没有拥塞控制的网络，通信子网的性能会变得很差，如通信子网转发的分组数量反而大大减少，响应时间急剧增加，网络反应迟钝，严重时还会导致死锁。

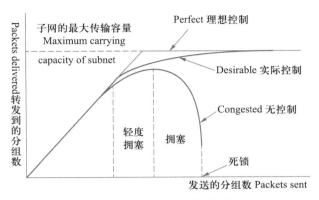

图 4-4　拥塞引起的性能下降

　　拥塞又可分为全局拥塞和局部拥塞。当通过通信子网转发的分组总数太多，超过或者接近网络的承受能力时，会导致整个网络性能的下降，也就是全局拥塞，减少进入通信子网的分组的总量是防止这类拥塞出现的基础；但是，如果进入通信子网的分组总量并不太多，但却过于集中在某些节点，如果控制不当，就会导致局部拥塞。在网络中，通常在全局拥塞出现之前，就已经在网络的某处出现了局部拥塞。因此，局部拥塞是网络拥塞要解决的主要问题。

　　拥塞产生的本质是用户需求大于网络的传输能力，因此，解决拥塞主要有以下两类方法：增加网络资源和降低用户需求。增加网络资源一般通过动态配置网络资源来提高系统容量；降低用户需求通过拒绝服务、降低服务质量和调度实现。由于拥塞的发生是随机的，网络很难做到在拥塞的发生时增加资源，因此网络中主要采用降低用户需求的方式。

　　根据实现的位置的不同，拥塞控制算法可分为两大类：链路算法和源算法。链路算法，例如主动队列管理算法（active queue management，AQM）和随机早期检测算法（random early detection，RED），在网络设备（如路由器和交换机）中执行，工作在网络层，通常使用平均队列长度、缺乏缓冲区造成的丢包率等指标来衡量拥塞。源算法（例如 TCP 中的拥塞控制）也被称为端到端的拥塞控制，在主机和网络边缘设备中执行，工作在传输层，通常使用超时重传的包的数量、平均包延迟、包延迟变化（jitter）等指标来衡量拥塞。

　　拥塞发生在通信子网，因此通信子网中的网络设备能最快地感知到拥塞的发生，但是由于数据是资源子网中的主机发送到通信子网中的，网络设备不能从根本上控制进入通信子网的分组数量。因此，两种算法各有利弊。拥塞控制从控制论的角度来说可以分为开环（open loop）控制和闭环（close loop）控制。

　　开环控制的出发点是通过良好的设计来解决问题，避免拥塞的发生。简单地说就是一种以预防为主的拥塞避免策略，网络在进行拥塞控制时并不考虑网络的当前状态。开环控制需要解决的问题包括确定何时接受新的流量，确定何时丢弃分组及丢弃哪些分组以及在网络各个节点上执行的调度策略。

闭环控制是基于反馈机制的。其工作过程主要分为以下三个阶段：监测网络中拥塞的发生；将拥塞信息报告到拥塞控制点；拥塞控制点根据拥塞信息进行调整以消除拥塞。闭环的拥塞控制可以动态地适应网络的变化，但它的一个重要缺陷是算法性能受到反馈延迟的严重影响。当拥塞发生点和控制点之间的延迟很大时，算法性能会严重下降。

*4.2.2　开环拥塞控制

在采用虚电路（参见5.1.2小节）的网络中，发送者首先需要通过中间的路由器节点与接收者建立一条虚连接。在建立连接时，在发送者的建立连接请求分组中包含用于说明传输模式的流说明信息，如最大分组长度、最大传输速率以及其他流量说明信息。该分组经过各个路由器时，路由器要记录流说明信息。接收者则要根据流说明信息来确定它所能够接受的流量传输模式，然后通过应答分组传送给发送者，应答分组经过各个路由器时，对路由器所记录的发送者流说明信息进行确认。这样，在建立连接的同时，发送者、路由器和接收者可以协商该连接的流量传输模式，并最终达成一致。

在数据传输过程中，路由器将根据协商好的传输模式对该连接上的流量进行整形。所谓流量整形（traffic shaping）是指通过调整数据传输的平均速率，使得数据按照传输模式规定的速率进行传输，尽量避免由于突发性增大通信量而导致的拥塞问题。流量整形是对传输速率进行调整，而不是调整流量控制中的一次可传送的数据量。流量整形主要有两种算法：漏桶（leaky bucket）算法和令牌桶（token bucket）算法。

漏桶算法是将流量整形操作形象地比喻成一个底部带有一个小孔的水桶，不管流入桶中的水速多大，从底部小孔流出的水速是恒定的。如果桶中无水，则速率为0，如果桶中水满，则流入桶中的水将从桶边溢出。漏桶算法相当于在路由器内部实现了一个有限长度的缓冲队列，路由器将以恒定速率从队列中取出分组发送出去，而进入路由器的分组被排到队列的尾部，一旦队列饱和，新来的分组将被丢弃。这种算法实际上是一种具有恒定服务时间的单服务器排队系统。

令牌桶算法与恒定输出速率的漏桶算法有所不同，它允许一定量的突发数据流。该算法以恒定速率产生令牌放入桶中，每发送一个分组都要获得和消耗一个令牌；如果令牌消耗完，则新来的分组就要等待生成新令牌或被丢弃。由于突发性的输入流往往导致拥塞的发生，因此获得令牌的分组将被快速地输出，使突发性的输入流得到迅速的疏导。在令牌桶算法中，使用一个令牌计数器来计算令牌数量。令牌计数器每隔 Δt 时间加1，表示新增加一个令牌；每发送一个分组，令牌计数器减1，表示已消耗一个令牌。当计数器减至0时，表示令牌已消耗完，不能再发送分组了。

漏桶算法与令牌桶算法的区别如下。

① 流量整形策略不同：漏桶算法不允许空闲主机积累发送权，以便以后发送大的突发数据；令牌桶算法则允许，最大为桶的大小。

② 漏桶中存放的是数据包，桶满了丢弃数据包；令牌桶中存放的是令牌，桶满了丢弃令牌，不丢弃数据包。

这两种流量整形算法既可用于平滑主机向网络发送分组的通信量，也可用于两个路由器之间的流量整形。在 ATM 交换机和资源预留协议（resource reservation protocol，RSVP）中，就是应用上述的流量整形算法来解决网络拥塞问题的。

*4.2.3 闭环拥塞控制

在采用数据报的网络中，由于数据发送前发送者和接收者并无协调关系，很难在发送数据之前采取措施进行拥塞的预防。因此，通常是在拥塞即将出现或已经出现时，才触发拥塞控制机制，否则不起作用。这样网络可以在较高的吞吐量下运行。发送抑制分组就是采用这种思想进行拥塞控制的。

每个节点在它的每条输线路上设置两个变量：变量 U，反映该线路的近期利用率，其值在 0 至 1 之间变化；变量 f，表示该线路瞬时利用率，其值取离散值 0 或 1。线路利用率按照下式进行更新：

$$U_新 = aU_老 + (1-a)f$$

其中，常数 a 决定了该输出线路利用率的修改速度。如果取 a=0，则 U=f，该线路利用率 U 按现时的瞬时值修改；如果 a=1，则 U 使用以前的值，即 U 不变更。这样如果 a 在 0 和 1 之间取值，反映了输出线路利用率更新的周期，或节点忘记该输出线利用率 U 近期历史的速度。给每一条线路利用率 U 定义一个阈值，当 U 大于此值时，就使该线路进入"告警"状态。

当一个节点有分组进入时，就检查该分组选择的输出线路是否处于"告警"状态。如果是，一方面向该分组源节点发送一个抑制分组（choke packet），通知源节点在某处已发生拥塞征兆，请减慢发送速度；另一方面，在该分组上注明已发抑制分组的标记，以免后续各节点重复发送抑制分组，然后把该分组转发出去。该分组的源节点收到这个抑制分组后，知道在途中某个节点处已发生拥塞，则按照一定的规则减少发往那个分组所到达目的节点的通信量，或阻塞源主机发往目的节点的数据分组。由于源节点发往该目的节点的分组有些还在途中，这些分组依旧会产生抑制分组，因此主机在固定时间间隔内，不再理会与该目的节点有关的抑制分组；此时间间隔一过，主机再次检查是否有抑制分组，如果有，主机继续减少通信量；如果没有，主机按照一定规则增加通信量。这种方法能防止拥塞且不影响流量平均值。常用的通信量增减策略是，减少时按一定比例减少，保证快速解除拥塞；而增加时以常量增加，防止很快再次导致拥塞，即所谓的"倍性减少、加性增长"策略。

这种方法通常和分组丢弃法结合使用，所谓分组丢弃法（也被称为队尾丢弃，drop tail）是指在节点中对每个输出线路设置两个阈值，超过第一个阈值时向源节点发送抑制分组；超过第二个阈值时，就开始丢弃进入的分组或者队尾的分组。

**4.2.4　其他拥塞控制方法

近年来，非线性规划理论、系统控制理论和优化控制理论等都被引入到拥塞控制的研究中来，产生了新的拥塞控制理论和方法。

1. AQM 和 RED 算法

与传统的"分组丢弃"算法不同的是，主动队列管理算法 AQM 在网络设备的缓冲溢出之前就丢弃或标记报文。

随机早期检测算法 RED 是最著名的一种 AQM 算法。RED 拥塞控制机制的基本思想是通过监控路由器输出端口队列的平均长度来发现拥塞；一旦发现即将产生拥塞，则随机地选择连接来通知拥塞，使它们在队列溢出导致丢包之前减小拥塞窗口，降低发送数据速度，从而缓解网络拥塞。由于 RED 是基于 FIFO 队列调度策略的，并且只是丢弃正进入路由器的数据分组，因此实施起来较为简单。

2. 基于 QoS 的拥塞控制

网络服务质量（quality of service，QoS）是指网络在传输数据流时要求满足的一系列服务请求，具体参数有平均速率、最大速率、数据包的延迟时间、抖动、数据包的丢失等。简单地说，网络 QoS 服务就是用网上信息传输质量的指标来处理端对端之间的信息传递。

常规解决拥塞的方法是将网络整体影响降到最低，也就是说，将拥塞的影响平均分配给每个数据流，大家都承担延迟造成的传输质量下降。而基于 QoS 的拥塞控制则不同，它不但可以防止拥塞，还会根据数据流的不同传输要求来分配延迟时间，将影响集中分配到传输延时要求不高的数据流上，而保证传输要求高的数据流顺利、优先通过。利用 QoS 技术进行拥塞控制可以保证重要数据流的顺畅传输，有效地缩短数据包的延迟时间，最大限度地减少数据包的损失。

4.3　UDP

拓展阅读4-1：
RFC：UDP

UDP 的标准文档是 1980 年颁布的 RFC 768。到目前为止，经历了 40 多年的时间，UDP 的内容几乎没有变化。这充分说明了 UDP 以"简单"为核心的设计原则的吸引力和生命力。

UDP 建立在 IP 之上，提供无连接的数据报传输服务。相对于 IP，它最主要的功能是提供了协议端口，以保证进程通信。因此，UDP 在时间和空间上的开销都比 TCP 小，主要应用于流媒体通信、组播通信等对实时性要求比较高或者具有重复性行为的场合。

4.3.1　UDP

UDP 提供的是一种无连接的服务，它并不保证可靠的数据传输。对等 UDP 实体在传输时不需要建立端到端的连接，而只是简单地向网络上发送数据报文或从网络上接收数据报文即可。UDP保留应用程序产生的报文边界，即它不会对报文进行合并或分段处理；这样，接收者收到的报文与发送时的报文大小完全一致。

另外，UDP可以通过校验和（checksum）来提供差错的检测功能。校验和是可选的，即一个应用程序在使用UDP发送数据时，可以自由地选择是否要求产生校验和（省略时要求校验和）。当一个IP模块收到一个IP分组时，它就将其中的UDP数据报传递给UDP模块。UDP模块在收到由IP模块传来的UDP数据报后，首先检验UDP校验和。如果校验和为0，表示发送方没有计算校验和；如果校验和非0，并且校验和不正确，则UDP将丢弃这个数据报；如果校验和非0，并且正确，则UDP根据数据报中的目的端口号，将其送给指定应用程序的等待队列。

图4-5给出UDP报文的封装过程。从图中可以看出UDP报文是封装到IP分组中进行传输的，即UDP报文作为IP分组的数据部分加上IP分组头后构成了IP分组。当然，为了将IP分组通过物理接口送到物理介质中进行传输，还需要经过数据链路层的封装，即将IP分组作为帧的数据部分加上帧头后构成数据帧后进行传输（图中忽略了帧尾）。

UDP数据报由报头和数据两大部分组成，如图4-6所示。

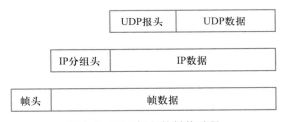
图4-5　UDP报文的封装过程

图4-6　UDP报文格式的组成

其中，UDP报头包括以下4个字段。

① 源端口号：指示发送方的UDP端口号。当不需要返回数据时，可将这个字段的值置为0。

② 目的端口号：指示接收方的UDP端口号。UDP将根据这个字段内容将报文送给指定的应用进程。

③ 报文长度：指示数据报的总长度，包括报头及数据区的总长度。单位为字节，最小值为8，即UDP报头部分的长度。

④ 校验和：用于对UDP报文进行差错的检测。UDP的校验和为可选字段，当校验和的值为0时，表示发送方未计算校验和；为全1时，表示校验和的值为0。UDP校验和的可选性是提高UDP效率的重要举措，因为计算校验和是一个非常耗时的工作，如果应用程序对时效要求非常高，可以不进行校验和的计算。当设置了UDP校验和后，如果接收方判断收到的报文有错，则只是简单地将报文丢弃，并不向信源报告错误。

UDP校验和还涉及一个重要内容——伪报头。伪报头用于验证UDP数据报是否被送到了正确的目的节点。一个目的节点的地址由两部分组成：目标IP地址和目的端口号，由于UDP报文中只包含了目的端口号，因此在伪报头中添加了目的节点的IP地址。伪报头不是UDP数据报的有效成分，而是根据IP分组头中的信息产生的。伪报头参与校验和的计算，但不进行实际的传输。计算校验和时，伪报头的位置在UDP报头的前面。伪报头格式如图4-7所示。

伪报头包括以下5个字段。

① 发送方IP地址和接收方IP地址：与IP分组中的源IP地址和目的IP地址一致。

② 填充字段：目的是使伪报头的长度为32位的整数倍。

③ 协议类型：说明IP的上层协议类型，UDP的协议类型为17。

④ UDP长度：UDP数据报（不包含伪报头）的长度。

UDP虽然不进行流量控制和拥塞控制等传输控制工作，但却要完成针对不同用户进程的多路复用和分解操作。图4-8给出了一个UDP根据目的端口号进行多路分解示例。

图4-7　UDP伪报头格式

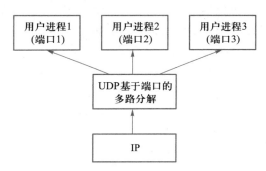

图4-8　UDP中的多路分解示例

从图4-8中可以看出，在通信网络中进行传输时，网络中的路由节点（如路由器）根据IP地址将IP分组转发到目的主机；目的主机的IP模块将处理后的IP分组提交给UDP模块，UDP模块需要确定到底应该由哪个应用进程来接收和处理这个数据报文，即进行多路分解，而进行多路分解的依据就是数据报中携带的目的端口号。

多路复用是一个和图4-8相反的过程。假如图4-8中的3个进程发送数据报文的目的IP地址相同，那么它们在网络中通常会按照相同的路径发送（当网络拓扑结构和流量等发生变化，导致路由表更新时例外）。通常，把这种同一主机上的不同进程将数据经传输层交付给网络层进行传输的过程称为多路复用。

*4.3.2　实时流媒体传输协议

使用UDP进行传输的一个重要的应用领域是实时流媒体应用，最常用的实时流媒体传输协议包括实时传输协议（real-time transport protocol，RTP）和实时传输控制协议（real-time transport control protocol，RTCP），这两个协议分别处理实时流媒体的传输和控制，RTP用于提供端到端的实时数据传输，包括通过时间戳来提供时间信息和流同步，通过顺序号来提供丢包和重排序检测，通过负载格式来说明数据的编码方式等，但RTP并不保证服务质量，服务质量由RTCP来提供；RTCP用于QoS反馈和同步媒体流。RTP使用偶数端口号来收发数据，相应的RTCP则使用相邻的下一奇数端口号。RTP和RTCP使用UDP端口号为1 024~65 535号。

RTP常用于流媒体系统（配合实时流协议（real time streaming protocol，RTSP））、视频会议、一键通系统（配合H.323或SIP）等。图4-9给出了一个流媒体应用的典型协议层次结构。

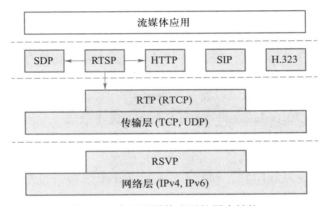

图4-9　典型流媒体应用的层次结构

1. 实时传输协议RTP

RTP是用于Internet上针对流媒体数据流的一种传输协议，它是IETF提出的一个标准，对应的RFC文档为RFC 3550（RFC 1889为其过期版本）。RTP为实时应用提供端到端的传输，流媒体应用数据经过相应的处理（例如压缩编码处理）后，首先封装成RTP报文，然后RTP调用UDP进行传输，RTP在UDP中的封装过程如图4-10所示。RTP是一个协议框架，它只包含了实时应用的一些共同的功能。

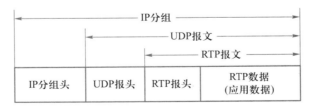

图4-10　RTP报文的封装过程

1991年8月由美国的一个实验室发布了RTP的第一版本。RTP被定义为在一对一或一对多的传输情况下工作，其目的是提供时间信息和实现流同步。RTP报文格式如图4-11所示。RTP报文格式各部分内容说明如下。

图4-11 RTP报文格式

① V：占2位，RTP的版本号，当前版本号为2。

② P：占1位，填充标志。若P=1，表示RTP报文的尾部有填充字节，此时数据部分的最后一个字节表示所填充的字节数。在一些特殊场合需要对数据进行加密，这时往往要求数据块有特定的长度，如数据块不满足这种长度就要进行填充。

③ X：占1位，扩展位。若X=1，表示RTP报头后面还有扩展报头。

④ CC（CSRC count）：占4位，指示 CSRC 标识符的个数。

⑤ M：占1位，标记。标记由 Profile 文件定义，不同的数据有不同的含义，对于视频数据，标记一帧的结束；对于音频数据，标记会话的开始。

⑥ PT（Payload Type）：占7位，标记有效载荷（RTP数据）的类型，并通过应用程序决定其解释。Profile 文件规定了从 Payload 编码到 Payload 格式的默认静态映射。另外的 Payload Type 编码可能通过非 RTP 方法实现动态定义。

⑦ 序列号：占16位，每发送一个 RTP 数据包，序列号增加1。接收方可以依次检测数据包的丢失并恢复数据包序列。

⑧ 时戳：占32位，反映 RTP 数据包中的第一个8位组的采样时间。采样时间必须通过时钟及时提供线性无变化增量获取，以支持同步和抖动计算。

⑨ SSRC：同步信源标识符。该标识符随机选择，旨在确保在同一个 RTP 会话中不存在两个同步源具有相同的 SSRC 标识符。

⑩ CSRC：参与信源标识符。用来标识来自不同地点的RTP流。

RTP本身并不能为按顺序传送数据包提供可靠的传送机制，也不提供流量控制或拥塞控制，它依靠RTCP提供这些服务。在RTP会话期间，各参与者周期性地传送RTCP包。RTCP包中含有已发送的数据包的数量、丢失的数据包的数量等统计资料，因此，服务器可以利用这些信息动态地改变传输速率，甚至改变有效载荷类型。

2. 实时传输控制协议RTCP

RTCP和RTP配合使用，它们能以有效的反馈和最小的开销使传输效率最佳化，特别适合传送网上的实时数据。RTCP格式如图4-12所示。

RTCP格式各部分内容说明如下。

① Version：版本号。

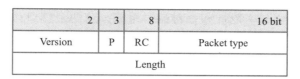

	2	3	8	16 bit
Version	P	RC	Packet type	
Length				

图 4-12　RTCP 格式

② P：间隙（Padding）。Padding 的最后 8 位是用于计算应该忽略多少间隙 8 位位组。

③ RC：接收方报告计数。包含在该数据包中的接收方报告块的数量，有效值为 0。

④ Packet type：包括常量 200，识别这是一个 RTCP SR 数据包。

⑤ Length：RTCP 数据包的大小，包含头和任意间隙。

RTCP 是 RTP 不可分割的一部分，它利用与数据报文相同的传输机制定期向对方发送 RTP 控制报文。RTCP 有以下主要功能。

① 提供数据质量的反馈，接收端通过 RTCP 报文的反馈信息来诊断传输线路是否发生故障，控制 RTP 报文的发送。反馈功能通过 RTCP 发送报告和接收报告实现。

② RTCP 为每个 RTP 源传输一个固定的标识符，称为标名（CNAME）。当发生冲突或者程序重启时，RTP 报头可能会改变，此时接收端可以利用 RTP 报头和 CNAME 来跟踪 RTP 源。

③ 控制 RTCP 传输间隔。由于每个对话成员定期发送 RTCP 信息包，随着参加者不断增加，RTCP 信息包频繁发送将占用过多的网络资源，为了防止拥塞，必须限制 RTCP 信息包的流量，控制信息所占带宽一般不超过可用带宽的 5%，因此就需要调整 RTCP 包的发送速率。

④ 传输最小进程控制信息。这项功能对于参加者可以任意进入和离开的松散会话进程十分有用，参加者可以自由进入或离开，没有成员控制或参数协调。

RTCP 也是用 UDP 来传送的，但 RTCP 封装的仅仅是一些控制信息，因而分组很短，所以可以将多个 RTCP 分组封装在一个 UDP 数据包中。RTCP 有 5 种分组类型，如表 4-1 所示。

表 4-1　RTCP 的 5 种分组类型

类型	缩写表示	用途
200	SR（sender report）	发送端报告
201	RR（receiver report）	接收端报告
202	SDES（source description items）	源点描述
203	BYE	结束传输
204	APP	特定应用

RTCP 和 RTP 配合使用，能以有效的反馈和最小的开销使传输效率最优化，特别适合传送网上的实时数据。当应用程序建立一个 RTP 会话时，应用程序将确定一对目的传输地

址。目的传输地址由一个网络地址和一对端口组成，这两个端口：一个给RTP包，一个给RTCP包，使得RTP/RTCP数据能够正确发送。RTP数据发向偶数的UDP端口，而对应的控制信号RTCP数据发向相邻的奇数UDP端口（偶数的UDP端口+1），这样就构成一个UDP端口对。RTP的发送过程如下（接收过程则相反）。

① RTP从上层接收流媒体信息码流（如H.263），封装成RTP数据包；RTCP从上层接收控制信息，封装成RTCP控制包。

② RTP将RTP数据包发往UDP端口对中的偶数端口；RTCP将RTCP控制包发往UDP端口对中的接收端口。

4.4　TCP

拓展阅读4-2：RFC：TCP

TCP被用来在一个不可靠的互联网络中为应用程序提供可靠的端点间的字节流服务。所有TCP连接都是全双工和点对点的，所谓全双工是指数据可在连接的两个方向上同时传输，点对点意味着每个TCP连接只有两个端点，因而TCP不支持广播和组播的功能。TCP连接是一个字节流而不是一个报文流，它不保留应用层报文的边界，发送方TCP实体将应用程序的输出不加分隔地放在数据缓冲区中，输出时将数据块划分成长度适中的段，每个段封装在一个IP分组中传输。段中每个字节都分配一个序号，接收方TCP实体完全根据字节序号将各个段组装成连续的字节流交给应用程序，并不知道这些数据是由发送方应用程序分几次写入的，对数据流的解释和处理完全由高层协议来完成。

TCP实体间交换数据的基本单元是"段"，对等的TCP实体在建立连接时，可以向对方声明自己所能接收的最大段长（maximum segment size，MSS），如果没有声明，则双方将使用一个默认的MSS。在不同的网络环境中，这个默认的MSS是不同的，因为每个网络都有一个最大传输单元（maximum transfer unit，MTU），MSS的选取应使得每个段封装成IP分组后，其长度不超过相应网络的MTU，当然也不能超过IP分组的最大长度65 535字节。

为实现可靠的数据传输服务，TCP提供了对段的检错、应答、重传和排序等功能，提供了可靠的建立连接和拆除连接的方法，还提供了流量控制和拥塞控制的机制。

4.4.1　TCP报文的报头结构

图4-13是TCP报文封装在IP分组中的示意图。TCP报头的固定部分为20字节，如果没有选项部分，TCP数据字段最长可为65 535-20-20=65 495（B），其中第一个20指IP分组头的长度，第二个20指TCP报头长度。TCP数据字段长度为0也是合法的，这样的报文常用于应答和控制报文。

图4-13　TCP报文的封装

图4-14是TCP的报头格式。

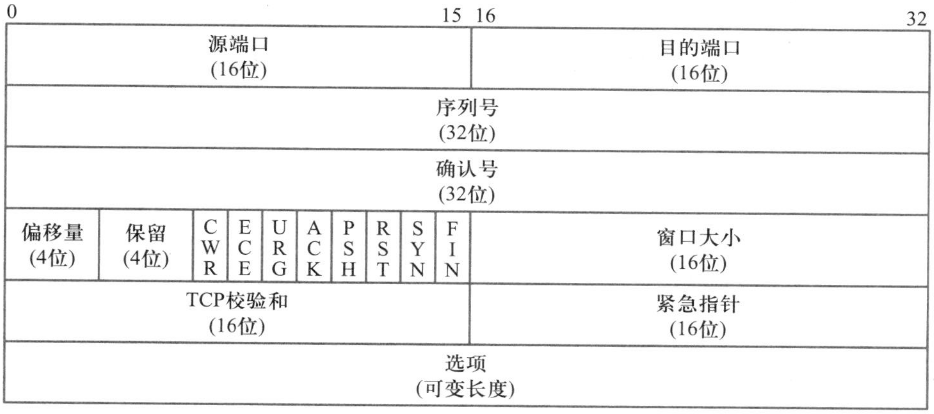

0										15 16		32

图4-14 TCP报头格式

TCP报头各部分内容说明如下。

① 源端口号和目的端口号用来识别发送进程和接收进程。一个端口号和它所在主机的IP地址构成一个48比特的TSAP（transport service access point），这个TSAP通常称为套接口，用来确定一个通信的端点，一对套接口就可以在互联网络中唯一标识一条TCP连接。

② 序列号指示TCP报文中第一个字节的序号，字节流中每个字节都有一个序号。在建立一个新的TCP连接时（SYN标志为1），序列号是主机为该连接选择的初始序号，当连接建立起来后，该主机发送的第一个字节将是序号+1。由于TCP提供的是全双工服务，两个方向上的数据传输是独立的，因此每个连接的端点都必须单独维持一个序号。

③ 确认号表示准备接收的下一个字节序号，同时也表明该序号之前的字节已全部正确收到。

④ 偏移量指示TCP头的长度（以32比特为单位），其最大值为15，因此限制TCP头的最大长度为60字节。

⑤ TCP头中有4位保留位。

⑥ TCP头中有8个标志。采用RFC 3168说明的显式拥塞通知（explicit congestion notification，ECN）时，CWR和ECE两个标志位就用来作为拥塞控制的标志。当TCP接收端收到来自网络的拥塞指示后，就设置ECE标志以便给发送端发送ECN-Echo信号，要求高速发送端放慢发送速率。发送端设置CWR标志用来表明它接收到了设置ECE标志的TCP报文，发送端已经通过降低发送窗口的大小降低了发送速率，这样接收端就不必再给发送端发送ECN-Echo信号。

URG：指示紧急指针字段是否有效，紧急指针字段用来指示紧急数据距当前字节序号的偏移字节数。当接收方收到一个URG为1的段后，立即中断当前正在执行的程序，根据紧急指针找到段中的紧急数据，优先进行处理。

ACK：ACK为1表示确认号是一个有效的应答序号。

PSH：当 PSH 为 1 时表示接收方收到数据后应将接收缓存中收到的所有数据尽快交给应用程序，而不是等接收缓冲区满后再递交。

RST：当 RST 为 1 时表示复位一个连接，通常用于主机发生崩溃之后复位连接，也可用于表示拒绝建立一个连接或拒绝接收一个非法的段。

SYN：当 SYN 为 1 时表示建立一个连接。

FIN：当 FIN 为 1 时表示数据发送结束，但仍可继续接收另一个方向的数据。

⑦ 窗口大小表示接收方可以接收的字节数，窗口大小为 0 是允许的，它表示接收方缓冲区满，这个字段用于 TCP 的流量控制。

⑧ 校验和对 TCP 头、TCP 数据字段及 TCP 伪报头结构进行校验，TCP 伪报头结构同 UDP 伪报头结构类似，只是 TCP 的协议代码为 6。

4.4.2　TCP 连接的建立和释放

TCP 采用图 4–15 所示的三次握手过程建立连接。

动画资源 4–1：
TCP 连接的建立和释放过程

① 请求连接的一方（客户进程）发送一个 SYN 置 1 的 TCP 报文，将客户进程选择的初始连接序号放入序列号字段中（设为 x）。

② 服务进程返回一个 SYN 和 ACK 都置 1 的 TCP 报文，将服务进程选择的初始连接序号放入序列号字段中（设为 y），并在 ACK（确认号）字段中对客户进程的初始连接序号进行应答（x+1）。

③ 客户进程发送一个 ACK 置 1 的 TCP 报文，在 ACK（确认号）字段中对服务进程的初始连接序号进行应答（y+1）。

TCP 采用 4 次握手的对称释放法来释放连接，通信的双方必须都向对方发送 FIN 置 1 的 TCP 报文并得到对方的应答，连接才能被释放，因而释放连接必须经过图 4–16 所示的 4 个阶段。

Telnet[RFC 854] 是一个常见的 Internet 应用，用于从远程登录某台网络主机。它运行在 TCP 的基础上，并在一对网络主机之间进行。它不是进行大量数据传输，而是一种交互式会话应用。这里以 Telnet 会话为例，说明 TCP 的工作机制。

假设主机 A 启动了与主机 B 进行的 Telnet 会话。因此，主机 A 就是客户机，主机 B 为服务器。每个从客户机发出的字符都将送到服务器，然后远程主机将该字符的副本返回客户机，并在客户机屏幕上显示。这种"回声"处理是为了保证用户所看见的字符已经送达远程主机并已经为远程主机所处理。这也就是说，每个用户输入的字符在用户屏幕显示时，已经在网络上往返各一次。

现在假设用户按了一下 C 键，然后停顿了一下。图 4–17 给出了此时客户机和服务器之间的 TCP 报文的往返情况。假设起始的客户机和服务器的顺序号分别为 42 和 79。

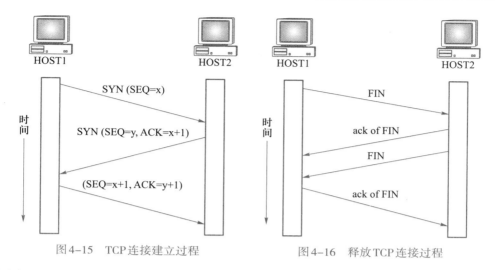

图4-15 TCP连接建立过程   图4-16 释放TCP连接过程

在图4-17的交互过程中，共有三个段被发送。第一个段由客户机发往服务器，在其数据字段中，只有一个ASCII码（"C"）。其顺序号字段和预期应答分别为42和79。

第二个段由服务器发往客户机，该段具有双重作用，一是把43放到应答字段，表示43之前的数据已经收到，正期待43号段的到达。二是把"C"放在数据字段中返回给客户机。请注意在应答的过程中同时兼有数据的传送，这种操作被称为"捎带应答"（piggybacked），能够一定程度上提高网络带宽的使用效率。

第三个段由客户机发往服务器，该段的目的纯粹是为了应答。该段的数据字段没有任何数据。

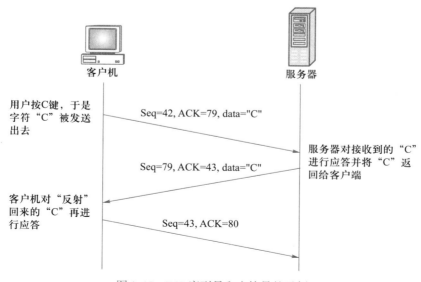

图4-17 TCP序列号和应答号的示例

*4.4.3　TCP 的超时和重传机制

TCP 是一个可靠的数据传输协议，它要求接收方收到 TCP 报文后必须给予应答。但 TCP 只能用确认号来表示该序号前的所有字节都已正确接收，而没有其他否定应答或选择重发的功能，也就是说，当接收方 TCP 实体收到一个出错的 TCP 报文后，只是将其丢弃而不做应答，因而发送方必须采用超时重传的机制来重发久未应答的段。由于在一个巨大的互联网络中，TCP 报文可能在不同速率的物理线路上传输，发送方和接收方间的距离可近可远，而且每时每刻网络中的拥塞情况也不同，因此要选择一个合适的超时时间并不是一件容易的事。

TCP 使用一种动态算法随时调整超时间隔。对于每个连接，TCP 都维持一个变量 RTT，RTT 是当前发送方到接收方来回时间的最佳估算值。每当发送了一个段，发送方即启动一个计时器，一方面用来测量从发送 TCP 报文到收到应答的往返时间，另一方面当超过估算的超时间隔后即进行重发。

每当收到一个应答，TCP 即从计时器中得到当前的往返时间 M，然后利用公式：$RTT = \alpha RTT + (1-\alpha) M$ 估算出新的 RTT 值，α 是一个平滑因子，通常取值为 7/8。因为实际的往返时间同估算值总会有一个偏差，因此利用公式 $D = \alpha D + (1-\alpha) | RTT - M |$ 计算出实际往返时间同 RTT 的偏差范围，这里的 α 和估算 RTT 的 α 可能不同。最后利用公式 $Timeout = RTT + 4D$ 确定出当前的超时间隔。

采用这种算法后，在网络拥塞或收发双方距离较远时能够自动延长超时间隔，减少不必要的重发，而在网络较为空闲或双方距离较近时又能迅速减小超时间隔，及时重发出错的段，从而加快数据传输速度。

*4.4.4　TCP 的流量控制及拥塞控制

微视频 4-3：TCP 流量控制举例

TCP 的流量控制主要用于解决收发双方处理能力方面的不匹配问题。简单地说就是解决低处理能力（如慢速、小缓存等）的接收方无法处理过快到达的报文的问题。最简单的流量控制解决策略是接收方通知发送方自己的处理能力，然后发送方按照接收方的处理能力来发送。由于接收方的处理能力是在动态变化的，因此这种交互过程也是个动态的过程。

在 TCP 中采用动态缓存分配和可变大小的滑动窗口协议来实现流量控制。在 TCP 报文中的窗口字段就是用于双方交换接收窗口的尺寸。该窗口尺寸说明了接收方的接收能力（以字节为单位的缓冲区大小），发送方允许连续发送未应答的字节数量不能超过该窗口尺寸。图 4-18 给出了一个简单的 TCP 流量控制的例子。

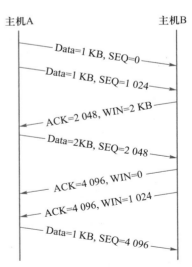

图 4-18　TCP 中的流量控制示例

在图4-18中，假设在初始时，主机B的接收窗口的大小为2 KB，主机A的发送窗口的大小也为2 KB。这样，主机A在连续发送了两个1 KB（1 024 B）的TCP报文后，必须停止发送等待主机B的应答。当主机B收到主机A发来的2 KB数据，将其处理完提交给上层实体后，发送应答；主机B在应答中再次声明了接收窗口的大小为2 KB。主机A按照主机B的应答更新自己的发送窗口大小，并继续发送。

这次数据到达后，由于某种原因主机B的接收缓冲区并没有很快腾空，因此主机B给主机A发送的应答中将窗口的大小声明为0；收到这个应答后，主机A必须停止发送，直到收到主机B对窗口大小重新声明的应答。假如这个重新声明窗口大小的应答丢失了，就会造成灾难性的后果，主机A将再也不能发送数据了。为了避免进入这样一种死锁状态，TCP规定在发送窗口大小为0时发送方仍可发送1字节的TCP报文，这样接收方就可以重新声明确认号和窗口的大小。

最初的TCP只有基于滑动窗口的流量控制机制而没有拥塞控制机制；1986年初，Van Jacobson提出了"慢启动"算法，后来这个算法与拥塞避免算法、快速重传和快速恢复算法共同用于解决TCP中的拥塞控制问题。在TCP中通常选取丢包作为判定拥塞的指标。TCP拥塞控制的慢启动过程如图4-19所示。

拓展阅读4-3：TCP拥塞控制算法比较

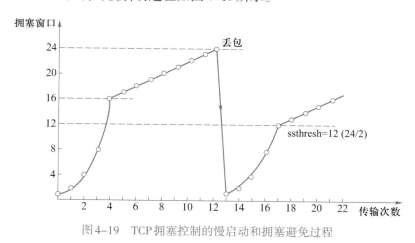

图4-19 TCP拥塞控制的慢启动和拥塞避免过程

图4-19所示的TCP拥塞控制主要包括以下几个阶段。

（1）慢启动阶段（slow start）

发送方维护着两个窗口：接收方窗口（rwnd，最近从接收方收到的窗口大小）和拥塞窗口（cwnd），发送方按两个窗口的最小值发送。为了描述方便还引入了如下参数。

① 最大数据段长（MSS）：MSS是通信双方进行通信时最大数据段的大小。这个值是以物理网络最大传送单元（MTU）等因素为基础，在连接开始时双方在MSS选项中说明。该大小不包括TCP头部、IP头部以及选项字段。

② 慢启动阈值（ssthresh）：用来确定是使用慢启动还是拥塞避免算法来控制数据传送。

ssthresh 的初始值可以任意大（如一些 TCP 实现中经常使用接收方窗口的尺寸），但是作为对拥塞的响应，其大小可能会被减小。慢启动算法在 cwnd<ssthresh 时使用；而拥塞避免算法在 cwnd>ssthresh 时使用。当 cwnd 和 ssthresh 相等时，发送端既可以使用慢启动算法也可以使用拥塞避免算法。

慢启动算法的基本思想是，由于在刚开始发送时并不了解网络当前状态，如果一个节点简单地按照发送窗口向网络中发送较多的报文，很容易引起网络拥塞；为此，发送过程采用由少到多的发送策略。当与另一个主机建立 TCP 连接时，拥塞窗口 cwnd 被初始化为 1 个 MSS。每收到一个应答报文 ACK，拥塞窗口就增加一个 MSS（注意：拥塞窗口以字节为单位，但慢启动算法以报文段大小为单位进行增加）。发送方取拥塞窗口和发送窗口中的最小值作为发送上限。简单地说，拥塞窗口是发送方使用的流量控制，而发送窗口则是接收方使用的流量控制。

发送方开始时发送一个报文段，然后等待 ACK。当收到该报文段的 ACK 后，拥塞窗口从 1 增加为 2，即可以发送两个报文段。当收到这两个报文段的 ACK 时，拥塞窗口就增加为 4，这是一种指数增加的关系，如图 4-19 所示。这样的指数增长一直持续到 cwnd ≤ ssthresh，随后进入拥塞避免阶段。

（2）拥塞避免阶段（congestion avoidance）

在拥塞避免期间，发送方的拥塞窗口 cwnd 以 1 个往返时间（round trip time，RTT）为单位线性增长，此阶段的增长与 ACK 的数量无关。拥塞避免算法继续保持拥塞窗口的增长直到检测到拥塞。

无论是在慢启动阶段还是在拥塞避免阶段，只要感知到网络中拥塞的出现，拥塞窗口大小就需要立即停止增长。TCP 中的拥塞避免算法假定由于分组受到损坏引起的丢失是非常少的（远小于 1%），因此分组丢失就意味着在源主机和目的主机之间的某处网络上发生了拥塞。有两种情况表明分组丢失：发生超时和接收到重复的确认。例如，当发现超时或收到 3 个相同 ACK 确认帧时，表示发送的分组丢失，说明网络已发生拥塞现象，此时要进行相应的拥塞控制。首先，将 ssthresh 设置为发生拥塞时窗口值的一半，这个值取 rwnd 和 cwnd 的最小值，但不能小于 2。然后将拥塞窗口设置为 1，并重新进入慢启动阶段。

在图 4-19 的例子中，假定 rwnd 始终大于 cwnd，即发送方始终按照拥塞窗口的大小发送。为了简化研究，拥塞窗口采用 MSS 作为单位而不是实际中使用的字节。图 4-19 中的拥塞控制主要包括以下 3 个步骤。

① 系统初始时 ssthresh=16，并且 cwnd=1。

② 在开始时，发送方采用慢启动算法控制发送，因此 cwnd 按照指数增长。当 cwnd 增长到阈值 ssthresh（16）时，转而执行拥塞避免算法，拥塞窗口按照线性增长。

③ 当拥塞窗口增长到 24 时，网络开始丢包，表示出现了拥塞；这时，系统取值出现如下变化：阈值 ssthresh=12（即当前拥塞窗口 24 的一半）；cwnd=1（拥塞窗口大小被重新设置为 1）。随后重新进入慢启动阶段。

（3）快速重传阶段（fast retransmit）和快速恢复阶段（fast recovery）

上述的慢启动算法和拥塞避免算法是TCP拥塞控制的基本策略，后来为了解决等待重传计时器超时而引起的信道空闲，又引入了快速重传和快速恢复两个拥塞控制算法。

当一个次序紊乱的数据报文到达TCP接收方时，接收方应该立即发送一个重复的ACK应答。这个ACK的目的是通知发送方收到了一个次序紊乱的数据报文以及重申接收方期望的序号。从发送方的观点来看，重复的ACK可能是由多种网络问题引起的。首先，可能是数据报文的丢失引起的。在这种情况下，所有在丢失的数据报文之后发送的数据报文都将引起重复的ACK。其次，可能是由于网络对数据的重新排序引起的。最后，重复的ACK可能由网络对ACK或数据报文的复制引起的。另外，当接收到的数据报文填补了全部或部分序列号间隔时，TCP接收方应该立即发送一个新的ACK，这将避免发送方的重传定时器的超时。

当收到重复的ACK时，TCP发送方使用快速重传算法来探测或者修复数据的丢失。快速重传算法以3个重复的ACK到达（即总共收到4个相同的ACK，其间没有任何其他ACK报文到达）为一个数据段已经丢失的标志。在收到3个重复ACK之后，TCP不等重传定时器超时就重传看来已经丢失的数据段。

在快速重传算法发送了看来已经丢失的数据报文后，快速恢复算法用来控制新数据报文的传送，直到一个非重复的ACK到达。不进行慢启动的原因是收到重复的ACK不仅意味着一个数据报文已经丢失，而且意味着接收方收到了一个后续的数据报文。

下面简单说明快速重传和快速恢复算法的工作过程。

① 当收到第三个重复ACK时，将ssthresh设置为当前拥塞窗口的一半。

② 重传丢失的数据段并设置cwnd的值为ssthresh。也有的快速重传方案是将cwnd的值设置为ssthresh+3，这是人为地按已经离开网络的报文段数目（3个）和接收端缓冲数据量来扩充拥塞窗口。

采用了快速重传和快速恢复算法后，TCP的拥塞过程就变成了图4-20所示的过程。但是，同一个数据段的传送期间多次丢失时，这个算法就不能有效地恢复了。

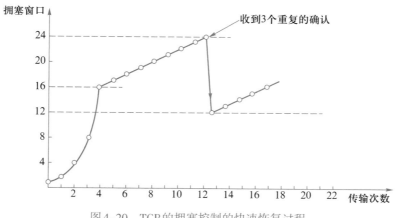

图4-20　TCP的拥塞控制的快速恢复过程

**4.5　QUIC 协议

QUIC（quick UDP Internet connections）是谷歌在2013年提出的一种传输层网络传输协议。2016年11月IETF召开了第一次QUIC工作组会议，开启了QUIC协议的标准化过程。QUIC使用UDP进行传输，它在两个端点间创建连接，并且支持多路复用连接。QUIC很好地解决了传输层和应用层面临的各种需求，包括处理更多的连接，提供等同于SSL/TLS层级的网络安全保护，减少数据传输及创建连接时的延迟时间，避免网络拥塞等。QUIC协议的核心主要包括以下几点。

（1）低延迟连接的建立

在设计TCP时，网络环境复杂，丢包率高、带宽低，所以TCP设计了复杂的机制来解决可靠性的问题，4.4节介绍了TCP通过三次握手来保证连接的可靠性，这大大增加了建立连接所需的时间。随着网络环境，特别是物理网络带宽大幅度的提升和可靠性的提高，网络的可靠传输不再是棘手的问题。因此，QUIC基于UDP，通过减少握手次数来降低建立连接所需时间。图4-21给出了HTTPS和QUIC建立连接过程的对比。

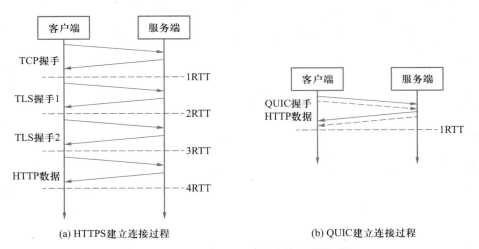

图4-21　HTTPS和QUIC建立连接过程的对比

从图4-21中可以看出，HTTPS一次HTTP的请求过程需要4次握手（4个RTT），而QUIC由于建立在UDP的基础上，只需要1次握手。QUIC基于UDP，发送HTTP请求前不需要握手（0RTT），只需要一次数据交互，在这次握手中QUIC使用Diffie-Hellman算法协商初始密钥，初始密钥依赖于服务器存储的一组配置参数，该参数会周期性地更新。初始密钥协商成功后，服务器会提供一个临时随机数，双方根据这个随机数再生成会话密钥。

（2）安全可靠

QUIC具备TCP、TLS、HTTPS/2等协议的安全、可靠性的特点，通过提供安全功能（如身份验证和加密）来实现加密传输，这些功能由传输协议本身的更高层协议（如TLS）来实现。

（3）前向纠错

为了恢复丢失的包，而不需要等待重传，QUIC会给一组包补充一个FEC包，该FEC包包含了这一组包的奇偶性信息，如果这一组包中的某个包丢失了，该包的内容可以通过FEC包和其他的包进行恢复。

（4）连接迁移

一条TCP连接由四元组（源IP地址，源端口，目的IP地址，目的端口）来标识，但如果客户机的IP地址发生变化（例如手机在不同的WiFi或者5G网络切换时），就需要重新建立与服务器端的TCP连接。QUIC的连接标识是一个64位的connection ID，由客户机随机产生，当客户机的IP发生变化时，它可以继续使用原来的connection ID而不会中断连接，也就不需要重建连接。

（5）改进的拥塞控制

QUIC主要实现了TCP的慢启动、拥塞避免、快重传、快恢复，并在这些拥塞控制算法的基础上改进，例如，单调递增的报文序号 Packet Number，解决了重传的二义性，确保RTT的准确性，减少重传次数。

QUIC在应用层能实现不同的拥塞控制算法，不需要操作系统和内核的支持。这是一个飞跃，因为传统的TCP拥塞控制必须要端到端的网络协议栈支持才能实现控制效果，而内核和操作系统的部署成本非常高，升级周期很长。如果使用QUIC协议，应用程序不需要停机和升级就能实现拥塞控制的变更。

（6）无队头阻塞的多路复用

QUIC的多路复用与HTTP2类似，在一条QUIC连接（connect）上可以复用多条HTTP请求（流，stream）。HTTP2虽然实现了多路复用，可以在一条TCP流上并发多个HTTP请求，但基于TCP的HTTP2在传输层存在以下问题，由于TCP无法识别不同的HTTP2流，所以接收数据仍然采用一个队列；这样，当后发的流先收到时，会因前面的流未到达而被阻塞。QUIC一个连接可以复用传输多个流，每个流之间都是独立的，一个流的丢包不会影响到其他流的接收和处理。

QUIC的报文分为特殊报文（special packets）和常规报文（regular packets）两种，其中，特殊报文又分为版本协商报文（version negotiation packets）和公共重置报文（public reset packets）；普通报文又分为常规报文（regular packets）和FEC（forward error correction）报文。

QUIC报文的大小需要满足路径的MTU的大小以避免被分片。当前QUIC在IPv6下的最大报文长度为1 350字节，IPv4下的最大报文长度为1 370字节。

正是由于以上这些优势，QUIC协议从2013年谷歌提交IETF起，就引起了广泛关注。2021年5月，IETF推出了标准版QUIC协议，即RFC 9000。

小　结

本章介绍了传输层的基本概念，并以TCP和UDP为例介绍了传输层的具体实现。在网络体系结构中，传输层是非常重要的一层，它在通信子网和资源子网之间起到了承上启下的作用。通信子网一旦建好，能提供什么样的服务也就确定了，而上层用户对网络传输的服务质量的需求是各式各样的，如果通信子网提供的服务满足不了用户的要求，那么用户可以通过传输层来进行弥补。用户通过调用传输层提供的传输服务接口，例如Socket，实现服务的增强。

Internet的传输层同时提供了TCP和UDP两个协议，这两个协议分别提供面向连接和无连接的传输服务，以满足不同应用层协议的需求。简单地说，面向连接的TCP认为通信子网是完全不可靠的，因此提供了各种控制机制来保证可靠的数据传输；无连接的UDP只是简单的在IP之上提供了进程级的传输服务，并允许选择是否进行差错检测，数据传输的可靠性保证必须由应用层自己来完成。

习　题

1. 填空题

（1）在通信子网中，中间节点（例如路由器）常用_____、_____、_____等参数来判断拥塞的产生。

（2）TCP/IP体系结构的传输层包含_____和_____两个协议。

（3）在TCP和UDP中，采用___来区分不同的应用进程。

（4）如果用户程序使用UDP进行数据传输，那么_____层必须承担可靠性方面的工作。

（5）TCP以_____为最小单位进行传输。

（6）在OSI参考模型中，_____层提供端到端的进程级的透明数据传输服务。

（7）主机A与主机B建立了TCP连接，主机A向主机B发送了3个连续的TCP报文，分别包含300字节、400字节和500字节的有效数据，第三个TCP报文的序号为900。若主机B正确接收到第1个和第3个段，则主机B发给主机A的确认序号是_____。

（8）两节点建立TCP连接，采用慢启动算法。最大段长为1 KB，当阈值为32 KB、拥塞窗口为40 KB时，发送方发生了超时。超时发生后拥塞窗口大小为_____。

（9）UDP实现复用时所依据的头部字段是_____。

（10）TCP中，发送方窗口的大小取决于_____和_____。

2. 选择题

（1）（　　）不是UDP的特征。

　　A. 提供进程级的访问能力　　　　　　　　B. 提供无连接的服务

C. 提供端到端的服务　　　　　　　　D. 提供全双工的服务

（2）主机 A 和主机 B 之间已建立了一个 TCP 连接，TCP 最大段长度为 1 000 字节，若主机 A 的当前拥塞窗口为 4 000 字节，在主机 A 向主机 B 连接发送 2 个最大段后，成功收到主机 B 发送的第一段的确认段，确认段中通告的接收窗口大小为 2 000 字节，则此时主机 A 还可以向主机 B 发送的最大字节数是（　　　）。

A. 1 000　　　　　B. 2 000　　　　　C. 3 000　　　　　D. 4 000

（3）主机 A 向主机 B 发送了一个（SYN=1，序号=11220）的 TCP 报文，期望与主机 B 建立 TCP 连接，如主机 B 接受该连接请求，则主机 B 向主机 A 发送的 TCP 报文可能是（　　　）。

A.（SYN=0，ACK=0，序号=11221，确认序号=11221）

B.（SYN=1，ACK=1，序号=11220，确认序号=11220）

C.（SYN=1，ACK=1，序号=11221，确认序号=11221）

D.（SYN=0，ACK=0，序号=11220，确认序号=11220）

（4）下列特征中，TCP 不具备的是（　　　）。

A. 发送数据前必须先建立逻辑连接　　B. 上层用户数据的边界信息将被丢弃

C. 具有多播能力　　　　　　　　　　D. 能够保证数据的可靠传输

（5）在 TCP 中，用（　　　）参数来衡量网络是否出现了拥塞。

A. 平均队列长度　　B. 超时重传包　　C. 平均包延迟　　D. 包延迟的变化

（6）下列关于 UDP 和 TCP 的叙述中，不正确的是（　　　）。

A. UDP 和 TCP 都是传输层协议，是基于 IP 提供的数据报服务，向应用层提供传输服务

B. TCP 适用于通信量大、性能要求高的情况；UDP 适用于突发性强消息量比较小的情况

C. TCP 不能保证数据传输的可靠性，但提供流量控制和拥塞控制

D. UDP 开销低，传输率高，传输质量差

（7）传输层可以通过（　　　）标识不同的应用。

A. 物理地址　　　　B. 端口号　　　　C. IP 地址　　　　D. 逻辑地址

（8）TCP 连接释放时，需要将（　　　）标志位置位。

A. SYN　　　　　　B. END　　　　　　C. FIN　　　　　　D. STOP

（9）TCP 报头和 UDP 报头中都包含的信息是（　　　）。

A. 定序　　　　　　B. 流量控制　　　　C. 确认　　　　　D. 源和目的端口

（10）从源向目的传送数据段的过程中，TCP 使用（　　　）机制提供流量控制。

A. 序列号　　　　　B. 会话创建　　　　C. 窗口大小　　　D. 确认

3. 简答题

（1）传输层为什么要设计端口号？

（2）传输层端口号一般有哪几种获取方式？

（3）什么是拥塞？拥塞产生的原因是什么？

（4）拥塞控制和流量控制有什么关系和不同点？

（5）拥塞控制算法是否能从根本上杜绝拥塞的产生，为什么？

（6）请简要说明漏桶算法和令牌桶算法是如何进行拥塞控制的。

（7）简述抑制分组法是如何解决拥塞的。

（8）既然UDP与IP一样提供无连接服务，能否让用户直接利用IP分组进行数据传递？

（9）请简要说明UDP和TCP中伪报头的作用。

（10）TCP为什么要采用"三次握手"的方式进行连接的建立和断开？

（11）在TCP中采用了什么机制来保证连接释放的可靠性？

（12）TCP中使用基于字节流的控制方式，与传统的基于报文的控制方式相比，有何特点？

（13）TCP中的拥塞控制判定拥塞的标准是什么？发现了拥塞后如何处理？

4. 计算题

（1）假设有一容量为250 KB的令牌桶，令牌的输入速率为2 MBps，而数据最大输出速率为25 MBps，那么使用该令牌桶可以得到最大突发时间长度为多少毫秒？

（2）主机A向主机B连续发送了两个TCP报文段，其序号分别为70和100。试问：

① 第一个TCP报文携带了多少个字节的数据？

② 主机B收到第一个报文段后发回的确认报文中的确认号是多少？

③ 如果主机B收到第二个报文后发回的确认号是180，请问A发送的第二个报文段中的数据有多少字节？

④ 如果A发送的第一个报文段丢失了，但第二个报文正确到达了B。B在第二个报文段到达后给A发送了确认，请问这个确认号是多少？

（3）若甲向乙发起一个TCP连接，最大段长 MSS=1 KB，RTT=5 ms，乙分配的接收缓冲区大小为64 KB，试计算甲从连接成功到发送窗口达到32 KB需要经过多长时间？

第5章 网 络 层

网络层作为通信子网的最高层，代表整个通信子网为高层提供服务。因此，网络层提供的服务等同于通信子网提供的服务。简单地说，网络层提供的服务就是将源节点发送到通信子网的分组，按照分组的目的地址送出通信子网，送到目的节点。为此，网络层完成的核心功能包括网络统一编址、路由选择、拥塞控制、网络互联等。

本章将介绍网络层提供的服务及服务类型、网络层完成的主要功能、Internet中的网络层等概念，在此基础上介绍一种新型的网络结构——软件定义网络SDN。

本章介绍的以IP为核心的Internet的网际层，对读者理解Internet上数据的传输过程是非常有帮助的。

5.1 网络层概述

5.1.1 网络层的基本概念

按照网络体系结构分层的观点，网络从结构上可划分为通信子网和资源子网。网络层是通信子网的最高层，因此，网络层和传输层的边界，既是层间的接口，又是通信子网和用户主机组成的资源子网的边界。网络层综合物理层、数据链路层及网络层的功能向资源子网提供数据传输服务。

数据链路层的任务是在相邻两个节点间实现透明的无差错的帧级信息的传送，而网络层则要在通信子网内把分组从源节点传送到目的节点。网络层协议需要实现这种传送中涉及的中继节点路由选择、子网内的流量控制以及差错处理等功能。

网络层的服务和功能按下列目标进行设计。

① 提供的服务与通信子网所采用的技术无关。

② 通信子网的规模、类型和拓扑结构对于传输层来讲是透明的，即传输层无须了解子网的内部结构，只要将数据交给网络层，网络层总能提供传送服务。

③ 传输层所获得的网络地址应该采用统一的格式。

网络层的主要功能如下。

（1）路由选择

路由选择或称路径控制，是指网络中的节点根据通信子网的情况（可用的数据链路、各条链路中的信息流量等），按照一定的策略（传输时间最短、传输路径最短等），为分组选择一条可用的路由，将其发往目的主机。路由选择是通信子网最重要的功能之一，它与网络的传输性能密切相关。

（2）拥塞控制

如果有太多的分组同时出现在一个子网中，那么这些分组会竞争通信子网中的信道带宽和中间节点的处理器等资源，从而形成性能瓶颈，拥塞控制就是针对这一问题的解决策略。

（3）网络互联

当一个分组必须从一个网络传输到另一个网络才能够到达目的节点时，可能会产生跨网互联问题，例如第二个网络所使用的编址方案可能与第一个网络不同；第二个网络可能根本不能接受当前分组，因为它太大了；两个网络所使用的协议也可能不一样，等等。网络层应负责解决这些问题，从而允许不同种类的网络相互连接起来。

5.1.2　网络层提供的服务方式

网络层通常提供两种类型的服务：面向连接服务和无连接服务，其中面向连接服务通常采用虚电路方式（简称虚电路服务），无连接服务通常采用数据报方式（简称数据报服务），如图 5-1 所示。

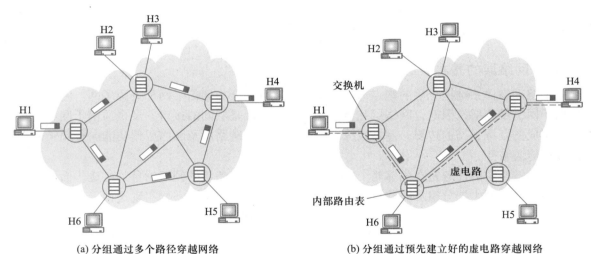

(a) 分组通过多个路径穿越网络　　　　(b) 分组通过预先建立好的虚电路穿越网络

图 5-1　虚电路和数据报

数据报提供的无连接服务（如图 5-1（a）所示）可借用邮政系统来说明。每封信都有详细的收信人地址（目的地址），并独立于其他信件进行传送。信件不必按投递的次序发送和接收。如果信件在投递过程中意外丢失，邮局也不会由于超时而重发，这意味着，差错和流量控制实际上是由用户自己来完成的。如果通信子网提供类似于邮政系统的服务，那么端系统主机就要承担网络传送中的差错处理、顺序和流量控制的问题。

虚电路提供的面向连接服务方式（如图 5-1（b）所示）可借用公用电话网系统提供的服务来说明。用户首先要拨号建立一条连接，然后双方才能通话（双向交换数据），当通话结束后断开已建立的连接。对于这种服务，用户的感觉是，电话系统提供了一条有序传送信息的点到点通道。如果通信子网提供类似电话系统的服务，那么它传送的多个分组应沿着一条网络连接串行前进，接收端收到的分组顺序和发送端发送的顺序必然是一致的。

（1）数据报

在数据报（datagram）服务中，网络层从传输层接收报文（发送时）并拆分为分组，把每一个分组作为一个独立的信息单位传送，在传输过程中并不去考虑它与前面已发出的分组和后面将要发出的分组的顺序关系。分组每经过一个中继节点，都要根据当时的实际情况并按照一定的算法为其选择一条最佳的传输路径。这就有可能使得后发出的分组比先发出的分组先到达目的节点。

数据报服务的基本特征如下。

不需要建立网络连接：收发双方在通信前不需要建立连接，目的节点收到分组后，也不需要发送确认，因而是一种开销较小的通信方式。但源主机不能确切知道目的主机是否准备好接收或是否正在忙碌，故数据报服务的可靠性不是很高。

每个分组都携带网络地址：由于每个数据报都单独传送，因此在每个分组中都必须携带源主机和目的主机的网络地址，以便能单独在网络中传输。网络节点在收到该分组后，可直接根据目的主机的网络地址，按照一定的算法为其选择一条通往目的主机的传输路径。

每个分组独立进行路由选择：数据服在网络中传输时，每经过一个网络节点都要进行一次路由选择。当有一个很长的报文需要传输时，必须先把它分成若干个较小长度的分组，若这些分组都采用数据报发送方式，势必增加网络开销。

数据报不能保证按序到达目的主机：当把一份长报文分成若干个短的分组时，由于它们被独立传送，因而可能各自通过不同的路径来传输。显然，数据报服务不能保证这些分组按序到达目的地。

对故障的适应性强：若数据报传输途径中的某个节点或链路发生故障，则数据报服务可以绕开这些故障节点而另选其他路径。

易于平衡网络流量：在数据报传输过程中，中继节点可为数据报选择一条流量较少的路由，而避开流量较高的路由。这样，既可平衡网络中的信息流量，又可使数据报得以更迅速地传输。

（2）虚电路

虚电路（virtual circuit）传输方式下，在源主机与目的主机通信之前，应先建立一条网络连接，即虚电路。为此，源主机应发出呼叫请求分组，在该分组中包含了源和目的主机的网络地址。呼叫请求分组途经的每一个网络节点，都要记录该分组所用的虚电路号，并为它选择一条最佳传输路由发往下一个网络节点。当呼叫请求分组到达目的主机后，若它同意与源主机通信，便由网络层为双方建立一条虚电路。这里，在以后每个分组中不必再填上源和目的主机的网络地址，而只需标上虚电路号。当通信结束时，将该虚电路拆除。

综上所述，虚电路服务方式具有如下特征。

要求先建立连接：网络层应为源和目标主机建立一条网络连接，也就是虚电路，供双方进行通信。

数据分组只需携带虚电路号：仅在源主机发出的呼叫分组中填上源和目的主机的网络地址，而在数据传输阶段的分组中，只需填上虚电路号即可。

建立虚电路时进行路由选择：建立虚电路时，虚呼叫分组在网络中传输，各途径的节点都要为它们进行路径选择，以后便不再需要。

分组按序到达：由于源主机发出的所有分组都是通过事先建立好的一条虚电路进行传输，故能保证源主机发出的所有分组都是按照发送时的先后顺序到达目的主机。

可靠性较高：由于在通信前双方已进行过联系，每发送完一定数量的分组后，对方也都给予了确认，故比较可靠。

适用于交互式应用：利用虚电路服务来实现交互式应用，不仅及时且网络开销小。

虚电路又可分为永久虚电路和呼叫虚电路（交换虚电路、临时虚电路）。

永久虚电路是源主机和目的主机之间永久性连接的虚电路。主机之间通过预先分配的永久虚电路进行数据传送，不论是发送还是接收分组，都不需建立虚电路和拆除虚电路的操作。因此，永久虚电路类似于点到点的专用线。

呼叫虚电路是源主机和目的主机之间暂时建立连接的虚电路。它根据源主机的呼叫请求而建立，通信结束时便拆除。

虚电路服务和数据报服务的争论，实质上是将分组的差错、顺序以及流量控制等放在通信子网（网络层）还是放在传输层的问题。由于应用场合的不同，两种服务各有优缺点。虚电路服务与数据报服务的比较如表5–1所示。

表5–1　虚电路服务和数据报服务特点

比较项	虚电路	数据报
目的主机地址	建立连接时需要	每个分组都需要
初始化设置	需要	不需要
分组顺序	由通信子网负责保证	通信子网不负责
差错控制	由通信子网负责，对主机透明	由主机负责
流量控制	通信子网提供	网络层不提供
连接的建立和释放	需要	不需要

5.2　路由算法与路由器

5.2.1　路由算法基础

网络层路由算法要解决的关键问题是，如何在网络中源主机和目的主机之间找到一条最佳的或适合的路由。通信子网的中间节点（如路由器）为了保证将分组转发到目的主机，每个节点都保存着一张路由表，最简单的路由表结构如图5-2所示。根据这张路由表，中间节点就能根据分组的目的地址确定转发的输出端口。从图5-2中还可以看到，有时路由表项中记录的不是目的主机地址，而是目的网络的地址，这样做的好处是可以大大压缩路由表空间，以减轻路由节点负荷，提高转发效率。

目的地址	下一节点
节点1	端口1
网络1	端口2
网络2	端口3

图5-2 简单路由表结构

当通信子网内部采用无连接的数据报方式时，中间节点每收到一个分组都要查路由表确定转发的路由；当通信子网采用虚电路方式时，只有在建立虚电路时，呼叫分组经过每个中间节点时，才会检查路由表确定转发路由。

动画资源5-2：基于路由表的数据转发

路由算法是网络层软件的一部分，其主要任务是根据网络的实际情况建立并维护路由表。

路由算法可以从不同视角进行评价，但必须满足如下基本要求。

① 正确性：所选择的路由能保证将分组从源主机发送到目的主机。

② 简单性：实现简单，相应的软件开销少。

③ 健壮性：当网络拓扑发生变化（如某节点发生故障），或者通信量发生变化（如网络拥塞）时，能及时调整路由表。

④ 稳定性：算法应是可靠的，即不管运行多久、网络规模多大，需要保持正确性而不发生振荡。

⑤ 快速收敛：收敛是在最佳路径的判断上所有路由器达到一致的过程。当某个网络事件引起路由可用或不可用时，路由器就发出更新信息。路由更新信息传输到整个网络，引发重新计算最佳路径，最终达到所有路由器一致公认的最佳路径。收敛慢的路由算法会造成路径循环或网络中断。

⑥ 公平性和最优化：既要保证每个节点都有机会传送信息，又要保证路由选择最佳。

路由算法可按不同的原则进行分类。按照源主机发送分组是全路、多路还是单路，路由算法可分为广播、组播和单播路由算法。

广播路由是源节点将数据发送给网络中其他所有节点。在进行广播路由时，路由节点需要引入广播路由算法解决分组复制、分组转发和广播路由计算等问题。为了避免广播路由算法导致的广播风暴，即每个节点收到一个分组的副本时，要有选择地发送给邻居节点，网络中大多采用受控的广播路由算法，常用的广播控制策略有采用序号来控制广播、逆向路径转发（也被称为反向路径转发）、生成树广播等。

广播简单地说就是一对所有，而组播（也被称为多播）简单地说就是一对多。最常见的应用包括视频点播、网络会议等。组播是一种节省带宽的技术，它把一个数据流同时传送给许多接收者，组播源将需要传播的数据分组仅发送一次，被传递的数据分组在网络关键节点不断地进行复制和分发。通过组播方式，数据分组能被准确高效地传送到每个数据分组的接收者。组播路由协议的主要任务是构建分发树，即建立一个从数据源到多个接收节点的无环数据传输路径，组播路由协议又可分为域内组播路由协议及域间组播路由协议。域内组播路由协议包括 PIM-SM、PIM-DM、DVMRP 等，域间组播路由协议包括 MBGP、MSDP 等。为了有效抑制组播数据在数据链路层的扩散，还有 IGMP Snooping、CGMP 等二层组播协议。

在公共传输网络中一般都采用单播路由算法，因此本章只涉及单播路由算法。

在单播路由算法中，按照健壮性和简单性可分为自适应式算法和非自适应式算法。非自适应式算法不能根据当前实际（实测或估测）通信量和拓扑变化来动态调整路由，而只能按照原先设计好的固定路由表转发分组，也被称为固定式或者静态路由算法，算法虽然简单，但是健壮性差；自适应算法能够根据网络中通信量和拓扑的变化动态调整路由，也被称为动态路由算法，算法虽然健壮性好，但是实现难度大、开销多。在网络规模较小时，为了降低网络开销，可采用非自适应式路由选择算法；在网络规模比较大的情况下，为保证网络数据的可靠转发，多采用自适应式路由选择算法。目前网络中大多采用自适应式算法，因此本节主要针对自适应式算法进行讲解。

自适应式算法的路由表可以根据网络的运行状态及时更新，因此保证了网络的健壮性，自适应式算法的具体工作过程如下。

（1）测量（获取）有关路由选择的网络参数

由于每个节点都只能直接测量到自己相邻的节点和链路的运行状态，因此对于网络运行情况的测量一般采用分布式的方法，由所有参与的路由节点共同完成。需要特别注意的是，不同路由算法采用的衡量网络性能的参数（如链路长度、响应延时、跳数等）可以相同，也可以不同。

（2）将路由信息传送到适当的网络节点

当每个节点收集到相邻节点或者链路的运行参数后，需要将这些信息汇总起来，才能获得整个网络的运行情况。根据信息汇总时数据传送的方式不同，可分为以下几种。

① 孤立式：节点不与其他节点交换信息，单纯根据自己收集到的信息确定新的转发策略，如热土豆算法。

② 集中式：所有节点都将收集到的信息发送给一个中央节点，由这个中央节点来完成路由表的重新计算和分发工作。这种方式虽然每个节点都不必计算路由，但中间节点负荷重，并且越靠近中间节点，链路的负荷也越重。

③ 分布式：每个节点在一定范围内（如相邻节点或者其他所有节点）交换路由信息，根据交换后的信息重新计算路由表。目前网络主要使用这种方式。

（3）计算和更新路由表

信息汇总到指定节点后，按照一定的策略完成所有节点路由表的重新计算和更新。

（4）根据新路由表执行分组转发

节点按照更新后的路由表进行转发，当有一个新分组到达路由器，路由器根据分组携带的目的地址查路由表，如果找到该目的地址对应的路由表项，则将分组送到对应端口的输出队列排队；如果没有找到，路由器就丢弃该分组。

在实际网络中，最常使用的路由算法有两大类：距离向量法（distance-vector）和链路状态法（link-state）。后续将详细介绍这两类算法。

在大型网络中，随着节点数量的增长，每个节点的路由表空间也成比例增大。随之而来的是路由表的查表时间和节点间交换路由信息使用的带宽的增长，因此，规模较大的计算机网络大多采用分层路由来压缩路由表。

分层路由（hierarchical routing）将通信子网中的节点划分成若干个区域，每个节点知道在本区域内怎样选择路由，同时也知道如何选择路径将分组送到其他区域，但不需要知道其他区域内部的路由过程。实际上，节点把其他区域仅当作和自己区域直接连接或间接连接的一个虚拟的区域节点。这种方法类似于不同网络实现网际互联的情况，每个网是独立的，一个节点不需要也不可能了解到其他网络的结构。

图5-3给出了层次路由的例子，这个例子中有两个网络：网络1和网络2，其中网络1包含两个子网，分别是子网1和子网2。图5-3还给出了节点A和节点H的路由表。从图中可以看出，分层路由减少了路由表的条目，如上例中节点A的路由表条目可从9个（所有节点都有一个路由表项的情况）减少到5个。但是，分层路由有时选择的不是最佳路由，例如，从H到D的最佳路由可能是经过子网1的C节点，但是分层路由将子网2作为整体进行路由。另外，从图5-3中还会发现，节点A同时属于网络1和子网1，因此在检索路由表时会命中2次，解决这种问题的常用方法是检索路由表时遍历完整路由表，如果多次命中则按网络规模小的表项进行转发，因为网络规模越小路由指向越精确。在图5-3的例子中，如果目的节点是A，那么应该沿着子网1指向的路由进行转发。

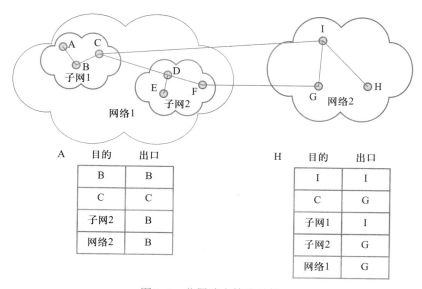

A	目的	出口
	B	B
	C	C
	子网2	B
	网络2	B

H	目的	出口
	I	I
	C	G
	子网1	I
	子网2	G
	网络1	G

图5-3 分层路由算法示例

5.2.2　距离向量路由算法

距离向量路由算法（distance vector routing algorithm）也被称为Bellman-Ford路由算法或Ford-Fulkerson算法，其基本思想是在相邻路由器间周期性地相互交换各自的路由信息；同时，当网络拓扑结构发生变化时，路由器之间也将及时地相互通知有关变更信息。这种路由算法最初用于ARPANET，后被RIP所采用。

在距离向量路由算法中，每个路由器维护着一张路由表，记录着到所有节点所选用的输出路由以及所需代价（距离）。在距离向量法中代价通常用跳数来衡量。由于每个节点可以测得到相邻节点的连通性，再根据和其相邻节点交换路由信息，可以间接地算出到网络中各节点的延时。每经过一定的时间间隔，节点将它估算的到网络其他各节点的延时发送给它的相邻节点，同时它也会收到相邻节点送来的同样类型的信息。

假设某节点从相邻节点X收到一张路由表，在邻居节点X发来的表中，X到节点i的距离为X_i，本节点到X的距离为m，则本节点经过X到i的距离为X_i+m。根据不同邻居发来的信息，计算全部的$X_i + m$，并取最小值更新本节点的路由表。例如，在一个网络中，节点D与节点A、B、C相邻。节点D收到了来自相邻节点A、B、C的路由表，其中A到E的距离为10跳，B到E的距离为5跳，C到E的距离为6跳，则D经A、B、C到达E的距离分别为（10+1）、（5+1）和（6+1），即11跳、6跳和7跳，在这三个距离中6跳最小，因此应选择经B到E的路由；这样在D生成的新路由表中，对应于目的节点为E的出口路由站为B，相应的代价为6跳。距离向量路由算法的最大优点是，由于每个节点只和邻居节点交换信息，因此对网络带宽的消耗较少。但是，由于每个节点是通过其邻居节点来了解整个网络的运行状态，因此无法及时准确地获得网络的最新状态；而且这种算法由于存在路由环路问题（routing loops）导致无法在网络，特别是大规模网络中广泛采用。下面简单介绍一下路由环路问题的产生和解决办法。

在实际网络中，路由算法必须使各节点尽快达到收敛状态。所谓收敛是指直接或间接交换路由信息的一组节点在网络的拓扑结构方面或者说在网络的路由信息方面达成一致。要实现收敛，必须解决节点之间的路由环路问题。下面以图5-4为例说明环路的产生原因。

在图5-4中，经过几次路由信息交换后，每个节点都建立了整个网络的路由表。如果某个时刻节点A和节点B间的链路发生了故障，则所有节点都无法到达节点A，但是算法的执行却会导致错误的结果。按照距离向量法的规则，节点B发给节点C的信息中指明了节点B无法到达节点A，但是节点B却收到了节点C发来的通过节点C可以到达节点A这样的一个错误信息，由于节点B并不知道其实节点C所指明的这条到达节点A的路径需要经过节点B自己，因此节点B将自己的路由表改为，到节点A的下一个节点为节点C。这样，就会导致路由的回路，即节点B把发给节点A的数据发给节点C，节点C又把数据送回节点B。

可以采用4种方法来解决路由环路问题。

① 水平分割（split horizon）：路由器必须有选择地将路由表中的路由信息发送给相邻的其他节点，而不是发送整

```
A   B   C   D   E
●———●———●———●———●
```

图5-4　距离向量法的路由环路问题

个路由表。

②　定义向量距离的最大值：定义一个向量距离的最大值，可以在一定程度上防止形成路由环路，例如，RIP定义跳数的最大值为16。使用这种方法，路由协议在向量距离超过协议允许的最大值前，允许路由环路的存在，一旦路由信息的向量距离超过规定的最大值，该路由信息将被标记为不可到达。

③　挂起计数器（hold-down timers）：指节点需要将某些可能导致路由环路的网络状态的变化值保留一段时间，在这段时间内，节点将视情况对这些网络状态的变化所产生的路由信息进行更改。

④　触发式更新（triggered updates）：指节点之间不单纯按照预定的时间周期进行路由信息交换，而是在路由表发生变化时及时地进行路由信息交换。触发式更新普遍地应用在各种路由协议中。

5.2.3　链路状态路由算法

链路状态路由选择算法，也被称为最短路径优先算法（shortest path first，SPF）。这种算法需要每一个节点都保存一份最新的关于整个网络的网络拓扑结构数据库，因此节点不仅清楚地知道从本节点出发能否到达某一指定网络，而且在能够到达的情况下，还可以选择出最短的路径以及采用该路径将经过的节点。使用链路状态算法的路由协议有NLSP、OSPF和IS-IS等。链路状态路由算法与距离向量路由算法的主要区别如下。

①　在距离向量算法中，大多采用跳数（节点间经过的链路数，如相邻节点的跳数为1）作为度量网络状态的指标，而这种方法忽略了不同链路的差异，无法保证路由选择在响应时间等方面的最优。而链路状态法可采用响应时间、吞吐量等更复杂也更准确反映网络状态的参数。

②　链路状态法采用一些技术手段（如SPF算法、邻接关系等）避免了路由环路的产生，并且收敛速度快。

③　在距离向量算法中，节点将整个距离表发送给邻居节点；而链路状态法将自己收集的邻居信息广播发送给其他所有节点。

④　当网络中的链路或节点发生故障时，距离向量法需要较长的时间才能将这个信息传送到所有节点；而链路状态法能很快将信息送到所有节点。

下面简要介绍链路状态算法的具体工作过程。在采用链路状态法的网络中，所有节点都维持着一个链路状态（相邻链路状态和代价等信息）的数据库（link-state database），这个数据库实际上就保存了整个网络的拓扑结构图。算法的不同实现可选距离、时延、带宽等不同的网络性能指标作为代价。

节点启动后，通过发送HELLO包来发现邻居节点，并记录邻居节点的地址。除此之外，通过HELLO包还可以实现各个节点的时钟同步，也可以用于测量邻居节点间的延时。

当节点确定了所有邻居及其相关路由信息后，将所有学习到的内容封装成一个包，如图5-5所示。

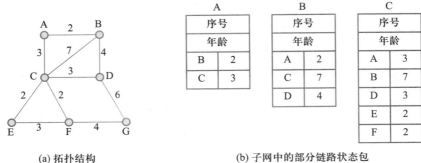

(a) 拓扑结构　　　　　　　　　　(b) 子网中的部分链路状态包

图5-5　链路状态信息的交换过程

图5-5（b）给出了来自节点A、B和C的链路状态包示例，从图中可看出在网络中传输的链路状态信息报文以发送方的标识符开头，后面是序号、年龄和一个邻居节点列表，邻居列表中对应每个邻居节点，都有发送方到它们的代价。这个链路状态报文定期创建或在发生重大事件时创建，并且这个报文将广播发送给所有其他节点。在网络中，由于链路的状态可能会经常变化，因此每一个链路状态都带有一个32位的顺序序号，序号越大表示状态越新。由于链路状态报文会定期广播发送，有可能后发的报文先到达某个节点，因此每个节点都保留着一张收到链路状态信息（包括序号信息）的记录表。

单纯使用序号仍然会出现问题。考虑一下节点崩溃后序号重置的情况以及序号传输出错的情况（例如，序号由4变成了65540）。这些情况下，由于节点记录的序号比实际网络序号大得多，造成很长时间都无法更新来自该节点的路由信息。年龄（age）字段是用来解决这个问题的，年龄字段每秒减1，为零则丢弃。

最后，节点根据最短路径算法（Dijkstra算法）计算到每个其他节点的最短路径，并将所使用的网络端口信息添加到路由表中。

5.2.4　路由器

简单地说，路由器的主要工作就是将接收到的分组沿着更接近目的节点的方向转发出去，常见的路由器的结构如图5-6所示。

从图5-6中可以看出，一个路由器主要包括输入/输出端口、路由处理器、转发引擎和内部交换等功能模块。

1. 输入和输出端口

每个路由器至少拥有2个端口，图5-6给出了从端口i到端口j的数据转发过程。其中，端口i是输入端口，端口j为输出端口。

当一个输入端口从其物理层接口接收到一个数据时，它将完成以下主要功能。

① 进行数据链路层的解封装，提取出网络层的分组。

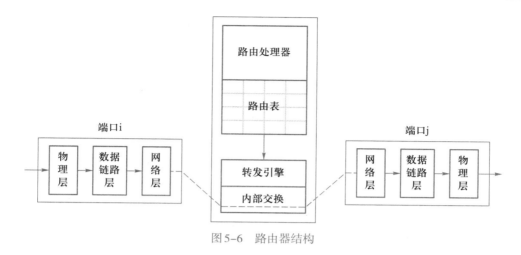

图5-6　路由器结构

②根据分组携带的目的地址在路由表中进行查找，以确定分组的转发方向，这个过程通常称为路由查找。路由查找可以由硬件来实现。路由器为了防止在进行路由查找时出现瓶颈，大多采用分散式管理方法，即在每个端口上都保存一个路由表的副本，副本的更新由路由处理器来完成。

在确定了分组的转发方向后，数据通过内部交换模块将分组送到了输出端口，输出端口在发送前对分组进行数据链路层的封装操作（形成帧），并对数据帧进行存储、排队，最后根据调度算法确定何时将数据转发出去。

从输入和输出端口完成的功能中可以看出，路由器的网络接口一方面需要加载如SLIP和PPP这样的数据链路层协议，另一方面还要加载一些网络层协议，以实现路由表查询、转发及排队等功能。如果多个输入端口共享同一个交换开关，那么网络端口还需要增加对公共资源（如交换开关）的仲裁协议。

在路由器的实际实现中，多个端口经常被集成到一块线卡（line card）上。

2. 路由处理器

路由处理器的主要功能是执行路由协议（如RIP和OSPF等协议），通过执行路由算法来生成和维护路由表。路由处理器还需要实现路由器的管理功能，以完成对路由器的配置和管理。

3. 转发引擎

转发引擎最基本的工作是按照分组携带的目的地址查找路由表，并在命中的路由表项中选择一条路径（确定输出端口）。在对路由表进行查找时，可能命中的表项不止一个，这时需要按照一定的规则唯一地确定转发方向。

4. 内部交换

内部交换的主要功能是在输入端口和输出端口间提供高速的数据通路。内部交换中的交换开关可以使用多种技术来实现，最常见的有总线型、交叉开关型和共享存储器型等，如图5-7所示。

① 总线交换：如图5-7（a）所示，这是最简单的方法，不需要路由处理器的干预，通过一条共享总线来连接所有输入和输出端口。其缺点是总线一次只能完成一个分组的交换，并且其交换容量受限于总线的容量以及为共享总线仲裁所带来的额外开销。

② 互联网络交换（纵横矩阵交换）：如图5-7（b）所示，通过开关提供多条数据通路，具有$N \times N$个交叉点的交叉开关可看作具有$2N$条总线。如果一个交叉点闭合，输入总线上的数据在输出总线上可用，否则不可用。交叉点的开合操作由调度器来控制，调度器是制约交换速度的主要因素之一。

③ 内存交换：如图5-7（c）所示，所有输入的数据包都存储在内存中，处理完成后再被传送到输出端口，交换过程是由路由处理器直接控制完成的。这种交换方式大大提高了交换容量，增加了灵活性。但是，交换的速度受限于存储器的存取速度。

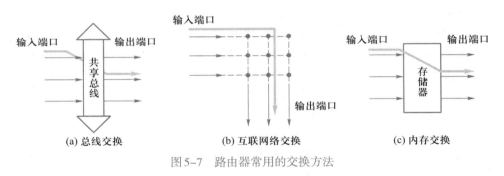

图5-7　路由器常用的交换方法

5.3　网络互联

在全世界范围内存在着数量巨大的各种类型的网络，客观上就提出了将各种不同的网络互联起来，扩大资源共享的范围的需求。例如，Internet就是世界上最庞大的网际互联网络。网络互联技术是计算机网络当前最重要的技术之一。

5.3.1　网络互联的基本概念

在进行网络互联时，必须解决如下问题：在物理上如何把两种网络连接起来，一种网络如何与另一种网络实现互访与通信，如何解决它们之间协议方面的差别，如何处理速率与带宽的差别等。这些问题就是由网桥、路由器、网关这些网络互联设备解决的。图5-8给出了一个用网络互联设备G进行网络互联的简单示例。

在图5-8中，网络A中的主机1和网络B中的主机3进行通信时，必须解决如下的一系列问题。

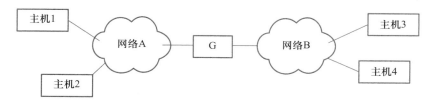

图5-8 网络互联示例

① 相同的通信协议，不但原则上相同，而且细节也要相同。跨越不同类型网络时，要进行协议的变换，从"不相同"变为"相同"。

② 统一的寻址方式。虽然每个网络都有自己的寻址方式，但网间要互联，必须有一个能被互联的所有网络识别的统一寻址方式。例如，Internet 的 IP 地址。

③ 一致的分组或信息帧的长度。每一个网络所规定的数据包的最大长度是不同的，所以在跨越网络边界时，数据包可能要进行分段。

④ 广域网互联时，各个网络可能采用不同的流量控制方法，或选择不同的流量控制参数，互联时必须进行适配。

⑤ 必须考虑跨网传输带来的更大时延问题，例如对于超时重发计时器的影响。

⑥ 在跨越网络时，要进行网间传送费用的计算。

⑦ 当有多个网络互联时，还必须解决网际间的路由选择。

在网络 A 和网络 B 之间引入网络互联设备 G，实现网际间的数据转发。对网络 A 来说，G 好像是它的一个用户主机；而对网络 B 来说，G 也好像是一个用户主机。实际上，网络互联设备 G 起着不同类型网络间协议转换以及将分组从一个网络转发到另一个网络的作用。

计算机网络按地理范围可分为广域网 WAN 和局域网 LAN。因此，网络互联可分为以下几种类型。

① 广域网与广域网的互联。

② 广域网与局域网的互联。

③ 局域网与局域网的互联。

④ 两个局域网通过广域网的互联（如两个 Ethernet 通过 Internet 的互联）。

图5-9 给出了类型 3 和类型 4 两种网络互联的例子，在例子中主机 A 要发送一个数据给主机 B。图5-9（a）给出的是两个不同类型局域网网络 1 和网络 2 通过网络互联设备 B（B 可以是网桥或者交换机）直接互联的情况。在这种情况下，B 的端口 1 和网络 1 直接连接，因此端口 1 要加载网络 1 的物理层和数据链路层，B 的端口 2 和网络 2 直接连接，因此端口 2 要加载网络 2 的物理层和数据链路层。当主机 A 要发送一个数据给主机 B 时，主机 A 的网卡发出的是一个网络 1 格式的数据，该数据通过网络 1 发送到 B 的端口 1，端口 1 收到数据后，根据路由选择发现主机 B 在端口 2 方向，因此首先需要按照网络 2 的格式封装数据，然后送到端口 2 的输出缓存队列去排队，最终通过网络 2 将数据发送到主机 B。如果网络 1 和网络 2 是同种类型的局域网，那么上述过程中的数据的重新封装过程就不需要了。

图5-9（b）给出的是两个局域网网络1和网络2通过互联网络互联的情况，网络1和网络2分别通过网络互联设备R1和R2（R1和R2通常为路由器）接入互联网。这种类型的网络互联通常的应用场景是某单位的两个局域网位于一个城市的不同区域，或者位于不同的城市或国家，在这种情况下单位自己很难完成两个网络的直接互联，因此大多数情况是两个局域网分别接入Internet，然后将Internet作为私有的、专用的逻辑信道来使用。在这种情况下数据传输的安全性是需要考虑的主要问题，一个典型的应用是VPN。这种类型的网络互联中，网络间的交换的情况和图5-9（a）的过程类似，这里不再赘述。另一种常用到的技术是隧道技术。简单地说就是主机A发出的数据到达R1后，R1对数据进行封装，将数据作为负载封装成互联网络格式的数据，并按需要进行加密。数据通过R2转发给主机B前，R2对数据进行解封和解密，还原成主机A发出的原始数据。

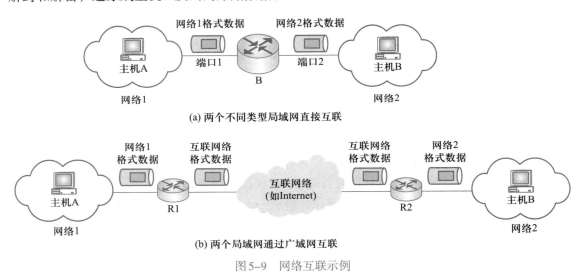

图 5-9　网络互联示例

5.3.2　网络互联设备

网络互联设备是进行网络互联的核心，在网络中存在着各种各样的网络互联设备，这些网络互联设备的本质区别是它们工作的层次不同，网络互联设备工作层次的含义如下。

① 网络互联设备需要加载的最高层协议。
② 可以互联该层及以下层协议不同的网络。
③ 网络互联设备按照该层的地址进行转发。
常见的网络互联设备有以下几大类。

微视频5-1：
网络互联设备

1. 中继器/集线器

中继器（repeater）/集线器（hub）这两种设备都工作在物理层，完成在电缆段间二进制信号的广播转发，没有地址机制。

（1）中继器

中继器是扩展网络传输距离的一种常用设备。由于存在损耗，在线路上传输的信号功率会逐渐衰减，衰减到一定程度时将造成信号失真，从而会导致接收错误。中继器就是为解决这一问题而设计的。它完成物理线路的连接，对衰减的信号进行整形、放大，然后再转发到另一网段。

中继器主要有以下特点。

① 由于中继器工作在物理层，无法完成不同数据链路层协议网络的互联，只能在相同网络的不同网段间转发数据。

② 中继器只是对信号的简单复制，因此差错也会被转发。

③ 由于中继器不对信息进行存储或者其他处理，因此转发延时小。

使用中继器时应注意以下两点。

① 用中继器连接的网段不能形成环。

② 必须遵守MAC协议定时特性，即不能用中继器将电缆段无限连接下去。

（2）集线器

简单地说，集线器就是一个多端口的中继器。集线器的主要功能是对接收到的信号进行再生整形放大，以扩大网络的传输距离，同时把所有节点集中在以它为中心的网段上。集线器不具备类似于交换机的"智能记忆"能力和"学习"能力。它也不具备交换机所具备的站表，所以它发送数据时都采用广播方式。也就是说当它要向某节点发送数据时，不是直接把数据发送到目的节点，而是把数据包发送到与集线器相连的所有节点。由集线器组成的网络是共享式网络，同时也只能够在半双工下工作。

2. 网桥/交换机

网桥（bridge）和交换机（switch）工作在数据链路层，主要功能是完成局域网互联，即在不同局域网段间按照物理地址完成帧的存储转发。这两种设备能够互联采用不同数据链路层协议、不同传输介质与不同传输速率的局域网，以接收、存储、地址过滤与转发的方式实现互联的局域网之间的通信；使用网桥或者交换机互联的局域网在数据链路层以上必须采用相同的协议。

网桥的基本特征如下。

① 在数据链路层上实现局域网互联。

② 能够互联两个采用不同数据链路层协议、不同传输介质与不同传输速率的网络。

③ 以接收、存储、地址过滤与转发的方式实现互联的网络之间的通信。

④ 需要互联的网络在数据链路层以上采用相同的协议。

⑤ 可以分隔两个网络之间的广播通信量，有利于改善互联网络的性能与安全性。

3. 路由器

（1）路由器的基本功能

路由器（router）工作在网络层，主要功能是在不同网络间按照网络地址转发数据分组。简单地说就是为数据分组指明转发的方向。4种类型的网络互联都可以利用路由器来完成。

路由器主要有以下特点。

① 在网络的不同节点间根据分组的目的地址，选择一条合适的路由，将分组转发到目的节点。

② 拆分和组装数据分组。这个功能是路由器的附属功能，当路由器连接的网络对数据的最大长度要求不同时，路由器负责把大的数据分组根据进入网络的要求拆分成小的数据分组。

③ 不同协议网络之间的连接。当互联网络的网络层采用不同的协议时，就需要使用多协议路由器来连接。多协议路由器除了具有处理不同协议分组的能力外，还具有对这两种类型分组的路由选择与分组转发能力。此外，多协议路由器要为不同类型的协议建立和维护不同的路由表。

④ 许多路由器都具有防火墙功能（可配置独立IP地址的网管型路由器），它能够起到基本的防火墙功能，也就是它具备屏蔽IP地址、通信端口过滤等功能，使网络更加安全。

（2）路由器和网桥的区别

在实现局域网互联时，既可以使用网桥，也可以使用路由器。路由器和网桥的一个重要区别是，网桥独立于高层协议，它把几个物理网络连接起来后提供给用户的仍然是一个逻辑网络，用户根本不知道有网桥存在；路由器则利用互联网协议将网络分成几个逻辑子网。此外，路由器在实现局域网互联时，还有如下特点。

① 路由器互联LAN时，各个LAN的网络层协议可以相同也可以不同。

② 路由器可以将多个LAN的广播通信量相互隔离开。

③ 路由器转发效率低于网桥转发数据的效率。

④ 路由器还可以完成LAN与WAN的互联。

4. 高层协议转换器 / 网关

高层协议转换器，也被称为网关（gateway），主要用于连接不同的应用，完成传输层或应用层的协议转换。网关在使用不同通信协议、数据格式、语言、体系结构的两种系统之间完成相应的转换。同时，网关也可以提供过滤和安全功能。大多数网关工作在网络的最高层——应用层，例如，应用级防火墙本质上就是一种完成安全功能的应用层网关。

5.3.3　互联网络的路由

在互联网络中，路由会变得更加复杂，一方面是因为网络互联通常会导致网络规模、节点数急剧膨胀，另一方面，网络互联时，由于所有者不同、网络类型不同等原因，会使得路由算法变得更加复杂，很多时候还需要考虑技术之外的因素。本节以全球最大的互联网络——Internet中的路由为例，说明互联网络路由的解决方案。

在Internet发展的早期采用ARPANET作为主干网络，将地理上分散的局域网通过网络互联设备（如网关）连入 ARPANET。这些连接本地网络与 ARPANET 主干的网关被称为核心网关。核心网关之间不断交换各自的路由信息，以保证整个 Internet 路由的一致性。

随着核心网关的增多，主干网上路由更新信息的开销不断增大，使得 Internet 的扩展变得越来越困难。为了便于管理，Internet 将整个互联网络划分为相对较小的自治系统（autonomous system，AS）。一般情况下，一个自治系统就是在一个行政单位独立管理下的一个互联网络，因此自治系统可以自主地决定本 AS 内部采取的路由选择及其他控制策略。不同自治系统间通过边界网关（路由器）互联，如图 5-10 所示。

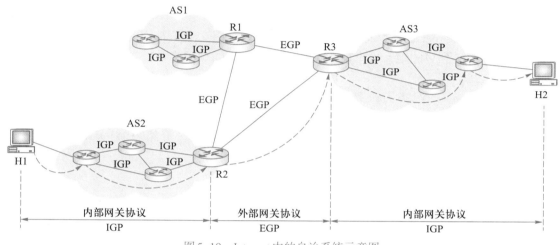

图 5-10 Internet 中的自治系统示意图

这种基于自治系统的 Internet 的路由模式为，在一个 AS 内部，各内部网关共同完成本地路由。当目的节点位于其他 AS 时，本地网络通过边界网关将分组发送到与之相连的其他 AS，再通过中间 AS 的协同作用，将分组送到目的节点所属的 AS 内，最后通过自治系统内部的路由到达目的节点。在这些 AS 内部以及不同 AS 之间，必须通过路由协议来交换路由信息，这样才能保证及时、准确地将分组送到目的节点。路由信息的交换主要包括 AS 内部和 AS 之间两种情况，因此 Internet 中的路由协议分为以下两大类。

（1）内部网关协议

内部网关协议（interior gateway protocol，IGP）是一个 AS 内部路由器间交换路由信息的协议，包括 RIP、IGRP、HELLO、OSPF 等协议。由于参与交换的路由器位于统一管理的一个 AS 内部，路由信息的交换一般都采用全部参与、直接交换的方式。

（2）外部网关协议（exterior gateway protocol，EGP）

外部网关协议是不同 AS 之间的路由器间交换路由信息的协议，包括 EGP、BGP 等协议。由于参与交换的路由器位于不同 AS，因此，路由信息的交换一般只在相邻的边界路由器间进行。

Internet 网络中常用的路由协议将在 5.4.8 小节中介绍。

5.4　Internet 的网际层——IPv4 协议栈

Internet 的网际层提供无连接的数据报服务。一旦发送主机的网络层实体接收到来自传输层实体的数据报文，就将其封装到 IP 分组中，然后发送到朝向目的主机的第一个路由器。这个过程与人们邮寄信件是一样的，在信封上写上收件人地址，然后将信件投入最近的邮箱。在移动物件（信件或数据报）之前，无论是 Internet 的数据报还是邮政业务，发送方都没有与接收方有任何接触。这就是所谓无连接的意思。

邮递业务和 Internet 的服务都属于"尽力而为"的服务，它们都不能承诺在某个确定的时间之前将物件发送到目的地，也不能承诺按照物件发送的顺序将物件送达，甚至不能保证肯定能将物件送到。

拓展阅读 5-1：
RFC：791-IP

Internet 的网络层的主要协议是 IP，它定义了网络层的编址机制、分组的格式、各节点根据分组头中的字段所应采取的动作。目前 Internet 上的 IP 有两个版本，即 IPv4 [RFC 791] 和 IPv6[RFC 2373，RFC 2460]。本节主要介绍当前 Internet 使用最广泛的 IPv4 及其相关协议，如 ARP、NAT 等，IPv6 将在 5.5 节介绍。

5.4.1　IPv4 地址及子网

一般情况下，一台主机只有一条链路与网络相连，当主机中的网络层实体发送数据报时，必定要使用该链路。主机与链路之间的边界称为接口。而路由器却有很大的不同，由于路由器的任务是在"进线"上接收数据，然后在"出线"上进行转发，因此路由器至少要连接两条以上链路。路由器与链路之间的边界也称为接口，这样路由器就会有多个接口。由于主机和路由器都可以收发 IP 分组，因此 IP 要求每个接口都需要一个 IP 地址。所以，从技术上说，IP 地址只是与接口有关，而不是与主机或路由器相关联。

这样，Internet 上主机与网络的每个接口都必须有一个唯一的 IP 地址，任何两个不同的接口，它们的 IP 地址是不同的。而如果一台主机或路由器与 Internet 有多个接口，那么它可以拥有多个 IP 地址，每个接口对应一个 IP 地址。IP 地址的分配及其唯一性由 Internet 网络信息中心（Internet Network Information Center，InterNIC）负责管理。任何一个网络需要接入 Internet，都必须向 InterNIC 申请一个合法的网络地址。InterNIC 只分配 IP 地址中的网络地址，主机地址由各个网络的管理员负责分配。

动画资源 5-3：
IP 地址

IP 地址是一个 32 比特的二进制数（4 个字节），为了书写和记忆的方便，通常将每个字节用一个十进制数来表示，字节之间用符号"."分隔，如 202.38.76.80。

动画资源 5-4：
IP 地址类别判别

IP 地址是一种基于分类的地址，共有 5 类，如图 5-11 所示。其中，E 类地址作为保留，D 类地址用于组播业务，A 类 ~ C 类地址根据网络规模来分配，通常 A 类、B 类地址用于大型网络，C 类地址用于局域网。

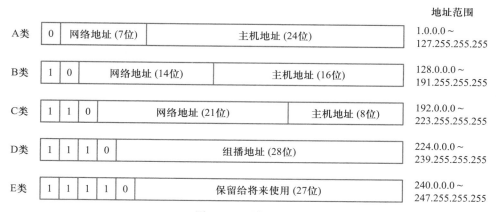

图 5-11 5 类 IP 地址

A 类地址由最高位的"0"标志、7 位的网络号和 24 位的网内主机号组成。一个互联网中最多有 126 个 A 类网络（网络号 1 到 126，号码 0 和 127 保留），每一个 A 类网络可以有 1 600 万多个节点。

B 类地址由最高两位的"10"标志、14 位的网络号和 16 位的网内主机号组成。一个互联网中最多大约有 16 000 个 B 类网络，每一个 B 类网络可以有 65 000 多个节点。

C 类地址由最高 3 位的"110"标志、21 位的网络号和 8 位的网内主机号组成。一个互联网中最多大约有 200 万个 C 类网络，每一个 C 类网络中最多可有 254 个节点。

此外，国际 NIC 组织对 IP 地址还有如下规定。

① 主机号全"1"的网络地址用于指定网络的广播地址。

② 主机号全"0"的网络地址表示网络本身。

③ 网络号全"0"的网络地址表示本网络。

④ 32 位 IP 地址全"1"的网络地址用于本网广播，该地址又被称为有限广播地址。

⑤ A 类网络地址 127 是一个保留地址，用于网络软件测试以及本地主机进程间通信，称为回送地址（loopback address）。无论什么程序，一旦使用回送地址发送数据，协议软件立即将其返回，不进行任何网络传输。

此外，NIC 还为每类地址都保留了一个地址段用作私有地址（也叫保留地址），所谓私有地址（private address）属于非注册地址，专门为组织机构内部使用而保留。使用私有地址的私有网络在接入 Internet 时，要使用地址翻译（如 NAT）将私有地址转换成公共地址。在 Internet 上，私有地址是不能出现的。三个私有网络地址对应的地址段如下。

A 类：10.0.0.0~10.255.255.255

B 类：172.16.0.0~172.31.255.255

C 类：192.168.0.0~192.168.255.255

为了方便管理，在申请到一个网络地址后，管理员可能会按照网络的实际规模等把标准网络划分成若干子网，并进行网络内部的子网号和主机号的分配，这时，4字节的IP地址就被分成了以下三个部分：标准网络地址、子网地址和主机地址。前两部分共同构成了真正的网络地址。

例如，一个拥有B类地址的组织，NIC为其分配了2字节的网络号。另2字节的主机号部分用户可自由分配。这时用户可根据子网的数目和子网中最大主机数进行再分配。例如，某个B类网络最多有4个子网，则可将后两个字节的前2位作为子网地址，后14位作为主机地址，则该网络的IP地址的前18位为真正的网络地址。

拓展阅读5-2：
RFC: 950-SUBNETTING

由于子网的划分对于远程主机来说是透明的，为了能确定IP地址中真正的网络地址部分，引入了子网掩码的概念。子网掩码不能单独存在，它必须结合IP地址一起使用，并采用和IP地址相同的格式。子网掩码由n位连续的"1"和$32-n$位连续的"0"共32位组成，前n位为网络地址，后$32-n$位为主机地址。例如，标准A、B、C三类地址的子网掩码分别为255.0.0.0、255.255.0.0和255.255.255.0。

主机之间要能够直接通信，它们必须在同一子网内，否则需要通过路由器（网关）进行转发。因此，每台主机在发送数据之前，必须计算自己的IP地址与目的IP地址的网络号部分是否相同。通过子网掩码与IP地址执行"与"运算可获得 IP地址的子网号。例如，当IP地址为202.117.1.207，子网掩码为255.255.255.224时，通过下式计算，可得子网地址为202.117.1.192。

$$
\begin{array}{r}
11001010 \quad 01110101 \quad 00000001 \quad 110\,01111 \\
\wedge\ 11111111 \quad 11111111 \quad 11111111 \quad 111\,00000 \\
\hline
11001010 \quad 01110101 \quad 00000001 \quad 110\,00000
\end{array}
$$

这样，将源节点IP地址与子网掩码执行"与"操作的结果和目的节点的IP地址与子网掩码执行"与"操作的结果进行比较，如果完全相同，则表示源节点和目的节点在同一子网中，可以直接通过物理网络发送，不需要路由器的转发。同样地，在路由器的路由表中，也使用IP地址和子网掩码来表示目的网络的网络号。路由器将IP分组所携带的目的IP地址与每一条路由表项中的子网掩码执行"与"操作，如果结果和该路由表项目的地IP地址与子网掩码执行"与"操作的结果完全相同，则表示命中该路由表项。

一个简单的由两个子网（子网1：202.1.64.0和子网2：202.1.61.0）通过路由器连接的例子如图5-12所示。在图5-12中路由器的两个接口202.1.64.1和202.1.61.1分别与子网1和子网2相连，路由器在两个子网间完成数据转发。

图5-12例子中的路由器中的路由表可能包含的内容如表5-2所示。在路由表中，目的网络通常使用IP地址和子网掩码的形式来描述。以第一行为例进行说明，当路由器收到一个IP分组的目的地址命中第一条表项时，路由器会通过202.1.64.1这个接口直接发送出去。

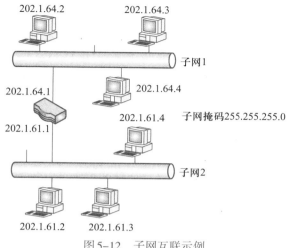

图 5-12 子网互联示例

表 5-2 路由表示例

目的网络	子网掩码	网关（下一跳）	接口
202.1.64.0	255.255.255.0	直连	202.1.64.1
202.1.61.0	255.255.255.0	直连	202.1.61.1

5.4.2 CIDR 协议

前面已经介绍过，Internet 起源于 1968 年开始研究的 ARPANET，当时的研究者们为了给 ARPANET 建立一个标准的网络通信协议而开发了 IP。IP 设计者当时认为 ARPANET 的网络数量不会超过数十个，因此他们将 IP 的地址长度设定为 32 个二进制数位，其中前 8 位标识网络，其余 24 位标识主机。然而随着 ARPANET 的日益膨胀，IP 设计者认识到原先设想的网络数量已经无法满足实际需求，于是他们将 32 位 IP 地址分成了三类：A 类，用于大型企业；B 类，用于中型企业；C 类，用于小型企业。A 类、B 类、C 类地址可以标识的网络个数分别是 128、16 384、2 097 152，每个网络可容纳的主机个数分别是 16 777 216、65 536、256（本节不考虑主机号全 0 全 1 不分配问题）。虽然对 IP 地址进行分类大大增加了网络个数，但新的问题又出现了。由于一个 C 类网络仅能容纳 256 个主机，而个人计算机的普及使得许多企业网络中的主机个数都超过了 256 个，因此，尽管这些企业的上网主机可能远远没有达到 B 类地址的最大主机容量 65 536，但 NIC 不得不为它们分配 B 类地址。这种情况的大量存在，一方面造成了 IP 地址资源的极大浪费，另一方面导致 B 类地址面临着即将被分配殆尽。目前，B 类地址因为数量太少已经很难申请到，更多的用户申请到的是一组 C 类地址，这急剧增加了路由表项的数量。

这种分类地址的另外一个问题就是浪费了地址空间。对于小规模的独立网络，比如一个

微视频 5-2：
CIDR

147

仅有 20 个节点的网络在获得 C 类地址后，剩余的 234 个地址因闲置不用而造成了浪费。

无类域间路由协议（classless inter-domain routing，CIDR）就是针对以上问题而引入的。CIDR 的基本思想是取消 IP 地址的分类结构，将多个地址块聚合在一起生成一个更大的网络，以包含更多的主机。CIDR 支持路由聚合，能够将路由表中的众多路由条目合并成更少的数目，因此可以控制路由器中路由表的增大，减少路由通告。同时，CIDR 有助于 IPv4 地址的充分利用。

采用 CIDR 后，ISP 常用这样的方法给客户分配地址：ISP 提供给客户 1 个块（block size），其格式为 "IP 地址/子网掩码位数"，例如，202.16.10.32/28。其中，"202.16.10.32" 表示网络地址本身，而 "28" 表明 IP 地址的前 28 位是地址的网络部分，而其他 4 位代表网络中的主机。CIDR 使用一个路由表项代表一个网络，好像公共电话系统中的区号的功能一样，让不同的信号到不同的网络中去，在这样一个地址中集合一些网络的方法被称为超级网方法。

为了实现 CIDR，RFC 1519 改变了过去 C 类地址的分配规则，将全球分成 4 个区，每个区分配一块连续的 C 类地址空间。

① 欧洲：194.0.0.0 ~ 195.255.255.255

② 北美洲：198.0.0.0 ~ 199.255.255.255

③ 中、南美洲：200.0.0.0 ~ 201.255.255.255

④ 亚太地区：202.0.0.0 ~ 203.255.255.255

下面举例说明 CIDR 的工作过程。当一个 C 类地址的数量不够用时，NIC 会分配一组 C 类地址。假如从 202.117.0.0 开始的数百万个 IP 地址是可用的，某学校的子网 A 需要 2 048 个 IP 地址，而子网 B 需要 4 096 个 IP 地址。这样，经过分配，子网 A 获得的地址范围是 202.117.0.0 ~ 202.117.7.255，子网掩码 255.255.248.0，一般表示为 202.117.0.0/21；而子网 B 获得的 IP 地址范围是 202.117.16.0 ~ 202.117.31.255，子网掩码 255.255.240.0，一般表示为 202.117.16.0 /20。如果将 IP 地址和子网掩码表示为二进制就比较好理解了，以子网 A 为例，8 个 C 类总计 2 048 个 IP 地址的范围如下：

11001010.01110101.00000000.00000000

11001010.01110101.00000000.00000001

··· ···

11001010.01110101.00000111.11111111

可以看出这 2 048 个 IP 地址的前 21 位完全相同，这就是 202.117.0.0/21 中 21 的含义。为了保证 CIDR 正确工作，连续分配一组 B 类或 C 类地址时，这组地址必须满足如下条件。

① 这组地址必须是连续的。

② 这组地址的数量必须是 2 的指数，即 2^n 个。

③ 这组地址的起始地址必须保证能被 2^n 整除。

下面举例说明 CIDR 的工作过程。为了能将数据转发到子网 A 和子网 B，在路由表中加入了表 5-3 所示的表项（为了叙述方便，对路由表进行了简化）。

表5-3 新加入的表项

IP地址	子网掩码
202.117.0.0	255.255.248.0
202.117.16.0	255.255.240.0
202.117.0.0	255.255.0.0

当有一个目的地址为202.117.17.4的分组到达路由器，路由表查找过程如下。

202.117.17.4与第一项的子网掩码执行与操作，得到的结果与第一项的IP地址和子网掩码与操作的结果不同，匹配不成功；该地址继续与下一项的子网掩码执行与操作，得到的结果与IP地址和子网掩码与操作的结果相同，匹配成功。但是，还需要继续计算，最后选择匹配成功的前缀最长的路由表项。

在路由表项匹配中，需遵循最长匹配原则，即路由查找时，若多个路由表项匹配成功，选择掩码长（子网掩码中"1"的个数多）的路由表项。很明显，子网掩码越长，网络规模越小。遵循最长匹配原则可保证更精确的寻址。

*5.4.3 IP分组格式

IP分组由分组头和数据区两部分构成，分组头由长度为20字节的固定部分和可变长度的选项部分组成，分组头的格式如图5-13所示。

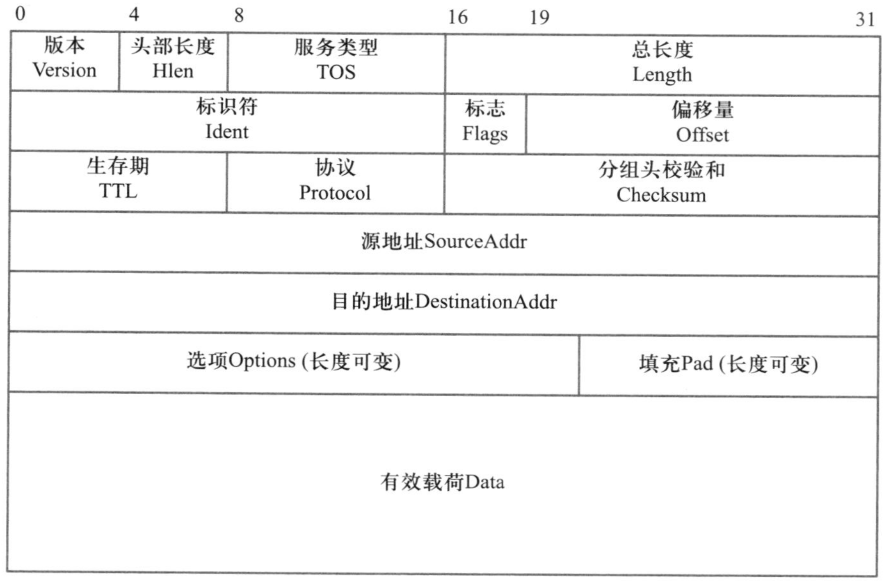

图5-13 IP分组格式

① 版本域：长度为4比特，表示与IP分组对应的IP版本号。目前广泛采用的是版本4的

IP，即 IPv4。

② 头部长度域：长度为 4 比特，用于指明 IP 分组头的长度，其单位是 4 个字节（32 比特）。由于 IP 分组头长度是可变的，因此，此域是必不可少的。

③ 服务类型域：长度为 8 比特，用于指明 IP 分组所希望得到的有关优先级、可靠性、吞吐量、延时等方面的服务质量要求。

④ 总长度域：长度为 16 比特，用于指明 IP 分组的总长度，单位是字节，包括分组头和数据区的长度。由于总长度域为 16 比特，因此 IP 分组最大允许有 2^{16}（65 535）个字节。

⑤ 标识符域：长度为 16 比特，用于唯一标识一个 IP 分组。标识符域是 IP 分组在传输中进行分段和重组所必需的。

⑥ 标志域：长度为 3 比特，在 3 比特中 1 位保留，另两位中，DF 用于指明 IP 分组是否允许分段，MF 用于表明是否有后续分段。

⑦ 偏移域：长度为 13 比特，单位为 8 字节，用于指明当前 IP 分组在原始 IP 分组中的位置，这是分段和重组所必需的。

⑧ 生存时间域：长度为 8 比特，用于指明 IP 分组可在网络中传输的最长时间，该值在每经过一个路由器时减 1，当减到 0 值还不能到达目的网络时，该分组被丢弃。这个域用于保证 IP 分组不会在网络出错时无休止地传输。

⑨ 协议域：长度为 8 比特，用于指明调用 IP 进行传输的高层协议，例如，ICMP 的值为 1（十进制，以下同），TCP 的值为 6，UDP 的值为 17。

⑩ 分组头校验和域：长度为 16 比特，用于保证 IP 分组头的完整性。其算法为，该域初值为 0，然后对 IP 分组头以每 16 位为单位进行求异或和，并将结果求反，便得到校验和。

⑪ 源地址域：长度为 32 比特，用于指明发送 IP 分组的源节点的 IP 地址。

⑫ 目的地址域：长度为 32 比特，用于指明接收 IP 分组的目的节点的 IP 地址。

⑬ 任选项域：长度可变，该域允许在以后版本中包括在当前设计的分组头中未出现的信息，该域的使用有一些特殊的规定，表 5-4 给出了一些常用的任选项。

表 5-4　IP 分组任选项

选项类型	描述
安全选项	表示该分组的保密级别
严格源路由选项	由源给出完整的路由列表
宽松源路由选项	由源给出必须经历的路由列表
路由记录	让每个路由器在 IP 分组中记录其 IP 地址
时间戳	让每个路由器在 IP 分组中记录其 IP 地址和经历的时间

⑭ 填充域：长度不定，由于 IP 分组头必须是 4 字节的整数倍，因此当使用任选项的 IP 分组头长度不足 4 字节的整数倍时，必须用 0 填入填充域来满足这一要求。

下面举例说明IP分组在转发过程中分段和重组的过程。IP分组的分段和重组主要涉及标识符域、标志域、偏移域。当IP分组进入的物理网络的MTU（最大传输单元）比分组长度小时，IP把该分组分割成小的数据块（称为分段）后封装到物理帧中去。要求每个分段的数据区长度必须为8的倍数，但最后一个分段除外。每个分段都含有一个分组头，除分段位移、MF标志位和校验和字段外，其他与原始IP分组头相同。重组是分段的反过程，根据分段偏移域和MF标志判断是否为一分段，MF=0并且Offset=0则为一个完整分组。MF=1或者Offset ≠ 0则表示该IP分组为分段后的分组，在目的端需要进行重组。

例如，在以太网中MTU为1 500字节，一个长度为4 000字节的IP分组进入以太网时，按照图5-14所示进行分段。由于IP分组中偏移量域的单位是8字节，因此在分段时首先需要计算除最后一段外其他段的长度，计算方法为MTU-分组头长度（20）/8，计算的结果再向下取整，因此图5-14中第二个分组段的偏移量为185。

微视频5-3：
IP分组分段举例

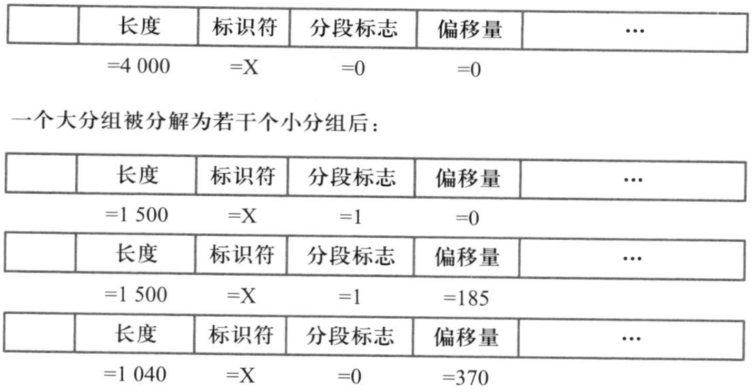
长度
标识符
分段标志
偏移量
…
=4 000
=X
=0
=0
一个大分组被分解为若干个小分组后：
长度
标识符
分段标志
偏移量
…
=1 500
=X
=1
=0
长度
标识符
分段标志
偏移量
…
=1 500
=X
=1
=185
长度
标识符
分段标志
偏移量
…
=1 040
=X
=0
=370

图5-14　IP分组分段过程

5.4.4　ARP

Internet网络中的所有主机都有两个地址：一个是物理地址，另一个是IP地址。源主机在发送IP分组时使用IP地址来指示目的主机，可是目的主机所在的物理网络的数据链路层协议则通过物理地址来发送，因此需要一个协议来完成从IP地址到物理地址的转换。

地址转换协议（address resolution protocol，ARP）[RFC 826]就是用于将IP地址转换成物理地址的协议。虽然ARP工作在网络层，但它实际上是一个低层协议，它使网络层与硬件及数据链路层隔离，数据链路层可直接使用ARP。ARP又叫Ethernet ARP，原本是为以太网制定的，但是它在具有类似机制的其他网络上同样适用。使用ARP主要有以下两个优点。

拓展阅读5-3：
RFC：826-ARP

① 不必预先知道主机或网关的物理地址就可以发送数据。

② 当物理地址和IP地址的对应关系发生变化时，能及时进行更新。

在每台使用ARP主机的内存中都存放有一张ARP表，如表5-5所示。ARP表并不是一张静态表，它是动态生成和维护的。为提高查找的速度，ARP 表保存在内存中，在主机启动时，这张 ARP 表是空的，随着 IP 分组的不断发送，ARP 将不断地增加和更新 ARP 表项。同时，为了保证正确性，每一条 ARP 表项还关联了一个生存时间，超时将自动删除。

表 5-5　ARP 表样例

IP 地址	以太网 MAC 地址
192.168.1.3	08-60-8c-42-29-93
192.168.1.4	08-60-8c-2f-d2-2b
192.168.1.5	08-60-2d-2-91-e3

下面以以太网为例来说明 ARP 的工作过程：当主机 A 要向主机 B 发送 IP 分组时，首先需要判断主机 B 是否和自己在同一子网中，如果在则可使用当前物理网络直接将 IP 分组发送给主机 B，否则需要通过网关进行转发。因此，主机 A 在发送前会查询 ARP 表，以获得主机 B 或者网关的物理地址（MAC 地址）。若找到 IP 地址对应的 MAC 地址，则将该 MAC 地址作为目的 MAC 地址对 IP 分组进行帧封装。若在 ARP 表中找不到相应的 IP 地址，ARP 则使用广播地址，发送一个 ARP 请求报文给子网中的每台主机。每台主机的以太网接口收到这个广播的 ARP 报文后，若发现请求报文携带的 IP 地址与自己的 IP 地址相同，则将自己的物理地址填入 ARP 响应报文中，并传送给请求主机。请求主机则将返回的 MAC 地址作为目的 MAC 地址对 IP 分组进行帧封装，同时将收到的 IP 地址和物理地址加入 ARP 表中。若没有收到响应，则表示目的主机不存在，本地 IP 进程将放弃发送这个 IP 分组。

图 5-15 为 ARP 报文的格式，ARP 请求报文和 ARP 响应报文使用相同的格式。

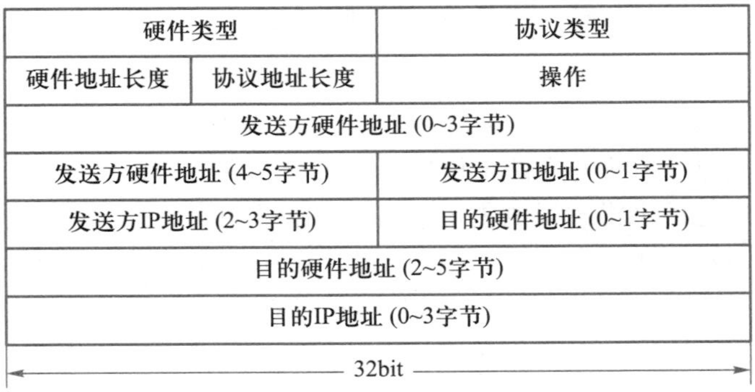

硬件类型		协议类型
硬件地址长度	协议地址长度	操作
发送方硬件地址 (0~3字节)		
发送方硬件地址 (4~5字节)		发送方 IP 地址 (0~1字节)
发送方 IP 地址 (2~3字节)		目的硬件地址 (0~1字节)
目的硬件地址 (2~5字节)		
目的 IP 地址 (0~3字节)		

图 5-15　以太网中的 ARP 报文格式

其中，硬件类型字段指明了发送方想知道的硬件接口类型，以太网的值为 1。协议类型字段指明了发送方提供的高层协议类型，IP 为 0806（十六进制）。图 5-15 中的高层协议为 IP。硬件地址长度和协议长度指明了硬件地址和高层协议地址的长度，这样 ARP 报文就可以在任意硬件和任意协议的网络中使用。操作字段用来表示这个报文的类型：1表示 ARP 请求报文，2表示 ARP 响应报文。当发出 ARP 请求报文时，发送主机需要填写报文首部、发送主机 IP 地址以及目的 IP 地址。当主机收到 ARP 广播报文进行响应时，在响应报文中返回自己 48 位的物理地址。

5.4.5　NAT 协议

前面已经介绍了 NIC 为每类地址保留了一个地址段，用于解决没有申请到足够 IP 地址的企业组网问题。例如，家庭或者办公室等小范围内的无线路由器组网就是这种情况，如图 5–16 所示。图 5–16 中组网用户在 ISP 申请到了一个 IP 地址 202.16.1.1，用户将 202.16.1.1 分配给路由器 R 与 Internet 相连的端口 2，路由器 R 的端口 1 连接了一个内部网络，该内部网络中的每个节点为了能和 Internet 中其他节点进行通信，也需要分配 IP 地址。此时，通常的做法是按照网络的规模给专用网络分配保留 IP 地址段，图 5–16 中使用了 C 类保留地址段中的 192.168.1.0 网段。

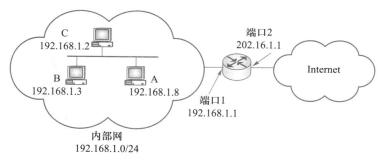

图 5–16　利用私有 IP 地址段组网示例

在图 5–16 的例子中，内部网中的所有主机的 IP 分组都是经过路由器转发出去的，因为保留 IP 地址段不能出现在 Internet 中，在转发到 Internet 之前 IP 分组的源地址都被路由器改成 202.16.1.1，所有从 Internet 返回的 IP 分组的目的地址也相应地为 202.16.1.1。路由器从端口 2 收到 IP 分组时需要通过端口 1 发送到正确的目的主机，因此需要一个完成从 202.16.1.1 转化到内部网的私有 IP 地址的协议，网络地址转换协议（network address translation，NAT）就是为此而设计的协议。

拓展阅读 5–4：
RFC：3022–NAT

NAT 协议是 1994 年提出的，用于解决使用私有 IP 地址段的网络与 Internet 的互联问题。NAT 协议不仅可以缓解 IP 地址不足的问题，而且还能够有效地避免来自网络外部的攻击，隐藏并保护网络内部的计算机。

NAT 协议在进行地址转换时，NAT 路由器（网关）为了实现双向地址转换，需要维护如表 5–6 所示的 NAT 地址转换表。从表 5–6 可以看出，为了把 IP 分组转发到正确的主机上的正确的应用进程，NAT 表中除要记录 IP 地址外还需要记录端口号。

表 5-6　NAT 地址转换表

协议	外部地址	外部端口号	内部地址	内部端口号	目的地址	目的端口号
TCP	202.16.1.1	12001	192.168.1.8	2002	1.2.3.5	80
TCP	202.16.1.1	12006	192.168.1.2	5012	2.3.4.5	21

NAT 路由器位于内部网到 Internet 的路由出口，NAT 路由器在两个访问方向上完成两次地址的转换或翻译，出方向做源地址的替换，入方向做目的地址的替换。NAT 路由器的地址转换过程对通信双方是透明的。并且，网络的访问只能先由内部网内的主机发起，Internet 上的主机无法主动访问内部网内的主机。

NAT 协议进行地址转换的方式有三种：静态转换、动态转换和端口多路复用。

① 静态转换是指内部网的私有 IP 地址和合法外部 IP 地址的映射关系是一对一的，并且是固定不变的。静态转换通常用于外部网络对内部网中特定设备（如服务器）的访问。

② 动态转换是指内部网的私有 IP 地址和合法外部 IP 地址的映射关系是动态变化的，私有 IP 地址可随机转换为可用的合法外部 IP 地址。动态转换时可以使用多个合法外部 IP 地址集。当 ISP 提供的合法 IP 地址略少于专用网络内部的计算机数量时，可采用动态转换的方式。

③ 端口多路复用是指外出数据分组的源端口也要进行端口转换。采用端口多路复用方式，内部网的所有主机均可共享一个合法外部 IP 地址实现对 Internet 的访问，从而可以最大限度地节约 IP 地址资源。同时，又可隐藏网络内部的所有主机，有效避免来自 Internet 的攻击。因此，目前网络中应用最多的就是端口多路复用方式。

传统的 NAT 技术只对 IP 层和传输层头部进行转换处理，但是一些应用层协议在协议数据报文中包含了地址信息，为了使得这些应用也能透明地完成 NAT 转换，NAT 使用一种称作应用程序级网关技术（application level gateway，ALG）的技术，它能对这些应用程序在通信时所包含的地址信息也进行相应的 NAT 转换。

5.4.6　DHCP

拓展阅读 5-5：
RFC：2131-
DHCP

动态地址配置协议（dynamic host configuration protocol，DHCP）[RFC 2131] 是 BOOTP 的扩展，基于客户机/服务器模式提供了一种动态指定 IP 地址和参数配置的机制。DHCP 主要应用于大型的局域网络环境或者无硬盘网络工作站，用于解决配置困难或者 IP 地址不够用等问题。DHCP 服务器自动为客户机指定 IP 地址和相关的一组配置参数。

在网络中至少有一台 DHCP 服务器，它监听网络中的 DHCP 请求，并与客户机协商 TCP/IP 的设定环境。它提供以下三种 IP 地址分配方式。

① 手工分配：客户机的 IP 地址是由管理员手工指定的，DHCP 服务器只负责将这个指定的 IP 地址及其相关参数通知相对应的主机。

② 自动分配：一旦 DHCP 客户机第一次成功地从 DHCP 服务器端租用到 IP 地址之后，将永远使用这个 IP 地址。

③ 动态分配：当DHCP客户机从DHCP服务器租用到IP地址后，并不能永久地使用该地址，只要租约到期，客户机就必须释放这个IP地址，以给其他主机使用。当然，客户机可以比其他主机更优先地延续租约，或租用其他的IP地址。

动态分配显然比自动分配更加灵活，尤其是当IP地址不够用的时候。例如，一个ISP只申请到了200个IP地址用来分配给用户，但ISP的用户数量却可以远远超过200个。因为所有的用户不可能在同一时间上网，所以，ISP就可以将这200个IP地址轮流地租用给接入的用户。

DHCP的工作过程如图5-17所示。

图5-17　DHCP工作方式

① 寻找DHCP服务器。DHCP客户机（需要动态获得IP地址的主机）启动时，会广播发送一个发现报文（DHCP Discover），由于客户机还不知道自己属于哪一个网络，所以IP分组的源地址为0.0.0.0，而目的地址为255.255.255.255。

② 提供IP租用地址。当DHCP服务器监听到客户机广播发送的发现报文后，它会从那些还没有租出的地址范围中选择最前面的空置IP地址，连同其他TCP/IP设定，应答给DHCP客户机一个提供报文（DHCP Offer）。由于客户机在开始时还没有IP地址，所以在其提供报文内会带有请求DHCP客户机的MAC地址信息。根据服务器端的设定，提供报文中还会包含一个租约期限的信息。

③ 接受IP租约。如果DHCP客户机收到网络上多台DHCP服务器的提供报文，只会挑选并接受其中的一个提供报文（通常是最先抵达的那个），并且会广播发送一个DHCP Request报文，报文中包含选中的DHCP服务器的IP地址和需要的IP地址。

同时，客户机还会向网络发送一个ARP报文，查询网络上是否有其他机器使用该IP地址；如果发现该IP地址已经被占用，则客户机会送出一个DHCP Decline报文给DHCP服务器，拒绝接受其DHCP Offer，并重新广播发送DHCP Discover报文。

④ 租约确认。当DHCP服务器接收到客户机的DHCP Request报文后，判断报文中的IP地

址是否与自己的地址相同。如果不相同，DHCP Server 不做任何处理只清除相应 IP 地址分配记录；如果相同，DHCP 服务器就会向 DHCP 客户机响应一个 DHCP ACK 报文，并在选项字段中增加 IP 地址的使用租期信息，以确认 IP 租约的正式生效，也就结束了一个完整的 DHCP 工作过程。

⑤ IP 地址释放。DHCP 客户机在不需要使用 IP 地址时，可以通过发送 DHCP Release 报文释放自己的 IP 地址，DHCP 服务器收到 DHCP Release 报文后，会回收相应的 IP 地址并重新分配。

*5.4.7　ICMP

拓展阅读 5-6：
RFC：792-
ICMPv4

　　　　　　　网络本身是不可靠的，在网络传输过程中，很多事件都会导致数据传输失败。网络层的 IP 是一个无连接协议，它不会处理网络层传输中的故障，而 Internet 控制报文协议（Internet control message protocol，ICMP）恰好弥补了 IP 的这一缺陷。位于网络层的 ICMP 使用 IP 进行报文传递，向 IP 分组中的源主机提供发生在网络层的错误信息反馈。简单地说，ICMP 是一种网络差错和状态的报告机制，它负责将 IP 分组传输过程中遇到的差错等报告给源主机，例如，目的主机不可达，网络出现了拥塞等。

ICMP 通常也被认为是网络层的协议，但它像 IP 的上层协议一样，通过 IP 进行传输，ICMP 报文是通过封装在 IP 分组中的数据部分进行传输的，如图 5-18 所示。

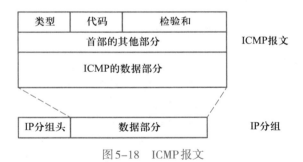

图 5-18　ICMP 报文

ICMP 报文与 IP 分组一样，也包含首部和数据两部分，如图 5-18 所示。

ICMP 报文的首部包括以下字段。

① 类型：标识 ICMP 报文的类型，目前已定义了 15 种，从类型值来看，ICMP 报文可以分为两大类。一类是取值为 1~127 的差错报文，另一类是取值 128 以上的信息报文。

② 代码：标识对应 ICMP 报文的编码。它与类型字段一起共同标识了 ICMP 报文的详细类型。

③ 校验和：对 ICMP 报文进行校验，校验和计算方法和 IP 分组头校验和计算方法一样。

④ 首部其他部分：用于标识本 ICMP 进程，但仅适用于回声请求和应答 ICMP 报文，对于目的不可达 ICMP 报文和超时 ICMP 报文等，该字段的值为 0。

ICMP报文的数据部分可能包含出错IP分组分组头及该IP分组的前64比特数据，提供这些信息的目的在于帮助源主机确定出错分组。

ICMP差错报告具有两大特点。

① ICMP提供差错报告，但ICMP并不严格规定对某种差错应采取什么样的处理方式。事实上，源主机接到ICMP差错报告后，还需将它与某应用程序联系起来，才能进行相应的差错处理。

② ICMP的差错报告大多是从路由器（目的主机）到源主机模式。这种模式的最大缺点在于差错报告有时不能真正解决问题。多数情况下，IP分组传输错误是源主机所引起的，但有时也可能是中间路由器引起的。出错的中间路由器得不到差错报告，而与此无关的源主机又不知道错误出在哪里。对这种问题，只能通过主机管理员和网络管理员的共同努力，使系统恢复正常状态。对管理员的信赖，是ICMP坚持将各种传输错误报告给源主机的重要原因之一。

ICMP出错报告包括目的节点不可达报告、超时报告、参数出错报告等。ICMP提供的主要报文类型如表5-7所示。

表5-7　ICMP 报文类型

消息类型	描述
目的节点不可达	分组不能递交
超时	生存期字段为0，分组丢弃
参数问题	无效的分组头字段
重定向	报告路由器有关的路由
回声请求	向指定节点发送请求，探询是否活动
回声应答	对回声请求的应答
时间戳请求	类似于回声请求，但附加时间标记
时间戳应答	类似于回声应答，但附加时间标记

网络层控制主要包括拥塞控制、路由选择两大主要功能，与之对应，ICMP提供了相应的控制报文。

（1）拥塞控制与源抑制报文

拥塞是无连接传输机制面临的重要问题，由于路由器不预先为分组分配缓冲区，可能出现当大量分组涌入同一路由器导致路由器被"淹没"，这就是所谓的"拥塞"。拥塞控制的方法很多，TCP/IP采用"源抑制"技术。所谓源抑制就是抑制源主机发出分组的速率。具体地说，源抑制包括三个阶段。

① 路由器发现拥塞，发出ICMP源抑制报文。路由器周期性测试每条输出线路，密切监视拥塞的发生，一旦发现某条输出线路发生拥塞，立即向相应源主机发送ICMP源抑制报文。

② 源主机收到源抑制报文后，按一定的速率降低到某目的节点的分组传输率。

③ 拥塞解除后，源主机要恢复分组传输速率。

在拥塞控制中起关键作用的源抑制报文非常简单，其格式与一般的差错报告格式完全一样。源抑制报文类型为"4"，编码值只有一个，为"0"。

网络中的实际情况是，收到 ICMP 源抑制报文的源主机到底会如何处理这个报文，ICMP 无从知道、更无法控制，因此，ICMP 的源抑制报文只是一种拥塞报告机制。

（2）路由控制与重定向报文

互联网的路径是由路由器和主机上的路由表决定的，各主机路由表信息绝大部分（除该主机的初始路由器的初始路径外）来自同一网络中的路由器。

主机可以通过 ICMP 重定向报文从路由器处获得路径信息。主机启动时其路由表中的初始路由器信息可以保证主机通过该路由器将分组发送出去，但经过初始路由器的路径不一定是最优的。初始路由器一旦检测到某分组经非优路径传输，它一方面继续将该分组转发出去，另一方面将向主机发送一个路径重定向 ICMP 报文，告诉主机去往相应的目的节点的最优路径。这样主机开机后经过不断积累，便能掌握越来越多的最优路径信息，其路由表逐渐得到充实。ICMP 重定向机制的优点是保证主机拥有一个动态的、既小且优的路由表。

*5.4.8　Internet 中的路由协议

Internet 中的路由协议分为以下两大类：内部网关协议（interior gateway protocol，IGP）和外部网关协议（exterior gateway protocol，EGP）。下面介绍几种 Internet 中常用的路由协议。

1. 路由信息协议 RIP

拓展阅读 5-7：
RFC：1058-RIP

路由信息协议（routing information protocol，RIP）是应用较早的内部网关协议，适用于小型、同构网络。RIP 的前身是一个运行在 UNIX BSD 版本上称为 routed 的程序，在 1988 年被 IETF 标准化，定义为 RFC 1058。RIP 2 标准在 RFC 1388 中定义，新版本加入了对变长子网掩码（VLSM）的支持。RIP 2 的最新标准为 RFC 1723。

RIP[RFC 1058，RFC 1723]是一种距离向量协议（参见 5.2.2 小节），在 RFC 1058 中，用步跳计数作为开销度量单位，即每条链路的开销为 1，并把每个 AS 内部的步跳限制在 15 个以内。在距离向量协议中，要求网络中的每个路由器都维护从自己到所有目的节点的信息，包括到目的节点的距离、到目的节点的下一路由器地址、路由改变标志、与这条路由相关的一组计时器等。

动画资源 5-5：
使用 RIP 协议
建立路由器

基于距离向量路由算法，RIP 中的每个节点需要定期和相邻路由器交换完整的距离表。RIP 把参与路由信息交换的节点分为主动（active）和被动（passive 或 silent）两大类。其中，主动节点可以向其他节点通告路由，也可以接收来自其他节点的通告路由；而被动节点仅接收通告并在此基础上更新其路由，它们自己并不通告路由。路由器都以主动方式工作，而主机只能采用被动方式。以主动方式运行 RIP 的路由器定期（如每隔 30 秒）发送报文，该报文包含了路由器当前路由表中的信息。每个报文由若干序偶

构成，每个序偶由一个IP网络地址和一个代表到
达该网络的距离的整数构成，如图5–19所示。

RIP报文各部分内容说明如下。

① 命令字段：指出RIP报文是一个请求报文
还是对请求的应答报文。请求报文请求路由器发
送整个或部分路由表；应答报文包括和网络中其
他RIP节点共享的路由表项。

② 版本字段：RIP使用的版本。

③ 0字段：为了向后兼容旧的协议，此字段
必为0。

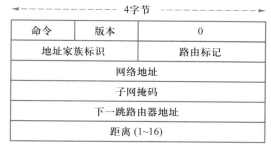

图5–19 RIP报文格式

④ 地址家族标识（address family identifier，AFI）字段：指出了网络地址所使用的地址
类型。

⑤ 路由标记字段：标记自治系统号（autonomous system number，ASN）。它提供一种从外
部路由中分离内部路由的方法，用于传播从外部路由器协议（EGP）获得的路由信息。

⑥ 网络地址和子网掩码：用于说明目的网络的地址。若子网掩码全0，表示子网掩码部
分无效，这使得RIP能够适应更多的环境。

⑦ 下一跳路由器地址：到达目的网络的经过的下一路由器地址。

⑧ 距离：到目的节点经过的跳数，有效范围为1 ~ 15，16表示目的不可达。

在图5–19的RIP报文格式中，前4个字节为RIP报头，后面是以16字节为单位的路由表
项。整个的RIP报文大小限制在512字节，一个RIP报文最多只能有25个RIP路由表项。每超
过25个，增加一个RIP报文传输。因此，在比较大的网络中，对整个路由表的更新请求需要
传送多个RIP报文。一个路由表项不会分隔在两个不同的RIP报文中，当节点接收到RIP报文
时可以任意处理更新，而不需要对其进行顺序化。

RIP制定了少量的规则来改进其性能和可靠性。例如，当路由器收到另一个路由器传来
的路由时，它将保留该路由直到收到更好的路由；此外，RIP规定所有接收者必须对通过RIP
获得的路由设置定时器。当路由器在路由表中增加新路由时，它也为之设定了定时器。如果
经过180秒还没有收到该路由的新通告，则该路由变为无效路由。

2. 开放式最短路径优先协议OSPF

开放式最短路径优先路由（open shortest path first，OSPF）协议是一种典型的链
路状态路由协议，一般用于同一个AS内部的路由选择。在这个AS中，所有的OSPF
路由器都维护一个相同的描述这个AS结构的数据库，该数据库中存放的是路由域中
相应链路的状态信息，OSPF路由器通过这个数据库计算出其OSPF路由表。

拓展阅读5-8：
RFC：2328–
OSPFv2

相对于RIP而言，OSPF协议有着明显优势，具体包括以下方面。

① 开放性好。

② 支持多种距离度量尺度，如物理距离、延迟等。

③ 支持基于服务类型的路由。

④ 支持负载均衡。

⑤ 支持分层系统。

⑥ 增加了适量的安全措施。

⑦ 支持隧道技术。

OSPF 协议的工作过程可参见 5.2.3 小节中关于链路状态路由算法的介绍，下面重点介绍 OSPF 协议的一些实现细节。

根据路由器所连接的物理网络不同，OSPF 将物理网络划分为 3 种类型：广播多路访问型（broadcast multiaccess）（如 Ethernet）、点到点型（point-to-point）（如 PPP）和非广播多路访问型（none broadcast multiaccess，NBMA）（如帧中继网络），如图 5-20 所示。在这 3 种链路类型上可扩展出另外 2 种网络类型：点到多点型和虚链路型。其中虚链路较为特殊，不针对具体链路，而点到多点型属于 NBMA 链路类型。

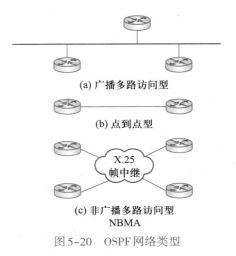

图 5-20　OSPF 网络类型

OSPF 协议采用层次路由思想，一个自治系统 AS 可以划分成多个区域，在这些区域中有一个主干（backbone）区域，称为区域 0，所有区域与主干区域相连。当一个 AS 划分成多个 OSPF 区域时，根据一个路由器在相应区域内的作用，可以将 OSPF 路由器分为图 5-21 所示的几类。

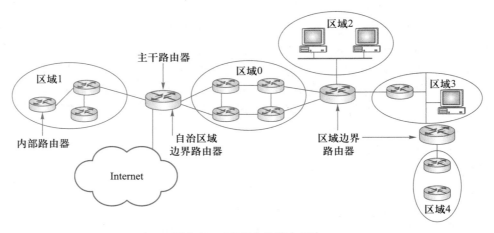

图 5-21　OSPF 中的路由层次

① 内部路由器：当一个路由器上所有直联的链路都处于同一个区域时，称这种路由器为内部路由器。内部路由器上仅仅运行其所属区域的 OSPF 规则。

② 主干路由器：连接主干区域的路由器。

③ 区域边界路由器 ABR：当一个路由器与多个区域相连时，称之为区域边界路由器。区域边界路由器运行与其相连的所有区域定义的 OSPF 规则，具有相连的每一个区域的网络结构数据，并且了解如何将该区域的链路状态信息广播至骨干区域，再由骨干区域转发至其余区域。

④ AS 边界路由器 ASBR：AS 边界路由器是与 AS 外部的路由器互相交换路由信息的路由器，该路由器在 AS 内部广播其所得到的 AS 外部路由信息；这样 AS 内部的所有路由器都知道到 AS 边界路由器的路由信息。AS 边界路由器的定义是与前面几种路由器的定义相独立的，一个 AS 边界路由器可以同时是一个区域内部路由器或是一个区域边界路由器。

作为一种链路状态的路由协议，OSPF 协议将链路状态广播数据包（link state advertisement，LSA）传送给在某一区域内的所有路由器。根据广播的范围和作用不同，OSPF 协议的链路状态包分成了 5 种类型。

OSPF 协议的具体工作过程如下。

（1）建立路由器的邻接关系

OSPF 路由器使用 Hello 报文来初始化新的相邻关系以及确认相邻路由器之间的通信状态。当路由器开启一个端口的 OSPF 路由时，将会从这个端口发出一个 Hello 报文，以后它也将以一定的间隔周期性地发送 Hello 报文。

在点到点型网络中，路由器将直接和对端路由器建立起邻接关系。对于多路访问型网络，该路由器需要首先通过选举确定指定路由器（designated router，DR）和备份指定路由器（backup designated router，BDR）。

多路访问型网络支持多个路由器，在这种状况下，OSPF 协议需要建立起作为链路状态和 LSA 更新的中心节点。选举利用 Hello 报文内的 ID 和优先权字段值来确定。优先权字段值大小从 0 到 255，优先权值最高的路由器成为 DR。如果优先权值大小一样，则 ID 值最高的路由器选举为 DR，优先权值次高的路由器选举为 BDR。优先权值和 ID 值都可以直接设置。

（2）发现路由器

在这个步骤中，路由器与路由器之间首先利用 Hello 报文中的 ID 信息确认主从关系，然后主从路由器相互交换部分链路状态信息。每个路由器对信息进行分析比较，如果收到的信息有新的内容，路由器将要求对方发送完整的链路状态信息。这个状态完成后，路由器之间建立完全相邻关系，同时邻接路由器拥有自己独立的、完整的链路状态数据库。

（3）计算路由

当一个路由器拥有完整独立的链路状态数据库后，它将采用最短路径选择算法计算并创建路由表。OSPF 路由器依据链路状态数据库的内容，独立地计算出到每一个目的网络的路径，并将路径存入路由表中。

OSPF 利用量度（cost）计算目的路径，cost 最小者即为最短路径。在配置 OSPF 路由器时可根据实际情况，如链路带宽、时延或经济上的费用设置链路 cost 大小。cost 越小，则该链路被选为路由的可能性越大。

（4）维护路由信息

当链路状态发生变化时，OSPF通过Flooding过程通告网络上其他路由器。OSPF路由器接收到包含有新信息的链路状态更新报文，将更新自己的链路状态数据库，然后重新计算路由表。在重新计算过程中，路由器继续使用旧路由表，直到完成新的路由表计算。新的链路状态信息将发送给其他路由器。值得注意的是，即使链路状态没有发生改变，OSPF路由信息也会自动更新，默认时间为30分钟。

3. 边界网关协议 BGP

拓展阅读5-9：
RFC：1771-
BGPv4

边界网关协议（border gateway protocol，BGP）[RFC 1771，RFC 1772，RFC 1773]，是一种在不同AS之间的路由器进行路由信息交换的协议。BGP的前身是在ARPANET中使用的EGP。

一个BGP系统与其他BGP系统之间交换网络的可到达信息。这些信息包括数据到达这些网络所必须经过的AS及其路径，所有这些信息就构成了一张AS的拓扑图。每个BGP系统可以根据路由的好坏来制订路由选择的策略。并且，BGP允许使用基于策略的路由选择，由AS管理员制订策略，并通过配置文件将策略指定给BGP系统。制订策略并不是协议的一部分，但制订策略允许BGP系统在多个可选路径中进行路径选择，并可以控制信息的重发送。路由选择策略通常与政治、安全或经济等因素有关。

BGP也是一种距离向量路由协议，但是与RIP等典型距离向量协议相比，又有很多增强的性能。BGP在传输层使用TCP，端口号为179。BGP在通信时，首先建立TCP会话，这样数据传输的可靠性就由TCP来保证，在BGP中就不需要再使用差错控制和重传等机制，从而简化了BGP的复杂程度。另外，BGP使用增量的、触发性的路由更新，而不是传统距离向量协议的整个路由表的、周期性的更新，这样节省了更新所占用的带宽。并且，BGP还有多种衡量路由路径的度量标准（称为路由属性），从而可以更加准确地判断出最优的路径。

一个AS在BGP看来是一个整体，AS内部的BGP路由器都必须将相同的路由信息发送给边界的路由器。路由信息在通过内部链路时不会发生改变，只有通过外部链路时，路由信息才会发生变化。在AS内部，路由器都有相同的BGP路由表。

5.5 Internet的网际层——IPv6协议栈

IPv4因协议简单、易于实现、互操作性好得到了广泛的应用。然而，随着Internet的迅猛发展，IPv4设计的不足也日益明显，主要有以下几个明显缺陷。

（1）IPv4地址空间不足

IPv4地址采用32比特标识，理论上能够提供的地址数量是43亿。但由于地址分配的原因，实际可使用的数量远远不到43亿。随着Internet发展，IPv4地址空间不足问题日益严重。

（2）骨干路由器维护的路由表表项数量过大

由于IPv4发展初期的分配规划的问题，造成许多IPv4地址块分配不连续，不能有效聚合路由。CIDR 协议的引入虽然缓解了 IPv4 路由表的线性增长，但路由表依旧非常庞大，这对路由器设备成本和转发效率都带来了不良的影响。

（3）不易进行自动配置和重新编址

由于 IPv4 地址只有 32 比特，地址分配也不均衡，经常在网络扩容或重新部署时，需要重新分配 IP 地址，因此需要能够进行自动配置和重新编址以减少维护工作量。

（4）不能解决日益突出的安全问题

随着 Internet 的发展，安全问题越来越突出。IPv4 协议制定时并没有针对安全性进行设计，其固有的框架结构也不能支持端到端安全。

IPv6 是网络层协议的第二代标准协议，是 IPv4 的升级版本。从 1992 年标准创立至今，IPv6 的标准体系已经基本完善，逐步从实验室走向实际应用。本节介绍 IPv6 协议的基本技术优势、IPv6 地址及 IPv6 的一些相关协议。

5.5.1　IPv6 概述

可以说，推动 IPv6 发展的原动力是 IPv4 地址空间即将耗尽。与此同时，IPv6 也提供了其他一些新的特性和改善措施，如设计回归简洁、透明；提高实现效率，减少复杂性；为新出现的无线业务提供支持；重新引入端到端安全和 QoS 等。具体而言，IPv6 的技术优点表现在以下几个方面。

拓展阅读5-10：RFC：2460-IPv6

（1）128 位地址结构，提供充足的地址空间

近乎无限的 IP 地址空间是部署 IPv6 网络最大的优势。和 IPv4 相比，IPv6 的地址比特数是 IPv4 的 4 倍（从 32 位扩充到 128 位）。IPv4 理论上能够提供的地址上限是 43 亿个，而 IPv6 理论上地址空间的上限则是 43 亿 × 43 亿 × 43 亿 × 43 亿个。

（2）层次化的网络结构，提高了路由效率

IPv6 地址长度为 128 位，可提供远大于 IPv4 的地址空间和网络前缀，因此可以方便地进行网络的层次化部署。同一组织机构在其网络中可以只使用一个前缀。对于 ISP，则可获得更大的地址空间。这样 ISP 可以把所有客户聚合形成一个前缀并发布出去。分层聚合使全局路由表项数量很少，转发效率更高。另外，由于地址空间巨大，同一客户使用多个 ISP 接入时可以同时使用不同的前缀，这样不会对全局路由表的聚合造成影响。

（3）IPv6 分组头简洁、灵活，效率更高，易于扩展

IPv6 和 IPv4 相比，去除了头长度、标识符、标志、偏移量、分组头校验和、选项、填充字段，只增加了流标签字段，因此 IPv6 分组头的处理较 IPv4 大大简化，提高了处理效率。另外，IPv6 为了更好地支持各种选项处理，提出了扩展头的概念，新增选项时不必修改现有结构就能做到，理论上可以无限扩展，体现了优异的灵活性。

（4）支持自动配置

IPv6 协议内置支持通过地址自动配置方式使主机自动发现网络并获取 IPv6 地址，大大提高了内部网络的可管理性。使用自动配置，用户设备（如移动电话、无线设备）可以即插即

用而无须手工配置或使用专用服务器（如DHCP服务器）。本地链路上的路由器在路由器通告分组中发送网络相关信息（如本地链路的前缀、默认路由等），主机收到后会根据本地接口自身的接口标识符组合成主机地址，从而完成自动配置。

（5）支持端到端的安全

IPv4中虽然也支持IP层安全特性（IPSec），但只是通过选项支持，实际部署中多数节点未必支持。IPSec是IPv6协议基本定义中的一部分，任何部署的节点都必须能够支持。因此，在IPv6中支持端到端安全要容易得多。IPv6中支持为IP定义的安全目标：保密性（只有预期接收者能读数据）、完整性（数据在传输过程中没有被篡改）、验证性（发送数据的实体和所宣称的实体完全一致）。

（6）支持移动特性

IPv6协议规定必须支持移动特性，任何IPv6节点都可以使用移动IP功能。和移动IPv4相比，移动IPv6使用邻居发现功能可直接实现外地网络的发现并得到转交地址，而不必使用外地代理。同时，利用路由扩展头和目的地址扩展头，移动节点和对等节点之间可以直接通信，解决了移动IPv4的三角路由、源地址过滤问题，移动通信处理效率更高且对应用层透明。

（7）新增流标签功能，更利于支持QoS

IPv6分组头中新增了流标签字段，源节点可以使用这个字段标识特定的数据流。转发路由器和目的节点都可以根据此标签字段进行特殊处理，如视频会议和VoIP等数据流。

*5.5.2　IPv6分组

IPv6分组包括三个部分：基本头部、扩展头部和数据，如图5-22所示，其中基本头部是必需的，扩展头部可以为零个或多个，所有的扩展头部和数据合起来称为数据报的有效载荷

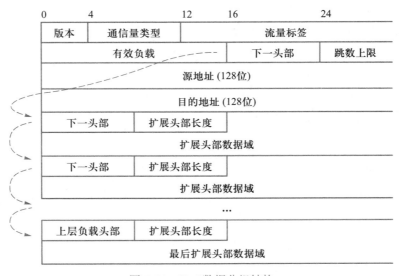

图5-22　IPv6数据分组结构

或净负荷。

如图 5-23 所示，IPv6 分组基本头部由以下控制字段构成。

图 5-23　IPv6 分组基本头部的构成

① 版本：4 比特，指明了协议的版本，数值 6 表示该数据报为 IPv6。

② 通信量类型：8 比特，用于区分不同 IPv6 数据报的类别或优先级，类似于 IPv4 中的协议字段。

③ 流标签：20 比特。流标签可用来标记特定流的分组，以便在网络层区分不同的分组。转发路径上的路由器可以根据流标签来区分流并进行处理。由于流标签在 IPv6 分组头中携带，转发路由器和目的节点可以不必根据分组内容来识别不同的流。

④ 有效载荷长度：16 比特，指明 IPv6 数据报除基本头部之外的字节数，也就是 IPv6 分组基本头以后部分的长度（包括所有扩展头部分），其最大值可达 64 KB（即 65 535 B）。

⑤ 下一头部：8 比特，用来标识当前头（基本头或扩展头）后下一个头的类型。此字段内定义的类型与 IPv4 中的协议字段值相同。IPv6 定义的扩展头由基本头和扩展头中的扩展头字段链接成一条链，这一机制下处理扩展头更加高效，转发路由器只处理必须处理的扩展头，提高了转发效率。

⑥ 跳数限制：8 比特，和 IPv4 中的 TTL 字段相类似，用来防止分组在网络中无限制地转发。

⑦ 源地址：128 比特，分组发送端的 IP 地址。

⑧ 目的地址：128 比特，分组接收端的 IP 地址。

IPv6 扩展头是通过链式结构来支持的，基本头后面可以有 0 到多个扩展头，如图 5-22 所示。RFC 2460 定义了如下几种扩展头部。

① 逐跳选项头：值为 0。此选项头被转发路径所有节点处理。目前在路由告警（RSVP 和 MLDv1）与 Jumbo 帧处理中使用了逐跳选项头。路由告警需要通知到转发路径中所有节点，需要使用逐跳选项头。Jumbo 帧是长度超过 65 535 B 的特殊分组，传输这种分组需要转发路径中所有节点都能正常处理，因此也需要使用逐跳选项头功能。

② 目的选项头：值为 60。该头允许出现在两个位置，即路由头和上层头之前。放置在路由头前表明选项头可以被目的节点和路由头中指定的节点处理；若放置在上层头前，表明选

项头只能被目的节点处理。

　　③ 路由头：值为 43。用于源路由选项和 Mobile IPv6。

　　④ 分片头：值为 44。此选项头在源节点发送的分组超过 Path MTU（源和目的之间传输路径的 MTU）时对分组分片时使用。

　　⑤ 验证头（AH 头）：值为 51。用于 IPSec，提供分组验证、完整性检查。定义和 IPv4 中的相同。

　　⑥ 封装安全载荷头（ESP 头）：值为 50。用于 IPSec，提供分组验证、完整性检查和加密。定义和 IPv4 中的相同。

　　上述每一个扩展头部都由若干个字段组成，它们的长度也各不相同。但所有扩展头部的第一个字段都是 8 位的"下一个头部"字段，此字段的值指出了在该扩展头部后面的字段是什么。当使用多个扩展头部时，必须按以上的先后顺序出现，上层头部总是放在最后面。

*5.5.3　IPv6 地址

　　IPv6 地址长度为 128 位，为了使地址的表示简洁，将每个 16 位的值用十六进制值表示，各值之间用冒号分隔。例如：

68E6:8C64:FFFF:FFFF:0:1180:960A:FFFF

　　在十六进制记法中，允许把数字前面的重复 0 省略。上例就把 0000 中的前三个 0 省略了。另外，冒号十六进制记法还包含两个技术使它尤其有效。首先，它允许零压缩，即一连串连续的零可以用一对冒号所取代，例如：

FF05:0:0:0:0:0:0:B3

　　可以简写成

FF05::B3

　　为了避免零压缩的含混解释，规定在任一地址中只能使用一次零压缩。其次，冒号十六进制记法可结合使用点分十进制法的后缀，该技术在 IPv4 向 IPv6 转换阶段非常有用，例如：

0:0:0:0:0:0:128.10.2.2

　　在上面地址表示方法中，尽管冒号分割的每个值是两个字节的量，但每个点分十进制的值还是指明一个字节的值。再结合零压缩即可得出如下表示：

　::128.10.2.2

　　为了方便地表示 IPv6 地址的网络前缀，CIDR 的斜线表示法仍然可以使用。网络前缀表示为 ipv6-address/prefix-length，其中，ipv6-address 为十六进制表示的 128 比特地址，prefix-length 为十进制表示的地址前缀长度。例如，60 位前缀 12AB00000000CD3 可表示为

12AB:0000:0000:CD30:0000:0000:0000:0000/60

12AB::CD30:0:0:0:0/60

12AB:0:0:CD30::/60

　　基于数据分组的目的端地址可以将 IPv6 地址划分为以下三种类型。

（1）单播地址（unicast）

IPv6单播地址标识了一个接口，由于每个接口属于一个节点，因此每个节点的任何接口上的单播地址都可以标识这个节点。发往单播地址的分组，由此地址标识的接口接收。单播地址又可分为以下几种类型。

全球单播地址（global unicast address，GUA），该类地址类似于IPv4中的公网地址。目前的GUA地址，前3位固定为001，因此GUA地址范围如下：

2000::——3FFF:FFFF:FFFF:FFFF:FFFF:FFFF

唯一本地地址（unique local address，ULA），该地址类似于IPv4中的私有地址。ULA地址前7位固定，地址格式如下：

FC00::/7

因此，FC00:/8和FD00:/8都是ULA地址。

一般来说，ULA地址只在网络内部使用，但是ULA在配置时，必须先申请一个40位的Global ID，因此，基本上所有的ULA地址不会重复。

链路本地地址（link-local address，LLA），该地址只在本地链路上有效，不能跨路由设备。该地址格式如下：

FE80::/10

一般来说，在路由器上，该地址可以由运行IPv6的协议栈根据网卡MAC地址自动生成；在主机上，出于保护本地MAC地址的考虑，一般按照特殊的算法计算。

IPv6的设备执行地址冲突检测（duplicate address detection，DAD）[RFC 4862]，来确保自行创建的IPv6本地链路地址在本地链路上（本地子网）的唯一性。DAD的执行要依赖于ICMPv6协议（详见5.5.5小节）。

此外，IPv6还有很多其他的特殊地址，比如**::/128**，该地址为未知地址，类似于IPv4的0.0.0.0，在DHCP阶段发送Discover数据包时会使用。再如**::1/128**，该地址为本地地址，发往该地址的数据包不会发送到网络接口，类似于IPv4的127.0.0.1。

（2）组播地址（multicast）

IPv6组播地址用来标识一组接口，一般这些接口属于不同的节点。一个节点可能属于0到多个组播组。发往组播地址的分组被组播地址标识的所有接口接收。

（3）泛播地址（anycast）

IPv6泛播地址格式和IPv6单播地址相同，用来标识一组接口的地址。一般这些接口属于不同的节点。发往泛播地址的分组被送到这组接口中与源端最近的接口，具体实施是通过路由协议来判断哪个是最近的。

IPv6在提供巨大的地址空间的同时，对地址的高效管理和分配提出了更高的要求。DHCPv6[RFC3315]就是为解决这个问题提出的。DHCPv6针对IPv6的编址方案设计，为终端设备分配IPv6前缀、IPv6地址和其他网络配置参数（例如DNS服务、域名等）。

类似于5.4.6小节中介绍的DHCP的请求过程，DHCPv6也包含客户机和服务器，此外，为了避免在每个链路范围内都部署DHCPv6服务器，DHCPv6还可通过DHCPv6中继来转发报文。

*5.5.4　从 IPv4 到 IPv6 的过渡方案

鉴于现在整个Internet上使用IPv4的路由器数量庞大，类似"规定一个截止日期，此后所有路由器一律改用IPv6"这种激进型方案不太合适。因此，向IPv6过渡只能采用逐步演进的方法，其中有三个问题需要关注：一是如何充分利用现有的IPv4资源，节约成本并保护原使用者的利益；二是在实现网络设备互联互通的同时实现信息高效无缝传递；三是IPv4向IPv6的实现应该是逐步的和渐进的，而且尽可能地简便。

当前，大量的网络是IPv4网络，随着IPv6的部署，很长一段时间是IPv4与IPv6共存的过渡阶段。过渡阶段所采用的过渡技术主要包括以下几种。

① 双栈技术：双栈节点与IPv4节点通信时使用IPv4协议栈，与IPv6节点通信时使用IPv6协议栈。

② 隧道技术：提供了两个IPv6节点之间通过IPv4网络实现通信连接以及两个IPv4节点之间通过IPv6网络实现通信连接的技术。

③ IPv4/IPv6协议转换技术：提供了IPv4网络与IPv6网络之间的互通技术。

（1）双栈技术

双栈技术是IPv4向IPv6过渡的一种有效的技术，如图5-24所示，网络中的节点同时支持IPv4和IPv6协议栈，源节点根据目的节点的不同选用不同的协议栈，而网络设备根据分组的协议类型选择不同的协议栈进行处理和转发。双栈节点在和IPv6节点通信时采用IPv6地址，而和IPv4节点通信时就采用IPv4地址。但双栈节点怎样知道目的节点是采用哪一种地址呢？解决办法是使用域名系统DNS来查询。若DNS返回的是IPv4地址，双栈的源节点就使用IPv4地址。但当DNS返回的是IPv6地址，则源节点就使用IPv6地址。

IPv6应用	IPv4应用
Socket API	
TCP/UDP v6	TCP/UDP v4
IPv6	IPv4
数据链路层	
物理层	

图5-24　IPv6/IPv4双栈结构

双栈可以在一个单一的设备上实现，也可以是一个双栈骨干网。对于双栈骨干网，其中的所有设备必须同时支持IPv4/IPv6协议栈，连接双栈网络的接口必须同时配置IPv4地址和IPv6地址。

双栈技术是 IPv4 向 IPv6 过渡的基础，所有其他的过渡技术都以此为基础。

（2）隧道技术

IPv4 向 IPv6 过渡的第二种方法就是隧道技术，隧道是指将一种协议完全封装到另外一种协议中的技术，要求隧道两端（也就是两种协议边界的相交点）的节点需要同时支持两种协议。IPv6 穿越 IPv4 隧道技术提供了利用现有的 IPv4 网络为互相独立的 IPv6 网络提供连通性，IPv6 分组被封装在 IPv4 分组中穿越 IPv4 网络，实现了 IPv6 分组的透明传输。

隧道技术的优点是，不用把所有的节点都升级为双协议栈，只要求 IPv4/IPv6 网络的边缘节点实现双协议栈和隧道功能即可，除边缘节点外，其他节点不需要支持双协议栈，这将极大地提高现有 IPv4 网络设施的利用价值；不过，隧道技术不能实现 IPv4 主机与 IPv6 主机的直接通信。

图 5-25 给出了 IPv6 穿越 IPv4 隧道的工作过程。左侧的 IPv6 网络边缘节点收到 IPv6 网络的 IPv6 分组后，将 IPv6 分组封装在 IPv4 分组中，成为一个 IPv4 分组，在 IPv4 网络中传输到右侧的目的 IPv6 网络边缘节点后，解封装去掉外部 IPv4 头，恢复成原来的 IPv6 分组，进行后续的 IPv6 转发。

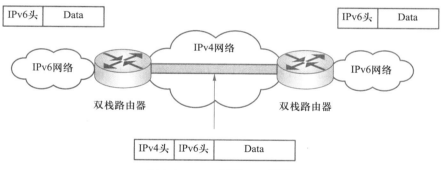

图 5-25　IPv6 穿越 IPv4 隧道

（3）IPv4/IPv6 协议转换技术

IPv6 穿越 IPv4 隧道技术是为了实现 IPv6 节点之间的互通，而 IPv6/IPv4 协议转换技术是为了实现不同协议之间的互通，也就是使 IPv6 主机可以访问 IPv4 主机，IPv4 主机可以访问 IPv6 主机。IPv4/IPv6 协议转换技术有多种类型，其中最常见的就是 SIIT 和 NAT-PT。

无状态 IP/ICMP 翻译技术（stateless IP/ICMP translation，SIIT）用于对 IP 和 ICMP 分组进行协议转换，这种转换不记录流的状态，只根据单个分组将一个 IPv6 分组头转换为 IPv4 分组头，或将 IPv4 分组头转换为 IPv6 分组头。SIIT 不需要 IPv6 主机获取一个 IPv4 地址，但对于 SIIT 设备来说，每一个 IPv6 主机有一个虚拟的临时 IPv4 地址，图 5-26 给出了 SIIT 的基本工作原理示意。

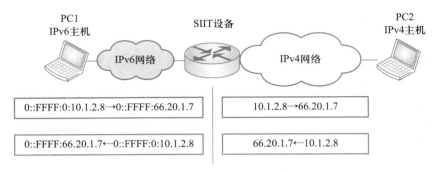

图 5-26　SIIT 工作原理示意图

　　SIIT 技术使用特定的地址空间来完成 IPv4 地址与 IPv6 地址的转换。因为 SIIT 无法进行地址复用，所以地址池的空间限制了 IPv6 节点的数量。在通信过程中，当 SIIT 中 IPv4 地址池中的地址分配完后，如果有新的 IPv6 节点需要同 IPv4 节点通信，就会因为没有剩余的 IPv4 地址空间而导致 SIIT 无法进行协议转换，造成通信失败。所以 SIIT 技术所能应用的网络规模不能很大。另外，由于无状态，所以，不能很好地支持应用层数据中内嵌地址的应用。

　　NAT-PT（network address translation-protocol translation）允许只支持 IPv6 协议的节点与只支持 IPv4 协议的节点进行互联，一个位于 IPv4 和 IPv6 网络边界的节点负责在 IPv4 分组与 IPv6 分组之间进行翻译转换。NAT-PT 把 SIIT 协议转换技术和 IPv4 网络中动态地址转换技术（NAT）结合在一起，它利用了 SIIT 技术的工作机制，同时又利用传统的 IPv4 下的 NAT 技术来动态地给访问 IPv4 节点的 IPv6 节点分配 IPv4 地址，很好地解决了 SIIT 技术中全局 IPv4 地址池规模有限的问题。同时，通过传输层端口转换技术，使多个 IPv6 节点共用一个 IPv4 地址。

**5.5.5　ICMPv6

　　IPv6 和 IPv4 一样，并不保证分组的可靠递交，因此也需要 ICMP 来反馈通信子网的状态或者差错。新版本的 ICMP 被命名为 ICMPv6，其功能与 ICMPv4 类似，但要复杂得多，例如，5.4.4 小节中介绍的 ARP 和用来解决组播中组成员管理的互联网组管理协议（internet group management protocol，IGMP）都被合并到了 ICMPv6 中。

　　ICMPv6 报文也是封装在 IPv6 分组的数据部分进行传输的，其报文格式也与图 5-18 所示的 ICMPv4 报文格式类似，包含类型、代码、校验和以及消息主体部分。

　　ICMPv6 报文被分为两种类型：差错报文和信息报文。差错报文的标志是在消息类型字段值的高比特位中设置 0。因此，差错报文的报文类型从 0 到 127；信息报文的类型从 128 到 255。

　　ICMPv6 的报文类型继承了 ICMPv4 的主要报文类型，包括以下几种。

　　① 目的不可达。

　　② 超时。

③ 参数问题。

④ 分组过长。

⑤ 回声请求。

⑥ 回声应答。

除了以上消息类型外，ICMPv6 为了完成 IGMP 和 ARP 的功能，还增加了以下消息类型。

（1）组播收听发现协议（multicast listener discovery，MLD）消息类型

该类型消息用于完成子网内的组播成员管理，MLD 协议定义了 3 条 ICMPv6 消息。

① 组播收听查询消息：组播路由器向子网内的组播收听者发送此消息，以获取组播收听者的状态。

② 组播收听者报告消息：组播收听者向组播路由器汇报当前状态，包括离开某个组播组。

③ 组播收听者离开消息：组播收听者通告组播路由器自己已经离开某个组播组。

（2）邻居发现协议（neighbor discovery）消息类型

邻居发现协议实现了 IPv6 中的地址解析协议（ARP）、ICMPv6 路由器发现协议以及 ICMPv6 重定向消息的功能，用来管理同一链路上节点间的通信。

该协议定义 5 条 ICMPv6 消息。

① 路由器通告消息：该路由器以组播方式向所在链路发送，宣告其可用性及其相关的配置参数。发送该消息有两种方式，一种是非请求、周期性的路由器通告；另一种是请求的路由器通告，即收到主机发出的路由器请求后作为应答发出。

② 路由器请求消息：该消息由主机向本地路由器发出，要求其立即发送路由器通告消息。

③ 邻居请求消息：节点发送邻居请求消息来请求邻居的数据链路层地址，以验证它先前所获得并保存在缓存中的邻居数据链路层地址的可达性，或者验证自己的地址在本地链路上是否唯一。

④ 邻居通告消息：节点在收到邻居请求消息或链路层地址改变时，发送邻居通告消息，向邻节点通告自己的数据链路地址信息。

⑤ 重定向消息：路由器发送重定向消息告诉主机重新定向它发送分组到目的节点的路径。

**5.6　软件定义网络SDN

在传统网络的 IP 网络中，网络层的主要工作有两部分，即路由控制及数据的转发，前者常被抽象为控制平面，后者常被抽象为数据平面。其中，控制平面负责网络控制，主要功能为协议处理与计算。比如路由协议用于路由信息的计算、路由表的生成。数据平面是指设备根据控制平面生成的指令完成用户业务的转发和处理。例如，路由器根据路由协议生成的

路由表对接收的数据包从相应的出接口转发出去。这导致传统网络存在着路由调整的灵活性不足，网络协议实现复杂、运行维护成本较大，网络新业务升级困难等问题。为解决这些问题，软件定义网络应运而生，并被大家广泛接受和认同。本节简单介绍几种常见的 SDN 网络的实现方案，并以 OpenFlow 为例介绍 SDN 的实现。

5.6.1 SDN 实现方案

传统网络中的路由器中的控制平面是出厂时设计好的静态网络控制策略，而数据平面主要是执行网络控制策略，分组的处理主要通过查询由控制平面所生成的转发表（例如网络层的路由表）来完成。分组的处理流程如图 5-27 所示。在传统网络中，数据平面的主要特征是，分组的转发和处理都是由协议控制的，并且只支持有限的用户配置，不支持自定义的转发和控制策略。

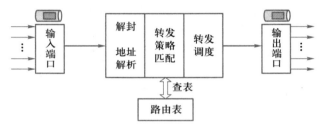

图 5-27 传统网络中的数据转发

在 SDN 网络中，分组的处理流程如图 5-28 所示，在 SDN 中传统网络设备的二层或三层转发表抽象成流表，并且数据平面在进行分组转发的整个流程中：解析（parser）、转发（forwarding）和调度（scheduling）都是可编程、协议无关的。

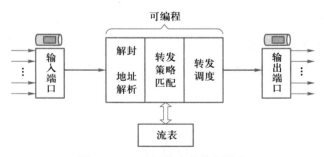

图 5-28 SDN 网络中的数据转发

SDN 的核心理念是控制平面和转发平面的分离、支持全局的软件控制。遵循这一理念，各厂商结合自身优势提出了不同的实现方案，大体上可分为三类：基于专用接口的方案、基于叠加网络的方案和基于开放协议的方案，如图 5-29 所示。

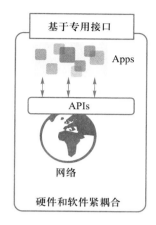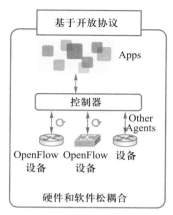

图5-29 典型的 SDN 实现方案

（1）基于专用接口的方案

基于专用接口的方案的实现思路是不改变传统网络的实现机制和工作方式，通过对网络设备的操作系统进行升级改造，在网络设备上开发出专用的 API，管理人员可以通过 API 实现网络设备的统一配置管理和下发，改变了原先需要一台台设备登录配置的手工操作方式，同时这些接口也可供用户开发网络应用，实现网络设备的可编程。这类方案由目前主流的网络设备厂商主导。

典型的基于专用接口的 SDN 实现方案是思科的平台软件开发套件（one platform kit，onePK），它是思科的开放式网络环境（open network environment，ONE）的一部分。ONE 是思科的 SDN 战略，其目标是构建一个完整开放的网络环境，使得网络更灵活、可定制，以便适应更新型的网络和 IT 趋势，其内容主要包括三方面：用于对思科的网络硬件进行编程的 onePK 接口，由支持 OpenFlow 协议和 onePK 接口的控制器和交换设备组成的软件定义网络以及用于云计算场景、可与多种虚拟化平台整合的虚拟网络设备。

基于专用接口的 SDN 实现方案的最大优点是能够依托网络设备厂商已有的产品体系，对现有的网络部署改动小，实施部署方便快捷。但是，因为该类方案中接口与设备之间存在紧密耦合关系，所以它仍旧是一个封闭系统的解决方案，存在着网络设备和能力被厂商锁定的风险。

（2）基于叠加网络的方案

基于叠加网络的方案的实现思路是以现行的 IP 网络为基础，在其上建立叠加的逻辑网络（overlay logical network），屏蔽掉底层物理网络的差异，实现网络资源的虚拟化，使得多个逻辑上彼此隔离的网络分区以及多种异构的虚拟网络可以在同一共享网络基础设施上共存。该类方案的主要思想可以归纳为解耦、独立、控制三个方面。

解耦是指将网络的控制从网络物理硬件中脱离出来，交给虚拟化的网络层处理。虚拟化网络层加载在物理网络之上，屏蔽底层的物理差异，在虚拟的空间重建整个网络。因此，物理网络资源将被泛化成网络池，正如服务器虚拟化技术把服务器资源转化为计算能力池一样，它使得网络资源的调用更加灵活，满足用户对网络资源的按需交付需求。

　　独立是指叠加的虚拟化网络构建于 IP 网络之上，因此只要 IP 可达，那么相应的虚拟化网络就可以被部署，而无须对原有物理网络架构做出任何改变。

　　控制是指叠加的虚拟网络将以软件可编程的方式被统一控制，网络资源可以和计算资源、存储资源一起被统一调度和按需交付。以虚拟交换机为代表的虚拟化网络设备可以被整合在服务器虚拟化管理程序（Hypervisor）中统一部署，也可以以软件方式部署在网关中实现与外部物理网络的整合。

　　基于叠加网络的方案并不是因 SDN 才被提出的，VLAN 就是这种方案典型的代表之一。但是，随着云计算等新兴业务对网络要求的提升，传统的技术已经难以满足要求，例如业务只局限于同一二层网络，VLAN 数量有限影响多租户业务规模，等等。在当前的基于叠加网络的 SDN 实现方案中，隧道（tunneling）技术被广泛应用，它可以基于现行的 IP 网络进行叠加部署，消除传统二层网络的限制。

　　（3）基于开放协议的方案

　　基于专用开放协议的方案是当前 SDN 实现的主流方案，ONF SDN 和 ETSI NFV 都属于这类解决方案，该类解决方案基于开放的网络协议，实现控制平面与转发平面的分离，支持控制全局化，获得了最多的产业支持，相关技术进展很快，产业规模发展迅速，业界影响力最大，后续介绍的 OpenFlow 规范就是影响面最大的一种开放协议。

　　上述三种 SDN 实现方案都能够支持逻辑上集中的网络控制系统，并且具有丰富灵活的软件接口供上层调用底层设备能力；同时，转发层面设备的能力都被隐藏在软件接口之下，使设备的物理差异透明化。其中，开放协议是最具革命性的技术流派，通过开放的架构和运作方式获得最广泛的支持，也是业务创新最活跃的流派；专用接口是传统网络设备厂商为了在 SDN 大潮来临之时继续保持其领先地位而做出的妥协；叠加网络的虚拟化是当前的一项热门技术，通过屏蔽底层物理设备的差异实现网络资源的池化，能够很好地满足云计算数据中心内部和中心之间的虚拟机迁移等业务场景的网络需求。

5.6.2　SDN 核心技术

　　SDN 为了支撑相应的需求引入了很多创新，遵循 SDN 的层次架构，可以将 SDN 核心技术体系归类如图 5-30 所示。

　　1. 交换机

　　SDN 交换机是 SDN 网络中负责具体数据转发处理的设备。本质上看，传统设备中无论是交换机还是路由器，其工作原理都是在收到数据时，将数据包中的某些特征域与设备自身存储的一些表项进行比对，当发现匹配时，按照表项的要求进行相应处理。SDN 交换机也是类似的原理，但是与传统设备存在差异的是，设备中的各个表项并非是由设备自身根据周边的网络环境在本地自行生成的，而是由远程控制器统一下发的，因此各种复杂的控制逻辑（例如链路发现、地址学习、路由计算等）都无须在 SDN 交换机实现。SDN 交换机可以忽略控制逻辑的实现,全力关注基于表项的数据处理,而数据处理的性能也就成为评价SDN交换机优劣的关键指标,因此,很多高性能转发技术被提出,例如基于多张表以流水线方式进行调整处理的技术。另外,考虑到SDN和传统网络的混合工作问题,支持混合模式的SDN交换机也是当前设备层技术研发的焦点。最后,随着虚拟化技术的出现和完善,虚拟化环境将是SDN交换机的一个重要应用场景,因此SDN交换机可能会有硬件、软件等多种形态。例如,开放虚拟交换机(open virtual switch,OVS)就是一款基于开源软件技术实现的能够集成在服务器虚拟化Hypervisor中的交换机。

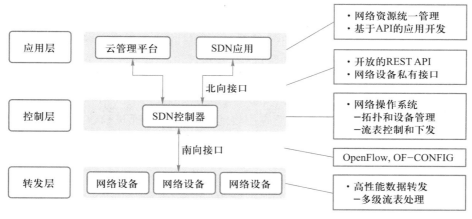

图5-30 SDN核心技术体系

2. 南向接口

SDN交换机需要在远程控制器的管控下工作,与之相关的设备状态和控制指令都需要经由SDN的南向接口传达。当前,最知名的南向接口就是ONF倡导的OpenFlow协议。作为一个开放的协议,OpenFlow突破了传统网络设备厂商对设备能力的接口壁垒,经过多年的发展,当前已经日臻完善,能够全面解决SDN网络中面临的各种问题。当前,OpenFlow已经获得了业界的广泛支持,并成为SDN领域的事实标准,例如,OVS交换机就能够支持OpenFlow协议。OpenFlow解决了如何由控制层把SDN交换机所需的用于和数据流做匹配的表项下发给转发层设备的问题,同时ONF还提出了OF-CONFIG协议,用于对SDN交换机进行远程配置和管理,其目标都是为了更好地对分散部署的SDN交换机实现集中化管控。

3. 控制器

SDN控制器负责整个网络的运行,是提升SDN网络效率的关键。当前,业界有很多基于OpenFlow控制协议的开源控制器实现,例如NOX、Onix、Floodlight等,虽然这些控制器在功能和性能上仍旧存在差异,但都能够实现链路发现、拓扑管理、策略制定、表项下发等支持SDN网络运行的基本操作。另外,作为SDN网络的核心,控制器的性能和安全性非常重要,负载过大、单点失效等潜在问题一直是SDN领域中亟待解决的难题,业界对此也做了很多探讨，从部署架构、技术措施等多个方面提出了很多创新的方案。

4. 北向接口

SDN北向接口直接为应用服务，其设计需要密切联系业务应用需求，具有多样化的特征。北向接口的设计是否合理、便捷，会直接影响到SDN控制器的应用和市场前景。因此，与南向接口方面已有OpenFlow等国际标准不同，北向接口方面还缺少业务公认的标准，成为当前SDN领域竞争的焦点，不同的参与者或者从用户角度出发，或者从运营角度出发，或者从产品能力角度出发，提出了很多解决方案。虽然北向接口标准当前还很难达成共识，但是充分的开放性、便捷性、灵活性将是衡量接口优劣的重要标准，例如，REST API就是上层业务应用的开发者比较喜欢的接口形式。部分传统的网络设备厂商在其现在设备上提供了编程接口业务应用直接调用，也可将其视作北向接口之一，其目的是在不改变现在设备架构的条件下提升配置管理灵活性，应对开放协议的竞争。

5. 应用编排

SDN网络的最终目标是服务于多样化的应用创新。因此随着SDN技术的部署和推广，将会有越来越多的业务应用被研发，这类应用将能够更便捷地通过SDN北向接口调用底层能力，按需使用网络资源。例如，SDN为云计算业务提供网络服务就是一个非常典型的案例；众所周知，在当前的云计算业务中，服务器虚拟化、存储虚拟化都已经被广泛应用，它们将底层的物理资源进行池化共享，进而按需分配给用户使用。相比之下，传统的网络资源远远没有达到类似的灵活性，而SDN的引入则能够很好地解决这一问题。云计算领域中知名的OpenStack可以工作在SDN应用层的云管理平台，通过在其网络资源组件中增加SDN管理插件，管理者和使用者可利用SDN北向接口便捷地调用SDN控制器对外开放的网络能力。当有云计算业务需求被发出时，相关的网络策略和配置可以在OpenStack管理平台的界面上集中制定并进而驱动SDN控制器统一地自动下发到相关的网络设备上。因此，网络资源可以和其他类型的虚拟化资源一样，以抽象的资源能力统一呈现给业务应用开发者，开发者无须针对底层网络设备的差异耗费大量开销从事额外的适配工作，这有助于业务应用的快速创新。

5.6.3　OpenFlow

OpenFlow规范的名称是OpenFlow Switch Specification，最早由斯坦福大学的Nick McKeown教授等研究人员在2008年4月提出，规定了作为SDN基础设施层转发设备的OpenFlow交换机的基本组件和功能要求以及用于由远程控制器对交换机进行控制的OpenFlow协议。OpenFlow v1.0是OpenFlow规范的第一个商业化版本，于2009年12月31日发布，它是OpenFlow规范后续版本的重要基础。

OpenFlow 设计思想和整体架构如图5–31所示。OpenFlow交换机利用基于安全连接的OpenFlow协议与远程控制器通信。OpenFlow在v1.0时只支持单播，因此当时只有流表（flow table），流表负责数据包的高速查询和转发。后来随着OpenFlow的发展，更多的表项被添加进来，例如组表（group table）、计量表（meter table）等，以实现更多的转发特性以及QoS功能。另外，OpenFlow交换机还需要通过一个安全通道与外部的控制器进行通信，这个安全通道上传输的是OpenFlow协议，负责传递控制器和交换机之间的管理和控制信息。

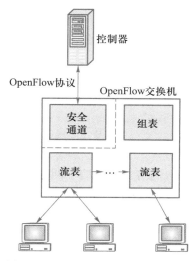

图5-31　基于OpenFlow的SDN架构

1. 流表

如前文所述，OpenFlow的设计目标之一就是将网络设备的控制功能与转发功能进行分离，进而将控制功能全部集中到远程的控制器上完成，而OpenFlow交换机只负责在本地做简单高速的数据转发。在OpenFlow交换机的运行过程中，其数据转发的依据就是流表。

流表是OpenFlow对网络设备的数据转发功能的一种抽象。在传统网络设备中，交换机和路由器的数据转发需要依赖设备中保存的二层MAC地址转发表或者三层IP地址路由表，而OpenFlow交换机中使用的流表也是如此，不过在它的表项中整合了网络中各个层次的网络配置信息，从而在进行数据转发时可以使用更丰富的规则。流表由多个流表项组成，每个流表项（Flow Entry）由匹配域（Match Fields）、优先级（Priority）、处理指令（Instructions）和统计数据（如Counters）等字段组成，流表项的结构随着OpenFlow版本的演进不断丰富。

OpenFlow交换机的每个流表项可以对应有零至多个动作，如果没有定义转发动作，那么与流表项匹配的数据包将被默认丢弃。同一流表项中的多个动作的执行可以具有优先级，但是在数据包的发送上并不保证其顺序。另外，如果流表项中出现OpenFlow交换机不支持的参数值，交换机将向控制器返回相应的出错信息。

动作分为必备动作（required actions）和可选动作（optional actions）两种类型。OpenFlow交换机默认支持所有的必备动作，而可选动作则需要由交换机告知控制器它所能支持的动作种类。

2. 安全通道

OpenFlow采用的是集中控制方式，控制器需要利用OpenFlow协议对交换机进行流表的配置，因此在它们之间传送信息的通道非常重要。通道是连接OpenFlow交换机到控制器的接口，控制器通过这个接口管理和控制OpenFlow交换机，同时也通过这个接口接收来自OpenFlow交换机的消息。

OpenFlow设备与控制器通过建立OpenFlow信道，进行OpenFlow消息交互，实现表项下发、查询以及状态上报等功能。通过OpenFlow信道的报文都是根据OpenFlow协议定义的，通常采用TLS（transport layer security）加密，但也支持简单的TCP直接传输。如果安全通道采用TLS连接加密，当交换机启动时，会尝试连接到控制器的6633 TCP端口（OpenFlow端口通常默认设置为6633）。双方通过交换证书进行认证。因此，在加密时，每个交换机至少需配置两个证书。

3. OpenFlow协议

OpenFlow协议是用来描述控制器和OpenFlow交换机之间交互所用的信息的接口标

准，其核心是OpenFlow协议信息的集合。OpenFlow协议支持三种消息类型：controller-to-switch、asynchronous（异步）和symmetric（对称），而每一类消息又可以拥有多个子消息类型。其中，controller-to-switch消息由控制器发起，用来管理或获取OpenFlow交换机的状态；asynchronous消息由OpenFlow交换机发起，用来将网络事件或交换机状态变化更新到控制器；symmetric消息可由交换机或控制器发起。

小　　结

网络层是通信子网的最高层，它代表整个通信子网给上层提供服务，本章首先介绍了网络层设计的目标、需要完成的主要功能，包括路由选择、网络互联等。为了让大家理解实际网络层是如果设计和工作的，以Internet的网络层为例介绍了TCP/IP协议集中的网际层由哪些协议组成，这些协议是如何配合工作完成通信子网服务的支持。

传统网络的网络层因为数据平面和控制平面不分离，导致控制不灵活、运营维护成本高、升级换代困难等问题，SDN的出现打破了这个僵局，虽然SDN还没有大规模普及应用，但是它的思想为网络的发展指明了新的方向。

习　　题

1. 填空题

（1）网络层向上层提供_____和_____两种服务。

（2）路由器的内部交换方式包括_____、_____和_____。

（3）Internet上的一个B类网络的子网掩码为255.255.240.0，则子网中最大可用主机数是_____。

（4）交换机是一种工作在_____层的网络互联设备，按_____地址进行转发。

（5）若某网络需要2 048个地址，使用CIDR协议解决地址分配问题，假设起始地址为202.117.0.0，且保证地址最大使用效率，那么路由表中子网掩码是_____。

（6）192.168.1.1是_____类的IP地址。

（7）在IP分组头中分组头长度字段的单位是_____，总长度字段的单位是_____。

（8）ARP的主要工作是完成从_____地址到_____地址的转换。

2. 选择题

（1）下面关于虚电路的描述中不正确的是（　　　　）。

　A. 虚电路需要通过虚呼叫分组来建立虚连接

　B. 虚电路建立的是一条临时、专用的物理通路

　C. 虚电路的虚电路号是每个节点独立分配的

　D. 虚电路使用完后需要进行释放

（2）下面关于自适应式路由选择算法的叙述不正确的是（　　　）。

    A. 需要定期交换路由信息　　　　　　　B. 会对网络的带宽带来额外的消耗

    C. 也被称为动态路由算法　　　　　　　D. 路由表是固定的

（3）下列能反映出网络中发生了拥塞的现象是（　　　）。

    A. 网络节点接收和发送的分组越来越少　B. 网络节点接收和发送的分组越来越多

    C. 随着网络负载的增加，吞吐量也增加　D. 随着网络负载的增加，吞吐量反而降低

（4）下列IP地址中，能够直接分配给主机的是（　　　）。

    A. 192.168.0.1　　　B. 127.11.10.101　　　C. 224.10.10.10　　　D. 202.117.48.255

（5）某网络的IP地址为192.168.5.0/24，采用长子网划分，子网掩码为255.255.255.248，则该网络的最大子网个数是（　　　），每个子网内的最大可分配地址个数为（　　　）。

    A. 32，8　　　B. 32，6　　　C. 8，32　　　D. 8，30

（6）在Internet中，IP分组从源节点到目的节点可能要经过很多网络及路由器。在IP分组的传输过程中，IP分组头中（　　　）。

    A. 源IP地址和目的IP地址都不会发生变化

    B. 源IP地址不会发生变化，目的IP地址会发生变化

    C. 目的IP地址不会发生变化，源IP地址会发生变化

    D. 源IP地址和目的IP地址都有可能发生变化

（7）对IP分组的重组通常发生在（　　　）上。

    A. 源主机　　　　　　　　　　　　　　B. 目的主机

    C. 途径路由器　　　　　　　　　　　　D. 目的主机或途径路由器

（8）若某网络需4 096个地址，使用CIDR协议解决地址分配问题，假设起始地址为202.117.0.0，且保证地址最大使用效率，那么路由表中子网掩码是（　　　）。

    A. 255.255.255.0　　　B. 255.255.240.0　　　C. 255.255.255.224　　　D. 255.255.248.0

（9）IPv6地址的长度为（　　　）。

    A. 32位　　　B. 48位　　　C. 64位　　　D. 128位

（10）255.255.255.224可能代表的是（　　　）。

    A. 一个B类网络号　　　　　　　　　　B. 一个C类网络中的广播

    C. 一个具有子网的网络掩码　　　　　　D. 以上都不是

（11）在RIP中，选取（　　　）作为评价邻居间链路的性能指标。

    A. 跳数　　　B. 延时　　　C. 带宽　　　D. 可靠性

（12）下面关于ICMP的描述中，正确的是（　　　）。

    A. ICMP根据MAC地址查找对应的IP地址

    B. ICMP把公网的IP地址转换为私网的IP地址

    C. ICMP集中管理网络中的IP地址分配

    D. ICMP根据网络通信的情况把控制报文发送给发送方主机

3. 简答题

（1）Internet 所提供的网络层服务是怎样的？

（2）依据网络层是否提供网络连接，网络层向传输层提供的服务有哪两类？

（3）试比较虚电路方式和数据报方式在实现、适用场合等方面的异同点。

（4）网络层提供的服务和通信子网内部的工作方式有什么关系？

（5）按照健壮性和简单性划分，路由算法分为哪两类？并说明这两类路由选择算法在工作方式、性能等方面的差异。

（6）比较距离向量路由算法和链路状态路由算法在工作方式上的区别。

（7）简述几种主要的网络互联设备的区别。

（8）路由器和网桥在实现局域网互联方面有何区别？

（9）既然每台主机都有物理地址，为何还要采用 IP 地址？

（10）常用的 3 类 IP 地址中网络号与主机号不同长度的划分有何优点？

（11）若将 B 类 IP 地址的网络部分从 16 位增加到 20 位，会有多少个 B 类网络？

（12）在 IP 中，校验和部分只用来对分组头部分进行校验，而不对数据部分进行校验，这样设计有何优点？

（13）试述 ICMP 是如何协助 IP 工作的。

（14）说明实现从 IPv4 到 IPv6 过渡的几种解决方案各自的特点。

（15）为什么 ARP 查询要封装在广播帧中？为什么 ARP 的应答帧中需要包含特定的 MAC 地址？

（16）请简要说明 SDN 网络和 Internet 在网络架构方面的主要区别。

4. 计算题

（1）网络拓扑如图 5-32 所示。采用距离向量路由选择算法，如下向量进入路由器 C，格式为（A，B，C，D，E，F）：来自 B（5，0，8，12，6，2），来自 D（16，12，6，0，9，10），来自 E（7，6，3，9，0，4）。路由器 C 到 B、D 和 E 的延迟分别是 6、3 和 5。C 的新路由选择表是怎样的？给出采用的输出线路和预计延迟。

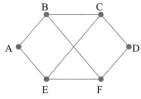

图 5-32　网络拓扑

（2）传输层的报文传送给目的计算机可经过两条路径：网络 1 和网络 2。网络 1 包括网络报头 100 位在内，最大分组长度为 800 位，每传送 1 位收费 0.001 分；网络 2 最大分组长度为 600 位，包括 50 位网络报头，每传送 1 个分组收费 0.6 分，问：

① 传送 2 000 位的传输层报文选哪一路径花费较小？

② 传送 2 200 位的传输层报文又应选择哪一路径？

（3）设有一长度为 1 500 字节的 UDP 段，通过 IP 分组进行传输，不使用头部扩展选项。现经过两个物理网络发往目的主机，这两个网络的 MTU 分别是 1 500 字节和 512 字节。请写出 IP 分组和各 IP 分片的首部中下列字段或标志的具体内容。

①分组标识 ② MF标志位

③分组总长度 ④分组偏移量

（4）一单位共有112台计算机，平均分给4个部门，申请到的网络号为202.116.11.0。网络的通信量主要在各个部门内，部门间的通信量比较少，因此需要划分子网。

① 请给出各个部门的网络号和子网掩码（需说明划分理由）。

② 每个子网能够容纳的主机数量是多少，以一个部门的网络为例说明可用的主机号范围。

（5）某公司网络如图5-33所示，路由器R1通过接口E1、E2分别连接局域网1、局域网2，通过接口L0连接路由器R2，并通过R2连接域名服务器与互联网。R1的L0接口的IP地址为202.118.120.1；R2的L0接口的IP地址为202.118.2.2，L1接口的IP地址为130.11.120.1，E0接口的IP地址为202.118.3.1；域名服务器的IP地址为202.118.3.2。

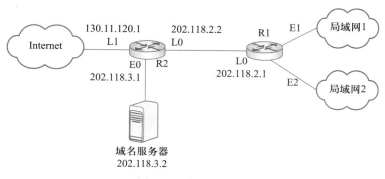

图5-33 某公司网络

R1和R2的路由表结构如下。

目的网络IP地址	子网掩码	下一跳IP地址	接口

① 将IP地址空间202.118.1.0/24划分为2个子网，分别分配给局域网1、局域网2，每个局域网需分配的IP地址数不少于120个。请给出子网划分的结果，并说明理由或计算过程。

② 请给出R1的路由表，使其明确包括到局域网1的路由、局域网2的路由、域名服务器的主机路由和互联网的路由。

③ 请采用路由聚合技术，给出R2到局域网1和局域网2的路由。

（6）若要将一个B类的网络172.17.0.0划分子网，其中包括3个能容纳16 000台主机的子网，7个能容纳2 000台主机的子网，8个能容纳254台主机的子网，请写出每个子网的子网掩码和主机IP地址的范围。

（7）对于一个从192.168.80.0开始的超网，假设能够容纳4 000台主机，请写出该超网的子网掩码以及所需使用的每一个C类的网络地址。

第6章 数据链路层

作为物理层的相邻上层，数据链路层在物理层提供的数据传输服务基础上，通过对链路和数据帧的管理控制，能够向网络层提供更加丰富多样的数据传输服务。

数据链路层涉及的层次主题有介质管理、数据帧边界划分、差错控制、流量控制以及寻址等。介质管理主要解决广播信道如何分配信道的使用权以保障信道使用效率及节点的公平性的问题；数据帧作为数据链路层的协议数据单元，是数据链路层提供数据传输服务的基础，数据帧边界划分就是从物理层提供的数据位流中确定数据帧的起始和结束边界；差错控制通过在数据帧中设置合适的检错位或纠错位以实现差错控制功能，检错是主流的差错控制方式，但需要反馈重传才能实现差错恢复，纠错尽管无须反馈重传即可实现差错恢复，但因需要过多的开销而只能局限在某些特定场合下使用。流量控制是避免发送方发送过多数据导致接收方无法接收的现象，以提高通信资源的使用效率。数据链路实体的识别对于广播信道而言至关重要，为此数据链路层设置了寻址功能，使得只有真正的接收方才能够接收数据帧。

在此基础上，本章介绍数据链路层的网络实例，包括点对点信道、有线广播信道以及无线广播信道的链路协议；重点讲述以太网和无线网络的发展历程、工作机理及技术类型。

6.1 数据链路概述

"链路"和"数据链路"是计算机网络中经常用到的两个术语，也是初学者容易混淆的两个概念。在这里明确指出，"链路"和"数据链路"并不是一回事。所谓链路（link）是指一条无源的点到点或点到多点的物理线路段，中间没有任何其他的交换节点，但可以包含线路信号放大器之类的纯物理层设备。在进行数据通信时，两个计算机终端之间的通路往往是由多条链路通过交换节点首尾串接而成的，由此可见，链路只是通路的一个组成部分。数据链路（data link）则完全是另一个概念，这是因为当需要在一条链路上可靠、高效地传送数据时，除了物理线路外，还必须使用一些通信协议来控制这些数据的传输。若把实现这些协议的硬件和软件加到链路上，就构成了数据链路。现在最常用的方法是使用适配器（在许多情况下适配器就是指网卡）来实现这些协议的硬件和软件功能，一般的适配器都包括了数据链路层和物理层这两层的功能。

在讨论数据链路层的功能时，常常在两个对等的数据链路层实体之间画出一个数字管道，而在这条数字管道上传输的数据单位是帧（frame）。虽然在物理层实体之间传送的是比特流，而在物理传输媒体上传送的则是信号（电信号或光信号），但有时为了方便也常说，

"在某条链路（而没有说数据链路）上传送数据帧"，其实这已经隐含地假定了是在数据链路层上讨论问题。如果没有数据链路层的协议，在物理层上就只能看见链路上传送的比特串，根本不能找出一个帧的起始比特，当然更无法识别帧的结构。有时也存在不太严格的说法，如"在某条链路上传送分组或比特流"，这显然应该是在网络层或物理层上讨论的问题。此外，也有业界人士将链路区分为物理链路和逻辑链路，物理链路对应于上面所描述的链路，而逻辑链路则对应于数据链路，是物理链路加上必要的通信协议构成的。由此可见，在讨论计算机网络的概念或术语时，必须关注它们所处的上下文环境，如果单纯、机械地背诵名词定义，则会造成在概念内涵理解上的偏差，这一点对于准确理解和掌握计算机网络原理至关重要。

早期的数据通信协议曾被称为通信规程（communication procedure），因此在计算机网络的数据链路层中，规程和协议代表相同的含义。

数据链路层要求的主要功能包括以下8个方面。不过，这些功能并不是绝对的，实际的链路层协议可以根据具体的通信需求进行必要的添加和删减处理。

（1）链路管理

当网络中的两个节点要进行通信时，数据的发送方必须确认接收方是否已经处在准备接收的状态。为此，通信的双方必须先交换一些必要的信息，即必须先建立数据链路。同样地，在传输数据时要维持数据链路，并在通信结束时释放数据链路。数据链路的建立、维持和释放称为链路管理。

（2）帧定界（成帧，帧同步）

在数据链路层，数据的传送单位是帧。上层的业务数据被拆分成一帧一帧地传送，就可以进行适当的控制，保证传输的服务质量。例如，在出现差错时，只是将有差错的帧重传一次即可，避免了将全部数据都进行重传。帧定界是指接收方能从收到的比特流中准确地区分出一帧的开始和结束的位置。帧定界也可称为帧同步、成帧。

（3）流量控制

流量控制（flow control）是指发送方在发送数据时必须考虑接收方的接收能力，即通过控制保证接收方有能力接收和处理所有收到的数据。例如，发送数据的速率必须使接收方来得及接收，当接收方来不及接收时，就必须及时控制发送方发送数据的速率。

（4）差错控制

在计算机网络通信中，为了处理出现差错的数据帧，广泛地采用了差错编码技术，包括两大类：一类是差错纠正码（error-correcting code），即接收方收到有差错的数据帧时，能够自动将差错纠正过来，这种方法的开销较大，不大适合于计算机通信。另一类是差错检测码（error-detecting code），即接收方可以检测出收到的帧有差错，但不知道错了多少个比特，更不知道错误比特的准确位置。当检测到有差错的帧时，通常是立即将它丢弃，但接下去有两种选择：一种方法是数据链路层不进行任何额外处理，另一种方法则是直接由数据链路层负责重传出错的帧。这两种方法在实际的链路协议中都是很常用的。

（5）区分数据和控制信息

在许多情况下，为了提高链路传输效率，数据和控制信息都是捎带于同一帧中进行传送。因此，一定要有相应的区分措施使得接收方能够将它们正确地区分开来。

（6）透明传输

所谓透明传输就是不管所传业务数据是什么样的比特组合，都应当能够在链路上传送。当所传业务数据中的比特组合恰巧出现了与某一个控制信息完全一样时，必须采取可靠的措施，使接收方不会将这种比特组合的业务误认为是某种控制信息。

（7）寻址

数据链路层必须保证每一帧都能送到正确的接收方，接收方也应知道发送方是哪个站点。寻址功能要求同一网络上的站点必须拥有唯一的地址标识。

（8）介质访问控制

很多局域网使用广播式共享信道方式进行传输，在这种传输方式下多个站点同时发送数据会产生冲突，为了解决共享信道方式下的信道争用问题，局域网的数据链路层需要提供不同的介质访问控制方法以适应特定的应用需求。

6.2　帧边界划分方法

数据链路层的协议数据单元被称为数据帧（frame），简称为帧。帧一般包括帧头、用户数据和帧尾三个部分。帧头包含各种控制信息，用户数据包含上层的待传数据，而帧尾一般包含差错校验信息。数据链路层从物理层接收到比特流后，首先需要做的工作就是从比特流中划分出本层能够直接操作的帧。

帧边界划分也被称为帧定界、成帧或者帧同步，其主要任务是确定帧的开始与结束位置。常见的帧边界划分方法有4种，即字符计数法、带字符填充的首尾界符法、带位填充的首尾标志法和物理编码违例法。

（1）字符计数法

字符计数法有一个帧开始的标志字符（如SOH为序始，STX为文始，FLAG为标志等），然后包含一个表示传送数据长度的字符计数字段。在传送数据期间，每传送一个字符，计数值减1，当计数值为零时，再加上校验信息后该帧就传送结束。字符计数法一般用于字符数据传输。

图6-1给出了字符计数法标识的4个数据帧，它们的大小依次为5、4、6、3个字符。这种方法最大的问题在于如果标识帧大小的计数域出错，将造成严重的后果。例如，图6-1的例子中的第二帧中的计数字符由"4"变为"7"，将导致接收方失去帧间的边界，后续帧都有可能不能正确地定界。此时，由于第二帧的校验和出现了错误，所以接收方可以知道该帧已经被损坏，但却无法知道下一帧正确的起始位置。在这种情况下，给发送方请示重传都无济于事，因为接收方根本不知道应该跳过多少个字符才能到达重传的开始处。由于这种原因，

这种字符计数法很少单独使用。

图6-1 字符计数法标识的4个数据帧

（2）首尾界符法

首尾界符法在帧开始时，用帧开始字符串标记，帧结束时，用帧结束字符串标记。如面向字符的编码独立的字符型规程中，用DLE STX表示帧的开始，用DLE ETX作为帧的结束。

此法存在的问题是，在数据传送中，帧边界控制字符不能作为普通数据字符传送。为了能将帧边界定界符和作为数据传送的定界符相区别，在协议中引入DLE字符填充技术。若帧的数据中出现DLE字符，则发送方在其后插入一个DLE字符，接收方会删除这个插入的DLE字符，从而达到数据的透明性。例如，待发送的数据是DLE STX A DLE B DLE ETX，那么网络中真正传送的数据帧则是DLE STX DLE DLE STX A DLE DLE B DLE DLE ETX DLE ETX。

（3）首尾标志法

首尾标志法用于面向比特的通信规程，如高级数据链路控制（high-level data link control, HDLC）采用F（FLAG，其编码为01111110b）作为帧开始标志和帧结束标志。两个F之间的比特串就是一个帧。同样，这种方法也存在F不能作为数据传送的问题，数据链路层协议采用零比特插入和删除技术来解决F作为数据比特的传送问题，即发送方在待传送的数据信息中每遇到5个连续的1则在其后添加1个0，接收方在接收到的数据信息中每遇到5个连续的1则去掉紧跟的1个0。例如，待发送的数据是01101111110111111001，那么网络中真正传送的数据帧则是0111111001101111101011111000101111110。

动画资源6-1：
零比特填充法

（4）物理编码违例法

物理编码违例法只能适用于那些"物理层上的编码方法中包含冗余信息"的情形。例如，在曼彻斯特编码中，数据位"1"编码为"高-低"电平对，而数据位"0"则编码为"低-高"电平对。这种方案意味着每一个数据位中间都有一个电平跳变，这使得接收方很容易定位到数据位的边界上。"高-高"和"低-低"这两种组合并不用于数据编码，但是在某些数据链路层协议中可以用于帧的边界划分。IEEE 802.5令牌环网就采用了这种方法。物理编码违例法不需要任何填充技术，便能实现数据的透明性，但它只适于采用冗余编码的特殊编码环境。

在实际的数据链路层协议中，有时会单独使用某一种划分帧边界的方法或其变形版本，有时也会将几种方法混合使用。

6.3 差 错 控 制

6.3.1 差错原因与特点

通信过程中出现的差错大致可以分为两类：一类是由热噪声引起的随机错误；另一类是由冲击噪声引起的突发错误。通信线路中的热噪声是由电子的热运动产生的，香农关于有噪声信道传输速率的结论就是针对这种噪声。热噪声时刻存在，具有很宽的频谱，但幅度较小。通信线路的信噪比越高，热噪声引起的差错就越少。这种差错具有随机性，仅仅影响个别数据位。

冲击噪声源自外界的电磁干扰，例如发动汽车时产生的火花，电焊机引起的电压波动等。冲击噪声持续时间短，但幅度大，往往会引起一个位串出错。根据这个特点，通常称其为突发性差错。

突发性差错偶尔存在，影响局部；而随机性差错总是持续存在的，影响全局。所以，计算机网络通信要尽量提高通信设备的信噪比，以满足符合要求的误码率。此外要进一步提高传输质量，就需要采用有效的差错控制方法。本章介绍的检错码和纠错码只是传输可靠性技术的一种，它广泛地应用于计算机网络通信中。

6.3.2 差错控制方法

微视频 6-1：
差错控制方法

减少误码率、提高传输质量，一方面要提高线路和传输设备的性能和质量，这要依赖于更大的投资和技术进步；另一方面则是采用差错控制。差错控制就是采用技术手段去发现并纠正传输错误。

发现差错甚至能纠正差错的常用方法是对被传送的数据进行适当编码。它是给数据码元（此处的码元实际上就是二进制位，差错控制习惯于使用码元来描述）加上一定的冗余码元，并使冗余码元与数据码元之间形成某种关联关系，然后将数据码元和冗余码元一起通过信道发出。接收方接收到这两种码元后，检验它们之间的关联关系是否符合发送方建立的关系，这样就可以校验传输差错，甚至可以纠正。能纠正差错的编码称作纠错码，如海明码；可以检测差错的编码称为检错码，如恒比码、奇偶校验码、循环冗余检验码以及检验和等。

数据链路层采用的差错控制方法主要有以下三种。

（1）检错反馈重发

该方法又称作自动请求重发（automatic repeat request，ARQ）。接收方收到数据帧后，通过计算校验码的方法检测接收的数据帧有无差错，如发现有差错，则丢弃出错帧，并发送反馈信息给发送方要求重发出错的数据帧。

在计算机通信中常用的ARQ协议包括停–等ARQ协议、连续ARQ协议、选择重传ARQ

协议等。

（2）自动纠错

该方法又称作前向纠错（forward error control，FEC）。接收方检测到接收的数据帧有差错后，通过一定的运算，确定差错位的具体位置，并自动加以纠正。

（3）混合方式

该方法要求接收方对少量的数据差错自动执行前向纠正，而对超出纠正能力的差错则通过反馈重发的方法加以纠正。所以这是一种纠错、检错相结合的混合方式。

在以有线介质为主的数据通信系统中，ARQ应用最为普遍；而在无线系统中，FEC也得到过应用。但不论哪种差错控制方法，从本质上来说，都是以降低实际的传输效率来换取传输高可靠性的。在确定信道通信条件下，选择差错控制方法的一个重要考虑因素是如何以较少的代价来换取所需要的可靠性指标。

*6.3.3　海明码

数字数据通常是一串二进制数字序列，当这个序列通过有干扰的信道传输时，就有可能使某个或某几个"1"错成"0"，或使"0"错成"1"。为了检出和纠正这些差错就必须进行检错/纠错编码。其基本方法是在待发送的消息序列中，将每组消息或从消息序列中截出的1组 k 位数字序列与某一大于 k 的 n 位数字序列构建对应关系。这种因检错/纠错需要而附加上去的（$n-k$）位称为监督位。选择监督位个数的原则是使每一特定的 k 位数字序列唯一地对应着某一 n 位数字序列，并使这些 n 位数字序列相互间有尽可能多的差异。这种将一个 k 位消息序列与 n 位数字序列进行映射的过程称为编码，反之则称为译码。

在可能发送的 2^n 个数字序列中，只有 2^k 个对应原始信息序列。这就为检错创造了条件。当接收方出现不属于这 2^k 个 n 位数字序列中的任何一个时，就判断为出现了差错。为了尽可能地减少由于差错使某一码字（为简化描述，将 n 位数字序列定义为码字）错成另一码字而又无法发现的可能性，就要求码字之间的差异要尽可能大。这种差异是用两个码字有多少个对应位置其"0""1"数值不同来表示的。这个数值不相同的比特位个数称为码字间的距离。假设有 u、v 两个11位码字分别为 $u=10010110001$，$v=110010101$，对比 u、v 可知：它们的（从左至右）第2、4、5、6、9位的数值互不相同，故它们之间的距离为5。显然，这个距离也是 u、v 执行异或相加后结果中"1"的个数。一种编码方案的全部码字中，任意两个码字之间距离的最小值称为码距，或海明距离。

海明码的检错/纠错能力取决于它的海明距离。为检测出 d 比特错，需要使用距离为 $d+1$ 的编码。因为在这种编码中，d 个比特错绝不可能将一个有效的码字改变成另一个有效的码字。当接收方检测无效码字时，它就能明白发生了传输错误。同样，为了纠正 d 比特错，需要使用距离为 $2d+1$ 的编码，这是因为有效码字的距离远到即使发生 d 个变化，这个发生了变化的码字仍然更接近原始码字。因此，就能唯一地确定出原始码字。

由此可以得出：当海明距离 d 较大时，纠错所用的差错控制开销远远大于检错的开销。

6.3.4　垂直水平奇偶校验码

　　奇偶校验码因校验能力低而难以适用于块数据传输。垂直水平奇偶校验码，也称为纵横奇偶校验码或方阵码，则是对奇偶校验码的改进，其目的是提高检错能力。在这种校验码中，每个字符占据 1 列，低位比特在上，高位比特在下，新增第 8 位比特作为垂直奇偶校验位。参与传输的多个字符纵向排列形成 1 个方阵，各字符相同位置的比特位形成 1 行，在每 1 行的最右边新增 1 位作为水平奇偶校验位，从而形成了垂直水平奇偶校验码的基本结构，如表 6-1 所示。

表6-1　垂直水平奇偶校验码示例

b_1	1010101010 1010	1
b_2	0110011001 1001	1
b_3	0001111000 0111	1
b_4	0000000111 1111	1
b_5	0000000000 0000	0
b_6	1010011001 0010	0
b_7	0101100110 1101	0
b_8	0010110011 0100	

　　需要指明的是，尽管垂直水平奇偶校验相对于简单的奇偶校验在差错检测能力上有了较大的提高，但出错检测不出来的情况依然很多，即漏检率很高，例如一些成对且成组出现的差错就检测不出来。

6.3.5　循环冗余检验码

　　循环冗余检验（cyclic redundancy check，CRC）是局域网和广域网的数据链路通信中用得最多，也是最有效的检错方式，为检测差错而在数据后面添加的冗余码，在数据链路层的帧结构中常被称为帧检验序列（frame check sequence，FCS）。帧检验序列就是要保证接收的数据帧和发送的数据帧完全相同。这里应当注意，循环冗余检验 CRC 和帧检验序列 FCS 并不等同，CRC 是一种检错方法，而 FCS 是添加在数据后面的冗余码，它可以用 CRC 算出的结果，也可以使用其他的检错方法算出的结果。

　　冗余码的位数常用的有 12、16 和 32 位，一般附加的用于校验的冗余码的位数越多，检错能力就越强，但额外的传输开销和计算开销也相应地变得更大。

　　CRC 校验使用多项式码（polynomial code），多项式码的基本思想是任何一个二进制码字都可以用一个多项式来表示，多项式的系数只有 0 和 1，n 位长度的二进制码字 C 可以用下述 $n-1$ 次多项式表示：

$$C(x)=C_{n-1}x^{n-1}+C_{n-2}x^{n-2}+\cdots+C_1x^1+C_0$$

例如，二进制码字1010001可以表示为x^6+x^4+1。

数据后面附加冗余码的操作可以用多项式的算术运算来表示。例如，一个k位的数据码后面附加r位的冗余码，组成长度为$n=k+r$的码，它对应一个$n-1$次的多项式$C(x)$，数据码对应一个$k-1$次的多项式$K(x)$，冗余码对应一个$r-1$次的多项式$R(x)$，则有

$$C(x)=x^rK(x)+R(x)$$

有了上述多项式算术运算，如何由已知的数据码生成用于差错校验的冗余码呢？

由数据码生成冗余码的过程，即由已知的$K(x)$求$R(x)$的过程，就是用多项式的算术运算来实现。其基本过程是通过用一个特定的r次多项式$G(x)$去除$x^r K(x)$，即

$$\frac{x^rK(x)}{G(x)}$$

得到的r位余数作为冗余码$R(x)$。其中$G(x)$称为生成多项式（generator polynomial），是由通信的双方预先约定的，其最高项与最低项的系数恒定为1，除法中使用模2减法（无借位减，相当于做异或操作）运算。要进行的多项式除法，只要用其相对应的二进制系数进行除法运算即可。

下面通过一个具体的例子来说明由数据码生成冗余码的过程：

① 数据位串1010001101，对应$K(x)=x^9+x^7+x^3+x^2+1$。

② 生成多项式110101，对应$G(x)=x^5+x^4+x^2+1$。

③ 待发送位串101000110100000，对应多项式$=x^{14}+x^{12}+x^8+x^7+x^5$。

那么$R(x)$应该为$[x^5K(x)]/G(x)$的余数，使用如图6-2所示的除式，5位余数01110作为最终的冗余码。

```
              1101010110
110101 / 101000110100000
         110101
          111011
          110101
           111010
           110101
             111110
             110101
               101100
               110101
                110010
                110101
                 01110
```

图6-2　循环冗余码计算过程

如果数据在传输过程中不出现差错，则接收方收到的数据应当是$C(x)$。接收方将接收到的$C(x)$除以生成多项式$G(x)$，只要余数不等于0，则表明检验出传输差错，若余数等于0，则可以认为传输无差错。证明如下。

设$x^r K(x)$除以$G(x)$的商为$Q(x)$，则

$$x^rK(x)=G(x)Q(x)+R(x)$$

$$C(x)=x^rK(x)+R(x)=G(x)Q(x)+R(x)+R(x)=G(x)Q(x)$$

由此可见，如果传输无差错，接收到的仍为$C(x)$，则用$C(x)$除以$G(x)$的余数必定为0，也就是说，只要余数不为0，则表明传输有差错。但反过来，余数为0并不能断定传输一定是无差错的，在某些非常特殊的比特差错组合下，CRC完全可能碰巧使余数等于0。这和奇偶校验相类似，比如奇校验，如果传输无差错，则接收方的奇校验一定是奇数，而只要

接收方的奇校验不是奇数，则说明传输一定出现差错。但接收方奇校验是奇数，却不能肯定传输无差错。CRC的检错效果比奇校验要好很多，但是差错的检出率也达不到100%。尽管如此，这对于实际的计算机通信已经足够了，即使出现偶尔检测不到的差错，还可以由上层协议的差错检测方法检测出来，多种不同差错检测方法同时都检测不到的差错现象很难出现。

目前已被标准化且广泛使用的生成多项式 $G(x)$ 有以下几种：

$$CRC\text{-}8 = X^8 + X^2 + X + 1$$

$$CRC\text{-}12 = X^{12} + X^{11} + X^3 + X^2 + X + 1$$

$$CRC\text{-}16 = X^{16} + X^{15} + X^2 + 1$$

$$CRC\text{-}CCITT = X^{16} + X^{12} + X^5 + 1$$

$$CRC\text{-}32 = X^{32} + X^{26} + X^{22} + X^{16} + X^{12} + X^{11} + X^{10} + X^8 + X^7 + X^5 + X^4 + X^2 + X + 1$$

上述的CRC-8用于ATM信元头差错校验，CRC-16是二进制同步中采用的CRC校验生成多项式，CRC-CCITT则是HDLC规程中使用的生成多项式，CRC-32被IEEE 802.3以太网所采纳。这些生成多项式都是经过数学上的精心设计和实际检验的。

循环冗余校验不管是发送方冗余码的生成，还是接收方的校验都可以使用专用的集成电路来实现，从而可以大大加快数据帧差错校验的速度。

应当注意，仅用循环冗余检验差错的检测技术只能做到无差错接收（accept）。所谓"无差错接收"就是指"凡是接收的数据帧（即不包括丢弃的帧），都能以非常接近于1的概率认为这些帧在传输过程中没有产生差错"，或者说得更简单些，是指"凡是接收的数据帧均无传输差错（丢弃的帧都不属于接收的帧）"。而要做到真正的"可靠传输"（即发送什么就收到什么）就必须再加上确认和重传机制。

6.3.6　校验和

校验和（checksum）是Internet中高层协议常用的差错校验方式，IP、ICMP、TCP和UDP都使用[RFC 1071]定义的校验和来进行差错检测。校验和的算法流程如下。

（1）发送方

① 将待发送的数据划分成长度为16位的一组位串，每个位串看成一个二进制数，这里的位串不关注其语义。

② 将IP、ICMP、TCP或UDP的PDU首部中的校验和字段设置为0，该字段也参与校验和运算。

③ 对这些16位的二进制数进行1的补码和（one's complement sum）运算，累加的结果再取反作为校验和，并放置到PDU首部的校验和字段中。

1的补码和就是指带循环进位（end round carry）的加法，最高位有进位应循环进到最低位。

（2）接收方

将接收的进行校验和运算的16位二进制数按发送方的同样方法进行1的补码和运算，累加的结果再取反。这样，若结果为0，表明传输正确；否则，表明传输有差错。

表6-2和表6-3是一个仅包含16位二进制数进行校验和运算的简单示例。表6-2是发送方的运算，①、②、③是3个数据，④是校验和，先置0，它也参与到校验和运算，⑤是它们的1的补码和，⑥是⑤的反码。发送方将⑥放置到校验和字段和数据一同发送。表6-3是接收方的运算，如果没有传输差错，最后的结果应该为0。

表6-2　发送方运算示例

①	数据	10011100 00011010
②	数据	11011010 10001000
③	数据	10101101 00110101
④	校验和	00000000 00000000
		11011100 00100110
⑤	1的补码和	00100011 11011001
⑥	反码	11011100 00100110

表6-3　接收方运算示例

①	数据	10011100 00011010
②	数据	11011010 10001000
③	数据	10101101 00110101
④	校验和	11011100 00100110
⑤	1的补码和	11111111 11111111
⑥	反码	00000000 00000000

*6.4　流量控制

流量控制是数据链路层的基本功能之一，其目标在于控制发送方的数据发送能力，使之不能超过接收方的数据接收能力。流量控制可以采用简单的停等协议，也可以采用复杂的滑动窗口协议。

6.4.1　基本停等协议

当两个站点进行通信时，应用进程要将数据从应用层逐层往下传，经物理层到达通信线路。通信线路将数据传到远端站点的物理层后，再逐层向上传，最后由应用层交付给应用进程。为了突出数据链路层协议的功能，这里采用了如图6-3所示的一个简化通信模型，即把数据链路层以上的全部层次统一用术语"高层"来代替，而数据链路层及以下的层次则抽象成一条简单的数据链路。

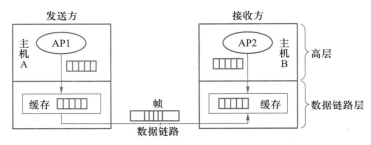

图6-3　数据链路层通信模型

在发送方和接收方的数据链路层分别有一个发送缓存和接收缓存。若进行全双工通信，则在每一方都要同时设置发送缓存和接收缓存。缓存实际上就是一个存储空间，它是必不可少的。这是因为在通信线路上数据是以比特流的形式串行传输的，但在计算机内部数据的传输则是以字节（或若干个字节）为单位并行传输的。计算机在发送数据时，先以并行方式将数据写入发送缓存，然后以串行方式从发送缓存中按顺序读出比特，并发送到通信线路上。在接收数据时，计算机先从通信线路上将串行传输的比特流按顺序存入接收缓存，然后再以并行方式以字节（或若干个字节）为单位将数据从接收缓存读出。

接收方的接收缓存是动态变化的，接收到数据后占用缓存空间，高层读取数据后释放缓存空间。若高层读取数据速度低于接收数据速度，则缓存空间会被持续消耗完毕，此时再接收的数据就会因缓存溢出而丢弃。

微视频6-2：
停等协议

为了使接收方的接收缓存在任何情况下都不会溢出，在最简单情况下，就是发送方发送一个数据帧后就暂时停下来，等待接收方的反馈信息。接收方收到数据帧后交付给高层，并发送反馈信息给发送方表示接收数据帧的任务已经完成。随后，发送方再开始下一个数据帧的发送。在这种情况下，接收方的接收缓存大小只要能够装下一个数据帧即可。显然，用这样的方法使得收发双方能够同步地工作。由接收方控制发送方的数据速率，是计算机网络实现流量控制的最基本方法。

具有流量控制功能的停等协议的算法流程如下。

（1）发送方发送流程

① 从高层取一个数据帧。

② 将数据帧送到数据链路层的发送缓存。

③ 将发送缓存中的数据帧发送出去。

④ 等待接收方的确认。

⑤ 若收到由接收方发过来的确认信息，则跳转到①。

（2）接收方接收流程

① 等待发送方的数据帧。

② 若收到发送方发过来的数据帧，则将其放入数据链路层的接收缓存。

③ 将接收缓存中处理完的数据提交给高层。

④ 向发送方发送确认信息，表示数据帧已经提交给高层并跳转到①。

6.4.2　差错控制停等协议

基本停等协议没有关注数据传输过程中出现的差错情况，其数据传输过程如图6-4（a）所示。接收方在收到一个正确的数据帧后，即交付给主机B，同时向主机A发送一个确认帧ACK（acknowledgement）。当主机A收到确认帧ACK后才能发送新的数据帧，这样就实现了接收方对发送方的流量控制。

假定数据帧在传输过程中出现了差错，由于在数据帧中加上了差错检验码，所以主机B很容易检验出所收到的数据帧是否有差错。当发现差错时，主机B就向主机A发送一个否认帧NAK（negative acknowledgement），以表示主机A应当重传出现差错的那个数据帧。图6-4（b）画出了主机A重传数据帧的过程。如多次出现差错，就要多次重传数据帧，直到收到主机B发来的确认帧ACK为止。为此，发送方必须暂时保存已发送过的数据帧的备份。当通信线路质量太差时，则主机A在重传一定的次数后不再进行重传，而是将此异常情况向上一层报告。

有时链路上的干扰很严重，或由于其他一些原因，主机B根本收不到主机A发来的数据帧，这种情况称为帧丢失，如图6-4（c）所示。发生数据帧丢失时，主机B不会向主机A发送ACK帧或NAK帧。如果主机A等待接收到主机B的ACK帧或NAK帧再决定应该发送下一个数据帧还是重传原来的数据帧，那么就将永远等待下去，于是就出现了死锁现象。同理，若主机B发过来的ACK帧或NAK帧丢失，也会同样出现这种死锁现象。

要避免上述死锁现象，可在主机A发送完一个数据帧的同时启动一个超时计时器（timeout timer），这个超时计时器又称为定时器。若到了超时计时器所设置的重传时间t_{out}还未接收到主机B的ACK帧，则主机A就重传前面所发送的数据帧，如图6-4（c）和图6-4（d）所示。如果在重传时间t_{out}内收到确认，则将超时计时器清零并停止计时。显然，超时计时器设置的重传时间应仔细选择确定。若重传时间选得太短，则在正常情况下可能会在对方的ACK确认帧反馈到发送方之前就过早地重传数据。若重传时间选得太长，则往往要等待过多的时间而降低信道资源的利用率。一般可将重传时间选为略大于"从发送完数据帧到接收到确认帧所需的平均时间"。

尽管采用了超时计时器，但问题并没有完全解决。当出现数据帧丢失时，超时重传的确是一个好办法。但是若丢失的是确认帧，则超时重传将使主机B接收到两个同样的数据帧。由于主机B现在无法识别重复的数据帧，因而在主机B接收到的数据中出现了另一种差错——重复帧，重复帧也是一种不允许出现的传输差错。

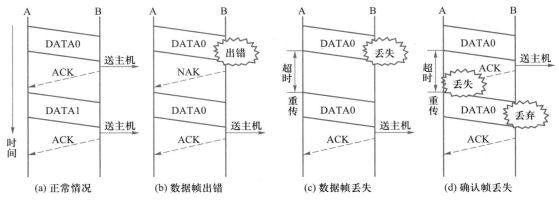

图 6-4　数据帧在链路上传输的可能情况

　　要解决重复帧问题，最简单的办法就是让每一个数据帧携带上不同的发送序号。每发送一个新的数据帧就把它的发送序号加 1。若主机 B 接收到发送序号相同的数据帧，就表明出现了重复帧，这时应当丢弃这个重复帧，因为之前已经收到过同样的数据帧并且交给了高层。应当注意的是，主机 B 尽管没有向高层交付重复帧，但还应向主机 A 发送一个确认帧，因为主机 B 此时已经知道主机 A 还没有收到上一次发过去的 ACK 确认帧。

　　众所周知，任何一个编号系统的序号所占用的比特数是有限的，且序号是循环使用的。因此，经过一段时间后，发送序号就会重复。例如，当发送序号占用 3 比特时，就可组成 8 个不同的发送序号，从 000 到 111。当数据帧的发送序号为 111 时，下一个发送序号就又循环到了 000。因此，在进行数据帧编号时要考虑序号到底占用多少个比特最合适，序号占用的比特个数越少，数据传输的额外开销就越低。对于停等协议而言，由于每发送一个数据帧就得停下来等待确认帧，因此用一个比特来编号就够了。一个比特可以有 0 和 1 两个不同的序号，这样，数据帧的发送序号就能够以 0 和 1 两种序号交替的方式出现在前后连续的数据帧中。每发送一个新的数据帧，发送序号都和上次使用的序号不一样。用这样的方法就可以使接收方能够区分新的数据帧和重传数据帧。

　　从以上的讨论可以看出，虽然物理层在传输比特时会出现差错，但由于数据链路层的停等协议采用了有效的差错检错和重传机制，所以数据链路层能够向高层提供可靠的数据帧传输服务。

　　接收方在进行应答时，常用的应答方式有以下三种。

　　（1）正向应答

　　只有收到正确的数据帧时才进行应答（确认帧，ACK），如图 6-4（a）就是一个正向应答的发送流程。如果协议采用正向应答，接收方在收到错误的数据帧时，将丢弃错误帧，不进行任何其他动作，发送方通过计时器超时来判断数据帧的丢失和出错。

（2）负向应答

只有收到错误的数据帧时才进行应答（否认帧，NAK）。如果协议采用负向应答，接收方在收到正确的数据帧时，将不进行任何动作，发送方通过计时器超时来判断数据的正确到达。很明显，数据帧丢失会导致发送方的误判，并且因为出错是小概率事件，因此协议的效率较低。在底层协议中很少使用。

（3）双向应答

收到正确的数据帧时发送正向应答，收到错误的数据帧时发送负向应答，图6-4（b）所示的协议就是一个使用双向应答的例子。这种协议虽然响应及时，但是因为需要通过标志位等方法来区分正向和负向应答，因此代价较高。

6.4.3 连续ARQ协议

停等协议虽然简单有效，但是信道利用率非常低，因此很少使用。一个改进的版本是连续ARQ协议。连续ARQ协议的主要改进就是发送方在发送完一个数据帧后，不是停下来等待确认帧，而是可以连续再发送若干个数据帧。由于减少了等待时间，传输信道就会容纳更多的数据比特，使得信道吞吐量得以大大提高。

动画资源6-2：
连续ARQ（滑动数据窗口）协议

为了讲述方便，下面通过一个简单例子来讲述连续ARQ协议的工作原理。如图6-5所示，主机A向主机B发送数据帧。当主机A发完0号帧后，不是停止等待，而是继续发送后续的1号帧、2号帧等。A每发送完一帧就要为该帧设置超时计时器。由于连续发送了多个帧，所以确认帧必须要指明是对哪一个或哪些数据帧进行确认。在图6-5中，ACKn表示对第（$n-1$）号帧的确认。这意味着接收方对发送方表明当前已正确收到了第（$n-1$）号帧，下一次期望收到第n号帧。

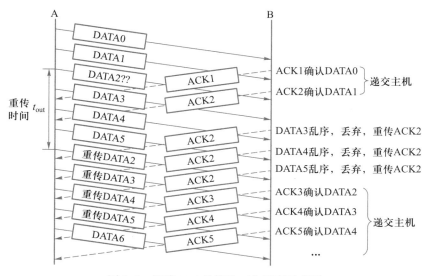

图6-5 连续ARQ协议的工作原理示意图

　　主机B正确接收到了0号帧和1号帧，并将它们递交给高层。假设2号帧在传输中出了差错，主机B计算校验位后发现差错，自动将有差错的2号帧丢弃，然后就等待主机A超时重传2号帧。

　　对于连续ARQ协议的工作原理，需要注意以下几点。

　　① ACK1表示确认0号数据帧DATA0，并期望下次收到1号数据帧；ACK2表示对1号数据帧DATA1的确认，并期望下次收到2号数据帧，依此类推。

　　② 主机B只能按序接收和处理数据帧。虽然在有差错的2号帧之后接着又收到了3个正确的数据帧，但接收方不能接收这些帧，在图6-5的示例中，主机B将这3个帧全部丢弃，因为缓冲区要预留给2号帧，即主机B只要有1个接收缓冲区就够了。在图6-5中，接收方虽然丢弃了这些不按序排到的无差错帧，但应当在每次丢弃时重复发送已经发送过的最后一个确认帧ACK2（这是防止之前已经发送的确认帧ACK2出错或丢失）。

　　③ 主机A每发送完一个数据帧后都要对该帧设置超时计时器，如果在所设置的超时时间t_{out}内收到确认帧，就立即将超时计时器清零。但若在所设置的超时时间t_{out}到了而仍未收到确认帧，就要重传相应的数据帧（仍需重新设置超时计时器，重传的数据帧也可能会再次出错）。在等不到2号帧的确认而重传2号数据帧时，虽然主机A已经发送完了5号帧，但仍必须回退，将2号帧及其后续的已发送帧全部重传。正因为如此，连续ARQ又称为go-back-N ARQ，即当出现差错必须重传时，要回退N个帧，然后再开始重传。

　　以上讲述的仅仅是连续ARQ协议的基本工作原理。协议在具体实现时还有许多细节需要仔细设计以提高协议的工作效率。例如，用一个计时器就可以实现相当于N个独立的超时计时器的功能。

　　由此可以看出，连续ARQ协议一方面因连续发送多个数据帧而提高了传输信道的利用率；但另一方面，在重传时又必须把原来已正确传输的数据帧进行重传（原因在于这些数据帧的前面有一个出了差错的数据帧），这种做法又使得传送效率降低。因此，若传输信道的传输质量较差而导致误码率较大，连续ARQ协议的信道效率未必优于停等协议。

6.4.4　选择重传ARQ协议

　　为进一步提高信道的使用效率，可设法只重传出现差错的数据帧或者计时器超时的数据帧。但这时必须增加接收缓冲区，以便能够预先接收并存储那些先于期望序号帧到达的后续数据帧。等到所缺序号的数据帧到达后再按序处理并送交高层，这就是选择重传ARQ协议。

　　在图6-5的例子中，如果采用选择重传ARQ协议，在有差错的2号帧之后接着又收到了3个正确的数据帧，主机B会将这3个帧缓存，等2号帧到了处理完后，再取缓冲区中的帧继续处理，这样会提高效率、避免信道浪费。使用选择重传ARQ协议可以避免重复传输那些本来已经正确到达接收方的数据帧。但需要付出的代价是必须要在接收方设置相当容量的缓存空间，这在计算机网络发展过程的早期是不够经济的。但随着集成电路技术的进步，存储器价格的不断下调，选择重传ARQ协议已在逐渐取代连续ARQ协议。

6.4.5 滑动窗口协议

使用连续ARQ协议时，当未被确认的数据帧的数目太多时，只要有一帧出了差错，就会导致很多数据帧需要重传，这必然要消耗较多的时间、浪费信道的资源，同时，不管接收方有多少缓冲区，连续ARQ协议只会用到1个，这也浪费了缓冲区资源；使用选择重传ARQ协议时，当未被确认的数据帧的数目太多时，只要有一帧出了差错，就需要有足够多的缓冲区来存放后续帧，由于不同主机缓冲区数量差异很大，并且缓冲区的数量一般是变化的，因此也很难满足"足够多"的要求。

动画资源6-3：
滑动窗口

实际上，连续ARQ协议和选择重传ARQ协议的主要问题是没有考虑接收方当前的实际接收能力。如果能将已发送出去、但还未被确认的数据帧的最大数目根据接收方缓冲区的数量加以限制，就能解决上述问题，这就是滑动窗口协议进行流量控制的主要策略。

在停等协议中，无论发送多少帧，只需使用1个比特来编号就足够了，发送序号循环使用0和1这两个序号值。由此可以得到启发，连续ARQ协议也可采用同样的原理，即循环重复使用已收到确认的那些帧的序号。这时只需要在帧格式的控制域中使用有限的几个比特来编号就够了。当然这还要加入适当的控制机制才行，即要在发送方和接收方分别设置所谓的发送窗口和接收窗口。

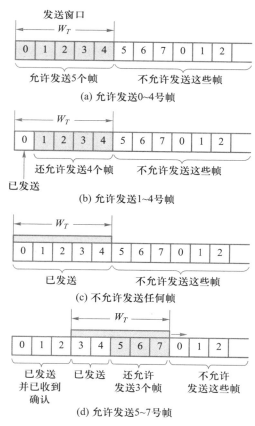

(a) 允许发送0~4号帧

(b) 允许发送1~4号帧

(c) 不允许发送任何帧

(d) 允许发送5~7号帧

图6-6 发送窗口 W_T 的概念和工作过程

发送窗口用来对发送方进行流量控制，发送窗口的大小 W_T 代表在没有收到接收方确认信息的情况下发送方最多可以发送的数据帧数量。显然，停等协议的发送窗口大小恒定是1，表明只要发送出去的单个数据帧未得到确认，就不能发送下一个数据帧。

图6-6说明了发送窗口的概念及其工作过程。

设发送序号用3个比特来编码，即发送序号可以有从0~7共8个不同的序号值，同时假定发送窗口 $W_T=5$，表示在未收到接收方确认信息的情况下，发送方最多可以发送5个数据帧。发送窗口的使用规则如下。

① 发送窗口内的数据帧是允许发送的帧，而不考虑是否收到确认。发送窗口外的所有数据帧都是不允许发送的帧。图6-6（a）说明了这一情况。

② 每发送完一个数据帧，允许发送的帧数就

减 1。但发送窗口的位置并不改变。图 6-6（b）有三种不同的帧：已经发送了的帧（最左边的 0 号帧）、允许发送的帧（共 4 个，中间的 1 ~ 4 号帧）以及不允许发送的帧（右边的 5 号帧和以后的帧）。

③ 如果允许发送的 5 个数据帧都发送完了，但还没有收到任何确认，那么就不能再发送任何帧了。图 6-6（c）表示这种情况。这时，发送方就进入到等待状态。

④ 每收接收方到对一个数据帧的确认，发送窗口就向前（即向右方）滑动一个帧的位置。图 6-6（d）表示收到了对前三个帧的确认，因此发送窗口可向右方滑动三个帧的位置。在图 6-6（d）中共有 4 种不同的帧：已发送且已收到了确认的帧（最左边的 0 ~ 2 号帧），已发送但未收到确认的帧（3 ~ 4 号帧），还可以继续发送的帧（5 ~ 7 号帧）以及不允许发送的帧（右边的 0 号帧及其以后的帧）。

为了减少开销，接收方不一定每收到一个正确的数据帧立即反馈一个确认帧，而是可以在连续收到多个正确的数据帧之后，仅对最后一个数据帧发送确认信息（即所谓的批量确认），或者可以在当自己有数据帧要发送时才将对之前正确收到的数据帧进行确认（即所谓的捎带确认）。这就是说，对某一数据帧的确认就表明该数据帧及其之前的所有数据帧均已正确接收到了。这样做可以使接收方少发送一些确认帧，因而减少了开销。例如，在图 6-6（d）中，接收方可以只发送一个对 2 号帧的确认，表示 2 号帧和它以前的 0 号和 1 号帧都已经正确接收到。

同理，在接收方设置接收窗口是为了控制哪些数据帧可以接收以及哪些数据帧不可以接收，接收窗口大小 W_R 表示接收方一次允许最多接收的数据帧数量。只有当收到的数据帧的序号落入接收窗口内才允许接收该数据帧，若收到的数据帧落在接收窗口之外，则一律将其丢弃。接收窗口最左侧的序号就是期望接收的下一个帧的序号。在 6.4.3 小节中介绍的连续 ARQ 协议中，其接收窗口的大小 W_R 恒定为 1。

接收窗口的使用规则相对于发送窗口而言要简单一些，具体解释如下。

① 只有当收到的数据帧的序号与接收窗口的序号一致时才能接收该帧，否则就丢弃它。

② 每收到一个序号正确的帧，接收窗口就向前（即向右方）滑动一个帧的位置，并向发送方反馈对该帧的确认。

图 6-7 给出了一个接收窗口的滑动情况，在这个例子中序号用 3 个比特来编码，即序号可以有从 0 ~ 7 共 8 个不同的序号值，同时假定接收窗口 W_R=1，表示接收方处理完一个帧数据并发送

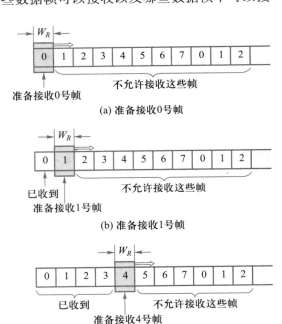

图 6-7　接收窗口 W_R 的工作过程

确认信息后才能接收下一个帧。图6-7（a）表明初始状态下接收窗口处于0号帧位置，表明接收方准备接收0号帧。一旦正确收到0号帧，接收窗口即向前滑动一个帧的位置，准备接收1号帧，同时向发送方发送对0号帧的确认帧，如图6-7（b）所示。当陆续收到1号至3号帧后，接收窗口的状态变成图6-7（c）所示。

不难看出，只有在接收窗口向前滑动时（与此同时也反馈了确认帧），发送窗口才有可能向前滑动。发送方若没有收到确认，则发送窗口不能滑动。

正因为收发双方的窗口按照上述规律不断地向前滑动，因此人们形象地称这种协议为滑动窗口协议。当发送窗口和接收窗口的大小都等于1时，就是6.4.1小节介绍的停等协议。

下面讨论当数据帧的序号占用的比特数一定时，发送窗口的最大值是多少。初看起来，问题好像很简单，例如，用3比特可编出8个不同的序号，因而发送窗口的最大值似乎应为8。但实际上，设置发送窗口为8将使协议在某些特殊情况下无法工作，下面举例来说明这个问题。

假设发送窗口 W_T=8，设发送方已发送完0～7号共8个数据帧，因发送窗口已满，发送暂停。假设这8个数据帧均已正确到达接收方，并且对每一个数据帧，接收方都反馈确认帧。下面考虑两种不同的情况。

① 所有的确认帧都正确到达了发送端，因而发送方接着又可以发送8个新的数据帧，其编号应当是0～7。请注意，序号是循环使用的，所以序号虽然相同，但8个帧都是新的数据帧。

② 0号帧的确认帧丢失了，经过一段由超时计时器控制的时间后，发送方将重传0号帧及之后的全部已发送帧，其编号仍为0～7。

问题已经十分明显了，接收方第二次收到编号为0～7的8个数据帧时，无法判定这是8个全新的数据帧，还是8个旧的、重传的数据帧。因此，将发送窗口设置为8是不行的。

可以证明，当用 n 个比特进行编号时，若接收窗口的大小为1，则只有在发送窗口的大小 $W_T \leqslant 2^n-1$ 时，连续 ARQ 协议才能正确运行。这就是说，当采用3个比特编码时，发送窗口的最大值只能是7而不是8，这对一般的地面链路也许还可以满足需求，但对于卫星链路，由于其传播时延很大，发送窗口也必须适当增大才能使信道利用率不致太低。但增大了发送窗口后，由于所有已发送出去的但尚未被确认的数据帧都必须保存在发送方的缓存中，以便在出现差错时进行重传，这导致需要占用相当大的存储空间。

顺便指出，上述的这种对已发送过、但尚未得到确认的数据帧的保存，是通过一个先进先出的队列来完成的。发送方每发完一个新的数据帧就将该帧存入这个队列。当队列长度达到发送窗口大小 W_T 时，即停止发送新的数据帧。当按照协议进行重传（重传1个帧或多个帧）时，队列并不发生变化。只有当收到对应于队首的数据帧的确认时，才将队首的数据帧清除。若队列变空，则表明已发出的数据帧全部得到了确认。

对于选择重传 ARQ 协议，接收窗口显然不应该大于发送窗口。若用 n 比特进行编号，则接收窗口的最大值受下式约束：$W_R \leqslant 2^{n-1}$。当发送窗口 W_T 为最大值时，$W_T=W_R=2^{n-1}$。例如，在 n=3时，可以算出 $W_T=W_R=4$。

6.5　广播信道访问控制

局域网作为一种互联各种设备的小范围通信网络，为网络中的各种设备提供了信息交换的途径，例如，现在很多计算机都是通过本地局域网接入到 Internet。局域网发展过程中出现过多种类型，它们在组网、传输数据的类型、吞吐量、响应时间等方面有很大的差异，而决定局域网这些性能差异的主要因素有传输方式、拓扑结构和传输介质，局域网多数使用星形、总线型和环形拓扑结构，利用同轴电缆、双绞线、光纤以及无线介质等传输基带信号。

在信道连接方式方面，早期局域网大都采用广播方式传输，而当今的局域网主流采用点到点方式进行传输。采用广播方式进行传输的局域网，需要解决的核心问题是介质访问控制，即解决共享信道的竞争问题，不同局域网的主要差异就在于各自采用了不同的介质访问控制方法。

共享信道访问控制方法就是根据当前对信道请求的情况动态协调各用户对信道的使用权，在局域网中解决信道争用的协议称为介质访问控制协议，它是数据链路层协议的一部分。常用的介质访问控制协议主要有无冲突协议和冲突协议两大类，下面分别进行介绍。

6.5.1　无冲突协议

无冲突协议通过预约、仲裁等方式决定共享信道的使用权，保证获得信道使用权的节点能独占信道，从根本上避免了冲突。采用无冲突协议的局域网中的每个节点，按照特定仲裁策略来完成发送过程。由于节点的发送是受控的，因此信道访问不会有冲突的发生。无冲突协议的优点是在重载时，由于仲裁策略所消耗的时间在总发送时间中所占比例较低，因此吞吐量较高。但在轻载时，由于发送过程需要经历控制阶段，因此入网延时稍长，信道利用率较低。令牌（token）协议是一种最常见的无冲突协议，IEEE 802.4 令牌总线网、IEEE 802.5 令牌环网、FDDI 网络等都采用了令牌协议来控制信道的使用权。

令牌协议的基本思想如下：在网络中循环流转着一个被称为"令牌"的特殊控制帧，专门用来仲裁哪个节点能够访问信道。一个节点要发送数据必须首先截获令牌，由于网络中只有一个令牌，因此在任何时刻只可能有一个节点发送数据，从而避免了冲突。为了保证令牌传送的效率以及对各个节点的公平性，采用令牌协议的网络大多将节点组织成环形结构。下面以令牌环网为例说明令牌协议的具体工作原理。图6-8给出了一个节点执行令牌输入、令牌截获、数据传输以及令牌输出的全部过程。

在令牌环网中，节点 A 要想发送数据给节点 C，首先必须等待令牌从上游节点传递到本节点。所谓令牌，就是指含有特殊比特的控制帧，专门用来仲裁哪个节点能使用环网信道。令牌周期性地在所有节点间逆时针传递，图6-8（a）就是令牌传递到节点 A 的情形。节点 A 接收到令牌后便可以启动数据帧的发送，帧中包含目的节点的地址，以标识哪个节点应该接收此帧，在数据发送期间，节点 A 一直持有令牌，如图6-8（b）所示。节点 A 发送的数据帧必须绕环一周以抵达所有的节点，当目的节点C接收数据帧后进行复制，同时还必须继续将该帧转发到环上并在帧的尾部设置"响应比特"来指示该帧已被接收，如图6-8（c）所示。数据帧在环上传输一周后重新回到节点A，当节点A接收到自身所发的帧时，将该帧从环上删除；同时将持有的令牌通过环传递给下游节点B，随后对帧尾部的"响应比特"进行处理，如图6-8（d）所示。

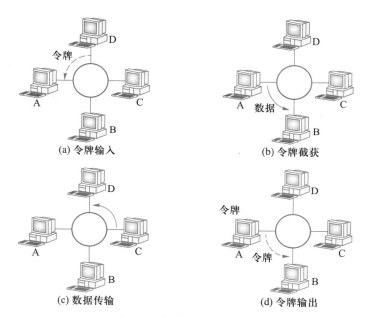

图6-8 令牌环网工作过程

为了避免等待令牌而产生的信道浪费，可采用多令牌方式，如FDDI网络。这种令牌方式虽然能提升信道效率，但是令牌的管理和维护比较复杂，而且节点的入网延时也会大大增加。因此，令牌协议在目前的局域网中很少采用。

6.5.2 冲突协议

采用冲突协议的局域网中的每个节点在发送前不需要与其他节点协调信道的使用权，独立地控制自己的发送过程，因此，当多个节点同时发送时会产生冲突。冲突协议必须包含冲突检测方法以及检测到冲突后的退避策略。冲突协议的优点是控制简单，在轻载时节点入网延时较短；但在重载时，由于会频繁发生冲突而导致网络吞吐量大大下降。冲突协议的典型代表就是ALOHA协议和CSMA协议。

1. ALOHA协议

20世纪70年代，美国夏威夷大学研制的ALOHA网络系统是第一个实际网络中使用的冲突协议，ALOHA协议分为纯ALOHA协议和时间片ALOHA协议。

（1）纯ALOHA

纯ALOHA协议采用完全随机的访问方式，即当节点有数据要发送时可以立即发送。这样在多个节点同时发送时会由于冲突而导致帧的损坏。由于广播的反馈特性，任何发送节点都可以通过监听信道来获悉帧是否被冲突破坏。一旦发送节点检测到冲突，则会等待一段随机的时间再次发送。

纯ALOHA协议发送控制简单，易于实现。但随着节点数量或者通信量的增加，冲突的概率会大幅度增加。由于冲突，信道容量的一部分用于帧的重发，因此信道利用率不高。

（2）时间片ALOHA

如果对纯ALOHA协议中完全随机的发送稍加限制，就能提高信道利用率。时间片ALOHA协议的基本思想是把时间轴等分成离散的时间片，每个时间片的长度等于一个固定长度的传输时间，并且规定只有在每个时间片开始时方能发送数据帧。按时间片发送数据帧，数据帧的冲突干扰呈完全的覆盖，也就是说，干扰要么是全部帧，要么是没有。

时间片ALOHA的发送过程如图6-9所示。

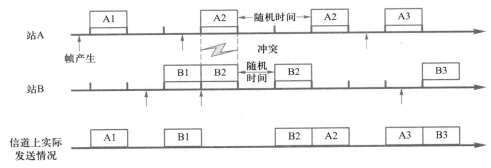

图6-9　时间片ALOHA的发送过程

2. CSMA协议

载波监听多路访问（carrier sense multiple access，CSMA）是指共享广播信道的节点先要侦听所访问的信道，在发现信道空闲时再发送数据帧。判断信道状态的方法是利用节点的接收器从信道上接收信道信号，如果信道上有电平变化，即有载波，说明信道正被其他节点所占用；如果信道上无电平变化，则说明信道处于空闲状态。

CSMA采用退避算法来决定避让的时间，常用的退避算法有三种，即坚持式、非坚持式和p-坚持式。

（1）坚持式CSMA

节点发送数据之前先监听信道，如果信道忙，该节点就一直坚持监听信道，只要发现信道空闲，则立即发送数据。这就是"坚持"的含义。两个或两个以上节点同时监听到信道空闲而立即发送就会发生冲突。冲突的各节点停止发送并等待一个随机的时间后重发。由于信道空闲时节点发送的概率为1，故也被称为1-坚持式CSMA协议。

（2）非坚持式CSMA协议

节点发送数据之前先监听信道，如果信道空闲就发送数据帧；如果信道忙，节点不坚持监听信道，而是等待一个随机长的时间后按上述过程再次监听信道。坚持式CSMA比非坚持式CSMA能更及时地将数据发送出去，响应时间短；但非坚持式CSMA为其他节点发送留有更多的机会，重载时它的信道利用率比坚持式CSMA要高。

（3）p-坚持式CSMA协议

这是一个面向时间片的协议。节点发送数据之前先监听信道，如果信道忙，则持续监听直到信道变成空闲；如果信道空闲，则以概率p发送，而以$q=1-p$的概率推迟到下一个时间片发送。如果下一时间片仍为空闲，则继续按照上述规则以概率p发送，而以$q=1-p$的概率推迟到下一时间片发送，时间片的大小等于最大信号传播时延的两倍。

此外，还有CSMA/CD冲突协议以及CSMA/CA冲突协议，这两种协议分别在CSMA的基础上增加了冲突检测和冲突避免的机制，协议的具体实现将分别在以太网和无线网络中介绍。

6.6　点对点数据链路协议

串行线路网际协议（serial line internet protocol，SLIP）和点对点协议（point-to-point protocol，PPP）是串行线上最常用的两个数据链路层通信协议，它们为在点对点链路上直接相连的两个设备之间提供一种传送数据报的方法，连接的两端设备可以是主机与主机、路由器和路由器、主机和路由器。

拓展阅读6-1：
RFC: 1055 Serial
Line IP

SLIP是在串行通信线路上支持TCP/IP的一种点对点式的链路层通信协议，能够发送和接收IP分组，个人用户可利用SLIP拨号上网，行业用户可通过租用SLIP专线远程传输业务数据。

SLIP尽管能够提供IP分组的传输，但存在诸多问题，如没有差错检测能力，不支持IP地址动态协商，只支持IP分组，多版本兼容性弱等。为了克服SLIP的不足，IETF于1992年制订了面向字节的PPP，其最初设计是为两个对等节点之间的IP分组传输提供一种封装协议，经过1993年和1994年的修订，现在的PPP已成为Internet的正式标准（RFC 1661）。

6.6.1　PPP功能特点

IETF在设计PPP时主要考虑了以下几个方面的功能需求。

（1）功能简单

IETF在设计Internet体系结构时把最复杂的功能部分放在TCP中，而IP则相对比较简单，提供的是不可靠的数据报服务。在这种情况下，数据链路层没有必要提供比IP更多的功能。因此，对数据链路层而言，纠错、序号、流量控制等功能都可忽略。IETF把"简单"作为首要需求。简单的设计还有利于协议在实现时不容易出错，从而使不同厂商在协议实现上的互操作性变得更好。毕竟，协议标准化的一个根本目的就是要提高协议的互操作性。PPP设计得非常简单：接收方每收到一个帧，就进行CRC检验。如CRC检验正确，就接收该帧；反之，就直接丢弃该帧，其他处理功能什么也不做。

（2）帧边界划分

拓展阅读6-2：
RFC: 1661 Point-
to-Point Protocol

PPP必须规定特殊的字节作为帧定界符，即标志一个帧的开始和结束的字符，以便接收方能从收到的比特流中准确地定位帧的开始和结束位置。

（3）传输透明性

PPP必须保证数据传输的透明性，即如果待传输数据中碰巧出现了和帧定界符一样的字节内容时，就要采取有效的措施来解决这个问题，如字节填充就是最经典的解决办法。

（4）多种网络层协议

PPP必须能够在同一数据链路上同时支持多种网络层协议（如IP和IPX等）的运行。当点对点链路所连接的是局域网或路由器时，PPP必须同时支持在链路所连接的局域网或路由器上运行的各种网络层协议。

（5）多种类型链路

除了要支持多种网络层的协议外，PPP还必须能够在多种类型的物理链路上运行。例如，串行的（一次只发送一个比特）或并行的（一次并行地发送多个比特），同步的或异步的，低速的或高速的，电的或光的，交换的（动态的）或非交换的（静态的）点对点链路。

（6）差错检测

PPP必须能够对接收方收到的帧进行差错检测，并立即丢弃有差错的帧。若在数据链路层不进行差错检测，那么差错帧还会在网络中继续向前转发，最终被接收端丢弃，因而会浪费许多的网络资源。

（7）检测连接状态

PPP必须具有一种机制能够及时、自动检测出链路是否处于正常工作状态，这对于提升协议工作效率有着重大影响。

（8）最大传送单元

PPP必须对每一种类型的点对点链路设置最大传送单元（maximum transmission unit，MTU）的标准默认值，其目的是为了促进各种协议实现之间的互操作性。如果网络层协议发送的分组过长并超过MTU，PPP将丢弃这样的帧，并返回差错。需要强调的是，MTU是数据链路层的帧可以承载的数据部分的最大长度，而不是帧的总长度。

（9）网络层地址协商

PPP必须提供一种机制使通信的两个网络层（例如，两个IP层）实体能够通过协商方式知道或配置彼此的网络层地址。协商的算法应尽可能简单，并且能够在所有的情况下得出协商结果。这对拨号连接的链路特别重要，因为仅仅在链路层建立了连接而不知道对方网络层地址时，并不能够保证网络层能够传送分组。

（10）数据压缩协商

PPP必须提供某种方法来协商使用数据压缩算法。但PPP并不要求将数据压缩算法进行标准化。

　　为了满足上述功能需求，PPP进一步将协议划分成3个组成部分。

　　① 一个将网络层分组封装到串行链路的方法。PPP既支持异步链路，也支持面向比特的同步链路。网络层分组在PPP帧中就是其信息部分，这个信息部分的长度受MTU的限制。

　　② 一个用来建立、配置和测试数据链路连接的链路控制协议LCP（link control protocol）。通信的双方可协商一些选项，在RFC 1661中定义了11种类型的LCP分组。

　　③ 一套网络控制协议NCP（network control protocol），其中的每一个协议支持不同的网络层协议，如IP、IPX等。

　　PPP最典型的应用就是1999年公布的在以太网上运行的PPP，即PPPoE（PPP over Ethernet，RFC 2516），这也是PPP能够适应多种类型链路的一个典型例子。PPPoE是为宽带上网的主机使用的链路层协议，是一种把PPP帧封装到以太网帧中的链路层协议，可以使以太网中的多台主机连接到远端的宽带接入设备。显然，运营商希望把一个站点上的多台主机连接到同一台远程接入设备，同时接入设备能够提供与拨号上网类似的访问控制和计费功能。在众多的接入技术中，把多个主机连接到接入设备的最经济的方法就是以太网，而PPP可以提供良好的访问控制和计费功能，于是产生了在以太网上传输PPP报文的技术，即PPPoE。PPPoE利用以太网将大量主机组成网络，通过一个远端接入设备连入Internet，并运用PPP对接入的每个主机进行控制，具有适用范围广、安全性高、计费方便的特点。

*6.6.2　PPP帧格式

　　PPP是面向字节的协议，其帧格式如图6-10所示，PPP帧总体上分为首部、信息和尾部三个部分，各字段的具体含义如下。

　　① 标志字段F：表示一个帧的开始，固定为0x7E。

　　② 地址字段A：固定为0xFF。

　　③ 控制字段C：固定为0x03。

　　④ 协议字段：表明信息部分承载的负载类型，取值为0x0021时，承载的是IP数据；取值为0xC021时，承载是PPP链路控制协议LCP数据；取值为0x8021时，承载的是PPP网络控制协议NCP数据。

　　⑤ 信息字段：表示负载数据，长度是可变的，但不超过1 500字节。

　　⑥ 控制字段FCS：帧差错检验字段，使用CRC的帧检验序列FCS。

　　⑦ 标志字段F：表示一个帧的结束，固定为0x7E。

　　当信息字段中出现和标志字段一样的字节（0x7E）时，就必须采取一些措施使这种与标志字段值相同的字节不能出现在信息字段中。当PPP用在同步传输链路时，协议规定采用硬件来完成零比特填充（具体过程可参见6.2节内容），但当PPP用在异步传输链路时，它就使用一种特殊的字节填充法。

　　字节填充的具体执行规则如下。

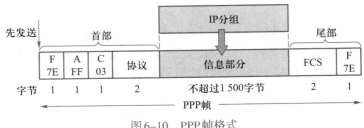

图 6-10 PPP 帧格式

① 信息字段中出现一个 0x7E 字节，则将其转变成为 2 字节序列（0x7D、0x5E）。

② 信息字段中出现一个 0x7D 字节，则将其转变成为 2 字节序列（0x7D、0x5D）。

③ 信息字段中出现一个 ASC Ⅱ 码的控制字符（即数值小于 0x20 的字符），则在该字节前面插入一个 0x7D 字节，同时将该字符的编码加以改变。例如，0x03（在控制字符中代表"传输结束"ETX）就要变为（0x7D、0x31）。字符编码转换规则在 RFC 1662 中均有详细的规定，这样做的目的是防止信息字段中 ASC II 码控制符被错误地解释为协议的控制符。

在 RFC 1661 定义的 PPP 没有提供使用序号、重传、确认等可靠传输机制，所谓"可靠传输"是指所传送的帧"无差错""不丢失"和"不重复"，要做到这一点，就应当像 HDLC 协议一样在数据链路层中使用序号和确认机制，PPP 之所以采用不可靠传输机制是出于以下几个方面的考虑。

① 若使用能够实现可靠传输的数据链路层协议，处理开销就要增大。这在数据链路层出现差错的概率不大时，使用比较简单的 PPP 较为合理。

② 在 Internet 环境下，PPP 的信息字段承载的是 IP 分组。假定采用了能实现可靠传输但十分复杂的数据链路层协议，当数据帧在路由器中从数据链路层上升到网络层处理后，仍有可能因网络拥塞而被丢弃，毕竟 IP 提供的仅仅是"尽力而为"的传输服务。因此，数据链路层的可靠传输并不能够保证网络层的传输也是可靠的。

③ PPP 在帧格式中有帧检验序列 FCS 字段。对每一个收到的帧，PPP 都要使用硬件进行 CRC 检验。若发现有差错，则直接丢弃该帧。端到端的差错检测最后由高层协议负责。因此，PPP 可以保证无差错的数据帧接收。

在噪声较大的环境下，如无线网络，则应使用有序号的工作方式，这样就可以提供可靠传输服务。这种工作方式定义在 RFC 1663 中，此处不再做过多的讨论。

*6.6.3 PPP 工作状态迁移

在了解了 PPP 的帧格式及各控制字段的功能以后，接下来描述 PPP 的工作过程。

当用户拨号接入 ISP 时，路由器的调制解调器对拨号做出确认，并建立一条从用户计算机到 ISP 的物理连接。这时，用户计算机向路由器发送一系列的 LCP 分组（封装成多个 PPP 帧）以便建立 LCP 连接，这些分组及其响应选择了将要使用的一些 PPP 参数。在此基础上再进行网络层配置，NCP 给新接入的计算机分配一个临时的 IP 地址。这样，计算机就成为连接在Internet上的一个IP主机了。当用户通信完毕，NCP必须释放网络层连接，收回原来分配出去的IP地址。接着，LCP释放数据链路层连接。最后释放的是物理层连接。

上述PPP工作流程可用图6-11的状态迁移过程来描述。

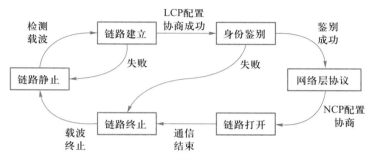

图6-11 PPP工作状态迁移过程

PPP链路的起始和终止状态永远是图6-11中的"链路静止"（link dead）状态，这时在用户计算机与ISP之间并不存在物理层连接。当检测到调制解调器的载波信号并建立物理层连接后，PPP就进入"链路建立"（link establish）状态，其目的是建立链路层的LCP连接。这时LCP开始协商一些配置选项，即发送LCP的配置请求帧（configure-request），这是一个PPP帧，其协议字段置为LCP对应的代码，而信息字段包含特定的配置请求。链路的对端可以有多种响应方式，如配置确认（configure-Ack，所有选项都接受）、配置否认（configure-Nak，所有选项都能够识别但不能接受）和配置拒绝（configure-Reject，有的选项无法识别或不能接受，需要协商）。LCP配置选项包括链路上的最大帧长、所使用的身份鉴别协议（身份鉴别不是必须的，可以不使用）以及是否使用PPP帧中的地址和控制字段（因为这两个字段的值是固定的，没有任何信息量，可以省略不用）。

协商结束后双方建立了LCP连接并进入"身份鉴别"（authentication）状态，默认情况下不进行身份鉴别，此时只允许传送LCP分组、鉴别协议分组以及监测链路质量分组。若使用口令鉴别协议PAP（password authentication protocol），则需要发起通信的一方发送身份标识符和口令，系统允许用户重试多次口令。如果需要更好的安全性，则可以使用更加复杂的口令握手鉴别协议CHAP（challenge-handshake authentication protocol）。若鉴别身份失败，则转到"链路终止"状态，若鉴别成功，则进入"网络层协议"（network-layer protocol）状态。

在"网络层协议"状态，PPP链路两端的网络控制协议NCP根据网络层的不同协议相互交换网络层特定的网络控制分组，由于现有路由器都能够同时支持多种网络层协议，故该步骤非常重要，使得PPP两端可以运行不同的网络层协议，但仍然可以使用同一个PPP进行通信。如果PPP链路上运行的是IP，则PPP链路的每一端在配置IP模块时（如分配IP地址）需要使用NCP中支持IP的协议——IP控制协议IPCP，IPCP分组也是封装成PPP帧（其对应协议字段为0x8201）并在PPP链路上传送，若在低速链路上运行时，双方还可以协商使用压缩的

TCP和IP首部，以减少在链路上传送的数据量。

当网络层配置完毕后，链路就进入可进行数据通信的"链路打开"（link open）状态，链路的两个PPP端点可以彼此向对方发送数据分组，此外，PPP端点还可以发送回送请求（echo-request）LCP分组和回送应答（echo-reply）分组，以检查链路的状态。

数据传输结束后，可以由链路的一端发出终止请求（terminate-request）LCP分组，请求终止链路连接，而当收到对方发来的终止确认（terminate-ack）LCP分组后，就转到"链路终止"（link terminate）状态。如果链路出现故障，则从"链路打开"状态直接切换到"链路终止"状态。当载波停止后则回到"链路静止"状态。

从PPP的工作状态迁移过程可以发现，PPP其实已不是一个纯粹的数据链路层协议，它还包含了物理层和网络层的部分内容。

6.7　以　太　网

6.7.1　局域网络体系结构

IEEE 802标准遵循ISO/OSI参考模型的原则，制定了最低两层——物理层和数据链路层的功能以及与网络层的接口服务、网际互联有关的高层功能。IEEE 802局域网体系结构与ISO/OSI参考模型的对应关系如图6-12所示。

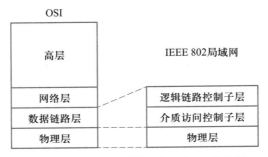

图6-12　IEEE 802局域网与ISO/OSI的比较

IEEE 802局域网体系结构只涉及通信子网的层次，即局域网是一个通信网络，仅负责数据传输。由于局域网拓扑结构简单，并且在早期大多以广播方式工作，因此网络层的很多功能如路由选择是没有必要的，而如流量控制、寻址、排序、差错控制等功能可在数据链路层完成，因此体系结构没有设立网络层。

局域网体系结构下的数据链路层需要提供支持不同介质的访问控制方法，同时，数据链路层还要保证数据帧的传输独立于所采用的物理介质和介质访问控制方法。因此，IEEE 802标准将数据链路层划分成两个子层：逻辑链路控制子层（logical link control，LLC）和介质访问控制子层（medium access control，MAC）。物理介质、介质访问控制方法的差别由MAC子层向上层屏蔽，即不同局域网的 MAC 子层向 LLC 子层提供统一的接口，并且使用相同的 LLC 子层向上层提供服务。IEEE 802 定义了多种局域网标准，其相互关系如图 6–13 所示。

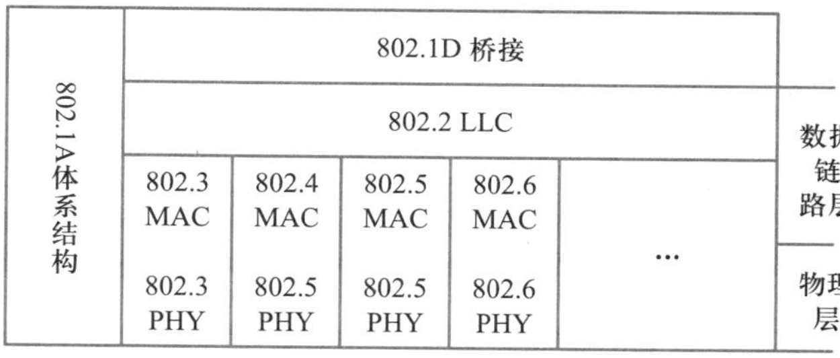

	802.1D 桥接					
802.1A 体系结构	802.2 LLC					数据链路层
	802.3 MAC	802.4 MAC	802.5 MAC	802.6 MAC	...	
	802.3 PHY	802.5 PHY	802.5 PHY	802.6 PHY		物理层

图 6–13　IEEE 802 标准

6.7.2　传统以太网

1. 传统以太网类型

以太网（Ethernet）是 20 世纪 80 年代初 Xerox、Digital Equipment 和 Intel 三家公司开发的局域网组网规范，这三家公司将此规范提交给 IEEE 802 委员会，经过 IEEE 成员的修改并通过，成了 IEEE 的正式标准，标准号为 IEEE 802.3。以太网和 IEEE 802.3 虽然有很多不同的规定，但通常认为以太网与 802.3 是兼容的。在以太网发展的早期，面临着来自其他局域网技术，如令牌环网、ATM、FDDI 的挑战，但是随着以太网技术的不断演化和发展，目前以太网几乎占领了现有的有线局域网市场。以太网的优点包括结构简单，成本低，组网灵活，扩充方便；采用分布式控制，抗损伤能力强，可靠性高；采用较优的退避算法，系统效率较高。

拓展阅读 6–3：IEEE 802.3 Ethernet

10 Mbps 以太网被称为传统以太网，传统以太网最早采用总线型拓扑，使用 50 Ω 的粗同轴电缆，也就是 10Base5 技术。随着以太网的不断发展，又有一些其他以太网技术加入，具体包括如下几种类型。

① 10Base5，10 代表传输速度为 10 Mbps，Base 指的是传输信号为基带信号，5 指的是单段传输距离 500 米电阻为 50 Ω 的粗同轴电缆，网络节点必须安装收发器，该收发器一端连接网卡的 15 针连接单元接口，另一端连接到粗电缆上。网络采用总线拓扑，最多可以通过中继器/集线器连接 5 个网段，每个网段最多可接入终端数量为 100 台，整个网络最大跨度为 2 500 米。

② 10Base2，使用 50 Ω 的细同轴电缆，也采用总线拓扑，其接头处采用工业标准的 BNC 连接器组成 T 型插座。这种以太网电缆价格较低廉，安装方便，但是每段总线最长只有 200 m，并且每个电缆段内只能连接 30 台机器。

动画资源 6–4：同轴电缆和计算机连接

③ 10Base-T，由于查找电缆故障非常困难，总线型以太网后来被星形拓扑结构的 10Base-T 所替代，即所有节点均连接到一个中心集线器（hub）上。这种结构使得增添或移去节点变得十分简单，并且很容易检测到电缆故障。10Base-T 的缺点是，其电缆的最大有效

动画资源6-5:
CSMA-CD介质
访问方式

长度为距集线器100 m。

　　④ 10Base-F，采用光纤作为传输介质，这种方式由于其连接器和终止器的费用较为昂贵，使用面不大；但由于它具有极好的抗干扰性和较远的传输距离，常用于办公大楼或相距较远的集线器间的连接。

　　2. 传统以太网介质访问控制方法

　　传统以太网采用广播式信道，其介质访问控制子层采用1-坚持式带有冲突检测的载波监听多路访问方式（1-坚持式CSMA/CD），详细过程如图6-14所示。按照1-坚持式CSMA/CD的工作方式，一个节点在发送前首先需要监听信道是否空闲，如果信道空闲，则立即开始进行传输；在监听到信道忙的情况下则坚持监听信道直到信道空闲。

　　对于标准的1-坚持式CSMA介质访问方法，以太网做了如下改进。

　　① IEEE 802.3标准中定义了一个帧间隙时间（inter frame gap，IFG），其大小大致为往返的传播时间加上为强化冲突而发送的干扰序列时间。帧间隙一方面为以太网接口提供了帧接收之间的恢复时间，另一方面还可以用于划分帧的结束位置。传统以太网的帧间隙时间为9.6 μs。当帧的最后一个数据位传输完成后，应等待至少9.6 μs（帧间隙），才能开始下一次的信道监听。

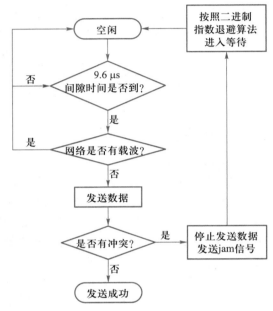

图6-14　以太网介质访问控制方法

　　② 节点一旦检测到冲突，立即停止发送。但此时帧的一部分已经发出，接收端收到的是有头无尾的帧，以太网把此类帧称为冲突碎片。冲突碎片的长度小于最小帧长，这样的帧不必交付高层处理，而由接收接口判断筛选后直接丢弃。与此同时，当一个节点判断出与其他节点发生了冲突，那么，它立即向总线发出4到6个字节的干扰串——冲突加强信号（jam），以使冲突的各方都知道发生了冲突而放弃发送，防止节点因判断冲突的灵敏度不一致，一方过早退出发送，而另一方坚持发送而浪费信道资源。

　　③ 发生冲突的节点都必须采取退避策略，即都设置一个随机间隔时间，只有此时间间隔期满后才能再次启动发送过程。当然，如果涉及冲突的所有工作站所选取的随机间隔时间相同，冲突将会再次发生并形成同步效应。为避免这种情况的出现，退避时间应为一个服从均匀分布的随机量。同时，由于冲突产生的重传加大了网络的通信流量，所以当出现多次冲突后，它应退避一个较长的时间。在以太网中采用的二进制指数退避算法（binary exponential backoff algorithm）就是基于这种思想提出的，其处理流程如下：将冲突发生后的时间划分为

长度为51.2微秒的时槽，第 i 次冲突后，在 $0 \sim 2^i-1$ 间随机地选择一个等待的时槽数，再开始重传。例如，第1次冲突后，可能等待的时槽数是 $0 \sim 1$ 之间的随机值；第2次冲突后，可能等待的时槽数是 $0 \sim 3$ 之间的随机值；当 $i \geqslant 10$ 后，随机值的上限保持在 1 023 不再变化。当第16次冲突发生后，不再退避尝试第17次发送，而是认定本次发送失败并报告给上层。

④ CSMA/CD 中的 CD 的含义是冲突检测，即边发送边检测是否产生了冲突。传统冲突检测的基本思想是节点一边将数据发送到总线，一边从总线上接收数据，然后将发送出去的数据与从总线上接收的数据按位进行比较。如果两者一致，说明没有冲突；如果两者不一致，则说明发生了冲突。进行冲突检测的时机是从数据帧的第一位发送出去开始到最后一位发送出去为止的这段时间。为了保证任何发生的冲突都能够检测出来，要求在冲突信号返回到发送节点前，最后一位还没有离开发送节点，即发送节点在冲突信号返回之前一直处于发送状态。

下面通过一个例程说明发送节点检测到冲突所需要的最长时间。设想这样一种极端情况，如图6-15所示，节点A发送数据帧的第一位即将到达B时，B检测信道空闲发送了数据帧，导致在接近B的位置产生冲突，A需要经过BA间的传播延迟时间后才能检测到冲突。从上面的例子可以看出，检测到冲突所需要的最长时间（冲突检测时间）接近于最远两个节点的端—端传播时延的2倍。同时，为了检测出冲突，要求这时候A还没有结束发送，即帧的最后一位还没有离开A，这就对传输的最小帧长、传输距离和传输速率有了一定的要求。这也是在万兆以太网以前制约以太网发展的瓶颈问题，即在提高传输速率时，为了保证发生冲突能检测出来，要么需要增加最小帧长，要么需要缩短传输距离。

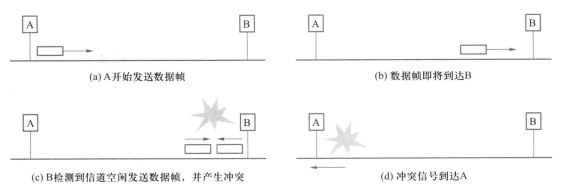

(a) A开始发送数据帧　　　　　　　　　　(b) 数据帧即将到达B

(c) B检测到信道空闲发送数据帧，并产生冲突　　　(d) 冲突信号到达A

图6-15　检测到冲突所需要的最长时间

3. 传统以太网帧格式

图6-16给出了 IEEE 802.3 与以太网的帧格式，两者略有不同，主要区别在于前者定义的是2字节的长度字段，而后者定义的是2字节的类型字段，由于前者定义的长度值与后者定义的有效类型值无相同取值，所以能够区分两种帧格式。两种帧格式兼容，可同时在同一局域网使用。下面详细介绍各个字段的含义。

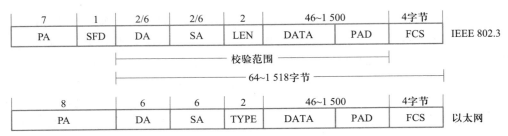

图6-16　IEEE 802.3与以太网帧格式

PA表示前导码，SFD表示帧起始定界符字段。在以太网和IEEE 802.3中，虽然前8个字节的划分和名字不同，但用途完全相同，即前7个字节是"10101010"，最后一个字节是"10101011"。前7个字节交替出现的1和0是为了保证网络中的所有接收器均能与到达帧同步，在传统以太网中还能保证各帧之间用于错误检测和恢复操作的时间间隔不小于9.6 ms。最后1个字节用于标志一个有效帧的开始。当控制器将接收帧送入其缓冲器时，前导字段和帧起始定界符字段均被丢弃。

DA表示目的地址，SA表示源地址，用于确定帧的接收者和发送者。目前，无论是以太网还是IEEE 802.3都使用6个字节的地址，802.3网络定义了2字节的地址字段是为了兼容早期使用2字节地址的局域网。

为了标识以太网上的每台主机，需要给每台主机上的网卡（网络适配器、网络接口卡）分配一个唯一的地址，即Ethernet地址，该地址又被称为网卡地址、物理地址、MAC地址。

IEEE负责为网卡制造厂商分配Ethernet地址块，各厂商为自己生产的每块网卡分配一个唯一的Ethernet地址，其中的前3字节为IEEE分配给厂商的厂商代码，后3字节为特定厂商的网卡产品号。

网卡的48位地址的前两位还有特殊含义，如图6-17所示。

图6-17　网卡地址格式

其中：

I/G=0表示单播地址。

I/G=1表示组播地址，源地址不能使用组播地址。

U/L=0表示全局管理地址。

U/L=1表示局部管理地址。

IEEE 802.3的LEN字段表示数据部分的字节个数，取值范围为0~1 500，该值表示的是有效数据长度，并不包含填充（pading）长度。

以太网的TYPE类型字段说明高层使用的协议，如IP、IPX等。为保证以上两种帧可以兼容,类型字段的值必须大于1536D(0600H),如0800H表示IP负载、8137H为IPX负载等,若此字段的值小于1536D(0600H),则表示为IEEE 802.3类型的帧。

DATA:封装的上层负载数据。

PAD:帧填充字段,由于数据字段的最小长度必须为46字节以保证帧长至少为64字节,如果待传数据小于这个长度,需要使用帧填充字段来保证最小帧长。当长度小于46字节时,需要在帧填充字段中填入数值"0"。需要特别说明的是,以太网的数据链路层并不负责删除为短帧而增加的填充字段,上层协议必须将填充字段删除。例如,IP通过总长度字段来区分有效数据和填充字段的边界,以达到删除填充字段的目的。

FCS:校验序列字段,采用32位的CRC循环冗余校验。校验范围如图6-16所示(其中的PA、SFD字段不在校验计算以内),使用的CRC生成多项式为CRC-32,即

$$G(x)=X^{32}+X^{26}+X^{23}+X^{22}+X^{16}+X^{12}+X^{11}+X^{10}+X^8+X^5+X^4+X^2+X+1$$

6.7.3 高速以太网

从10M传统以太网开始,以太网就迅速成为市场占有率最高、发展最快的有线局域网技术,并且传输速率也在不断地提升,逐渐发展出了100M、1000M甚至10000M以太网。

1. 快速以太网

1995年3月IEEE正式宣布了IEEE 802.3u快速以太网标准(fast Ethernet),它是传统以太网标准的扩展,保留了大部分传统以太网的技术,同时通过采用传输性能更好的介质、效率更高的编码等技术,使网络的速度提高了10倍。需要指明的是,快速以太网标准俗称100M以太网,是一种特定的以太网技术。

快速以太网与传统以太网的综合比较如表6-4所示。

表6-4　传统以太网与快速以太网技术比较

项目	传统以太网	快速以太网
速率	10 Mbps	100 Mbps
IEEE标准	IEEE 802.3	IEEE 802.3u
介质访问协议	CSMA/CD	CSMA/CD
拓扑结构	总线型或星形	星形
传输介质	同轴电缆、光纤、UTP	UTP、STP、光纤
集线器到工作站最大距离	100 m	100 m
介质独立接口	AUI	MII

快速以太网的MAC层采用与传统以太网几乎完全一样的CSMA/CD协议,MAC层各项参数比较如表6-5所示,从表中可看出,除了帧际之间间隙缩小到原来的1/10外,快速以太网保持了传统以太网的其他所有参数,这也是快速以太网可以与传统以太网进行无缝连接的原因。

表6-5 传统以太网与快速以太网的MAC参数比较

参数	传统以太网	快速以太网
冲突检测时间片	512位时	512位时
帧际间隙	9.6 μs（最小）	0.96 μs（最小）
重试上限	16次	16次
退避上限	10（幂指数）	10（幂指数）
最大帧字节数	1 518	1 518
最小帧字节数	64	64
地址长度	48位	48位

拓展阅读6-4：
以太网技术及
标准化新进展

IEEE为快速以太网制定了3种物理层规范，即100Base-TX、100Base-FX及100Base-T4。

① 100Base-TX：一种使用5类无屏蔽双绞线或屏蔽双绞线的快速以太网技术。它使用两对双绞线，一对用于发送数据，一对用于接收数据。在传输中使用4B/5B编码方式，信号频率为125 MHz。符合EIA586的5类布线标准和IBM的SPT1类布线标准。最大网段长度为100 m，支持全双工的数据传输。

② 100Base-FX：一种使用光缆的快速以太网技术，可使用单模和多模光纤（62.5 μm和125 μm）。在传输中使用4B/5B编码方式，信号频率为125 MHz。它使用MIC/FDDI连接器、ST连接器或SC连接器。它的最大网段长度为150 m、412 m、2 000 m或更长至10 km，这与所使用的光纤类型和工作模式有关，它支持全双工的数据传输。

③ 100Base-T4：一种可使用3类以上无屏蔽双绞线或屏蔽双绞线的快速以太网技术。它使用4对双绞线，3对用于传送数据，1对用于检测冲突信号。在传输中使用8B/6T编码方式，信号频率为25 MHz，符合EIA586结构化布线标准，最大网段长度为100 m。

表6-6为以上三种快速以太网标准与10Base-T的比较。

表6-6 传统以太网与快速以太网物理规范比较

	10Base-T	100Base-TX	100Base-FX	100Base-T4
编码方法	曼彻斯特编码	4B/5B	4B/5B	8B/6T
传输介质	UTP3类以上	UTP5类以上或STP1类	多模或单模光纤	UTP3类以上
信号频率	20 MHz	125 MHz	125 MHz	25 MHz
要求线对数量	2	2	2	4
发送线对数	1	1	1	3
网段距离	100 m	100 m	150/412/2 000 m	100 m
全双工能力	有	有	有	无

2. 千兆以太网

虽然从传统以太网的 10 Mbps 到快速以太网的 100 Mbps，以太网的传输速率已大大提高，但是仍然不能满足日益增长的对网络速率的要求，在这种需求的推动下，出现了千兆以太网（吉比特以太网）。IEEE 制定了 2 类千兆位以太网的物理层标准：IEEE 802.3z（1000Base-X 标准）和 IEEE 802.3ab（1000Base-T 标准）。

IEEE 802.3z 制定的 1000Base-X 标准包括以下 4 种介质。

① 1000Base-SX 是针对工作于多模光纤上的短波长（850 nm）激光收发器而制定的，当使用 62.5 μm 的多模光纤时，连接距离可达 260 m，当使用 50 μm 的多模光纤时，连接距离可达 550 m。

② 1000Base-LX 是针对工作于单模或多模光纤上的长波长（1 300 nm）激光收发器而制定的，当使用 62.5 μm 的多模光纤时，连接距离可达 440 m；当使用 50 μm 的多模光纤时，连接距离可达 550 m；当使用单模光纤时，连接距离可达 3 000 m。

③ 1000Base-CX 是针对低成本、优质的屏蔽双绞线或同轴电缆而制定的，连接距离可达 25 m，没有得到商用。

④ 1000Base-LH 是针对长距离城域网而设计的，使用 1 300 nm 或 1 550 nm 波长的激光，可达到 50 km 以上甚至 100 km 的无中继传输距离。

IEEE 802.3ab 制定的 1000Base-T 千兆位以太网物理层标准规定使用 4 对 5 类、超 5 类、6 类 UTP 双绞线，最长传输距离为 100 m。为了达到 1 000 Mbps 的传输速率，1000Base-T 使用了 4 对线，并在每对线中实现信号的双向传输，这样，每对线中的传输速率降为 250 Mbps，从而降低了线缆对信号的衰减。另外，1000Base-T 使用了 5 级 PAM 制编码方式，该编码方式相对于二进制编码将信道利用率提高了一倍，即每对线的信号速率下降为 125M 波特。

千兆以太网由于速率比快速以太网又提高 10 倍，为了能检测到冲突，就必须将传输距离减少到原来的 1/10（星形拓扑结构的网络覆盖半径由 200 m 下降至 20 m），或者将最小帧长度提高到原来的 10 倍，前者无法满足局域网组网的实际需求，后者又大大降低了信道的利用率。为此，千兆以太网的 MAC 层虽然保留了原来的帧格式和 CSMA/CD 的基本内容，但引入了两项新技术：载波扩展（carrier extension）和帧突发（frame bursting）。

（1）载波扩展

为了使千兆以太网的距离覆盖范围达到实用标准，千兆以太网将冲突检测时间片长度由之前的 512 位扩展到了 512 个字节位，这样千兆以太网的距离覆盖范围就可以扩展到 160 m。为了兼容以太网和快速以太网的帧结构，千兆以太网的最小帧长度仍需要保持为 64 字节。考虑到冲突检测时间片的长度为 512 字节，为了能够匹配冲突时间片的长度，当某个节点发送小于 512 字节的数据帧时，千兆以太网的 MAC 子层将在正常发送数据之后再发送一个载波扩展序列直到满足冲突检测时间为止。例如，节点要发送一个 64 字节的数据帧，MAC 子层将会在其后加入 512-64=448（B）的载波扩展序列；如果节点发送的数据帧长度大于 512 字节，则 MAC 子层不做任何改变。

微视频 6-3：
载波扩展技术

（2）帧突发

载波扩展尽管解决了千兆以太网距离覆盖范围的问题，但引入了一个新的问题：对于长度较小的以太网帧而言，其发送效率降低了，对于一个64字节的数据帧来说，尽管发送速度较快速以太网增加了10倍，但发送时间也增加了8倍。这样的效率并未比快速以太网提高多少，为了解决千兆以太网的短帧效率问题，IEEE又引入了帧突发技术。

帧突发是千兆以太网的一项可选功能，它使得一个以太网站点一次能够连续发送多个数据帧，其工作原理如下。

① 当一个站点需要发送很多短帧时，该站点先试图发送第一帧，该帧可能是附加了扩展位的帧。

② 一旦第一个帧发送成功，则具有帧突发功能的该站就能够继续发送其他帧，直到帧突发的总长度达到1 500字节为止。

③ 为了保障在帧突发过程中，介质始终处于"忙状态"，必须在帧间的间隙时间中，由发送站点发送12字节长的非"0""1"的数值符号，以避免其他站点在帧间隙时间中占用介质而中断本站的帧突发过程。

④ 在帧突发过程中只有第一个帧在试图发出时可能会遇到介质忙或产生碰撞，在第一个帧以后的剩余帧的发送过程中再也不可能产生碰撞。

⑤ 如果第一帧恰恰是一个最长帧，即1 518字节，则规定帧突发过程的总长度限制在3 000字节范围内。

需要强调的是，载波扩展和帧突发只是对半双工千兆以太网有效，对于全双工千兆以太网而言，由于不存在冲突检测，所以载波扩展和帧突发也就没有意义了。

3. 10吉比特以太网

10吉比特以太网（万兆以太网）标准IEEE 802.3ae于2002年6月得以推出，虽然它仍然采用IEEE 802.3的以太网介质访问控制协议，并且帧格式和大小也符合IEEE 802.3标准；但是，与以往的以太网标准相比，除了速度显著提高外，10吉比特以太网还有以下一些显著不同的地方。

① 不再支持半双工模式，只定义了全双工模式。

② 只能使用光纤作为传输介质。

③ 不再使用CSMA/CD协议。

④ 使用64B/66B和8B/10B两种编码方式。

10吉比特以太网的物理层主要分为局域网物理层和广域网物理层两大类。

（1）局域网物理层

10吉比特以太网定义了两种局域网物理层标准：10GBase-R和10GBase-X，两者的主要差异在于编码方式不同，其中，R代表采用64B/66B编码；X代表采用传统的8B/10B编码。

① 10GBase-R：采用64B/66B编码，它产生的编码开销由25%降到3.125%，媒体带宽和利用率明显提高。使用串行局域网物理层标准，所谓串行方式是指数据流发送和接收直接进

行，不需要拆分成多列。串行技术在逻辑上比并行技术简单，但对物理层器件的要求更高。10GBase–R包含三个规范：l0GBase–SR、10GBase–LR和10GBase–ER，分别使用850 nm短波长、1 310 nm长波长和1 550 nm超长波长，10GBase–SR使用多模光纤，传输距离一般为几十米；10GBase–LR和10GBase–ER使用单模光纤，传输距离分别为10 km和40 km。

② 10GBase–X：并行局域网物理层标准，与使用光纤的1000Base–X相对应的物理层标准类似，物理编码子层PCS采用8B/10B编码。为了达到10 Gbps的信息传输速率，使用稀疏波分复用（coarse wavelength division multiplexing，CWDM）技术，在1 310 nm波长附近以25 nm为间隔，并列地配置了4对激光发送/接收器组成的4条通道。采用并行物理层技术的好处是，将原来速率极高的比特流拆分成多列处理，降低了对物理层器件的要求。

（2）广域网物理层

广域网物理层标准为10GBase–W，采用串行方式，使用64B/66B编码格式。10GBase–W包含三个规范：10GBase–SW、10GBase–LW和10GBase–EW。

4. 40G/100G以太网标准

2006年7月，IEEE 802.3成立了高速研究小组（Higher Speed Study Group，HSSG）来定义100G比特以太网（100GbE）标准，2007年12月，HSSG正式转变为IEEE 802.3ba特别工作小组，来制定在光纤和铜线上实现40 Gbps和100 Gbps数据速率的以太网标准。100 Gbps以太网适用于聚合及核心网络应用，而40 Gbps以太网则适用于服务器和存储应用。

40G/100G以太网保留了早期以太网的一些规范，例如，仍采用以太网MAC帧的格式，和10G以太网接口一样，仅支持全双工模式，支持光纤物理承载与数据传送方式等。

100G以太网的命名方式为"100GBase–abc"，字母a、b、c分别代表其工作波长、物理层编码方式和波长复用数。当字母"a"为S、L和E时，分别表示工作波长是短波长（850 nm）、长波长（1 310 nm）和超长波长（1 550 nm）；当字母"b"为X、R和W时，分别表示8B/10B、64B/66B、64B/66B+STS-192封装的物理层编码方式；当字母"c"为1和n时，分别表示单波长和n个波长的复用方案。

5. 200G/400G以太网标准

2017年12月6日，IEEE 802.3以太网工作组正式批准了新的IEEE 802.3bs以太网定义标准，包括200G以太网（200GbE）、400G以太网（400GbE）所需要的媒体访问控制参数、物理层以及管理方式。工作组于2014年开始工作，对多模和单模式的场景进行了实验，采用了PAM4调制的单模式规范。

400G以太网的具体规范如下。

① 400GBase–SR16，通过16个传输口和16个接收光纤口，覆盖100 m以上的多模光纤，每根光纤的传输量为25 Gbps。

② 400GBase–DR4，覆盖500 m以上的单模光纤，在每个方向上使用4根平行光纤，每根光纤传输100 Gbps。

③ 400GBase–FR8，它使用8波长WDM来处理每一个方向上至少2 km的单模光纤。

④ 400GBase-LR8，与400GBase-FR8相似，在单模光纤上扩展到至少10 km。

该工作组还负责制定了2016年的200G以太网的标准。单模200G以太网的基本原理是基于400G以太网规范的变体，特别是在PAM4中使用50 Gbps的传输速率。

200G以太网的具体规范如下。

① 200GBase-DR4，在每个方向上通过至少500 m的4根平行光纤。

② 200GBase-FR4，在每个方向至少通过2 km的4波长WDM。

③ 200GBase-LR4，在每个方向上至少通过10 km的4波长WDM。

200/400GbE标准覆盖各种互连应用，超高带宽可完全满足云扩展数据中心、互联网交换、主机托管服务、服务供应商网络等各种带宽密集型应用的需求，并大大降低端口成本。

6.7.4 交换式以太网

传统以太网采用CSMA/CD介质访问控制方法，这种冲突协议使得网络中的所有节点处于同一个冲突域中，冲突域中的所有节点共享一个公共的传输信道，这对于信道的效率、信息的安全性及可靠性等方面都有很大的负面影响，因此，目前的以太网大多采用基于交换机的交换式以太网。

交换式以太网与传统的10Base-T结构类似，采用星形拓扑，中心设备使用的是以太网交换机（或称交换式集线器），不像共享式以太网那样使用的是共享式集线器。

以太网交换机（以下简称交换机）是在多端口网桥的基础上，于20世纪90年代初发展起来的，是一种改进的局域网桥，与传统的网桥相比，它能提供更多的端口、更好的性能、更强的管理功能以及更便宜的价格。交换机可以认为是一种多端口的透明网桥，一般用于连接同种类型的局域网，主要完成数据帧的转发。为了提升转发性能，交换机大多采用基于硬件的转发机制，其交换时延可以减少到微秒量级。

动画资源6-6：
网桥工作原理

以太网交换机的工作原理比较简单，如图6-18所示。交换机工作在混杂（promiscuous）方式，能收到所有端口连接节点发出的帧。当交换机接收到一帧后，通过查询地址/端口对应表（站表）来确定是丢弃还是转发，如果对应的地址/端口表项为空，则采用广播方式向其他所有端口转发帧，否则只按照指定的端口进行转发。在交换机刚启动时，地址/端口对应表为空，因此在数据帧的转发过程中采用逆向学习（backward learning）算法收集MAC地址。逆向学习是指交换机通过分析帧的源MAC地址得到MAC地址与输入端口的对应关系，并将此对应关系写入到地址/端口对应表。交换机需要不断地对地址/端口对应表进行更新，并定时删除在一段时间内没有得到更新的地址/端口项。

目前，交换式以太网逐渐替代了传统的共享式以太网（以集线器为中心的星形拓扑）成为局域网的主流结构。交换式以太网技术主要有以下优点。

① 可用于连接不同速率的网段及节点。目前，大多数交换机都同时具备不同速率的端口。

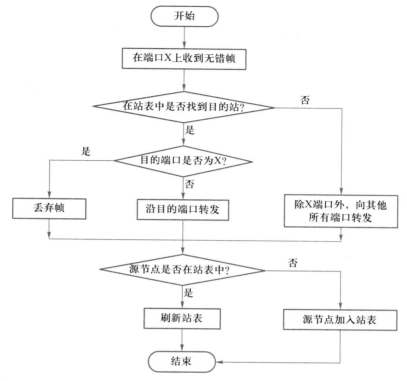

图6-18 以太网交换机转发数据帧流程

② 交换式以太网不再采用传统以太网的广播方式，而采用点–点的方式工作，只将数据发送给目的节点，从而大大地提高了系统的安全性。

③ 交换式以太网可同时提供多条信道，比传统的共享式以太网提供更多的带宽；可允许不同用户对之间的并发传输。例如，一个16端口的以太网交换机在理想情况下，可同时允许16个站点在8条信道间通信。

④ 交换式以太网不需要改变网络其他硬件，包括电缆和用户的网卡，仅需使用交换机替代共享式HUB，就可完成从共享式以太网到交换式以太网的过渡，这大大节省了用户网络升级的费用。

⑤ 交换式以太网隔离了冲突域，从而减少了冲突的发生，通信效率更高。

6.7.5 虚拟局域网

1. 虚拟局域网用途

虚拟局域网（virtual local area network，VLAN）是指在交换式局域网的基础上，采用网络管理软件构建的可跨越不同网段、不同网络的端到端的逻辑网络。一个VLAN组成一个逻辑子网，即一个逻辑广播域，它可以覆盖多个网络设备，允许处于不同地理位置的网络用户加入同一个逻辑子网中。

一个虚拟局域网的典型应用场景如下：很多企业都具有一个相当规模的局域网，但是现在企业内部因为保密、便于管理或者其他原因，要求各业务部门独立成为一个局域网，然而各业务部门的人员不一定是在同一个办公地点。为此，网络管理员首先收集各部门的人员组成、所在位置、与交换机连接的端口等信息；然后，根据部门数量对交换机进行配置，创建虚拟局域网，设置中继，最后，在一个公用的局域网内部划分出来若干个虚拟的局域网。这种情况下，虚拟局域网不仅可以方便地根据需要增加、改变、删除，而且还减少了局域网内的广播，提高了网络传输性能。

从上面例子可以看出，与传统的局域网技术相比较，VLAN 技术更加灵活，它具有以下优点。

（1）网络设备的移动、添加和修改的管理开销减少

对于交换式以太网，如果对某些用户重新进行网段分配，需要网络管理员对网络系统的物理结构重新进行调整，甚至需要追加网络设备，增大网络管理的工作量。而对于采用 VLAN 技术的网络来说，一个 VLAN 可以根据部门职能、对象组或者应用将不同地理位置的网络用户划分为一个逻辑网段。在不改动网络物理连接的情况下可以任意地将主机在工作组或子网之间移动。利用虚拟网络技术，大大减轻了网络管理和维护工作的负担，降低了网络维护费用。在一个交换网络中，VLAN 提供了网段和机构的弹性组合机制。

（2）可以控制广播风暴

一个 VLAN 就是一个逻辑广播域，通过对 VLAN 的创建，隔离了广播，缩小了广播范围，可以控制广播风暴的产生。

（3）可提高网络的安全性

通过路由访问列表和 MAC 地址分配等 VLAN 划分原则，可以控制用户访问权限和逻辑网段大小，将不同用户群划分在不同 VLAN，从而提高交换式网络的整体性能和安全性。

2. 虚拟局域网划分方法

动画资源6-7：
VLAN 广播

VLAN 技术允许网络管理者将一个物理的 LAN 逻辑地划分成不同的广播域即 VLAN，每一个 VLAN 都包含一组有着相同需求的主机，与物理上形成的 LAN 有着相同的属性。但由于它是逻辑划分而不是物理地划分，所以同一个 VLAN 内的各个主机无须被放置在同一个物理网段内。同时，一个 VLAN 内部的广播和单播流量都不会转发到其他 VLAN 中，即使两台主机位于相同的物理网段，但由于它们位于不同的 VLAN，它们各自的广播流也不会相互转发，从而有助于控制流量、减少设备投资、简化网络管理、提高网络的安全性。

划分虚拟局域网 VLAN 的方法主要有以下几种。

（1）基于端口的划分方法

基于端口是一种最简单、有效的虚拟局域网划分方法，它按照局域网交换机端口来定义虚拟局域网成员。基于端口的虚拟局域网又分为在单交换机端口和多交换机端口定义虚拟局

域网两种情况。

图6-19给出了一个单交换机端口定义虚拟局域网的示例，图中交换机的1、2、6、7、8端口组成一个虚拟局域网VLAN1，3、4、5端口组成了另一个虚拟局域网VLAN2。这种虚拟局域网只能工作在单个交换机环境。

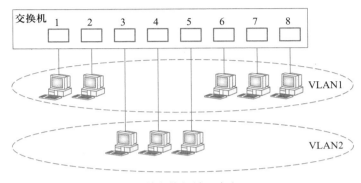

图6-19　单交换机端口定义VLAN

图6-20给出了一个多交换机端口定义虚拟局域网的示例，图中交换机1的1、2、3端口和交换机2的4、5、6端口组成了虚拟局域网VLAN1，交换机1的4、5、6、7、8端口和交换机2的1、2、3、7、8端口组成虚拟局域网VLAN2。交换机1与交换机2通过trunk端口相连。

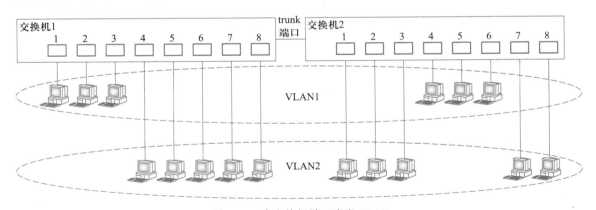

图6-20　多交换机端口定义VLAN

基于端口的虚拟局域网划分的优点是定义虚拟局域网成员非常简单，只需要将所有的端口进行定义就可以了。缺点是当用户从一个端口移动到另一个端口时，网络管理员必须对虚拟局域网成员进行重新配置。

（2）基于MAC地址的划分

基于MAC地址的虚拟局域网划分是用主机的MAC地址来定义虚拟局域网成员。这种划分方式允许主机移动到网络的其他网段，而自动保持原来的虚拟局域网成员资格。该方法适用于小规模网络，大规模的网络初始配置比较麻烦，而且由于每一个交换机的端口都可能存在多个虚拟局域网组的成员，这样就无法抑制广播数据。

（3）基于网络层的划分

基于网络层的虚拟局域网划分也被称为基于策略（policy）的划分，是所有划分方式中最高级也是最为复杂的。基于网络层的虚拟局域网使用协议（如果网络中存在多协议）或网络层地址（如 TCP/IP 中的子网段地址）来确定网络成员。

利用网络层定义虚拟网有以下几点优势：可以按协议划分网段；用户可以在网络内部自由移动而不用重新配置自己的主机；可以减少由于协议转换而造成的网络延迟。但这种方式也有一定的局限性，首先是 IP 地址盗用会导致数据的发送错误，其次这种划分方式对设备的要求较高，不是所有设备都支持这种方式。

（4）基于 IP 组播的划分

IP 组播实际上也是一种虚拟局域网的定义，即认为一个组播组就是一个虚拟局域网，这种划分的方法将虚拟局域网扩大到了广域网，因此这种方法具有更大的灵活性，而且也很容易通过路由器进行扩展。但这种方法不适合局域网，主要是因为效率不高。

3. 802.1Q 标签[*]

IEEE 于 1999 年颁布了用以标准化虚拟局域网实现方案的 IEEE 802.1Q 协议标准草案。IEEE 802.1Q 标准主要用来解决如何将大型网络划分为多个小网络，如何避免广播和组播流量占据更多带宽的问题。IEEE 802.1Q 标准还包括以下内容：标识带有虚拟局域网成员信息的以太帧建立了一种标准方法；定义了虚拟局域网网桥操作，从而允许在桥接局域网结构中实现定义、运行以及管理虚拟局域网拓扑结构等操作；提供了更高的网络段间安全性。

IEEE 802.1Q 完成以上各种功能的关键在于定义了标签，以太网的 IEEE 802.1Q 标签帧格式如图 6-21 所示。

7 B	1 B	6 B	6 B	2 B	2 B	2 B	42~1 496 B	4 B
PA	SFD	DA	SA	TPID	TCI	Type	Data	CRC

图 6-21　IEEE 802.1Q 标签帧格式

与标准以太网帧相比，IEEE 802.1Q 帧增加了如下字段。

① TPID，用来指明标签类型，固定取值为 8100H。

② TCI，标签控制信息字段，包括以下字段。

a. 用户优先级 UserPriority：定义了 8 级用户优先级。

b. 规范格式指示器 CFI：以太网交换机中，规范格式指示器总被设置为 0。由于兼容特性，CFI 常用于以太网和令牌环之间，如果在以太网端口接收的帧具有 CFI，那么设置为 1，表示该帧不进行转发，这是因为以太网端口是一个无标签端口。

c. VLANID（VID）：VLANID 是 VLAN 的标识符，用于指明帧属于哪个 VLAN，该字段为

12位，因此最大可支持4 096个VLAN。

交换机根据标签头来确定VLAN，具体处理流程包括以下3个步骤。

① 接收过程：交换机的一个端口接收数据帧，该数据帧可以带标签头，也可以不带标签头，如果不带，交换机会根据该端口所属的VLAN添加上相应的标签头。

② 查找/路由过程：根据数据帧的目的MAC地址、VLAN标识查找转发表确定数据帧应从哪个端口转发出去。

③ 发送过程：将数据帧发送到以太网段上，如果目的端口所连的以太网段的主机能识别带标签的数据帧，则直接转发；如果目的端口所连的以太网段的主机不能识别带标签的数据帧，那么就将数据帧的标签头去掉；如果是与其他交换机互连的端口（如trunk端口），则不用去掉标签头。

6.8 无线网络和移动网络

6.8.1 无线局域网概述

随着人们对无线通信及移动性需求的日益增加，无线局域网（wireless local area network，WLAN）应运而生，且迅速发展。尽管目前无线局域网还不能完全独立于有线网络，但近年来无线局域网的产品逐渐走向成熟，正以它优越的灵活性和便捷性在网络应用中发挥日益重要的作用。

无线局域网技术是无线通信技术与网络技术相结合的产物。简单地说，无线局域网就是通过无线信道来实现网络设备之间的通信，并实现通信的移动化、个性化和宽带化。

（1）无线局域网的优点

无线局域网与有线网络相比，主要有如下优点。

① 灵活性和移动性。在有线网络中，网络设备的安放位置受网络布线、预留接口位置的限制，而无线局域网在无线信号覆盖区域内的任何一个位置都可以接入网络。

② 安装便捷。无线局域网可以免去或最大限度地减少网络布线的工作量，一般只要安装一个或多个接入点设备，就可建立覆盖整个区域的网络。

③ 易于进行网络规划和调整。对于有线网络来说，办公地点或网络拓扑的改变通常意味着重新建网。重新布线是一个昂贵、费时和琐碎的过程，无线局域网可以避免或减少以上情况的发生。

④ 故障定位容易。有线网络一旦出现物理故障，尤其是由于线路连接不良而造成的网络中断，往往很难查明，而且检修线路需要付出很大的代价。无线局域网则很容易定位故障，只需更换故障设备即可恢复网络连接。

⑤ 易于扩展。无线局域网有多种配置方式，可以很快从只有几个用户的小型局域网扩展

到上千用户的大型网络，并且能够提供节点间"漫游"等有线网络无法实现的特性。

虽然无线局域网有以上优点，但是在带宽、抗干扰性以及安全性等方面不如有线网络。

（2）无线网络的拓扑结构

无线局域网的拓扑结构可分为两大类：无中心拓扑和有中心拓扑。

① 无中心拓扑。无中心拓扑的无线网络要求网络中任意两个站点均能直接通信。采用这种拓扑结构的网络一般都采用广播信道，介质访问控制（MAC）协议大多采用冲突协议。

这种结构的优点是网络抗毁性好、建网容易且费用较低。但当无线网络中站点数过多时，信道竞争成为限制网络性能的瓶颈。并且为了满足任意两个站点的直接通信，网络中站点布局受环境限制较大。因此这种拓扑结构适用于用户相对较少的工作群网络规模。

② 有中心拓扑。在中心拓扑结构中，要求一个无线站点充当中心站，所有站点对网络的访问均由其控制。这样，当网络业务量增大时，网络吞吐性能及网络时延性能的恶化并不剧烈。由于每个站点只需在中心站覆盖范围之内就可与其他站点通信，因此网络中心站布局受环境限制较小。在实际应用中，中心站点还为接入有线主干网提供了一个逻辑接入点。

有中心网络拓扑结构的弱点是抗毁性差，中心点的故障容易导致整个网络瘫痪，并且中心站点的引入增加了网络成本。

（3）无线网络接口

无线网络的接口分为物理层接口和数据链路层接口。物理层接口是指使用无线信道代替有线信道，而物理层以上各层不变。这种接口的最大优点是上层的网络操作系统及相应的驱动程序不需要做任何修改。另一种接口是数据链路层接口，这种接口方法并不沿用有线局域网的 MAC 协议，而采用更适合无线传输环境的 MAC 协议。在实现时，MAC 层及以下层对上层是透明的，通过配置相应的驱动程序来完成与上层的接口，这样可保证现有的有线局域网操作系统或应用软件可在无线局域网上正常运转。目前，大部分无线局域网厂商都采用数据链路层接口方法。

6.8.2　IEEE 802.11 网络

1. IEEE 802.11 标准

IEEE 802.11 是 IEEE 802 委员会在 1997 年为无线局域网制定的标准，标准中定义了 MAC 层和物理层。最初的物理层只是定义了工作在 2.4 GHz 的 ISM 频段上的两种扩频调制方式和一种红外线传输方式，数据传输速率为 2 Mbps，随着用户对无线网络速率和传输距离需求的不断提高，IEEE 又相继推出了 IEEE 802.11a、IEEE 802.11b、IEEE 802.11g 和 IEEE 802.11n 等标准，各标准的对比如表 6-7 所示。

2. 基本概念

IEEE 802.11 网络涉及多个概念，为了清晰地描述这些概念的内涵及相互间的关系，图 6-22 给出了一个 IEEE 802.11 综合网络结构示例，下面结合该网络结构对一些基本概念进行描述。

表6-7 IEEE 802.11标准系列

	IEEE 802.11	IEEE 802.11a	IEEE 802.11b	IEEE 802.11g	IEEE 802.11n	IEEE 802.11ac	IEEE 802.11ax
发布时间	1997年	1999年	1999年	2003年	2009年	2013年	2016年
工作频段	2.4 GHz	5 GHz	2.4 GHz	2.4 GHz	2.4/5 GHz	5 GHz	2.4/5 GHz
非重叠信道	3	13（中国5个）	3	3	2.4 GHz 3个 5 GHz 13个	13（中国5个）	13（中国5个）
调制方式	FHSS/DSSS	OFDM	CCK/DSSS	CCK/OFDM	MIMO/OFDM	MIMO/OFDM	MIMO/OFDM
理论速率	2 Mbps	54 Mbps	11 Mbps	54 Mbps	600 Mbps	3.47 Gbps	9.6 Gbps
实际速率	1 Mbps	22 Mbps	5 Mbps	22 Mbps	100 Mbps	2.2 Gbps	6 Gbps
兼容性	—	—	—	IEEE 802.11b	IEEE 802.11 a/b/g	IEEE 802.11a/n	IEEE 802.11 a/b/h/n/ac

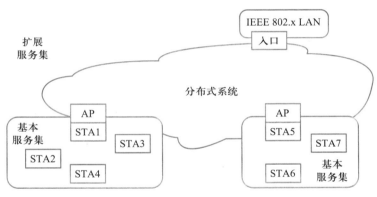

图6-22 IEEE 802.11综合网络结构示例

① 接入点（access point，AP）：IEEE 802.11网络中的特殊节点，通过该节点，无线网络中的其他类型节点可以和无线网络外部以及内部进行通信。

② 工作站（station，STA）：连接到IEEE 802.11网络中的设备，STA通过AP可以和内部其他设备或者无线网络外部通信。

③ 基本服务集（basic service set，BSS）：不需要中间设备转发就可以直接通信的STA的集合，是IEEE 802.11网络的基本组件。

④ 基本服务区（basic service area，BSA）：BSS的覆盖范围称为基本服务区，覆盖区域内的工作站之间可以相互通信，由于通信环境影响，BSA的尺寸大小和形状并非总是固定不变。

⑤ 分布式系统（distributed system，DS）：IEEE 802.11网络逻辑组件，负责将数据帧转发到目的节点。

⑥ 无线分布式系统（wireless distribution system，WDS）：用于在不同IEEE 802.11网络间

传递数据一种特殊DS，AP之间通过无线方式通信。

⑦ 扩展服务集（extend server set，ESS）：所有通过DS连接的BSS集合。

⑧ 服务集标识（service set identifier，SSID）：用来标识一个IEEE 802.11无线网络。

⑨ 基本服务集标识（basic service set identifier，BSSID）：实际上就是AP的地址，用来标识AP管理的BSS。在同一个AP内BSSID和SSID一一映射，尽管一个ESS内的SSID是相同的，但对于ESS内与每个AP对应的BSSID是不同的。如果一个AP可以同时支持多个SSID，则AP会分配不同的BSSID来对应这些SSID。

⑩ 节点漫游（station roaming，SR）：又称为BSS切换（BSS transition），是指STA从一个BSS移动到另一个BSS，即从一个AP过渡到另一个AP并建立关联的过程。

3. 网络模式

从图6-22可以看出，IEEE 802.11支持三种网络模式，即独立基本服务集（independent basic service set，IBSS）网络、基本服务集（basic service set，BSS）网络和扩展服务集（extent service set，ESS）网络。

独立基本服务集（IBSS）网络，也叫ad-hoc网络、点到点模式网络，属于无中心拓扑结构的无线网络，该网络至少需要两个STA节点，各节点地位等同且相互之间能够直接通信。图6-23（a）给出了IBSS网络结构。

基本服务集（BSS）网络属于中心拓扑结构的无线网络，是基础设施（infrastructure）网络的一种，网络至少包含一个AP和一个STA节点，形成一个基本服务集。平常应用得最多的所谓"无线WiFi"指的就是BSS网络模式。图6-23（b）给出了BSS网络结构。

扩展服务集（ESS）网络是BSS网络的扩展，各BSS网络的AP连接的有线骨干网络为distribution system（DS），连接到同一个DS的多个AP形成一个ESS网络，大型企业或机构的内部无线局域网多数使用ESS网络模式。图6-23（c）给出了ESS网络结构。

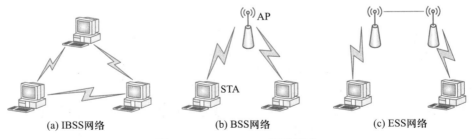

(a) IBSS网络　　　　　　　(b) BSS网络　　　　　　　(c) ESS网络

图6-23　IEEE 802.11网络模式

4. IEEE 802.11体系结构

IEEE 802.11的体系结构如图6-24所示，与IEEE 802.3相类似，也划分为物理层和数据链路层两个层次。物理层定义了空中无线接口的频段、信号调制方式、速率等级等内容，数据链路层的重点是介质访问控制子层，专注于无线信道的分配和数据帧的可靠传输。

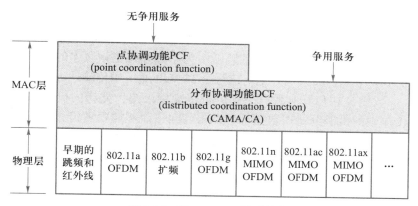

图6-24　IEEE 802.11体系结构

5. IEEE 802.11物理层

早期的802.11定义了三个物理层标准，包含了一个红外传播规范和两个扩散频谱技术（简称扩频技术）。红外线（infrared rays，IR）通信方式与无线电波方式相比，可以提供较高的数据速率，有较高的安全性，设备相对便宜且简单。但由于红外线对障碍物的透射和绕射能力很差，使得传输距离和覆盖范围都受到很大限制，通常红外线局域网的覆盖范围只限制在一间房屋内。如果采用扩频（spread spectrum，SS）技术，网络可以在ISM（工业、科学和医疗）频段内运行。扩频通信具有抗干扰能力和隐蔽性强、保密性好、多址通信能力强的特点。扩频技术主要分为跳频扩频技术FHSS（frequency hopping spread spectrum）和直接序列扩频技术DSSS（direct sequence spread spectrum）。

所谓直接序列扩频DSSS，就是用高速率的扩频序列在发射端扩展信号的频谱，而在接收端用相同的扩频码序列进行解扩，把展开的扩频信号还原成原来的信号。而跳频技术FHSS与直接序列扩频技术不同，跳频的载频受一个伪随机码的控制，其频率按随机规律不断改变。接收端的频率也按随机规律变化，并保持与发射端的变化规律一致。跳频的高低直接反映跳频系统的性能，跳频越高，抗干扰性能越好，军用的跳频系统可达到每秒上万跳。需要指出的是，FHSS和DSSS技术在运行机制上是完全不同的，所以采用这两种技术的设备没有互操作性。

使用FHSS技术，2.4 GHz频道被划分成75个1 MHz的子频道，接收方和发送方协商一个跳频的模式，数据则按照这个模式在各个子频道上进行传送，每次在IEEE 802.11网络上进行的会话都可能采用了一种不同的跳频模式，采用这种跳频方式主要是为了避免两个发送端同时采用同一个子频段。

FHSS技术采用的方式较为简单，这也使它所能获得的最大传输速度不能大于2 Mbps，这个限制主要源于FCC规定的子频道的划分不得小于1 MHz。这个限制使得FHSS必须在2.4 GHz整个频段内经常性跳频，带来了大量的跳频上的开销。

　　和 FHSS 相反的是，DSSS 将 2.4 GHz 的频宽划分成 14 个 22 MHz 的通道（channel），临近的通道互相重叠；在 14 个频段内，只有 3 个频段是互相不覆盖的，数据就是从这 14 个频段中的一个进行传送而不需要进行频道之间的跳跃。为了弥补特定频段中的噪声开销，一项称为"chipping"的技术被用来解决这个问题。在每个 22 MHz 通道中传输的数据都被转化成一个带冗余校验的 Chips 数据，它和真实数据一起进行传输用来提供差错的校验和纠正。由于使用了这项技术，传输中的大部分错误数据都可以得到纠正而不需要重传，这就增加了网络的吞吐量。

　　802.11a 和 802.11g 中使用了正交频分复用（orthogonal frequency division multiplexing，OFDM）技术。OFDM 是一种无线环境下的高速传输技术。无线信道的频率响应曲线大多是非平坦的，而 OFDM 技术的主要思想就是在频域内将给定信道分成许多正交子信道，在每个子信道上使用一个子载波进行调制，并且各子载波并行传输。这样，尽管总的信道是非平坦的，具有频率选择性，但是每个子信道是相对平坦的，在每个子信道上进行的是窄带传输，信号带宽小于信道的相应带宽，因此就可以大大消除信号波形间的干扰。由于在 OFDM 系统中各个子信道的载波相互正交，它们的频谱是相互重叠的，这样不但减小了子载波间的相互干扰，同时又提高了频谱利用率。

　　多入多出技术（multiple input-multiple output，MIMO）具有极高的频谱利用率，能在不增加带宽的情况下成倍提高通信系统的容量，且信道可靠性大为增强，是新一代无线通信系统采用的核心技术之一。简单地说，MIMO 就是指信号系统发射端和接收端分别使用了多个发射天线和接收天线，因而该技术被称为多发送天线和多接收天线（简称多入多出）技术。MIMO 技术的实质是为系统提供了空间复用增益和空间分集增益。信号在传送中遇到物体发生反射和散射，产生多条路径，MIMO 技术将这些路径变为传送信息子流的"虚拟信道"。在接收端可用单一天线，也可用多个天线进行接收，当然每个接收天线接收到的是所有发送信号与干扰信号的叠加，MIMO 的空时解码系统利用数学算法拆开和恢复纠缠在一起的传输信号并将它们正确地识别出来。尽管 OFDM 能够有效地对抗多径传播，但 OFDM 独自对抗无线环境中的多径衰减还是不够的，必须和相应的分集技术结合起来，才能更好地发挥其功效。因此，在 IEEE 802.11n 中就将 MIMO 和 OFDM 进行了结合。

　　IEEE 802.11ac 是 IEEE 802.11n 的继承者，通过 5 GHz 频带进行通信，采用并扩展了源自 IEEE 802.11n 的空中接口（air interface）概念。理论上，它能够提供最多 1 Gbps 带宽进行多站式无线局域网通信，或最少 500 Mbps 的单一连接传输带宽。IEEE 802.11ac 与 IEEE 802.11n 相比主要有四大技术演进：更宽的频宽绑定、更多的空间流、更先进的调制技术以及更灵活的 MIMO 机制。众所周知，增加无线电传输速率的一个简单而高效的方法就是给它更多的频率或者带宽，IEEE 802.11a/b/g 的信道只有 20 MHz，为了获得更多的带宽，IEEE 802.11n 引入了信道绑定的技术，将两个 20 MHz 的信道捆绑在一起，而 IEEE 802.11ac 能够支持 80 MHz 的信道，即绑定 4 个信道，并且最高可以支持绑定 8 个信道，从而整个信道能够到达 160 MHz。IEEE 802.11ac 技术还通过物理方式加大信号承载密度，在信号调制层面 802.11n 采用 64QAM，而IEEE 802.11ac达到了256QAM,所以其单载波承载的数据量可以达到8个比特(bit),相应的吞吐量也随之增加。802.11n的MIMO在同一时间只允许单用户使用,而IEEE 802.11ac可以支持多用户MIMO,从而提高了单个AP无线接入的终端数,缓解高密部署这一历史难题。

IEEE 802.11ax是在IEEE 802.11ac以后,无线局域网协议本身的进一步扩展,其初始的命名代号为HEW(high efficiency WLAN)。802.11ax的使用场景关注于密集用户环境,其初始设计思想就和传统的IEEE 802.11存在一定的区别。IEEE 802.11ax并未在当前IEEE 802.11ac的160 Mbps带宽之上新增更大的带宽,它更关注的是效率,即更加有效地使用当前的频段资源,从而提供更高的实际网络速率。例如,在信号调制层面IEEE 802.11ax使用了QAM-1024,即单载波承载的数据量可以达到10个比特;IEEE 802.11ac只规定了下行MU-MIMO,而802.11ax要求上下行都需要支持MU-MIMO。

6. IEEE 802.11数据链路层

IEEE 802.11的数据链路层也是由逻辑链路控制子层LLC和介质访问控制子层MAC组成。IEEE 802.11使用和IEEE 802.2完全相同的LLC子层和802协议中的48位MAC地址(该MAC地址只对无线局域网唯一),这使得无线和有线局域网之间的桥接非常方便。

IEEE 802.11的MAC层和IEEE 802.3的MAC层非常相似,都需要解决共享信道的竞争问题。在IEEE 802.3中采用的是CSMA/CD协议来进行共享信道的控制,但这种协议在IEEE 802.11无线局域网中却无法采用,原因如下。

① 无线网卡对信道是否存在冲突进行检测十分困难,要检测到冲突,无线网卡必须能够在发射信号的同时进行信号监测,但在高频无线电子电路中实现这种功能的硬件十分昂贵,很不实际。

② 无线网络环境存在隐藏节点和暴露节点问题,无法进行冲突检测及正常的数据发送。

③ 无线局域网中的节点间距可能很远,信号衰减可能造成其他节点无法检测到冲突。

在无线网络环境中,隐藏节点问题是指一个节点可能因为障碍物或距离过远而导致信号冲突,如图6-25(a)所示,A和C都要向B发送数据,由于节点A和C都处于对方信号覆盖范围之外,A在发送数据前无法感知C的存在,这样A和C发出的信号会在B附近产生冲突,并且A与C均无法发现该冲突。隐藏节点问题表明,节点侦听到信道空闲,并非一定能够发送数据。

暴露节点问题指一个节点由于侦听到其他节点的信号而误以为信道忙导致不能发送数据。如图6-25(b)所示,B正在向A发送数据,C想向D发送数据,但是C发现它的侦听范围内有B正在发送的信号,那么C会认为自己不能给D发送,因为信道正忙。但是实际上D处于B的信号覆盖范围之外,C给D发送数据是完全可行的。暴露节点问题表明,节点侦听到信道忙,并非一定不能发送数据。

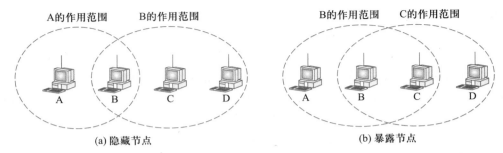

图 6-25　隐藏节点和暴露节点问题

　　鉴于这些差异，IEEE 802.11 对 CSMA/CD 进行了一些调整，采用了带冲突避免的载波监听多路访问协议（carrier sense multiple access with collision avoidance，CSMA/CA）来进行介质访问控制。CSMA/CA 提供的是有确认无连接的数据链路层服务，通过正向应答机制来保证数据正确传输到目的节点。

　　从图 6-24 可以看到，IEEE 802.11 的 MAC 层包含了两个子层：分布协调功能子层（distributed coordination function，DCF）和点协调功能子层（point coordination function，PCF），两者总是交替出现的。其中，DCF 是数据传输的基本方式，作用于信道竞争期，保证每个节点使用 CSMA 算法来竞争信道的发送权，是必需的；PCF 工作于非竞争期，使用集中控制的接入算法，用类似探询的方法将发送权轮流交给各个节点，以保证某些节点能优先使用信道，PCF 是可选的。

　　CSMA/CA 协议的具体工作流程如图 6-26 所示，发送者发送数据前需要监听信道是否空闲，如果检测到信道空闲，则需要等待 DIFS 时间（distributed interframe space，分布式帧间间隔），再监听信道。如果信道仍然空闲，则发送一个请求控制帧（request to send，RTS），接收者收到 RTS 帧后，等待 SIFS 时间（short interframe space，短帧时间间隔）后发一个清除发送控制帧（clear to send，CTS），用于指明准备接收数据。在再次等待一个 SIFS 间隔后，发送节点开始发送数据，接收者收到数据后等待 SIFS 时间后发送 ACK 应答帧表明数据帧已经被正确接收。

　　在发送者发送的 RTS 帧中包含了该节点发送数据所需要占用信道的时间，其他所有节点根据这个信息建立网络分配矢量（network allocation vector，NAV）定时器，用于指示在进行下次信道空闲检测前还需等待的时间。使用 NAV 机制后，节点不需要时刻监听无线信道状态，但却可以确定信道何时变成空闲，这种能力有时也被称为虚拟载波侦听功能。

　　7. IEEE 802.11 的帧格式

IEEE 802.11 的帧格式如图 6-27 所示。

IEEE 802.11 帧格式说明如下。

① 帧控制 FC：用于定义帧的类型和描述一些控制信息，具体如下。

协议版本：当前版本为 0。

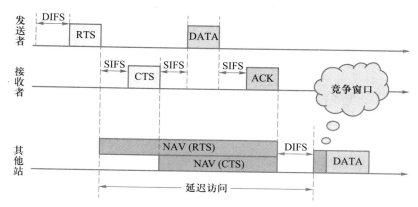

图6-26 CSMA/CA工作原理示意图

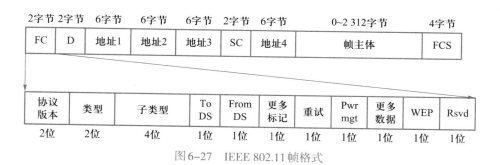

图6-27 IEEE 802.11帧格式

类型：用于定义帧主体数据的类型，包括管理（00），控制（01），数据（10）。

子类型：用于说明控制帧的类型，包括RTS（1011），CTS（1100），ACK（1101）。

To DS及From DS：用于说明后续4个地址字段的解释。

更多标记：为1表示有更多的段。

重试：为1表示重发帧。

Pwr mgt：为1表示站点处于电源管理模式。

更多数据：为1表示站点有更多的数据要发送。

WEP：为1表示加密完成。

Rsvd：保留字段。

② 持续时间D：用于记载网络分配矢量NAV的值，访问介质的时间限制由NAV指定。

③ 地址字段：共有4个地址，遵循IEEE 802的地址格式，其中包括源地址和目的地址，其他两个地址用于当节点通过基站进入或离开一个单元时，指明源和目的基站。

④ 序列控制SC：用来重组帧片段以及丢弃重复帧，包括4 比特的片段编号（fragment number）位以及12 比特的顺序编号（sequence number）。

⑤ 帧主体：数据或者FC字段定义其他类型和子类型的信息。

⑥ FCS：CRC-32校验序列，保障帧的完整性传输。

**6.8.3　蓝牙网络

1. 蓝牙简介

蓝牙（Bluetooth）无线接入技术于1998年发布，"蓝牙"取自10世纪统一了丹麦的国王的名字。蓝牙无线数字传输标准是由爱立信、IBM、Intel、诺基亚和东芝等五大IT业著名公司共同提出的。蓝牙技术起源于1994年，最初是以消除各种电器设备之间的有线连接为目的的，随着研究的深入及应用需求，蓝牙技术已经能把各种话音及数据设备，如PC、拨号网络、笔记本电脑、打印机、传真机、移动电话、数码相机、高品质耳机等，通过无线方式连成一个微微网（Piconet），使各种设备之间实现无缝隙资源共享。

蓝牙工作于全球可用的2.4 GHz ISM频段，采用了跳频技术来克服干扰和衰减，跳频带宽79 MHz，共79个射频信道，其传输率为1 Mbps，采用时分双工（TDD）方案进行全双工通信。在信道上以分组的形式交换信息，每个分组在不同的跳频频率上传输，占用1至5个时隙，每个时隙长625 μs。蓝牙协议将电路交换与分组交换相结合，可支持1个异步数据信道，最多3个同时同步话音信道，或1个同时支持异步数据和同步话音的信道。每个话音信道在每个方向支持64 kbps比特传输率，异步信道支持最大723.2 kbps的非对称比特传输率，或433.9 kbps的对称比特传输率。

蓝牙设备由蓝牙无线单元、链路控制单元、链路管理单元及主机终端接口支持单元构成，如图6-28所示。

图6-28　蓝牙设备结构

2. 蓝牙组网

蓝牙系统采用一种灵活的无基站的组网方式，使得一个蓝牙设备可与7个其他蓝牙设备相连接。蓝牙系统网络拓扑结构有两种形式：微微网（Piconet）和散射网（Scatternet）。

（1）微微网

微微网是通过蓝牙技术以自组织组网方式（Ad Hoc）连接起来的一种微型网络，一个微微网可以只是两台相连的设备，比如一台便携式计算机和一部移动电话，也可以是8台连在一起的设备。在一个微微网中，所有设备的地位是一样的，具有相同的权限。微微网由1个主设备（Master）单元（发起链接的设备）和最多7个从设备（Slave）单元构成，如图6-29所示。主设备单元负责提供时钟同步信号和跳频序列，从设备单元一般是受控同步的设备单元，受主设备

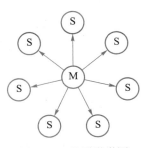

图6-29　蓝牙微微网

单元控制。

（2）散射网

一个蓝牙微微网最多只能有7个从节点同时处于通信状态。为了能容纳更多的设备，并且扩大网络通信范围，有必要将多个微微网互联在一起，于是就构成了蓝牙散射网，如图6-30所示。在散射网中，不同微微网间使用不同的跳频序列，因此，只要彼此没有同时跳跃到同一频道上，即便有多个通信会话同时执行也不会造成干扰。连接微微网之间的串联装置角色称为桥（Bridge）。桥节点有不同类别，可以是所有所属微微网中的从设备角色，此时桥的类别为S/S型（Slave/Slave）；也可以是在某一所属的微微网中当主设备，而在其他微微网中当从设备，这样的桥的类别为M/S型（Master/Slave）；更复杂情况下桥的类别还可以是M/S/S型。桥节点通过不同时隙在不同的微微网之间中转而实现跨微微网之间的数据传输。

蓝牙独特的组网方式赋予了桥节点强大的生命力，同时可以有7个移动蓝牙设备通过一个桥节点与Internet相连，它靠跳频顺序识别每个微微网，同一微微网内部所有设备都必须与这个跳频顺序同步。

蓝牙散射网是自组网的一种特例，自组网的最大特点是可以无基站支持，每个设备的地位是平等的，可以独立进行分组转发，加上其建网灵活、多跳性、拓扑结构动态变化和分布式控制等特点，成了构建蓝牙散射网的基础。

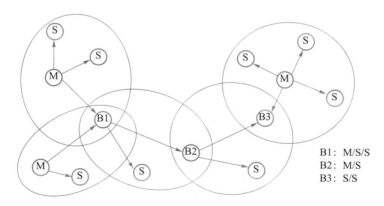

图6-30　蓝牙散射网

3. 蓝牙应用

蓝牙SIG定义了多个蓝牙应用模型，包括文件传输应用模型、互联网网桥模式、局域网访问模式、同步模式、三合一电话模式、头戴式设备模式等，下面介绍几种常用的应用场景。

（1）家庭应用

随着科学技术的不断发展，家庭中电子产品日益增加，使用蓝牙便于用户对诸多的电子产品实现统一管理。由于蓝牙技术所使用的频段是开放的频段，这使得任何用户都可以方便地应用蓝牙技术，避免了频道使用的各种制约。通过设置密码，用户可以使自家住宅的蓝牙网络私有化。针对家中拥有的多台计算机，蓝牙使得用户可以只需使用一部智能手机就可以对任意一台计算机进行操控，如执行文件传输、局域网访问、数据同步等。另外，耳机、音箱、键盘、鼠标等外围设备可由蓝牙操控，省去各种电线的纠缠。

（2）办公应用

在办公室中，一个强大的蓝牙网络可以将办公信息即时更新，将各类文件高速推送。无论是手机、计算机，还是打印机、数码相机，都可以利用蓝牙交互，蜘蛛网式的会议室将被淘汰，白板记录仪、摄像机等都可以利用蓝牙技术来简化操作。

（3）公共应用

应用蓝牙技术后，设置蓝牙基站的企业可以通过蓝牙网络向覆盖范围内的所有终端推送企业广告，例如，餐厅可以通过蓝牙技术将顾客的点菜单同步到前台和后厨，大大节约了人力和时间成本。

**6.8.4　ZigBee 网络

ZigBee 是一种应用于短距离范围内，低传输速率的无线通信技术，中文通常翻译成"紫蜂"技术。ZigBee 名称来源于蜂群的通信方式，蜜蜂在采蜜过程中，其舞蹈轨迹像跳着"Z"的形状，与同伴传递食物源的位置、距离和方向等信息。与其他无线通信协议相比，ZigBee 具有距离近、复杂度低、功耗低和成本低等特点。

2000 年 12 月 IEEE 成立了 IEEE 802.15.4 工作组，致力于定义一种适于固定、便携或移动设备使用的极低复杂度、成本和功耗的低速率无线连接技术——ZigBee 技术。2002 年 8 月，由英国 Invensys 公司、日本三菱电气公司、美国摩托罗拉公司、荷兰飞利浦半导体公司等公司成立了 ZigBee 联盟（ZigBee Alliance）。

1. ZigBee 协议栈

ZigBee 是一组基于 IEEE 802.15.4 无线标准研制开发的有关组网、安全和应用软件方面的通信技术。IEEE 802.15.4 是 IEEE 确定低速无线个人局域网的标准，这个标准定义了物理层和介质接入控制层。ZigBee 联盟对网络层和应用层进行了标准化。

（1）物理层

物理层定义物理无线信道和 MAC 层之间的接口，提供物理层数据服务和物理层管理服务。物理层数据服务是从无线物理信道上收发数据，维护一个由物理层相关数据组成的数据库。IEEE 802.15.4 定义了 2.4 GHz 和 868/915 MHz 两个物理层，它们都是基于直接序列扩频（direct sequence spread spectrum，DSSS）技术，但在工作频带、扩频参数、数据参数和适用区域等方面都存在着一定的差异。2.4 GHz 频段为全球统一、无须申请的 ISM 频段，有助于ZigBee 设备的推广和生产成本的降低，该频段物理层通过采用高阶调制技术提供 16 个数据速率为 250 kbps 的信道，可获得更高的吞吐量、更小的通信时延和更短的工作周期，从而更省电。针对第二个物理层，欧洲和美国分别采用了 868 MHz 和 915 MHz 频段作为 ZigBee 的工作频段，前者支持1个数据速率为20 Kbps的信道，后者支持10个数据速率为40 kbps的信道，这两个频段无线信号传播损耗较小，可降低对接收机灵敏度的要求，获得较远的通信距离，即可用较少的设备覆盖较大的区域。

（2）介质接入控制层

IEEE 802系列标准将数据链路层分成逻辑链路控制和介质接入控制两个子层。其中，LLC子层在IEEE 802.6中定义为IEEE 802标准系列共用，而MAC子层协议依赖于各自的物理层。IEEE 802.15.4的MAC层支持多种LLC标准，通过SSCS（service-specific convergence sub-layer）业务相关会聚子层协议承载IEEE 802.2类型的LLC标准，且允许其他LLC标准直接使用IEEE 802.15.4 MAC层的服务。考虑到Zig Bee MAC层的设计应尽可能地降低成本、易于实现、数据传输可靠、短距离操作以及低功耗等要求，因此ZigBee采用了CSMA/CD的信道接入方式和完全握手协议，并定义了4种帧类型：数据帧、信标帧、命令帧和确认帧。

（3）网络层

在ZigBee协议中，网络层主要负责新建网络、加入网络、退出网络和网络报文的路由传输等功能。根据设备所具有的通信能力，ZigBee网络中主要有两种无线设备，即全功能设备（full-function device，FFD）和精简功能设备（reduced-function device，RFD）。FFD之间及FFD和RFD之间都可以相互通信；但RFD只能与FFD通信，而不能与其他RFD通信。RFD主要用于简单的控制应用，传输的数据量较少，对传输资源和通信资源占用不多，可以采用相对廉价的实现方案，在网络结构中一般作为通信终端。FFD则需要功能相对较强的MCU，一般在网络结构中拥有网络控制和管理的功能。

（4）应用层

ZigBee应用层提供高级协议管理功能，使用应用层协议来管理协议栈，具体应用由用户开发，维持器件的功能属性，发现该器件工作空间中其他器件的工作，根据服务和需求使多个器件之间进行通信。

2. ZigBee网络组成

从网络拓扑的角度来看，ZigBee网络主要由ZigBee协调器（ZigBee coordinator）、路由器和终端三种设备组成，如图6-31所示。

ZigBee协调器是三种设备中最复杂的一种，主要负责网络的建立以及网络的相关配置，一个ZigBee网络只允许有一个ZigBee协调器。ZigBee协调器在创建一个新的网络时，通过能量探测扫描（energy detection scan，EDC）和主动扫描（active scan，AS）选择一个未探测到网络的空闲信道，然后确定自己的16位网络地址及网络拓扑等参数。各项参数选定后，ZigBee协调器便可以接受其他节点加入该网络，构建ZigBee网络。ZigBee路由器受网络协调器的控制，主要负责找寻、建立以及修复网络报文的路由信息，并负责转发网络报文。ZigBee终端设备通过ZigBee路由节点或ZigBee协调器接入网络，能够以非常低的功率运行。协调者和路由器一般由FFD功能设备构成，终端由RFD设备组成。

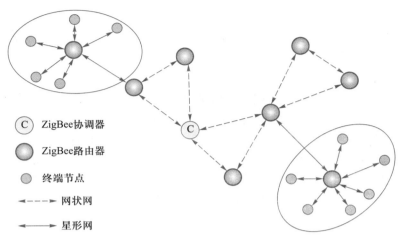

图 6-31 ZigBee 网络

ZigBee 支持星形、树形和网状拓扑结构。在星形拓扑结构中，所有设备都与 ZigBee 协调器相连，并且通过协调器与其他节点建立通信。一旦协调器出现故障，整个网络将处于瘫痪。树形拓扑结构中，节点之间采用分组路由策略来传送数据和控制信息，ZigBee 协调器不再为其他节点转发数据，而是负责启动网络以及选择关键的网络参数等网络管理功能。网状结构具备一定的自组织特性，设备之间使用完全对等的通信方式，可以采用"多级跳"等方式进行通信。

3. ZigBee 的应用

利用传感器和 ZigBee 网络，使得数据的自动采集、分析和处理变得更加容易。ZigBee 被广泛应用在工业、智能建筑、智能交通、家庭智能化及医疗等领域。例如，可以将 ZigBee 技术应用在工业温度控制、照明控制、家庭安全系统、家用电器的远程控制等领域。此外，基于 ZigBee 还能开发出其他许多功能，如通过实时监测交通流量、动态调节红绿灯、追踪超速汽车等，为人们提供及时的道路交通状况信息。ZigBee 以其低功耗和灵活的组网形式，具有广阔的应用前景。

**6.8.5 RFID

射频识别（radio frequency identification，RFID）技术，又称为电子标签、无线射频识别，是一种非接触式的自动识别技术，通过射频信号进行数据识别和获取。RFID 技术是物联网的支撑技术，可应用于物流和供应管理、生产制造、航空行李处理、图书馆管理、动物身份标识、电子门票和道路自动收费等领域。

1. RFID 工作原理

一个完整的 RFID 系统通常由射频读写器、射频识别标签和计算机应用软件系统三个部分组成，如图 6-32 所示。基本工作原理是由射频读写器发射一个特定频率的无线电波能量给射频识别标签，用以驱动应答器电路将内部的数据送出，读写器再依序接收解读数据，送给应用程序做相应的处理。

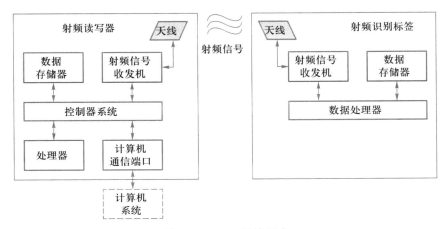

图6-32 RFID系统组成

① 射频读写器：一般由天线、信号收发机与译码器组成。它的主要任务是控制射频模块向射频识别标签发射读取信号，并接收标签的应答信号，将对象标识信息连带标签上的其他相关信息传输到主机。读写器和电子标签之间一般采用半双工通信进行数据交换。

② 射频识别标签：是射频系统的数据载体，由射频信号收发机（也称为应答器，transponder）、数据存储器以及数据处理器组成。射频信号收发机是射频识别标签的核心部分，它能够接收并发送信号，一般采用低功率的集成电路，与外部的电磁波或电磁感应相互作用，进行数据传输。

③ 计算机应用软件系统：主要完成数据信息的存储和管理，针对不同的应用，需要事先对不同设备或物品的特征信息进行提取和录入，从而实现标签管理。

2. RFID的技术标准

目前国际上比较著名的RFID标准制定组织包括国际标准化组织（ISO）、美国的EPC Global和日本的Ubiquitous ID Center。与此同时，中国也在充分考虑和引用其他组织已经制定的标准，结合我国的实际应用，建立统一的RFID标准。

（1）ISO相关标准

ISO以及其他国际标准化机构如国际电工委员会（IEC）、国际电信联盟（ITU）等是RFID国际标准的主要制定机构。ISO制定的RFID标准分为四大类：技术标准（如射频识别技术、IC卡标准）、数据内容与编码标准（如编码格式、语法标准）、性能与一致性标准（如测试规范等标准）和应用标准（如船运标签、产品包装标准等）。其中，ISO 11784和ISO 11785分别规定了动物识别的代码结构和技术准则，ISO 18000主要用于商品的供应链。

（2）EPC Global 标准

EPC Global 致力于建立一个向全球电子标签用户提供标准化服务的网络，其前身是 1999 年在美国麻省理工学院成立的非营利性组织 Auto-ID 中心。EPC Global 已在加拿大、日本、中国等国建立了分支机构，专门负责 EPC 码在这些国家的分配与管理、EPC 相关技术标准的制定、EPC 相关技术在本土的宣传普及以及推广应用等工作。

（3）Ubiquitous ID 标准

Ubiquitous ID Center 是日本有关电子标签的标准化组织，提出了泛在识别技术体系架构。该架构由泛在识别码（ucode）、信息系统服务器、泛在通信器和 ucode 解析服务器 4 部分构成。首先对现实世界中的物理对象赋予唯一的识别码，将识别码存储在信息系统服务器中。再由泛在通信器把读到的 ucode 送至 ucode 解析服务器，然后从信息系统服务器获得有关对象存储的信息。

3. RFID 分类与应用

依据不同的分类标准，RFID 系统可以分为不同的类型。依据射频识别标签工作所需能量的供给方式，RFID 系统分为有源、无源和半有源系统；根据 RFID 系统的工作频率，RFID 分为低频、高频、超高频和微波；根据射频识别标签的可读性，RDID 系统分为可读写卡标签（RW），一次写入多次读出卡标签（WORM）和只读卡标签（RO）。只读卡标签内一般只有只读存储器（ROM）、随机存取存储器（RAM）和缓冲存储器，而可读写卡标签一般还有非活动可编程记忆存储器。这种存储器除了具有存储数据功能外，还具有在适当条件下允许多次写入数据的功能。

根据系统功能的不同，RFID 又可以分为电子物品监视系统（EAS）、便携式数据采集系统和定位系统等。以 EAS 系统为例，它一般被设置在超市、图书馆或数据中心的入口处，用于控制物品出入。在使用 EAS 时，首先需要在检测的物品上粘贴 EAS 标签，在结算处或出口处会有专门的设备对标签的活动性进行检测。一旦发现物品被非法带出，监视器会发出报警信号以保证物品安全。与之类似的还有手持式的 RFID 读写器，也是通过射频数据采集方式实时地向数据管理系统传输数据。

此外，RFID 控制系统还应用于物流系统以及车辆、船舶等定位系统。这种情况下，信号发射机一般安装在移动的物体或人上面。当物体经过读写器时，读写器会自动扫描标签上的信息，进行存储和分析，以达到控制物流或者设备定位的目的。

**6.8.6　NFC

1. NFC 发展历程

近场无线通信（near field communication，NFC）最早由飞利浦、诺基亚和索尼公司推出，是一种短距离的高频无线通信技术，允许电子设备之间进行非接触式点对点数据传输（在 10 cm 内）。为了推动 NFC 的发展和普及，业界创建了一个非营利性的标准组织——NFC 论坛，以促进 NFC 技术的实施和标准化，确保设备和服务之间协同合作。目前，NFC 论坛在全球拥有数百个成员，包括索尼、飞利浦、LG、摩托罗拉、NXP、NEC、三星、atom、英特尔等知名半导体企业，其中中国成员有中国移动、华为、中兴、上海同耀和台湾正隆等公司。NFC论坛和WiFi联盟类似，不仅负责NFC标准的制定，同时负责NFC认证，以保证各NFC设备能满足NFC规范。

NFC提供了一种简单、触控式的解决方案，可以让用户简单直观地交换信息、访问内容与服务。这个技术由免接触式射频识别（RFID）演变而来，并向下兼容RFID，主要可能用于手机等手持设备中。由于近场通信具有天然的安全性，因此，NFC技术被认为在手机支付等领域具有很大的应用前景。NFC将非接触读写器、非接触卡和点对点功能整合进一块单芯片，为当代社会生活方式开创了不计其数的全新机遇。和RFID不同，NFC采用了双向的识别和连接，它能快速自动地建立无线网络，为蜂窝设备、蓝牙设备、WiFi设备提供一个"虚拟连接"，使电子设备可以在短距离范围进行通信。

与蓝牙和WiFi不同的是，NFC使用了电磁感应原理，有源NFC组件可以在无源组件中感应出电流和发送数据，这意味着无源设备不需要自己的电源。当无源NFC组件进入通信范围时，它们可以由有源NFC组件产生的电磁场提供动力。不过，NFC技术提供电磁感应力是有限的，无法达到给智能手机充电的目的，无线充电实际上遵循的是同样的原理。

NFC的工作频率为13.56 MHz，距离在10 cm内，其传输速度有106 kbps、212 kbps或者424 kbps三种，这种传输速度对于传输图片和音乐等文件已经足够了。

2. NFC通信模式

NFC通信模式主要有读卡器模式、点对点模式和卡模式三种。

（1）读卡器模式

作为非接触读卡器使用，比如从海报或者展览信息电子标签上读取相关信息。亦可实现NFC手机之间的数据交换，对于企业环境中的文件共享，或者对于多玩家的游戏应用，都将带来诸多的便利。

（2）点对点模式

此模式和红外线差不多，可用于数据交换，只是传输距离较短，创建连接速度较快，传输速度也较快，功耗低。将两个具备NFC功能的设备无线连接，能实现数据点对点传输，如下载音乐、交换图片或者同步设备地址簿。因此通过NFC，多个设备如数码相机、PDA、计算机和手机之间都可以交换资料或者服务。

（3）卡模式

该模式其实就是相当于一张采用RFID技术的IC卡，可以替代大量的IC卡（包括信用卡）使用的场合，如商场刷卡、公交卡、门禁管制、车票、门票等。此种方式有一个极大的优点，那就是卡片通过非接触读卡器的 RF 域供电，即使寄主设备（如智能手机）没电也可以工作。

3. NFC与蓝牙比较

NFC有自己的通信特点，与其他无线通信技术相比又有何优缺点呢？有人认为，蓝牙与

RFID技术的存在使得NFC没有存在的必要，果真如此吗？

与蓝牙相比，NFC在某些情况下具有一些显著的优势。NFC相比蓝牙的一大优势是功耗更少，这使得NFC非常适合于作为无源设备，比如广告标签，因为它们可以在没有电源的情况下运行。然而，事情都有两面性，NFC的低能耗也为其带来了一些缺点，其中最明显的是NFC传输距离比蓝牙短得多，NFC的最大传输范围约为 10 cm，而蓝牙的最大传输距离可以高达 10 m 甚至更远。NFC的另一个缺点是其传输速率比蓝牙慢很多，NFC传输数据的最高速率仅为 424 kbps，而蓝牙2.1的传输速率为 2.1 Mbps，即便是蓝牙LE（低功耗）的传输速率也达到了 1 Mbps。除了低功耗外，NFC还有一个主要优势：连接速度更快。NFC由于使用了电感耦合技术，无须配对，在两个设备之间建立连接仅需不到0.1 s。现代蓝牙连接速度尽管已经非常快了，但依然远不及NFC的连接速度，而快速的连接对于某些场景是至关重要的，例如移动支付。

NFC和蓝牙同为非接触传输方式，它们具有各自不同的技术特征，可以用于各种不同的目的，其技术本身没有绝对的优劣差别。

4. NFC应用

NFC技术主要应用在手机中，大致可以分为以下五类。

① 接触通过（touch and go），如门禁管理、车票和门票等，用户将存储车票或门控密码的设备靠近读卡器即可，也可用于物流管理。

② 接触支付（touch and pay），如移动支付，用户将设备靠近嵌有NFC模块的POS机即可进行支付，并确认交易。

③ 接触连接（touch and connect），如把两个NFC设备相连接，进行点对点（peer-to-peer）数据传输，例如，下载音乐、图片互传和交换通讯录等。

④ 接触浏览（touch and explore），用户可将NFC手机靠近街头有NFC功能的智能公用电话或海报，来浏览交通信息等。

⑤ 下载接触（load and touch），用户可通过GPRS网络接收或下载信息，实现支付或门禁等功能，如用户可发送特定格式的短信至家政服务员的手机来控制家政服务员进出住宅的权限。

**6.8.7　移动网络

移动网络（mobile network）又被称为蜂窝网络（cellular network），是一种移动通信硬件架构，由于构成网络的各通信基站的信号覆盖呈六边形，使整个网络像一个蜂窝而得名，如图6-33所示。移动网络的通信是利用无线电波在空间传递信息的，按照通信信道的不同可分为模拟蜂窝网络和数字蜂窝网络。移动网络需要解决的核心问题之一就是如何将有限的可用频率有秩序地提供给越来越多的用户使用而不相互干扰，这涉及频率的管理与有效利用问题。

移动网络技术在过去的几十年中经历了以下几个阶段。

1. 第一代移动通信系统

第一代移动通信系统（1G）是在20世纪80年代初期提出的基于模拟传输的通信技术，如NMT和AMPS。其特点是业务量小、质量差、安全性差、没有加密和速度慢。1G主要基于蜂窝结构组网，直接使用模拟语音调制技术，不同国家采用不同的工作系统。

2. 第二代移动通信系统

第二代移动通信系统（2G）起源于20世纪90年代初期，代表技术是GSM系统。GPRs/EDGE技术的引入，使GSM与计算机网络通信/Internet有机结合，数据传送速率可达115/384 kbps，从而使GSM功能得到不断增强，初步具备了支持多媒体业务的能力。

图6-33给出的就是一个2G GSM移动网络的结构图，GSM移动网络主要由移动站点、基站子系统和移动交换系统组成。

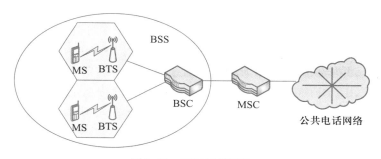

图6-33 GSM网络结构

（1）移动站点

移动站点（mobile station，MS）又称移动台，是GSM网络的用户设备，可以是车载台、便携台和手持机，它由移动终端和用户识别卡两部分组成。移动终端主要完成语音信号的处理和无线收发等功能。SIM卡存储了认证用户身份所需的所有信息以及与安全保密有关的重要信息，以防非法用户入侵，移动终端只有插入了SIM卡后才能接入GSM网络。

（2）基站子系统

基站子系统（base station system，BSS）由基站收发台（base transceiver station，BTS）和基站控制器（base station controller，BSC）构成。基站收发台包括无线发射/接收设备、天线和所有无线接口特有的信号处理部分，可看作一个无线调制解调器，负责移动信号的接收和发送处理。BSC是基站收发台和移动交换中心（mobile switch center，MSC）的连接点，为基站收发台和移动交换中心之间交换信息提供接口。一个基站控制器通常控制几个基站收发台，其主要功能是进行无线信道管理、实施呼叫和通信链路的建立和拆除，并对本控制区内移动台的过区切换进行控制等。

（3）网络交换系统

网络交换系统（network switching system，NSS）主要完成交换、用户管理、移动性管理、安全性管理等功能。移动业务交换中心（mobile service switching center，MSSC）是GSM网络的核心，完成最基本的交换功能，即完成移动用户和其他网络用户之间的通信连接；完成移动用户寻呼接入、信道分配、呼叫接续、话务量控制、计费、基站管理等功能；提供面向系统其他功能实体的接口、到其他网络的接口以及与其他MSC互联的接口。

3. 第三代移动通信系统

第三代移动通信系统（3G），即IMT-2000标准，其最基本的特征是智能信号处理技术。智能信号处理单元是基本功能模块，支持话音和多媒体数据通信，它可以提供前两代产品不能提供的各种宽带信息业务，例如高速数据、慢速图像与电视图像等。第三代移动通信系统的通信标准有WCDMA、CDMA2000和TD-SCDMA三大分支，各标准间存在相互不兼容的问题，使得3G网络的实用性不足。

4. 第四代移动通信系统

第四代移动通信系统（4G），包括TD-LTE和FDD-LTE两种制式，是集3G与WLAN于一体并能够传输高质量视频图像的技术产品。4G系统能够以100 Mbps的速度下载，上传的速度也能达到20 Mbps，并能够满足几乎所有用户对于无线服务的要求。第四代移动通信系统主要是以正交频分复用（OFDM）为技术核心。OFDM技术的特点是网络结构高度可扩展，具有良好的抗噪声性能和抗多信道干扰能力，可以提供速率高、时延小的服务和更好的性能价格比。

5. 第五代移动通信系统

第五代移动通信技术（5G）是目前移动通信网络的建设热点，全世界各大网络运营商都在加紧布局5G网络，我国为了进一步强化5G网络的竞争，在原来的三大移动运营商（中国电信、中国移动、中国联通）基础上增加了中国广电。5G通信的关键技术包括高频段的传输、新型多天线传输、同时同频全双工技术、D2D技术、密集网络覆盖技术、新型网络架构等。

尽管第五代移动网络还没有形成大规模商业运行，但是第六代移动网络已经提上了各大通信设备供应商的议事日程，如我国的华为与中兴等通信设备供应商都建立了各自的面向6G技术研究的工作团队。

网络用户在享受快捷的无线接入服务时，也希望随时随地地接入互联网，及时获取Internet上的各种信息。移动互联网（network mobility，NEMO）应运而生。简单来说，移动互联网就是将移动通信和互联网两者结合起来，为人们提供在移动的过程中高速地接入互联网的能力，它可以使移动节点用一个永久的地址与互联网中的任何主机通信，并且在切换子网时不中断正在进行的通信，如图6-34所示。

NEMO最初的研究是在IPv6的基础上发展起

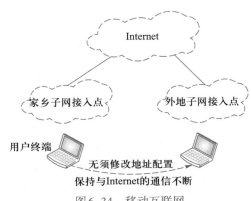

图6-34　移动互联网

来的，然而，移动IPv6协议主要是针对单个节点的移动，并没有为网络的移动提供一个完整的解决方案。相比移动IP技术而言，网络的移动更加复杂多样。IETF于2002年10月成立NEMO工作组，其主要目标是当移动网络的移动路由器改变Internet接入点时，为其提供一种机制保证移动网络节点与Internet的连接。NEMO工作组先后制订了NEMO目标、所需条件（RFC 4886）和基本术语（RFC 4885），给出了NEMO基本支持协议的管理信息库、NEMO的家乡网络模型（RFC 4887）、NEMO路由优化及多宿问题的相关协议。除IETF的NEMO工作组之外，欧洲的OverDrive计划也从事网络移动性的研究。该计划的基本目标是车辆中的移动路由器可以在3G、WLAN以及3G以上的网络中自由移动，并通过车辆中的移动路由器为乘客提供Internet服务。NEMO的出现解决了移动IPv6协议用于移动网络的问题，但同时它的实现需要移动通信技术和网络技术的共同支撑。

小 结

数据链路层是任何计算机网络都必须明确定义的一个网络层次，它利用物理层提供的数据位传输服务，结合自身层次协议实现的功能，向网络层提供更加可靠的数据传输服务。

数据链路层涉及的内容较多，本章在明确数据链路与链路的概念区别后，讲述了数据链路层的主要层次功能，即数据帧边界划分、差错控制、流量控制、广播信道访问控制等。在此基础上，介绍了几个经典的数据链路层实例，包括PPP数据链路协议以及面向广播信道的以太网协议，并对以太网相关的局域网体系结构、传统以太网、高速以太网、交换式以太网、虚拟局域网以及无线局域网进行了较为翔实的描述。最后，本章还介绍了一些常用的无线网络技术，如蓝牙网络、ZigBee网络、RFID、NFC等，同时对移动网络也进行了简要描述。

习 题

1. 填空题

（1）物理层要解决_____同步的问题，数据链路层要解决_____同步的问题。

（2）利用差错控制编码来进行差错控制的方法基本上可分为_____和_____两类。常用的检错码有_____和_____两种。

（3）数据链路层采用后退N帧协议，发送方已经发送了编号为0~7的帧。当计时器超时，若发送方只收到0、2、3号帧的确认，则要发送方重发的帧个数是_____个。

（4）面向比特同步的帧数据段中出现位串01111101，则比特填充后输出是_____。

（5）在选择重传协议中，当帧的序号字段为3比特，且接收窗口与发送窗口尺寸相同时，发送窗口的最大尺寸为_____。

（6）IEEE 802将LAN的数据链路层细分为_____和_____两个子层。

（7）在局域网发展的早期，由于局域网范围小，连接主机数量少，为了简化控制大多采用了_____信道，在这种情况下，局域网首先要解决的问题是_____。

（8）在 IEEE 802.3 类型的局域网中，采用的介质访问控制方法是_____；在 IEEE 802.11 类型的局域网中，采用的介质访问控制方法是_____。

（9）使用集线器的以太网在物理上是一个_____拓扑的网络，在逻辑上是一个使用_____信道的网络。

（10）虚拟局域网中常用的划分方法有_____、_____、_____和_____等。

2. 选择题

（1）流量控制是为（　　）所需要的。

  A. 位错误　　　　　　　　　　　　B. 发送方缓冲区溢出

  C. 接收方缓冲区溢出　　　　　　　D. 接收方与发送方之间冲突

（2）PPP 使用面向（　　）的填充方式。

  A. 比特　　　B. 字符　　　C. 透明传输　　　D. 帧

（3）对于窗口大小为 n 的滑动窗口，最多可以有（　　）帧已发送但没有确认。

  A. 0　　　B. $n-1$　　　C. n　　　D. $n+1$

（4）下面不是数据链路层功能的是（　　）。

  A. 帧同步　　　B. 差错控制　　　C. 流量控制　　　D. 拥塞控制

（5）在数据通信中，当发送数据出现差错时，发送端无须进行数据重发的差错控制方法为（　　）。

  A. ARQ　　　B. FEC　　　C. 奇偶校验码　　　D. CRC

（6）已知循环冗余码生成多项式 $G(X)=x^5+x^4+x+1$，若信息位为 10101100，则冗余码是（　　）。

  A. 01101　　　B.01100　　　C. 1101　　　D. 1100

（7）若数据链路的发送窗口尺寸 $W_T=4$，在发送 3 号帧，并接到 2 号帧的确认帧后，发送方还可连续发送（　　）。

  A. 2 帧　　　B. 3 帧　　　C. 4 帧　　　D. 1 帧

（8）在回退 N 协议中，当帧序号为 3 比特，发送窗口的最大尺寸为（　　）。

  A. 5　　　B. 6　　　C. 7　　　D. 8

（9）流量控制是数据链路层的基本功能之一，有关流量控制，下列说法中正确的是（　　）。

  A. 只有数据链路层存在流量控制

  B. 不只是数据链路层存在流量控制，不过各层的流量控制对象都一样

  C. 不只是数据链路层存在流量控制，但是各层的流量控制对象都不一样

  D. 以上都不对

（10）为了避免传输中帧的丢失，数据链路层采用了（　　）方法。

  A. 发送帧编上序号　　B. 循环冗余码　　　C. 海明码　　　D. 计时器超时重发

（11）局域网体系架构中，一般不包括（　　）。

A. 网络层   B. 物理层

C. 数据链路层   D. 介质访问控制子层

（12）一般认为决定局域网特性的主要技术有三个，它们是（　　　）。

 A. 传输媒体、差错检测方法和网络操作系统

 B. 通信方式、同步方式和拓扑结构

 C. 传输媒体、拓扑结构和介质访问控制方法

 D. 数据编码技术、媒体访问控制方法和交换技术

（13）以太网采用的介质访问控制方式为（　　　）。

 A. CSMA   B. CSMA/CD   C. CDMA   D. CSMA/CA

（14）以太网定义的冲突检测时间是（　　　）。

 A. 信号在最远两个端点之间往返传输的时间

 B. 信号从线路的一端传输到另一端的时间

 C. 从发送开始到收到应答的时间

 D. 从发送完毕到收到应答的时间

（15）下面不是无线局域网使用的 MAC 机制的是（　　　）。

 A. CSMA/CD   B. CSMA/CA   C. DCF   D. PCF

3. 简答题

（1）有人认为：每一帧的结束处是一个标志字节，而下一个帧的开始处又是另外一个标志字节，这种方法非常浪费空间。用一个标志字节就可以完成同样的任务，这样就可以节省一个字节。你同意这种观点吗？

（2）奇偶检验的一个改进是按 n 行、每行 k 位来传输数据，并且在每行和每列上加上奇偶位。其中右下角是一个检查它所在行和列的奇偶位。这种方案能够检测出所有的 1 位、2 位和 3 位错吗？

（3）利用 CRC 方法来传输位流 10011101，假设生成多项式是 CRC-8，请给出实际被传输的位串。如果在传输过程中左边第三位发生错误。试证明：该错误可以在接收方被检测出来。

（4）数据链路层协议几乎总是将检错码放在尾部，而不是头部，请问这是什么原因？

（5）试描述滑动窗口是如何实施流量控制的。

（6）局域网与广域网相比主要特点是什么？

（7）什么是冲突协议，什么是无冲突协议？

（8）比较 1-坚持式 CSMA、p-坚持式 CSMA、非坚持式 CSMA 协议在实现方式、响应时间和效率方面的差异。

（9）交换式以太网和共享式以太网相比有何特点？

（10）简述千兆以太网使用帧突发技术和载波扩展的原因。

（11）简单说明虚拟局域网的适用环境以及常用技术。

（12）无线局域网中为何不能直接使用有线以太网中的 MAC 协议？试说明 RTS 帧和 CTS 帧的作用。

4. 计算题

（1）一个信道的位速率为 4 kbps，传输延迟为 20 ms。请问帧的大小在什么范围内，停等协议才可以获得至少 50% 的传输效率？

（2）一条 3000 km 长的 T1 干线被用来传输 64 B 的帧，通信的两端使用了连续 ARQ 协议。如果信号每传播 1 km 耗时 6 μs，则序列号应该设置为多少位？

（3）利用地球同步卫星在一个 1 Mbps 的信道上发送 1 000 b 的帧，该信道离开地球的传播延迟为 270 ms。确认信息总是被捎带在数据帧上。头部非常短，使用 3b 序列号。在下面的协议中，最大可获得的信道利用率是多少？（a）停等协议；（b）连续 ARQ 协议；（c）选择重传 ARQ 协议。

（4）使用一个 64 kbps 的无差错卫星信道发送 512 B 的数据帧，而在另外一个方向上返回的确认帧长度很短（可忽略不计）。对于窗口大小为 1、7、15 和 100 的最大吞吐率是多少？

（5）一条 100 km 长的电缆以 T1 速率传输数据，假设在电缆中的信号传播速度是光速的 2/3，试问：在该电缆中最多可以填充多少个数据位？

（6）一个 1km 长、100 Mbps 的局域网采用 CSMA/CD 协议，其信号传播速度是每微秒 200 m。试问该网络的冲突检测的时间多长？最短帧长度应该是多少？

第7章 数据通信与物理层

数据通信是通信技术和计算机技术相结合而产生的一种新的通信方式，尤其是数字通信技术与分组交换技术的结合更是促进了计算机网络的快速发展。

数据通信的理论基础是傅立叶积分变换，通过待传输信号的频谱特性与信道能够提供的带宽可以构成多种数据通信技术。数字传输是计算机网络采用的主要通信方式，但在特定通信环境下，计算机网络也可以采用模拟通信，不管计算机网络采用的是哪种通信方式，传输的都是数字数据；模拟数据要想通过计算机网络传输，必须先通过数字化手段将其转变成数字数据。传输介质是提供信道的物理载体，当前的主流传输介质是光纤、同轴电缆、双绞线及无线介质，它们各自具有不同的通信性能；有时，单根传输介质的传输能力会远远超过单个通信会话要求的传输容量，为了提高传输介质的使用效率，可以将多个通信会话复用到单根传输介质上。物理层作为网络体系结构的最底层，需要解决如何利用传输介质完成二进制位流的正确、高效传输的问题。

7.1 数据通信概述

通信是为了交换信息（information），而数据（data）是信息的载体。信息涉及数据所表达的内涵，而数据涉及信息的表现形式，它可以是话音、数值、文本、图形和图像等，数据是通信双方交换的具体内容。

一个数据通信系统包括信源、发送设备、传输系统、接收设备和信宿5个部分，简单情况下传输系统可以只有一条信道。数据通信系统的基本目标就是将信源的数据可靠地传输到信宿。

数据有模拟数据（analog data）和数字数据（digital data）之分。模拟数据是随时间连续变化的函数，在一定的范围内有连续的无数个值，模拟数据在现实世界中大量存在，比如自然人说话的声音就是一个典型的例子。数字数据是离散的，只能有有限个离散值，如数字计算机的电路信号只有高、低两种电平状态，分别表示二进制数字"1"和"0"，它们用某种编码（coding）方式可以编为计算机系统所使用的二进制代码，用这些代码表示的数据就是数字数据。

数据是通过信号（signal）进行传输的，信号是数据传输的载体。数据在发送前要把它转换成某种物理信号，基于信号的某些特征参数可以表示所传输的数据，比如正弦电信号的幅值、频率和相位，电脉冲的幅值、上升沿和下降沿，光脉冲信号的有和无，等等。实质上，这些信号在媒体中都是通过电磁波（electro-magnetic wave）进行传输的，因此也可以说，信号是数据在媒体中传输的电磁波表现形式。

与数据一样，信号也有模拟信号和数字信号之分。模拟信号是表示数据的特征参数随时间连续变化的信号，而数字信号则是离散的信号。例如，把模拟的话音转换为电信号进行传输，使电信号的幅值与声音大小成正比，这就是幅值连续变化的模拟信号。如果把二进制数据的"l"和"0"直接用高、低两种电平信号表示，并直接进行传输，由于这种信号的幅值只有离散的两种电平，是一种数字信号。

信号是在信道（channel）上传输的，信道是信号传输的通道。信道一般指连接信号发送方和接收方之间的传输线路，包括铜缆、光纤等有线传输介质和微波、红外等无线传输介质。"信道"这个词使用得较为广泛，在不同的背景下，可能表示不同的、更为广义的内涵。比如一条由4个粗缆网段组成的以太网信道，除了传输介质外它还包含了3个中继器，这些中继器可以在物理层对信号进行放大、整形和转发，此时的以太网信道就超越了普通传输介质的概念，它还包含了物理层的一些协议功能。

使用模拟信号传输数据的信道称为模拟信道，使用数字信号传输数据的信道称为数字信道。数字信道有着更优的传输质量，它传输的是由二进制"l"和"0"对应的数字信号，一般编码为高/低电平、脉冲上升/下降沿、有/无光脉冲等两种状态，因而有相当大的容差范围，即使传输过程中出现轻微的信号变形，一般不会影响到接收端的判断，正确还原的概率非常高。

一般来讲，模拟数据用模拟信号表示，在模拟信道传输；数字数据用数字信号表示，在数字信道传输。传输模拟信号的通信系统称为模拟传输系统（analog transmission system），传输数字信号的通信系统则称为数字传输系统（digital transmission system）。

历史上电话系统一直在通信领域占据统治地位，它是一个经典的模拟传输系统。早先，模拟的话音转换成模拟电信号后直接在模拟信道上传输。后来，随着数字技术的发展，很多国家把电话主干线改造为数字干线，先将模拟话音转换为数字数据，然后在数字干线上传输，这就是模拟话音的数字传输方式。

在计算机网络中，信源和信宿都是计算机设备，它们之间交换的是数字数据。一般而言，计算机网络直接使用数字信号在数字信道上进行传输，称为基带传输。基带传输不是简单地把数字数据的二进制位直接对应为高低电平加到通信线路上传输，而是先按一定方式编码（coding）后再变成对应的物理信号在线路上传输，到了接收端再进行解码（decoding）。这种编解码不同于文字、语音和图像等应用数据的编解码，被称为线路编解码或信道编解码。

计算机网络的数字数据有时也借助于模拟信道传输，称为频带传输。因为这样可以利用已有的模拟传输网络（例如模拟电话网），通过它来传输计算机的数字数据，可以节省大量的线路投资。为了在模拟信道上传输数字数据，要先将数字数据调制（modulation）为模拟信号再发送，到了接收端再进行解调（demodulation）。

为了提高传输线路的利用率，数据通信中广泛使用多路复用（multiplexing）技术。在模拟信道上通常使用频分多路复用（frequency division multiplexing，FDM）技术，它将信道划分为多个频段以传输多路信号。在数字信道上通常使用时分多路复用（time division multiplexing，TDM）技术，将单位传输时间分割为多个时隙以传输多路信号，它是数据通信的主流技术。对于光信号的传输，还可以使用波分多路复用（wavelength division multiplexing，WDM）技术，该技术能够充分挖掘光纤的巨大带宽潜力。

**7.2 数据通信理论基础

1. 傅立叶分析

传输介质利用电压、电流、光信号等物理量的变化来传送二进制位流，因此可以将电压、电流等表示为时间的单值函数 $f(t)$，这样就可以用数学的方法来描述信号的变化，并对其进行数学分析。

19世纪中叶，法国数学家傅立叶证明，任何正常的周期为 T 的函数 $g(t)$，都可以表示为无限个正弦和余弦函数组成。这样，任何周期信号都可以表示为一个基波信号和无限高次谐波信号的合成。

$$g(t) = \frac{a_0}{2} + \sum_{n=1}^{\infty} a_n \sin(2\pi nft) + \sum_{n=1}^{\infty} b_n \cos(2\pi nft)$$

如果信道能通过信号的所有谐波，那么接收到的信号就和发送方的波形完全一致，但是由于信道的带宽限制，很多高次谐波分量无法通过，并且对不同傅立叶分量的衰减不同，也会引起输出的失真。由于基频包含了信号的大部分能量，如果信号的基频和部分谐波能通过信道，一般说来，接收到的信号是可以被识别的。简单地说，通过信道的谐波次数越多，接收到的信号就越逼真。

2. 信号频谱特性

所谓信号的频谱特性是指组成周期信号的各次谐波的振幅按频率的分布图，这样的频谱图以频率 f 为横坐标，相应的各种谐波分量的振幅 u 为纵坐标，如图7-1（a）所示，图中谐波的最高频率 f_h 与最低频率 f_l 之差（$f_h - f_l$）称为信号的频带宽度，简称信号带宽。与信号带宽紧密关联的另外一个概念就是信道带宽，它是指信道频率响应曲线上幅度取其频带中心处值的 $1/\sqrt{2}$ 倍的两个频率之间的区间宽度，如图7-1（b）所示。为了降低信号在传输过程中的失真，信道必须有足够的带宽。

图7-2（a）给出了一个周期性矩形脉冲示意图，其幅值为 A，脉冲宽度为 τ，周期为 T，对称于纵轴。尽管这是一个最为简单的周期函数，实际数据中的脉冲信号比这要复杂得多，但是通过这个简单周期函数的分析，能够得出关于信号带宽的一个重要结论。

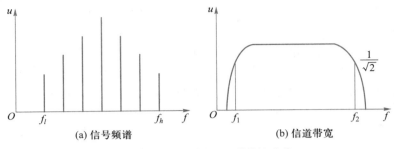

(a) 信号频谱　　　　　　　　　(b) 信道带宽

图7-1　信号与信道的频谱特性曲线

图7-2（a）所示的周期矩形脉冲的傅立叶级数中只包含直流和余弦项，设 $\omega=2\pi/T$，则有

$$g(t)=\frac{A\tau}{T}+\sum_{n=1}^{\infty}\frac{2A\tau}{T}\frac{\sin(n\tau\omega/2)}{n\tau\omega/2}\cos(n\omega t)$$

令 $x=n\tau\omega/2$，则上式可以改写成

$$g(t)=\frac{A\tau}{T}+\sum_{n=1}^{\infty}\frac{2A\tau}{T}\frac{\sin x}{x}\cos(n\omega t)$$

由上式可得周期性矩形脉冲的频谱图如图7-2（b）所示，图中横轴用 x 表示，纵轴用规一化幅度 a_n/a_0 表示，其中 $a_n=\dfrac{2A\tau}{T}\dfrac{\sin x}{x}$，$a_0=\dfrac{2A\tau}{T}$，当 x 趋于无穷大时，a_n/a_0 的值趋于0。从图中可以看出，谐波分量的频率越高，其幅值越小。因此可以认为信号的绝大部分能量集中在第一个零点的左侧，由于在第一个零点处 $x=\pi$，若取 $n=1$，则有 $\tau=T$。若定义周期性矩形脉冲信号的带宽为 $B=f=1/T=1/\tau$，从中可以发现：信号带宽与其脉冲宽度成反比，与之相对应的结论就是传输的脉冲频率越高，即脉冲宽度越窄，要求信道的带宽就越大。

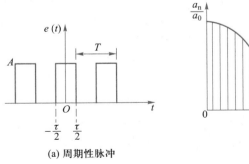
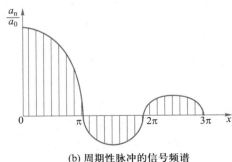

(a) 周期性脉冲　　　　　　　　　(b) 周期性脉冲的信号频谱

图7-2　周期性脉冲及其信号频谱

7.3 数据通信系统模型

7.3.1 数据通信系统基本结构

图7–3以两台计算机通过模拟电话网络的数据通信过程为例，说明数据通信系统的组成。从图7–3可以看出，一个数据通信系统大致可以划分为三个部分，即源系统、传输系统和目的系统。

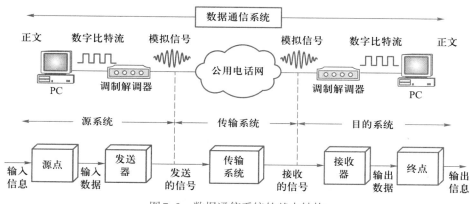

图7–3 数据通信系统的基本结构

源系统一般包括以下两个部件。

① 源点：源点设备产生通信网络要传输的数据，例如用户输入到计算机待发送的文本，产生输出的就是数字比特流，源点又称为源站。

② 发送器：通常源点生成的数据要通过发送器编码后才能够在传输系统中进行传输。例如，调制解调器将计算机输出的数字比特流转换成能够在用户电话线上传输的模拟信号。

与源系统相对应，目的系统一般也包括两个部件。

① 接收器：接收传输系统传输过来的信号，并将其转换为能够被终点设备处理的信息。例如，调制解调器接收来自传输线路上的模拟信号，并将其转换成数字比特流。

② 终点：终点设备从接收器获取传输来的信息，终点又称为目的站。

传输系统位于源系统和目的系统之间，它可以是简单的物理通信线路，也可以是连接在源系统和目的系统之间的复杂网络系统。

7.3.2 数据与信号

数据是承载信息的实体，而信号则是数据的电气或电磁等的表现形式。无论是数据还是信号，都可以划分为模拟的和数字的两种类型。所谓"模拟的"就是连续变化的，而"数字的"就表示取值仅允许为有限的若干离散数值，如图7-4所示。

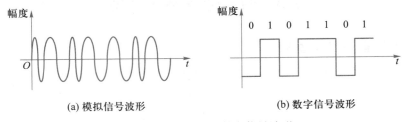

(a) 模拟信号波形　　　　　　　　　　(b) 数字信号波形

图7-4　模拟信号与数字信号波形

虽然数字化已成为当今的趋势，但这并不等于说，使用数字数据和数字信号就一定是"先进的"，而使用模拟数据和模拟信号就一定是"落后的"。数据究竟是应当数字的还是模拟的，是由所产生的数据的特性决定的。例如，当自然人说话时，声音大小是连续变化的，因此表示话音信息的声波就是模拟数据。数据必须转换成信号后才能在物理介质上传输，而有的物理介质比较适合于传输模拟信号；因此，即使数据是数字形式的，有时仍要将数字数据转换为模拟信号后方能在这种媒体上传，将数字数据转换为模拟信号的过程称为调制。

明白了上述基本概念后，就可以理解图7-3所示的数据通信系统的基本结构了。这里要指出的是，如果网络的传输信道都是合适于传输数字信号，那么计算机输出的数字比特流就没有必要再转换为模拟信号了。但如果要使用一段模拟电话线，就必须使用调制解调器的调制功能将计算机输出的数字信号转换为模拟信号。在公用电话网中，交换机之间的中继线路已经完全数字化了，因此模拟信号还必须转换为数字信号才能在数字中继线路上传输。等到信号要进入接收端的模拟电话线时，数字信号被还原成模拟信号，最后再经过调制解调器的解调功能转换为数字信号进入接收端的计算机并转换成正文。

一般说来，模拟数据和数字数据都可以转换为模拟信号或数字信号，这样就构成了4种组合情况。

① 模拟数据、模拟信号：最早的模拟电话系统就是这种情况。

② 模拟数据、数字信号：将模拟数据转化成数字形式后，就可以使用数字化的传输和交换设备，现在的电话网络（因为主干线为数字干线）就是这种情况。

③ 数字数据、模拟信号：为适应有些场合下物理介质只能传输模拟信号，必须将数字数据调制为模拟信号后才能传输。

④ 数字数据、数字信号：数字数据变换成数字信号的编码设备比数字数据变换成模拟信号的调制设备要简单、廉价，当前的计算机网络的主流通信系统就是这种情况。

图7-5给出了模拟数据、数字数据、模拟信号与数字信号之间的组合通信示意图。

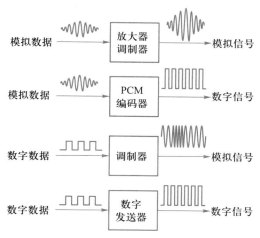

图7-5 模拟/数字数据与模拟/数字信号

7.3.3 信道通信方式

数据通信系统经常使用到"信道"（channel）这一术语，信道和电路并不等同。信道一般是指用来表示往某一方向传输信息的传输通道，因此，一条通信电路往往包含一条发送信道和一条接收信道。

从通信双方交互方向来看，数据通信有3种基本方式，即单工通信、半双工通信和全双工通信，图7-6给出了三种通信方式的工作过程。

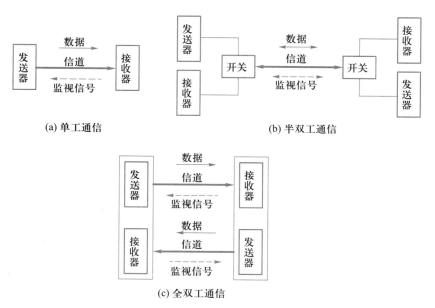

图7-6 单工、半双工和全双工通信

（1）单工通信

如图7-6（a）所示，在单工通信中，数据信号仅可从一个站点传输到另一个站点，即数据流仅沿单方向流动，发送方和接收方的角色是固定的，如无线电广播就是单工通信的典型例子。但在数据通信系统中，接收方要对接收的数据进行检验，检出错误要求发送方重传原数据，对于正确接收的数据也可能需要返回确认信号，因此就必须附有一条反向控制信道，用于传输确认信号、请求重发信号等监视信号，如图7-6中的虚线所示。

数据通信系统很少采用单工通信方式。

（2）半双工通信

如图7-6（b）所示，在半双工通信中，数据信号既可从左边站点（记为A站）传到右边站点（记为B站），也可由右边站点传到左边站点，但不能在两个方向上同时进行传输，如小范围内使用的对讲机就是典型的半双工通信系统。通信的双方都具有发送器和接收器，但信道一次只能容纳一个方向的传输，由一方发送变为另一方发送就必须切换信道方向。例如，A站把发送器连接到线路上，B站相应地把接收器连接到线路上，A站向B站就可发送数据信号。当B站要发送数据信号时，B站要将接收器与线路断开，把发送器连接到线路上，同时A站相应地将发送器与线路断开，并把接收器连到线路上，信道方向改变了，这时B站就可向A站发送数据信号了。这种在一条信道上，用开关进行转换，实现A→B与B→A两个方向的交替通信，称为半双工通信，或称为单工信道的半双工系统。

半双工通信由于在数据传输过程中频繁切换信道方向，所以效率较低，但可节省传输线路资源，在局域网中得到了广泛应用。

（3）全双工通信

如图7-6（c）所示，在使用全双工通信过程中，两个站点间允许在同一时刻双向传输数据信号，它相当于把两个相反方向的单工通信信道组合在一起。和半双工相比较，全双工效率高，但它的结构复杂，成本也比较高。

*7.3.4　数据传输方式

信道上传输的信号有基带（baseband）信号和频带信号（frequency-band），与之相对应的数据传输则分别称为基带传输和频带传输。

（1）基带传输

基带信号是指信源直接输出的原始数据信号，它可以是数字的，也可以是模拟的。例如，在计算机等数字设备中，二进制数字序列最方便的电信号形式表现为方波，即"1"或"0"分别用高（或低）电平或低（或高）电平表示，这种方波信号实际上就是数字基带信号；而模拟电话机输出的话音信号则是模拟基带信号。在信道上直接传输数据的基带信号称为基带传输，一般来说，需要将信源的数据变换成可直接传输的数字基带信号。在发送端由编码器实现编码，在接收端由译码器进行解码，恢复发送端原始发送的数据。基带传输是一种最简单的传输方式，常用于局域网中。

数字基带信号的频谱基本上是从 0 开始一直扩展到很宽,甚至包含直流成分,如果直接传输这种基带信号就要求信道具有从直流到高频的全部频率特性。在电介质上进行传输时,基带传输容易导致基带信号发生畸变,这主要是因为传输线路中存在分布电容和分布电感的影响,故其传输距离受到一定的限制。

(2)频带传输

计算机网络发展的早期,在实现远距离通信时,经常借助于模拟电话系统,尽管模拟电话系统能够为众多的电话用户提供令人满意的传输服务,但如果直接在这样的模拟电话通信系统中传输基带信号,且不采取适当的措施,则数据传输的误码率会变得非常高,无法向用户提供满意的传输服务。

基带信号通过模拟电话通信系统后会产生严重的畸变,造成这一现象的原因如下。

① 源端发送的基带信号包含各种频率成分,其中的一部分已经落到模拟电话线路所能通过的频率范围之外,这些频率成分是不能通过电话线路的。由于接收端接收的信号中缺少了这部分频率成分,因此使得信号产生了失真。

② 在能够通过模拟电话线路的频率成分中,各频率成分经受的衰减和时延存在差异,这也会导致信号失真。

③ 模拟电话线路中存在的噪声和各种干扰信号会导致信号失真。

数字通信是靠机器来判定接收到的码元。接收端一般是在每个码元的中间产生一个采样时刻,并在这个采样时刻对收到的信号进行判定。尽管轻微的信号变形不会影响对 0、1 数据的判定结果,但失真严重时也会出现差错,即产生了误码。若传输的码元速率越高,则电话线路产生的失真就越严重。

为了解决数字信号在模拟信道中传输产生的失真问题,需利用频带传输方式。所谓频带传输是指将数字信号调制成模拟音频信号后再发送和传输,到达接收端时再把模拟音频信号解调成原来的数字信号的传输方式。因此,在采用频带传输方式时,要求在发送端安装调制器,在接收端安装解调器。在实现全双工通信时,则要求收发两端都安装调制解调器(Modem)。利用频带传输不仅解决了数字信号可利用电话系统传输的问题,而且可以实现多路复用。

*7.4 数 据 编 码

数据编码是实现数据通信最基本的一项工作,除了用模拟信号传输模拟数据不需要编码外,数字数据在数字信道上传输需数字信号编码,数字数据在模拟信道上传输需调制编码,模拟数据在数字信道上传输更是需要进行采样、量化和编码过程。

7.4.1 信号编码

对于数字信号传输,最直接的方法就是用两个电压电平来表示两个二进制数字。例如,无电压(也就是无电流)表示 0,正电压表示 1,如图 7-7(a)所示的不归零制编码 NRZ(non-return to zero）。

　　不归零制编码存在若干缺点。首先是它难以界定一个数据位的结束和另一数据位的开始，需要有某种机制保证发送器和接收器之间的定时或同步。第二，如果连续传输 1 或 0，那么在传输时间内将有累积的直流分量；这样，在数据通信设备和所处环境之间提供良好的绝缘的交流耦合就难以实现。最后，直流分量可使连接点产生电蚀或其他损坏。能够克服上述缺点的候选编码方案就是曼彻斯特编码。

　　图 7-7（b）所示为曼彻斯特编码，这种编码通常用于局域网络的数据传输，例如 10M 的以太网。在曼彻斯特编码方式中，每一位的中间有一个跳变，跳变可以作为时钟控制信号，而跳变方向又可以作为数据信号，从高电平跳向低电平表示比特 1，从低电平跳向高电平表示比特 0。相对于不归零制编码而言，曼彻斯特编码尽管有着不少优势，但也有明显的不足，即消耗的传输带宽要多出一倍。

　　还有一种常用的编码方案是差分曼彻斯特编码，如图 7-7（c）所示，它的特点是 0、1 数值是由每个位周期开始的边界是否存在跳变来确定的，跳变方向与数值无关。每个位周期的开始边界有跳变则代表"0"，无跳变则代表"1"，而位周期的中间跳变仅代表时钟控制信号，这种编码方式曾在令牌环网中使用。

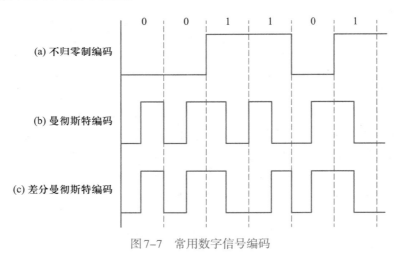

图 7-7　常用数字信号编码

7.4.2　调制编码

　　数字数据在模拟信道上传输的基础就是调制技术，调制需要一种称之为载波信号的连续的频率恒定的信号，载波可用 $A\cos(\omega t+\phi)$ 表示，可以调制振幅、频率、相位或者这些特性的某种组合。图 7-8 给出了对数字数据的模拟信号进行调制的三种基本形式。

　　① 幅移键控法（amplitude-shift keying, ASK），简称调幅。

　　② 频移键控法（frequency-shift keying, FSK），简称调频。

③ 相移键控法（phase-shift keying，PSK），简称调相。

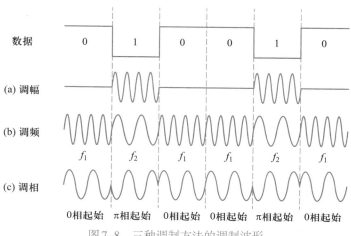

图7-8　三种调制方法的调制波形

在幅移键控法 ASK 方式下，用载波频率的两个不同的振幅来表示两个二进制值。例如，用振幅为零的载波表示二进制数据"0"，而用振幅不为零的载波表示二进制数据"1"。ASK方式容易受增益变化的影响，因此，是一种质量较差的调制技术。

微视频7-1：调制编码

在频移键控法 FSK 方式下，用载波频率附近的两个不同频率来表示两个二进制值。这种方式也可用于高频（3 ~ 30 MHz）的无线电传输，甚至还能用于较高频率的使用同轴电缆的局域网络。

在相移键控法 PSK 方式下，利用载波信号的相位移动来表示二进制值。图7-8（c）是一个二相调制的例子，用相同的相位表示二进制数据"0"，用反相的相位表示二进制数据"1"。也就是说，用相位是否发生变化来表示二进制数据"1"和"0"。相移键控法 PSK 也可以使用多于二相的相移，如四相调制能把两个二进制数据编码到一个信号中。PSK 技术有较强的抗干扰能力，而且比 FSK 方式更有效。

上述所讨论的各种调制技术也可以组合起来使用，常见的组合是相移键控法 PSK 和幅移键控法 ASK，组合后在两个振幅上均可以分别出现部分相移或整体相移。

如图7-9（a）所示，可以看到0°、90°、180°和270°的每个位置都有振幅值，其大小由与原点的距离表示。而图7-9（b）表示另一种组合调制方案，该方案使用振幅和相移的16种组合。因此，图7-9（a）有8种组合，每波特可以传输3个比特；图7-9（b）有16种组合，每波特可以传输4个比特。当图7-9（b）所示的方案用于在2 400波特的线路上传输9 600 bps数据时，它被称为正交振幅调制（quadrature amplitude modulation，QAM）。

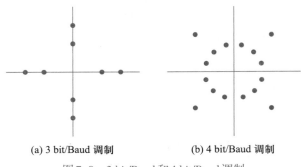

(a) 3 bit/Baud 调制　　　　　(b) 4 bit/Baud 调制

图 7-9　3 bit/Baud 和 4 bit/Baud 调制

7.4.3　模拟数据数字化编码

模拟数据的数字信号编码最典型的例子是 PCM 编码，PCM 是脉冲编码调制（pulse code modulation，PCM）的英文缩写，也称为脉冲调制，是一个把模拟信号转换为二进制数字序列的过程。下面先介绍采样定理，然后再介绍脉冲编码调制过程。

1. 采样定理

一个连续变化的模拟信号，假设其最高频率为 F_{max}，若对它以周期 T 进行采样取点，则采样频率为 $F=1/T$，若能满足 $F \geq 2F_{max}$，那么采样后的离散序列就能无失真地恢复出原始的模拟信号，这就是著名的奈奎斯特采样定理。值得指明的是，这里所说的不失真是相对于信号的传输需求而言的，信号采样在理论上是绝对存在失真的。

可以证明，从频谱的概念出发，若连续模拟信号存在有限的连续频谱，那么采样后的离散序列的频谱也是周期的，且其基波和连续信号的波形一样，只是幅值相差 $1/T$ 倍，而其周期正是采样周期的倒数 $1/T$。由此可以得出结论：只要满足采样定理的条件，那么通过一个理想的低通滤波器，就能使采样后的离散序列的频谱和模拟信号的频谱是一样的，这是模拟信号数字化的理论基础。

2. PCM 编码

PCM 编码过程包括三个基本步骤，即采样、量化和编码。

（1）采样

每隔一定的时间对时域连续的模拟信号采样，之后，连续模拟信号就成为"离散"的模拟信号。根据采样定理，采样频率 F 必须满足 $F \geq 2F_{max}$；但 F 也不能太大，若 F 太大，虽然能够提升采样质量，但却会大大增加传输数据量，而且提升效果也不明显。

（2）量化

这是一个值域分级过程，把采样所得到的脉冲信号根据幅度按标准量级取值，例如按四舍五入取整，这样脉冲序列就成为数字信号了。

（3）编码

用一定位数的二进制码来表示采样序列量化后的量化幅度。如果有 N 个量化级，就应当

至少有 $\log_2 N$ 位的二进制数码。PCM 过程由 A/D 转换器实现，在发送端，经过 PCM 过程，把模拟信号转换成二进制数字脉冲序列，然后发送到信道上进行传输。在接收端首先经 D/A 转换器译码，将二进制数码转换成代表原模拟信号的幅度不等的量化脉冲，再经低通滤波器即可还原出原始模拟信号。由于在量化中会产生量化误差，所以根据精度要求，适当增加量化级数即可满足信噪比要求。图 7-10 描述了一个 16 量化级的 PCM 编码过程。

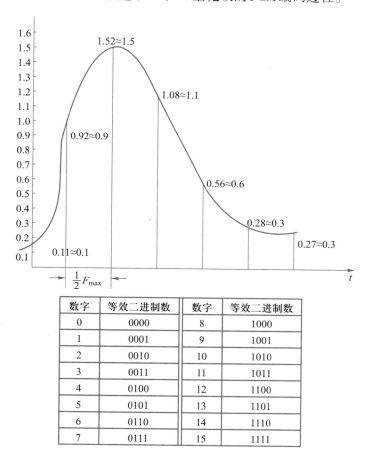

数字	等效二进制数	数字	等效二进制数
0	0000	8	1000
1	0001	9	1001
2	0010	10	1010
3	0011	11	1011
4	0100	12	1100
5	0101	13	1101
6	0110	14	1110
7	0111	15	1111

图 7-10　PCM 编码过程

下面以模拟语音信号的数字化为例来说明 PCM 编码过程。

为了将模拟语音信号转变为数字信号，必须先对语音信号进行采样。根据奈奎斯特采样定理，只要采样频率不低于语音信号最高频率的 2 倍，就可以从采样脉冲信号无失真地恢复出原来的语音信号。标准的语音信号的最高频率为 3.4 kHz，为计算方便起见，采样频率就确定为 8 kHz，相当于采样周期为 125 μs。

这样，一个话路的模拟语音信号经模数变换后，就变成每秒 8 000 个脉冲信号，每个脉冲信号再编为8位二进制数。因此一个话路的PCM信号速率为64 kbps，即8 000次/秒×8位/次＝64 000位/秒。需要补充的是，64 kbps的速率是最早制订出的语音编码的标准速率，随着语音编码压缩技术的不断发展，人们可以用更低的数据率来传输质量相差无几的语音信号，现在已经能够用32 kbps、16 kbps，甚至8 kbps以下的数据率来传输一路语音信号。

7.5　传　输　介　质

传输介质又被称作传输媒体或传输媒介，它是计算机网络中连接发送器和接收器的物理通道。传输介质一般可分为两大类，即导向传输介质（guided media）和非导向传输介质（unguided media）。在导向传输介质中，电磁波被导向沿着固体媒介传播，习惯性地被称作有线传输；而非导向传输介质就是指自由空间，在非导向传输介质中，电磁波的传输常称为无线传输。

计算机网络常用的传输介质主要包括同轴电缆、双绞线、光纤、微波、红外线和卫星，其中前3种属于导向传输介质，后3种属于非导向传输介质。

7.5.1　电磁波频谱

当电子运动时，它们产生可以自由传播的电磁波，这种波由英国科学家麦克斯韦尔（James Clark Maxwell）于1865年预言，并且于1887年由德国物理学家赫兹首次发现。电磁波每秒振动的次数称为频率，单位为赫兹。

在真空中，所有的电磁波以相同的速度传播，与其频率无关，该速度通常被称为光速，大约为3×10^8 m/s；而在铜线或光纤中，速度大约降低到原来的2/3，并且变得和频率相关。电磁波的真空传播速度是极限速度，没有任何信号传播速度能够超过它。

电磁波的频率f、波长λ及其在真空中传播速度c的基本关系如下：

$$\lambda f = c$$

电磁波谱如图7–11所示。无线电波、微波、红外线和可见光部分都可通过调节振幅、频率和相位来传输信息，而紫外线、X射线和伽马射线尽管频率更高，但是很难生成和调制，穿透建筑物传播的性能也不好，且对生物有害，这些频段目前还不能用于数据传输。

图7–11底部列出了各频率段的正式ITU名字，划分的依据是波长。LF频率从1~10 km（大约30~300 kHz），LF、MF和HF分别指低、中、高频，而VHF、UHF、SHF、EHF、THF则分别代表甚高频、特高频、超高频、极高频和巨高频。

电磁波可承载的信息量与它的带宽紧密相关。对上面公式进行变换求f，并对λ求微分，得

$$\mathrm{d}f/\mathrm{d}\lambda = -c/\lambda^2$$

如果以有限微分代替微分，并且仅取绝对值，则有

$$\Delta f = c\Delta\lambda/\lambda^2$$

因此，一旦给出了频段的宽度 $\Delta\lambda$，可以计算相应的带宽 Δf，接下来就可以根据编码方案计算该频段的数据传输速率。由上述公式可以发现，频段的波长越小，则对应的带宽越大。例如，对于光纤的 1 310 nm 波段而言，$\lambda=1.3 \times 10^{-6}\,\mathrm{m}$，$\Delta\lambda=0.17 \times 10^{-6}\,\mathrm{m}$，则 Δf 大约为 30 THz。

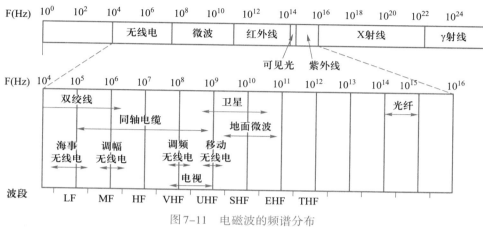

图 7-11　电磁波的频谱分布

*7.5.2　信道极限容量

奈奎斯特准则和香农定理给出了通信信道的极限传输能力，称为信道容量，用信道的最大信息传输速率来表示。

1. 奈奎斯特准则

任何通信信道所能通过的频率范围总是有限的，待传输信号中的许多高频分量往往不能通过信道。如果信号中的高频分量在传输时受到衰减，则接收端收到的信号波形前沿和后沿就变得不像发送端那么陡峭，使得每一个码元所占的时间宽度不是十分明确，而是前后都拖了"尾巴"。换言之，接收端收到的信号波形失去了码元之间的清晰界限，这种现象被称为码间串扰。早在 1924 年，奈奎斯特（H. Nyquist）就给出了一个准则：对于一个带宽为 W Hz 的无噪声低通信道，其最高的码元传输速率 $B_{\max}$ 为 2 倍的 W，即

$$B_{\max}=2W$$

上式就是著名的奈氏准则，而对于宽带为 W Hz 的理想的带通矩形特性的信道，则奈氏准则就变为最高码元传输速率 $B_{\max}=W$（baud），因为理想的带通矩形特性只允许上下限的信号频率成分不失真地通过信道，其他频率成分则不能通过。

如果编码方式的码元状态数为 M，那么信道的极限信息传输速率，即信道容量 $C_{\max}$ 定义为

$$C_{\max}=2W \log_2 M$$

例如，对于带宽为 100 MHz 的 5 类非屏蔽双绞线，其最高的码元传输速率为 200 M baud，

如果编码方式的码元状态数 M 为 4，则信道的极限信息传输速率为 400 Mbps。

奈氏准则表明，信息传输速率越高，要求信道的带宽越高，即对传输介质和设备的要求也就越高。在计算机网络特别是高速计算机网络中，在满足信息传输速率要求的前提下，可以寻求巧妙合适的编码方式，使信号的波特率减小，从而降低对传输介质和设备的要求。

实际通信中的信道总是存在噪声的，因此，奈氏准则给出的只是理论上的上限。

2. 香农定理

噪声总是存在于所有的电子设备和通信信道中。由于噪声是随机产生的，它的瞬时值有时会很大，导致接收端对码元的判决产生错误，将 1 判决为 0 或将 0 判决为 1。不过，噪声的影响是相对的，如果信号功率相对较强，则噪声的影响就相对较弱。为此，信噪比得以提出，它是指信号的平均功率与噪声平均功率之比，记为 S/N，并用分贝（dB）作为度量单位，定义为

$$信噪比（dB）=10 \times \log_{10}(S/N)$$

例如，当 S/N=10 时，信噪比为 10 dB，而当 S/N=1 000 时，信噪比则为 30 dB。

信息论的创始人香农（C. Shannon）于 1948 年推导出了在有高斯白噪声干扰情况下的信道极限传输速率 C_{max}，不管使用多么巧妙的编码方式，也不能超过此极限速率，当低于此速率进行传输时，理论上可以不产生差错，这就是著名的香农定理，可以用公式表示成如下形式：

$$C_{max}=W \log_2 （ 1+S/N ）$$

式中，W 为信道的带宽，S 为信道内所传输信号的平均功率，N 为信道内部的高斯噪声功率，S/N 为信道的信噪比。例如，对于一条带宽为 3.1 kHz 的标准电话信道，若信噪比为 30 dB，其信息传输速率不会超过其极限速率 31 kbps。

香农定理表明，信道带宽越大或信道中的信噪比越大，则信息的极限传输速率就越高，只要信息传输速率低于信道的极限传输速率，就一定可以找到某种办法来实现可靠的传输。遗憾的是，香农并没有给出实现极限传输速率的方法。

7.5.3 双绞线

双绞线也称为双扭线，它是最古老但又是最常用的传输介质。把两根互相绝缘的铜导线并排放在一起，然后用规则的方法绞合起来就构成了双绞线。绞合可减少对相邻导线的电磁干扰。使用双绞线最多的地方就是电话系统中用户电话机到端局交换机之间的连接线路，通常将一定数量（2~1 800 对）的双绞线捆成电缆，在其外面包上硬的护套以提高它的机械拉伸力度，计算机网络使用的双绞线电缆通常包含 2 对或 4 对双绞线。

双绞线可以支持模拟传输和数字传输，其最大传输距离一般为十几千米。距离太长时就要加放大器以便将衰减了的信号放大到合适的数值（对于模拟传输），或者加上中继器以便将失真了的数字信号进行整形（对于数字传输）。铜导线越粗，其通信距离就越远，但导线

的价格也越高。

由于双绞线的价格便宜且安装维护成本低，因此使用十分广泛，主要用于星形网络拓扑结构，即以集线器或网络交换机为中心、各网络终端通过一对双绞线与之连接，这种拓扑结构非常适用于结构化综合布线系统，可靠性高；任一连线发生故障时，故障不会影响到网络中的其他计算机，对于故障的诊断和修复比较容易。

为了提高双绞线的抗电磁干扰能力，可以在双绞线的外面再加上一个用金属丝编织成的屏蔽层。这就是屏蔽双绞线（shielded twisted pair，STP），它的价格自然比无屏蔽双绞线（unshielded twisted pair，UTP）要贵。图7–12（a）和图7–12（b）分别是屏蔽双绞线和无屏蔽双绞线的示意图。

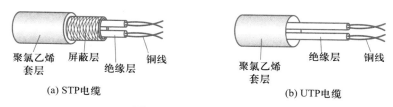

图7–12 STP和UTP电缆

1991年，美国电子工业协会EIA和电信工业协会TIA联合发布了标准EIA/TIA–568，该标准规定了用于室内传输数据的无屏蔽双绞线和屏蔽双绞线的要求。随着局域网上数据传输速率的不断提高，EIA/TIA在1995年将布线标准更新为EIA/TIA–568–A，此标准规定了5个种类的UTP标准（从1类线到5类线），对传输数据来说，现在最常用的UTP是5类线（Category 5或CAT5）。5类线与3类线的主要区别在于一方面增加了每单位长度（英寸）的绞合个数，3类线的绞合长度是7.5~10 cm，而5类线的绞合长度是0.6~0.85 cm；另一方面，5类线在线对间的绞合度和线对内两根导线的绞合度都经过了精心的设计，并在生产中加以严格的控制，使干扰在一定程度上得以抵消，从而提高了线路的传输特性。局域网常用3类、4类和5类双绞线，为了适应网络速度的不断提高，近年来又出现了超5类和6类、7类双绞线等。

最后需要指明的是，双绞线能够达到的传输数据的速率除了受导线类型和传输距离影响外，还与数字信号的编码方法密切相关。

7.5.4 同轴电缆

同轴电缆由内导体铜质芯线、隔离材料、网状编织的外导体屏蔽层（也可以是单股的）以及保护塑料外层所组成，如图7–13所示。内导体可以是单股的实心导线，也可以是多股绞合线；外导体可以是金属箔，也可以是编织的网状线。由于外导体屏蔽层的作用，同轴电缆具有较好的抗干扰特性。

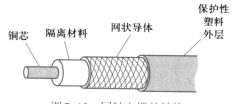

图7–13 同轴电缆的结构

同轴电缆按特征阻抗的不同可以划分为基带同轴电缆和宽带同轴电缆两种类型。

（1）基带同轴电缆

基带同轴电缆的屏蔽层是用网状铜丝编织而成，特征阻抗为 50 Ω，如 RG–8、RG–58 等，主要用于数据通信中传输基带数字信号。基带同轴电缆以 10 Mbps 的速率在 1 km 距离内传输基带数字信号是完全可行的，但随着传输速率的增加，所能传输的距离就变得更短。在早期局域网中广泛使用这种同轴电缆作为物理媒介。

根据同轴电缆的直径粗细，基带同轴电缆又可分为粗缆（2.54 mm，Base5）和细缆（1.02 mm，Base2）两种。粗缆适用于覆盖范围较大的局域网，它的连接距离长、可靠性高。由于安装时不需要切断电缆，因此可以根据需要灵活调整计算机的入网位置。但粗缆网络必须安装收发器电缆，安装难度较大，总体造价高。相反，细缆安装则比较简单、造价低，但由于安装过程中要切断电缆，两头装上基本网络连接（BNC）头，然后接在 T 形连接器两端，所以当接头多时容易产生接触不良的隐患，这是早期以太网最常见故障之一。

为了保证同轴电缆具有良好的电气特性，电缆屏蔽层必须接地，同时在电缆的两侧尽头要连接 50 Ω 的终端匹配器来削弱信号反射作用。

粗缆和细缆都只能用于总线拓扑结构，适应于机器密集的网络应用环境。但是当任一连接点发生故障时，故障不仅影响到串接在整根电缆上的所有机器，而且它的诊断和修复都十分麻烦，基于此，基带同轴电缆已逐渐被双绞线或光纤所替代。

（2）宽带同轴电缆

宽带同轴电缆的屏蔽层是用铝箔缠绕而成，特征阻抗为 75 Ω，如 RG–59 等，是有线电视系统 CATV 中的标准传输电缆，主要用于模拟传输系统。

宽带同轴电缆用于传输模拟信号时，其带宽可高达 500 MHz 以上，传输距离可达 100 km。宽带电缆通常都划分为若干个独立信道，例如，每一个 6 MHz 的信道可以传输一路模拟电视信号。当一个 6 MHz 信道用来传输数字信号时，数据率一般可达 3 Mbps。由于在宽带系统中总是要用到放大器来放大模拟信号，而这种模拟放大器只能单向工作，因此在宽带电缆的双工传输中，一定要有两条分别用于数据发送和接收的数据通路，采用双电缆系统和单电缆系统都可以达到这个目的，如图 7–14 所示。

双电缆宽带网络拓扑结构一般为树形，两套电缆是一样的，分别供计算机发送和接收信号之用。由于发送和接收采用的是不同的电缆，因此可以采用同样的频率。顶端器（headend）的作用是将各计算机从发送电缆发过来的信号转换到接收电缆，使得各计算机均能从接收电缆上收到发送给它们的信号。在简单的情况下，顶端器可以是无源的，但当电缆较长时，也可在顶端器和电缆线路中增加放大器，使接收电缆上的信号有足够的强度。

单电缆宽带网络是在同一条电缆上进行双向通信，它是把电缆频带分成相互独立的两部分，各计算机使用低频段发送信号，顶端器收到后进行变频，将信号在高频段转发出去，然后各计算机再接收这些信号。虽然单电缆系统只需一条电缆，但可用的频带带宽却只有双电缆系统的一半。

另外，从图7-14可以看出，顶端器是宽带同轴网络的核心部件，其可靠性十分重要，一旦顶端器出现故障，整个网络就会瘫痪。

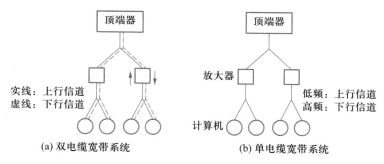

图7-14 双电缆和单电缆宽带系统

7.5.5 光纤

光纤通信就是利用光导纤维（简称为光纤）传递光脉冲来进行数字通信。有光脉冲相当于1，而没有光脉冲相当于0。由于可见光的频率非常高，约为10^8 MHz的量级，因此光纤通信系统的传输带宽远远大于目前其他各种传输介质的带宽。

光纤是光纤通信系统的传输介质，在发送端有光源，可以用发光二极管或半导体激光器，它们在电脉冲的作用下产生光脉冲。而在接收端则利用光电二极管做成光检测器，在检测到光脉冲时可还原出电脉冲。

光纤通常由非常透明的石英玻璃或塑料拉成细丝，主要由纤芯和包层构成双层通信圆柱体。纤芯很细，其直径只有8~100μm，光波信号正是通过纤芯进行传导。包层较纤芯有较低的折射率。当光线从高折射率的媒介射向低折射率的媒介时，其折射角将大于入射角，如图7-15所示。因此，如果入射角足够大，就会出现全反射，即光线碰到包层时就会完全反射回纤芯，这个过程不断重复，光也就沿着光纤一直传输下去，图7-16描述了光信号在纤芯中的完整传播过程。现代的生产工艺可以制造出超低损耗的光纤，即做到光信号在纤芯中传输数千米而基本上没有什么衰耗，这一优势正是光纤通信得到飞速发展的关键因素。

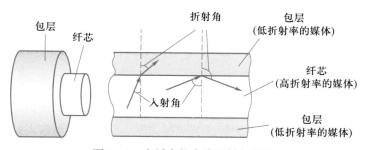

图7-15 光纤中的光线反射与折射

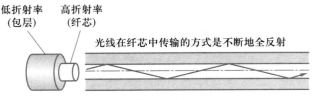

图7-16 光信号在纤芯中的传播

图7-16仅仅画了一束光线的传播过程，实际上，只要从纤芯中射到纤芯表面的光线的入射角大于某一个临界角度，都会产生全反射。因此，可以存在许多条不同角度入射的光线在一条光纤中传输，这种光纤就称为多模光纤，如图7-17（a）所示。光脉冲在多模光纤中传输时会逐渐展宽，造成失真，因此多模光纤只适合于近距离传输。若纤芯的直径减小到只有单个光波的波长，则光纤就像一根波导那样，它可使光线一直向前传播，而不会产生反射，这样的光纤就称为单模光纤，如图7-17（b）所示。单模光纤的纤芯很细，其直径只有几微米，制造成本较高，同时单模光纤的光源只能使用昂贵的半导体激光器，而不能使用较便宜的发光二极管，但单模光纤的衰耗较小，在2.5 Gbps的传输速率下可传输数十千米而不必采用中继器。

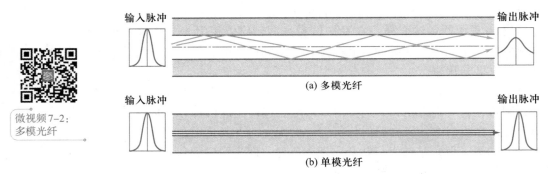

微视频 7-2：
多模光纤

图7-17 多模光纤和单模光纤的比较

光纤对不同频率的光衰减程度不尽相同，如图7-18所示。在经常使用的频率范围内有三个衰减较小的波段，各自的中心分别位于0.85 μm、1.31 μm和1.55 μm，其中1.31 μm处的损耗值可达到0.5 dB/km以下，1.55 μm处的损耗值可达到0.2 dB/km以下。上述3个波段都能够提供25 000~30 000 GHz的带宽，除此之外，光纤还可以使用其他衰减系数较大的波段，可见光纤的通信容量非常巨大。

由于光纤非常细，连包层一起的直径也不到0.2 mm，因此必须将光纤做成很结实的光缆才能够满足实际敷设时的拉伸需求。一根光缆少则只有一根光纤，多则可包括数十至数百根光纤，再加上加强芯和填充物就可以大大提高其机械强度。必要时还可放入远供电源线。最后加上包带层和外护套，就可以使抗拉强度达到上千MPa，完全可以满足工程施工的强度要求。

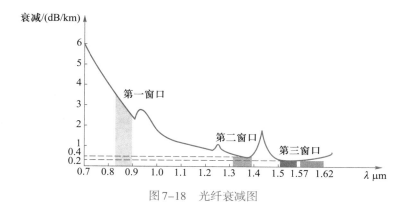

图7-18　光纤衰减图

光纤通信不仅具有通信容量非常大的优点，而且还具有以下特点。

① 传输损耗小，中继距离长，对远距离传输特别经济。

② 抗雷电和电磁干扰性能好。这在有大电流脉冲干扰的通信环境下尤为重要。

③ 无串音干扰，保密性强，不易被窃听或截取数据。

④ 体积小，重量轻。这在现有电缆管道已拥塞不堪的情况下特别有利。例如，1 km长的1 000对双绞线约重8 000 kg，而同样长度但容量大得多的一对光纤仅重100 kg。

但光纤也有一定的缺点，这就是要将两根光纤精确地连接需要专用设备，目前光电接口还较贵，但随着技术的进步，价格在逐年下降。我国自2014年开始实施"光进铜退"组网策略，各大电信运营商都在积极发展光纤宽带，截至2020年3月底，中国移动、中国联通、中国电信的固网宽带用户为4.56亿，其中，FTTH/O光纤接入用户为4.24亿，占比为93%。

7.5.6　无线介质

大气和外层空间是提供电磁波信号传播的无线型介质，它们不为信号提供导向，这种传输形式称为无线传输。无线传输有两种基本方法：定向和全向。一般来说，信号频率越高，越有可能将其聚焦成定向的电磁波束。而使用较低频率传输的信号是全向性的，传输的信号呈球状扩散，很多天线都能收到。使用定向方法时，天线发射出聚焦的有方向性的高频电磁波束，因此传输和接收的天线必须仔细对齐。

（1）微波通信

微波通信在无线数据通信中占有重要地位，微波的频率范围为300 MHz~300 GHz，但主要是使用2~40 GHz的频率范围。微波在空间主要是直线传播，且能够穿透电离层而进入宇宙空间，因此它不像短波那样可以经电离层反射传播到地面上很远的地方。这样，微波通信就有两种主要的方式：地面微波接力通信和卫星微波通信。

由于微波在空间是直线传播，而地球表面是个曲面，因此其传播距离受到限制，一般只有50 km左右。但若采用100 m高的天线塔，则传播距离可增大到100 km。为实现远距离通信，必须在一条无线电通信信道的两个终端之间建立若干个中继站，其作用在于把前一站送来的信号经过放大后再发送到下一站，俗称"微波接力"通信。20世纪的长途电话业务多使用4~6 GHz的频率范围，微波设备信道容量多为960路、1 200路、1 800路和2 700路话音，我国采用的是960路。

微波接力通信可传输电话、电报、图像、数据等信息，其主要特点如下。

① 微波波段频率很高，其频段范围也很宽，因此其通信信道的容量很大。

② 因为工业干扰和噪声干扰的主要频谱成分比微波频率低得多，对微波通信干扰程度比对短波和毫米波通信小得多，因而微波传输质量较高。

③ 与相同容量和长度的有线电缆通信比较，微波接力通信建设投资少，见效快。

当然，微波接力通信也存在以下一些缺点。

① 相邻站之间必须直视，不能有障碍物，有时一根天线发射出的信号会分成几条略有差别的路径到达接收天线，因而造成失真。

② 微波的传播有时会受到恶劣天气的影响。

③ 对大量中继站的使用和维护需要耗费一定的人力和物力。

卫星通信是卫星微波通信的简称，是指在地球站（或地面站）之间利用位于约36 000km高空的人造同步地球卫星作为中继器的一种微波接力通信。通信卫星就是位于太空位置的无人值守的微波通信中继站，由此可见卫星通信的主要优缺点和地面微波通信差不多。卫星通信的最大特点是通信距离远，且通信费用与通信距离无关。同步卫星发射出的电磁波能辐射到地球上的通信覆盖区的跨度达18 000多公里，只要在地球赤道上空的同步轨道上等距离地放置3颗相隔120°的卫星，就能基本上实现全球的通信。

卫星通信的一个显著特点就是具有较大的传播时延。由于各地球站的天线仰角并不相同，因此不管两个地球站之间的地面距离是多少，从一个地球站经卫星到另一地球站的传播时延在250~300 ms之间，计算时一般可取值为270 ms，这和其他的通信系统有较大差别，对比之下，地面微波接力通信的传播时延一般取为3.3 μs/km。

卫星通信非常适合于广播通信，因为它的覆盖面很广。但从安全方面考虑，卫星通信与地面微波接力通信一样，保密性是较差的。通信卫星本身和发射卫星的火箭造价都较高。受电源和元器件寿命的限制，同步卫星的使用寿命一般只有7~8年，加之卫星地球站的技术较复杂，价格比较贵，这些因素都是选择卫星通信时应需要全面考虑的。

（2）激光传输

在空间传播的激光束也可以调制成光脉冲以传输数据。和地面微波一样，可以在视野范围内安装两个彼此相对的激光发射器和接收器进行通信。由于激光的频率比微波更高，因而可获得更高的带宽。激光束的方向性比微波束要好，不受电磁干扰的影响，不怕窃听。但激光穿越大气时会衰减，特别是在空气污染、下雨下雾、能见度很差的情况下，可能会使通信中断。一般来说，激光束的传播距离不能太远，因此只能在短距离通信中使用。

（3）红外线通信

红外线通信近年来也经常用于短距离的无线通信中，红外传输系统利用墙壁或屋顶反射红外线从而形成整个房间内的广播通信系统。这种系统所用的红外光发射器和接收器与光纤通信中使用的类似，也常见于家电（如电视机、空调等）的遥控装置中。红外通信的设备相对便宜，可获得高的带宽，这是红外线通信方式的优点。而其缺点是传输距离有限，易受室内空气状态（例如有烟雾等）的影响，而且红外线不能穿越墙壁。

　　（4）短波通信

　　无线电短波通信早就用在计算机网络通信中了，已经建成的无线通信局域网使用了甚高频 VHF（30 ～ 300 MHz）和超高频 SHF（300 ～ 3 000 MHz）的电视广播频段，这个频段的电磁波是以直线方式在视距范围内传播的，所以用作局部地区的通信是很适宜的。短波通信设备比较便宜，便于移动，没有像地面微波站那样的方向性，加上中继站可以传输很远的距离。不过，该种通信方式也容易受到电磁干扰和地形地貌的影响，而且通信带宽比更高频率的微波通信要小很多。

*7.6　信道复用技术

　　若一条传输线路的传输能力远远超过传输一路用户信号所需的能力，为了提高线路资源利用率，经常让多路用户信号共用一条物理线路，不同的用户信号共用物理线路的技术就是信道复用技术。

7.6.1　频分和同步时分复用

　　频分复用（frequency division multiplexing，FDM）和时分复用（time division multiplexing，TDM）是最为常用的信道复用技术，其工作原理如图 7-19 所示。频分复用较为简单，用户在分配到一定的频带后，在通信过程中自始至终都占用这个频带。频分复用的所有用户在同一时刻占用的是同一媒介的不同频带的带宽资源。而时分复用则是将时间域划分为若干段等长的时分复用帧（TDM帧），每一个时分复用的用户在周期性的 TDM 帧中占用固定序号的时隙，在分配给自己的时隙内使用全部媒介带宽资源。频分复用和时分复用的优点是技术成熟，缺点是不够灵活，频分复用适合于模拟信号的传输，时分复用适合于数字信号的传输，但这不是绝对的。

动画资源7-1：
频分多路复用

　　使用复用技术进行通信时，复用器（multiplexer）和分用器（demultiplexer）必须成对地使用。在复用器和分用器之间是用户共享的高速线路，复用器的功能是将多路用户信号聚合成高速信号，分用器的作用正好和复用器相反，它将高速线路传输过来的数据进行分用，分别送到相应的用户处。

　　当使用时分复用技术传输计算机数据时，由于计算机数据的突发性质，用户对固定分配到的时隙的利用率往往是不高的。当用户在某一段时间暂时无数据传输时，就只能让已经分配给自己的时隙保持空闲，而其他用户也无法使用这个空闲时隙的线路资源。图 7-20 说明了这一现象，假定有 4 个用户 A、B、C 和 D 进行时分复用，复用器按①→②→③→④的顺序依次扫描用户 A、B、C 和 D 的时隙，然后构成一个个时分复用帧。图中共画出了 4 个时分复用帧，每个时分复用帧有 4 个时隙。可以看出，当某用户暂时无数据发送时，在时分复用帧中分配给该用户的时隙只能处于空闲状态，其他用户即使一直有数据要发送，也不能额外使用这些空闲的时隙，这使得复用后的通信线路利用率偏低。另外，这种时分复用技术要求用户与时分复用帧的时隙严格同步，通常称之为同步时分复用。

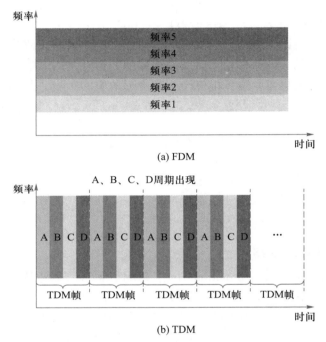

(a) FDM

(b) TDM

图 7-19　FDM 和 TDM 的工作原理示意图

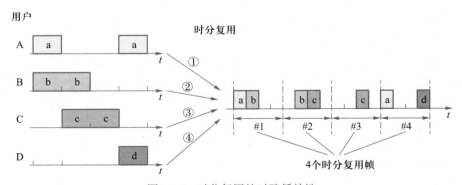

图 7-20　时分复用的时隙低效性

7.6.2 统计时分复用

统计时分复用STDM（statistic TDM）是相对于同步时分复用的一种改进，它能明显地提高通信线路的利用率。集中器（concentrator）是统计时分复用的典型应用。图7-21描述了统计时分复用的工作原理，使用统计时分复用的集中器连接4个低速用户，然后将它们的数据集中起来通过高速线路发送到远地计算机。

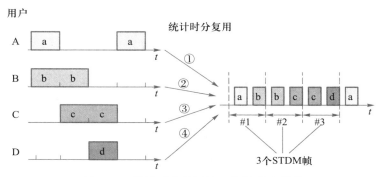

图7-21　统计时分复用的工作原理示意图

统计时分复用使用STDM帧来传输复用的数据，但每一个STDM帧中的时隙数必须小于连接在集中器上的用户数，各用户有了数据就可以随时发往集中器的输入缓存，然后集中器按顺序依次扫描输入缓存，将缓存中的输入数据放入STDM帧中。对没有数据的缓存就跳过去。当一个帧的数据放满了，就发送出去。由于STDM帧不是固定地面向用户来分配时隙，而是按需动态地分配时隙，因此统计时分复用明显提高了通信线路的利用率。另外，在输出线路上，一个用户所占用的时隙不再是周期性地出现，因此统计时分复用又称为异步时分复用，而普通的时分复用称为同步时分复用。这里应注意的是，虽然统计时分复用的输出线路上的数据率小于各输入线路数据率的总和，但从平均的角度来看，这两者是平衡的。如果所有的用户都不间断地向集中器发送数据，那么集中器肯定无法应付，它内部设置的缓存将溢出。所以集中器能够正常工作的前提是假定各用户都是间歇地工作。

由于STDM帧中的时隙并不是固定地分配给某个用户，因此在每个时隙中还必须设置用户的地址信息，这是统计时分复用不可避免的一些额外开销。在图7-21输出线路上每个时隙之前的白色小时隙就是被置入的地址信息。使用统计时分复用的集中器能够提供对整个数据块的存储转发能力，通过排队方式使各用户更合理地共享通信线路。

7.6.3 波分复用

波分复用（wavelength division multiplexing，WDM）的本质就是光域的频分复用。光纤技术的应用使得数据的传输速率空前提高，一根单模光纤的传输速率可达到2.5 Gbps，再提高传输速率就比较困难了。如果设法对光纤传输中的色散（dispersion）、非线性失真等问题加以解决，则一根单模光纤的传输速率可达到 10 Gbps，但这已到了单个光载波信号传输的极限值。

基于此，人们借用传统载波电话的频分复用的思想，使用一根光纤同时传输多个频率很接近的光载波信号，这样就使光纤的传输能力能够成倍地提高。由于光载波的频率很高，因此习惯上用波长而不用频率来表示所使用的光载波，于是就提出了波分复用这一概念。最初，人们只能在一根光纤上复用 850 nm 和 1 310 nm 这两路光载波信号，这种复用方式称为稀疏波分复用或者 CWDM（coarse WDM）。随着技术的发展，在一根光纤上可复用的光载波数量越来越多，现在已能做到在一根光纤上复用 80、120、240 路甚至更多路数的光载波，于是就有了密集波分复用 DWDM（dense WDM）这一概念。

图 7-22 说明了密集波分复用的工作原理，8 路传输速率均为 2.5 Gbps 的光信号（中心波长都是 1 310 nm）经光调制后，将波长分别变换到 1 550~1 557 nm，相邻光载波相隔 1 nm。这 8 个波长接近的光载波信号经过光复用器（波分复用的复用器又称为合波器）复用后进入到一根光纤中传输。因此，一根光纤上数据传输的总速率就达到了 8 × 2.5 Gbps=20 Gbps。不过，光信号经过一段距离的传输后也会衰减，因此对衰减了的光信号必须进行放大才能继续传输。现在已经有了很好的掺铒光纤放大器（erbium doped fiber amplifier，EDFA），它是一种光域放大器，不需要进行光电转换而直接对光信号进行放大，并且在 1 550 nm 波长附近的 35 nm（4.2 THz）频带范围能够提供较均匀的、最高可达 40~50 dB 的增益。两个光纤放大器之间的光缆线路长度最长可达 120 km，光复用器和光分用器（波分复用的分用器又称为分波器）之间的无光电转换的距离可达 600 km（需设置 4 个光纤放大器）。而在使用波分复用技术和光纤放大器之前，要在 600 km 的距离传输 20 Gbps，需要敷设 8 根速率为 2.5 Gbps 的光纤，而且每隔 35 km 左右就要使用一个再生中继器进行光电转换后的电信号放大，然后再调制为光信号（这样的中继器总共需要 128 个之多）。

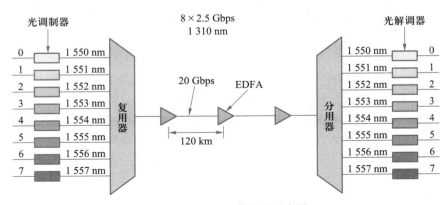

图 7-22　WDM 工作原理示意图

7.6.4 码分复用

码分复用（code division multiplexing，CDM）是比较新颖的一种复用用户信号、共享线路的方法。实际上，常用的名词是码分多址访问（code division multiple access，CDMA），该技术允许多个用户在同一时刻使用相同的频带进行通信，但由于各用户使用经过特殊挑选的不同码型来编码数据，因此各用户之间不会造成干扰。由于CDMA发送的信号具有很强的抗干扰能力，它最初用于军事通信。但随着技术的进步，CDMA设备的价格和体积都大幅度下降，现在已广泛使用在民用的移动通信中，特别是在无线局域网和3G以后的移动通信系统中。采用CDMA可提高话音通信的质量和数据传输的可靠性，减少外界干扰对通信质量的影响，增大系统的通信容量（是GSM的4~5倍），降低终端设备的平均发射功率，等等。

在CDMA中，每一个比特时间进一步被划分为m个短的时间段，称为码片（chip）。通常情况下m的取值是64或128，在下面的例子中，为了描述方便，设定m的取值为8。

使用CDMA的每一个站必须指派一个唯一的8 bit码片序列（chip sequence）。一个站如果要发送比特1，则发送对应的8 bit码片序列，如果要发送比特0，则发送该码片序列的二进制反码。例如，指派给A站的8 bit码片序列是00011011，当A发送比特1时，它就发送序列00011011，而当A发送比特0时，就发送11100100。

由于CDMA需要为单个数据位发送m bit的码片，故在相同传输速率要求下，CDMA占用的频带宽度也要提高到原来的m倍，这使得CDMA成为一种扩频（spread spectrum）方式的通信（假设调制及编码技术不变）。扩频通信通常有两大类，一种是直接序列（direct sequence），记为DS-CDMA；另一种是跳频（frequency hopping），记为FH-CDMA。假设100个站点共用1 MHz的带宽，在使用FDM时每个站点传输速率为10 Kbps（假设1 b/Hz），而以CDMA方式传输，每个站点使用完整的1 MHz的带宽，码片速率就是1 M/m 片/s。只要实际发送的站点数超过m，则CDMA中各个站点的总传输速率就高于FDM，于是信道使用效率就能够得到更大的提高，下面的例子将会进一步说明这一点。

为了讲解和计算方便，本书按惯例采用了双极型形式，即二进制的0由-1代替，1由+1代替；书写时，将码片序列用括号括起来，比如站点A的码片序列的双极型形式表示为（-1 -1 -1 +1 +1 -1 +1 +1）。图7-23（a）给出了4个站点的二进制码片序列，图7-23（b）给出了它们的双极型形式。

CDMA的一个重要特点就是必须为系统中的每一个站点分配一个唯一的码片序列。这里用S表示站点的m维码片向量，S'为它的反码序列。系统要求所有的码片序列必须是两两正交（orthogonal），在实际系统中通常使用伪随机码序列作为码片序列。

为了清楚地表示码片序列间的正交关系，可以采用数学公式进行具体描述。任意两个不同站点的码片序列S和T的内积（inner product）均等于0，即

$$S \cdot T \equiv \frac{1}{m} \sum_{i=1}^{m} S_i T_i = 0$$

A：0 0 0 1 1 0 1 1
B：0 0 1 0 1 1 1 0
C：0 1 0 1 1 1 0 0
D：0 1 0 0 0 0 1 0

A：(−1 −1 −1 +1 +1 −1 +1 +1)
B：(−1 −1 +1 −1 +1 +1 +1 −1)
C：(−1 +1 −1 +1 +1 +1 −1 −1)
D：(−1 +1 −1 −1 −1 −1 +1 −1)

(a) 4个站点的二进制码片序列　　　　(b) 双极型码片序列

$$- - 1 - \quad C$$
$$- 1 1 - \quad B+C$$
$$1 0 - - \quad A+\overline{B}$$
$$1 0 1 - \quad A+\overline{B}+C$$
$$1 1 1 1 \quad A+B+C+D$$
$$1 1 0 1 \quad A+B+\overline{C}+D$$

$$S_1=(-1\ +1\ -1\ +1\ +1\ +1\ -1\ -1)$$
$$S_2=(-2\ \ 0\ \ 0\ \ 0\ +2\ +2\ \ 0\ -2)$$
$$S_3=(\ \ 0\ \ 0\ -2\ +2\ \ 0\ -2\ \ 0\ +2)$$
$$S_4=(-1\ +1\ -3\ +3\ -1\ -1\ -1\ +1)$$
$$S_5=(-4\ \ 0\ -2\ \ 0\ +2\ \ 0\ +2\ -2)$$
$$S_6=(-2\ -2\ \ 0\ -2\ \ 0\ -2\ +4\ \ 0)$$

(c) 发送的6个例子

$$S_1 \cdot C=(1+1+1+1+1+1+1+1)/8=1$$
$$S_2 \cdot C=(2+0+0+0+2+2+0+2)/8=1$$
$$S_3 \cdot C=(0+0+2+2+0-2+0-2)/8=0$$
$$S_4 \cdot C=(1+1+3+3+1-1+1-1)/8=1$$
$$S_5 \cdot C=(4+0+2+0+2+0-2+2)/8=1$$
$$S_6 \cdot C=(2-2+0-2+0-2-4+0)/8=-1$$

(d) 站点C的信号复原

图7-23　码分多路复用

码片序列的正交特性至关重要，只要 $S \cdot T$=0，那么 $S \cdot T'$=0。任何一个码片向量和该码片向量自己的内积恒定为1，即

$$S \cdot S \equiv \frac{1}{m} \sum_{i=1}^{m} S_i S_i = \frac{1}{m} \sum_{i=1}^{m} S_i^2 = \frac{1}{m} \sum_{i=1}^{m} (\pm 1)^2 = 1$$

上式成立是因为内积中的每个分项值为1，因此其和为 m。另外，根据其正交特性可以推导出 $S \cdot S'$=−1。

在每个比特时间内，站点可以发送其码片序列表示发送比特1，也可以发送其码片序列的二进制反码表示发送比特0，还可以什么都不发送。这里假定系统的所有站点要发送的码片序列必须在时间上是同步的，即所有的码片序列都在同一个时刻开始，这一点通过全球定位系统GPS可以做到。

若两个或两个以上的站点同时开始传输，它们的双极型信号就线性相加。比如，在某一码片内，3个站点输出 +1，一个站点输出 −1，那么结果就为 +2。读者可把它想象为电压相加：3个站点输出电压为 +1伏，另一个站点输出为 −1伏，最终输出电压就为 +2V。

图7-23（c）给出了不同站点同时发送的6个例子。第1个例子中，只有C发送了数据1，所以传输结果只有C的码片序列。第2个例子中，B和C均发送1，因此结果为它们的序列之和。第3个例子中，站点A发送1，站点B发送0，其余保持沉默。第4个例子中，站点A、C发送1，站点B发送0。第5个例子中，4个站点均发送1。最后一个例子中，站点A、B和D都

发送1，而站点C发送0。

要从混合的传输信号中还原出单个站点的比特流，接收方必须事先知道发送站点的码片序列。通过计算收到的码片序列（所有站点发送的双极型信号线性总和）和欲还原站点的码片序列的内积，就可还原出原比特流。假设收到的码片序列为 S，接收方想接收的站点码片序列为 C，只要计算它们的内积 $S \cdot C$，就可得出原比特流。假设站点A、站点C均发送1，站点B发送0，接收方收到的信号线性总和为 $S=A+ B'+C$，则 $S \cdot C=（A+B'+C）\cdot C=A \cdot C+B' \cdot C+C \cdot C=0+0+1=1$

式中的前两项消失，因为所有的码片序列都经过仔细挑选，确保它们两两正交。通过这个例子，读者应该清楚为什么要给码片序列强加上这个两两正交的前提条件。

为了使解码过程更具体一些，考虑一下图7-23（d）中的6个例子。假设接收方想从 $S_1 \sim S_6$ 的6个序列中还原出站点C发送的比特值，它需要分别计算接收到的 S 与 C 向量两两相乘的内积，再取结果的1/8（因为码片长度为8），即为站点C所发送的比特值。

理想状态下，无噪声的CDMA系统的容量（即站点的数量）可以任意大，就像无噪声的奈奎斯特信道在对采样使用多比特编码情况下其信道容量任意大一样。但在实际中，由于物理条件的限制，容量大打折扣。首先，CDMA要求所有的码片在时间上都是同步的，但在实际中，这是不可能的。在实际应用中，发送方发送一个足够长的使得接收方可以锁定的码片序列，使发送方和接收方同步。其他的所有传输（非同步的）都被认为是随机噪声。只要非同步传输不是太多，基本解码算法的工作效果仍然相当好。

*7.7　数据交换技术

两个远距离终端设备要进行通信时，可以在它们之间架设一条专门的点到点线路来实现，但这种方案下的通信线路的利用率肯定很低。尤其是当终端数目很多时，要在所有终端之间都建立专门的点到点通信线路（对应于全连接拓扑结构）是不可能实现的。实际广域网络的拓扑结构多为部分连接，当两个终端之间没有直连线路时，就必须经过中间节点的转接才能实现通信，这种由中间节点进行转接的通信方式称为交换，中间节点又称为交换节点或转接节点。当网络规模很大时，多个交换节点又可相互连接构成交换网络，这样，终端间的通信就可以避免使用专门的点到点连线，而是使用由交换网络提供的临时通信路径完成数据传输，既节省了线路投资，又提高了线路利用率。

交换技术主要有两种：电路交换和存储交换。电路交换与存储交换是区分传统电信网络与计算机网络的重要标志之一。

7.7.1　电路交换

所谓电路交换，就是在两个用户要进行通信时，首先要建立一条临时的专用通信线路，用户通信时独占这条临时线路，不与其他用户共享，直到通信一方释放这

动画资源7-3：
电路交换

条专用线路。专用线路可以是一条真正的物理线路，也可以是在物理线路上通过多路复用方法建立的一条物理通信信道，而这个信道通常只是整个线路可用带宽的一部分。电路交换的传输速率较低，通常在 128 Kbps 以下。电路交换的线路使用效率也较低，根据统计，其效率很少能超过50%。电路交换主要用于电话通信网络、远程用户或移动用户连接企业局域网，或用作高速线路的备份。

电路交换需要经历3个阶段：建立电路、数据传输和拆除电路。

① 建立电路。在开始正式通信之前，源节点发出建立电路的请求，这个请求将在中间节点引起一系列的接续过程，并最终在源和目的节点之间建立起一条合适的传输通道，即物理电路。

② 数据传输。电路建立后，通信双方就可以开始进行数据传输。在整个数据传输期间，传输通道一直被独占，这意味着这个传输通道所占用的线路资源不能用于其他传输。

③ 拆除电路。通信结束后，可以由任意一方发出拆除电路的请求，于是各中间节点释放传输通道占用的线路资源，这些资源在接下来的时间里可以被其他电路所使用。

图 7-24 是电话网络中电路交换工作原理示意图。电话网络中的电话交换局（中间节点）可以看成由开关群组成的网络。当用户通过拨号发出连接请求后，会在该开关群网中的入线和出线之间直接形成通信路径（相应的触点闭合），当两个用户的开关与开关之间的线路被完全连通时，用户双方就可以进行通信了。主叫用户和被叫用户跨越的地域范围很大时，往往要经过多个交换机才能形成一条连通的通信路径。

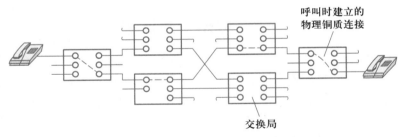

图 7-24　电路交换工作原理示意图

电路交换的优点是数据传输可靠，传输延迟小（通常只有传播延迟），实时性强，适用于电信业务数据传输。

当使用电路交换来传输计算机数据时，其线路资源的使用效率往往很低，这是因为计算机业务数据经常是突发式地出现在传输线路上，而线路上真正用于传输数据的时间一般不到用户会话时长的10%，甚至不到1%。可以说，在绝大部分时间里，已被用户占用的线路资源实际上是空闲的。例如，当用户阅读终端屏幕上的信息或用键盘输入和编辑文件时，宝贵的通信线路资源在会话期间实际上并没有被充分利用，而是白白地被浪费了。

7.7.2 存储交换

计算机网络中经常要传输非即时性的突发数字数据，如共享公用数据库中的数据传输等。对于这样的实时性要求不高的数据传输，中转节点可先把收到的数据暂时存储起来，等待信道空闲时再把数据转发给下一节点，这样经过多个中转节点的处理，最后到达目的节点。这种交换方式就称为存储交换或存储转发（store and forward），其工作原理如图7-25所示。

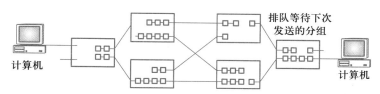

图7-25　存储转发工作原理示意图

与电路交换相比，存储交换的优点表现在以下方面。

① 存储交换不要求交换网络为通信双方预先建立一条专门传输通道，因此不存在建立电路和拆除电路的过程，也不再有建立和拆除电路所需的等待时间。

② 线路资源利用率高，用户通信无须独占线路资源，不同用户的数据包可共享节点间的通信线路资源。

③ 传输可靠性高，表现在两个方面：一是能够对数据包进行差错检查，若有错，可以让发送方重新发送；二是如果中间节点发现某条线路有故障，它可以选择其他转发路径。

相对于电路交换，存储交换的主要缺点表现在：中间节点存储转发引入的时延较大，并且有时延抖动现象；因为没有专用的物理连接，传输的服务质量很难保证；中间节点需要分配足够的处理能力和缓存能力。

存储交换根据进行交换的基本单位的不同，又可分为报文交换和分组交换。

（1）报文交换

报文交换是以报文为单位进行存储交换的技术。所谓报文，就是需要发送的应用数据块，如一个数据文件、一篇新闻稿件等。由于实际使用过程中，报文的大小悬殊，这为存储数据报文的缓冲器分配带来巨大困难，也为出错重发等处理带来了非常大的代价。因此，实际网络中几乎不用报文交换。

（2）分组交换

分组交换是把待传输的报文拆分成若干个较小的数据块，称为分组或包（packet），然后以分组为单位使用存储转发方式进行传输。分组头部中包含了分组编号，当各分组都到达目的节点后，目的节点按分组编号重组报文。目前存在两种类型的分组，一种是在最大长度限制内分组的长度允许变化，称之为可变长分组，例如因特网中的IP分组；另一种就是固定长度分组，所有分组的长度都是一样的，这种情况下，有时也被称为信元交换，例如早期的 ATM 网络。

　　较小的分组使得分组交换具有对中间节点存储容量要求不高、转发延时小、传输差错率低以及容易进行差错处理等优点，但由于在目的节点要对报文进行重新组装，因此增加了目的节点加工处理的时间和处理的复杂性。Internet 中的网际层就是采用分组交换的方式。

　　分组交换又可进一步区分为两种方式，即数据报（datagram）方式和虚电路（virtual circuit）方式。

7.8　物理层规程

　　关于物理层规程，ISO/OSI 参考模型和 ITU 的 X.25 建议书都给出了类似的定义。
　　ISO/OSI 参考模型对物理层的定义是，物理层在数据链路实体之间合理地通过中间系统，为"位"传输所需的物理连接的激活、保持和取消提供机械的、电气的、功能的和规程的手段。ITU 在 X.25 建议书中对物理层的功能给出如下定义：利用机械的、电气的、功能的和规程的特性，在 DTE 和 DCE 之间实现对物理链路的建立、保持和拆除功能。

　　由此可见，物理层协议定义了网络的物理接口，并规定了物理接口的机械连接特性、电气信号特性、信号功能特性以及交换电路规程特性。这样就保证了各个制造厂家按统一物理接口标准生产出来的通信设备能够互相兼容。

*7.8.1　DTE 与 DCE

　　DTE 是 data terminal equipment（数据终端设备）的英文缩写，是指具有一定的数据处理能力以及收发能力的数据输入/输出设备、终端设备或计算机等终端装置。由于大多数的数据处理设备的数据传输能力有限，难以通过线路直接将两个数据处理设备连接起来。为此，必须在数据处理设备和传输线路之间加上一个中间设备以增强数据传输能力，这个中间设备就是数据通信设备（data communication equipment，DCE），是指自动呼叫应答设备、交换机以及其他一些中间装置的集合，其作用就是在 DTE 和传输线路之间提供信号变换和编码的功能，并且负责建立、保持和释放物理连接。图 7-26 所示为 DTE 通过 DCE 连接到通信传输线路的连接方式。

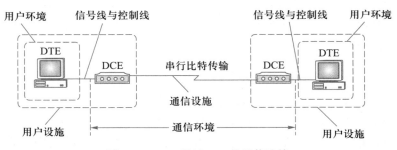

图 7-26　DTE 通过 DCE 的通信连接

DTE与DCE之间的接口一般都有多条并行连线,包括各种信号线和控制线。DCE将DTE传过来的数据,按比特顺序逐个发往传输线路;反过来,从传输线路接收串行的比特流,然后再交给DTE。很明显,DTE与DCE之间需要高度协调地工作,为了减轻数据处理设备的负担,就必须对DTE和DCE的接口进行标准化,这种接口标准就是所谓的物理层协议。

多数物理层协议使用了如图7-26所示的模型,但也有例外。例如,在局域网中,物理层协议所定义的是一个数据终端设备和传输介质的接口,并没有使用这种DTE/DCE模型。

7.8.2 物理层主题

遵照ISO/OSI参考模型和ITU的X.25建议书,物理层主要关注4个方面的主题,即机械特性、电气特性、功能特性以及规程特性。

(1)机械特性

机械特性详细说明了物理接口连接器的尺寸、插针的数目、排列方式以及插头与插座的尺寸、电缆长度以及电缆所含导线的数目等。下面列举几种已被ISO标准化的机械接口。

① ISO-2110。采用25针的DTE/DCE接口连接器与插针分配。EIA RS-232C和EIA RS-336A等均是与ISO-2110相兼容的标准,可用于音频调制解调器、公用数据网络的接口中。

② ISO-2593。采用34针的DTE/DCE接口连接器与插针分配。可用于ITU V.35建议的宽带调制解调器中。

③ ISO-4902。采用37针和9针的DTE/DCE接口连接器。可用于音频和宽带调制解调器中,与EIA RS-449相兼容。

④ ISO-4903。采用15针的DTE/DCE接口连接器。可用于由ITU X.20、X.21及X.22建议中所指定公用数据网络的接口中。

⑤ RJ-45。采用8针的DTE/DCE接口连接器。可用于由IEEE 802局域网中的10/100M Base-T网络接口中。

(2)电气特性

电气特性说明了数据交换信号以及有关电路的特性。这些特性主要包括最大数据传输速率的说明,信号状态(逻辑电平、通/断、传号/空号)表示电压或电平的说明,接收器和发送器电路特性的说明。也给出了与连接电缆相关的规则等。下面给出几种ITU定义的物理接口的电气特性。

① V.28。非平衡式电气特性,与之相兼容的标准有EIA RS-232C。

② V.10/X.26。新型非平衡式电气特性,与之相兼容的标准有EIA RS-423A。

③ V.11/X.26。新型平衡式电气特性,与之相兼容的标准有EIA RS-422A。

(3)功能特性

功能特性是指接口的信号根据其来源、作用以及与其他信号之间的关系而定义的特性功能。下面是ITU对两个交换电路的功能特性的定义。

动画资源7-5:
EIA-232通信工作过程(异步全双工传输)

① V.24。通过电话交换网进行数据通信的DTE/DCE和DTE/ACE（automatic calling equipment，自动呼叫设备）之间的交换电路。

② X.24。公共数据网络中的DTE/DCE交换电路，它是在X.20、X.21和X.22的基础上发展而成的。

（4）规程特性

规程特性说明了交换电路进行数据交换的一组操作序列，由这些规程来完成0、1数据位的传输。

**7.9 数字传输系统

7.9.1 PCM体制

现在的数字传输系统都是采用脉码调制PCM体制，但PCM最初并不是为传输计算机数据而提出的，其初衷是为了使电话局之间的中继线可以利用时分复用技术同时传输多路电话以节省通信代价。由于历史原因，PCM目前有两个互不兼容的国际标准，即北美洲的24路PCM（简称为T1，其速率是1.544 Mbps）和欧洲的30路PCM（简称为E1，其速率是2.048 Mbps）。E1和T1又称为一次群，我国采用的是欧洲的E1标准。下面说明这些速率是如何得出的。

为了有效地利用传输线路，人们总是将多路话音的PCM信号用时分复用的方法装成帧（即时分复用帧），然后再送往长途中继线路上，完成一帧接一帧地传输。E1的一个时分复用帧（其长度$T = 125$ μs）共划分为32个等长的时隙，如图7-27所示，时隙编号为CH0~CH31，其中时隙CH0用作帧同步，时隙CH16用来传输信令（如用户的拨号信令）。因此，真正可供用户话路使用的是时隙CH1~CH15和CH17~CH31，共30个时隙能够传输30个话路。每个时隙传输8 bit，因此整个32时隙能够传输256 bit。由于每秒传输8 000个帧，因此PCM的E1帧的数据速率就是2.048 Mbps（8 000 × 32 × 8=2 048 000 bps）。

图7-27 E1帧结构

北美使用的T1时分复用帧支持24个话路，每个话路的采样脉冲使用7 bit编码，然后再加上1位的信令控制，因此一个话路也是占用8 bit。帧同步位是在24个话路的编码之后加上1个专门的同步位，这样每个时分复用帧共有193 bit。因此T1一次群的数据速率为1.544 Mbps（8 000 × (24 × 8+1)=1 544 000 bps）。

7.9.2 SONET与SDH

当需要有更高的数据速率时，可以采用逐级复用的方法。例如，4个一次群可以构成一个二次群，4个二次群可以构成一个三次群。当然，一个二次群的数据速率要比4个一次群的数据速率的总和略大一些，因为复用后还需要添加一些同步的控制位。表7-1给出了欧洲和北美洲系统的高次群的话路数和数据速率。日本的一次群使用了T1，但自己却另有一套高次群复用的标准。

表7-1　数字传输系统的高次群复用关系

系统类型		一次群	二次群	三次群	四次群	五次群
欧洲体系	符号	E1	E2	E3	E4	E5
	话路数量	30	120	480	1 920	7 680
	速率（Mbps）	2.048	8.448	34.368	139.264	565.148
北美洲体系	符号	T1	T2	T3	T4	
	话路数量	24	96	672	4032	
	速率（Mbps）	1.544	6.312	44.736	274.176	

表7-1所列举的数字传输系统存在着诸多缺点，其中最主要的是以下两个方面。

① 速率标准不统一。PCM的一次群数字传输速率有两个国际标准，一个是北美洲和日本的T1速率，而另一个是欧洲和中国的E1速率。

② 不是同步传输。在过去相当长的时间里，为了节约经费，各国的数字传输网主要是采用准同步方式。这时，必须采用复杂的脉冲填充方法才能补偿由于频率不精确而造成的定时误差。这就给数字信号的复用和解复用带来许多麻烦。

为了解决上述问题，美国在1988年首先推出了一个数字传输标准，称为同步光纤网（synchronous optical network，SONET），整个同步网络的各级时钟都来自一个非常精确的主时钟（通常采用昂贵的铯原子钟，其精度优于 $\pm 1 \times 10^{-11}$）。SONET为光纤传输系统定义了同步传输的线路速率等级结构，其传输速率以51.84 Mbps为基础，大约对应于T3/E3的传输速率，此速率对于电信号被称为第1级同步传输信号（synchronous transport signal），即STS-1；对光信号则被称为第1级光载波（optical carrier），即OC-1。现已定义了从51.84 Mbps（即OC-1）到9 953.280 Mbps（即OC-192/STS-192）的标准。

ITU-T以美国的SONET标准为基础，制订出了国际标准同步数字系列SDH（synchronous digital hierarchy），一般认为SDH与SONET的内容是等同的，主要不同点在于SDH的基本速率为155.52 Mbps，称为第1级同步传递模块（synchronous transfer module），即STM-1，相当于SONET体系中的OC-3速率。表7-2为SONET和SDH的比较，其中带有星号*的4种速率是最常用的。为方便起见，在提及SONET/SDH的常用速率时，往往不使用速率的精确数值，而是使用表中最后一列给出的近似值。

拓展阅读7-2：
SDH技术

表7-2　SONET 与 SDH 的速率等级对应表

线路速率（Mbps）	SONET 符号	SDH 符号	线路速率对应的近似值
51.840	OC–1/STS–1		
155.520*	OC–3/STS–3	STM–1	155 Mbps
466.560	OC–9/STS–9	STM–3	
622.080*	OC–12/STS–12	STM–4	622 Mbps
933.120	OC–18/STS–18	STM–6	
1244.160	OC–24/STS–24	STM–8	
1866.240	OC–36/STS–36	STM–12	
2488.320*	OC–48/STS–48	STM–16	2.5 Gbps
4876.640	OC–96/STS–96	STM–32	
9953.280*	OC–192/STS–192	STM–64	10 Gbps

小　结

数据通信是计算机网络区别于传统电信网络的关键，其关注的重点就是如何利用通信信道以便能够有效地传输计算机数据。

本章介绍了数据通信的起源与发展，解释了数据通信的理论基础——傅立叶分析，并在此基础上说明了信号频谱特性与信道带宽之间的制约关系。数据通信系统模型是数据通信的抽象，模型基本结构、数据与信号的关联、信道通信方式、数据传输方式均得到了阐述，为了解决原始信号与通信信道适配问题，信号编码、调制编码、模拟数据数字化等得以提出。传输介质是提供信道的物理载体，本章介绍了与传输介质相关的电磁波频谱、信道极限容量、双绞线、同轴电缆、光纤、无线介质等内容；为了有效提升传输介质的带宽资源，信道复用技术得以使用，包括频分复用、时分复用、统计时分复用、波分复用、码分复用等。数据交换技术是通过交换节点进行转接的通信方式，省略了通信节点之间直连的需求，常见的交换方式有电路交换和存储交换。本章最后介绍了物理层的层次主题，包括机械特性、电气特性、功能特性以及规程特性。

习　题

1. 填空题

（1）一个通信系统必须具备的三要素是_____、_____和_____。

（2）从通信双方交互的方式来看，通信有以下三个基本方式，即_____、_____和_____。

（3）基带传输中常用的数据编码形式有_____。

（4）相应于载波信号的振幅、频率和相位这三个特征，数字信号的模拟调制有三种基本技术，即_____、_____和_____。

（5）模拟数据数字化编码包括三个步骤，即_____、_____和_____三个步骤。

（6）常用的多路复用技术有_____、_____、_____和_____等。

（7）常用的传输介质有_____、_____、_____和_____等。

（8）物理层的任务就是透明地传输_____。

（9）物理层主要关注四个方面的内容，即_____、_____、_____和_____四个主题。

2. 选择题

（1）（　　）是指将数字信号转变成可以在电话线上传输的模拟信号的过程。

　　A. 解调　　　　　　B. 采样　　　　　　C. 调制　　　　　　D. 压缩

（2）Internet上的数据交换采用的是（　　）。

　　A. 分组交换　　　B. 电路交换　　　C. 报文交换　　　D. 光交换

（3）在无噪声情况下，若某通信链路的带宽为3 kHz，采用4个相位，每个相位具有4种振幅的QAM调制技术，则该通信链路的最大数据传输率是（　　）。

　　A. 12 kbps　　　B. 24 kbps　　　C. 48 kbps　　　D. 96 kbps

（4）若某通信链路的数据传输速率为2 400 bps，采用4相位调制，则该链路的波特率是（　　）。

　　A. 600波特　　　B. 1 200波特　　　C. 4 800波特　　　D. 9 600波特

（5）下列关于数据传输的说法，正确的是（　　）。

　　A. 模拟数据只能在模拟信道上传输

　　B. 数字数据只能在数字信道上传输

　　C. 传输介质与信道类型没有关系

　　D. 模拟传输介质不能传输数字数据

（6）下面不属于分组交换的特点的是（　　）。

　　A. 报文拆分分组　　　　　　　　B. 经路由器存储转发

　　C. 在目的地合并　　　　　　　　D. 不需要加首部

（7）香农定理从定量的角度描述了"带宽"与"速率"的关系。在香农定理的公式中，与信道的最大传输速率相关的参数主要有信道带宽与（　　）。

　　A. 频率特性　　　B. 信噪比　　　C. 相位特性　　　D. 噪声功率

（8）在多路复用技术中，FDM是（　　）。

　　A. 频分多路复用　　　　　　　　B. 波分多路复用

　　C. 时分多路复用　　　　　　　　D. 统计时分多路复用

（9）如果要用非屏蔽双绞线组建以太网，需要购买带（　　）接口的以太网卡。

  A．RJ-45   B．F/O   C．AUI   D．BNC

（10）RS-232-C 是（ ）接口规范。

  A．物理层   B．数据链路层   C．网络层   D．运输层

（11）在物理层接口特性中，用于描述完成每种功能的事件发生顺序的是（ ）。

  A．机械特性   B．功能特性   C．规程特性   D．电气特性

3．简答及计算题

（1）试比较模拟通信方式与数字通信方式的优缺点。

（2）如何利用话音信道传输计算机数据？

（3）试比较电路交换、报文交换、分组交换的特点。

（4）请画出 011000101111 的不归零编码、曼彻斯特编码和差分曼彻斯特编码的波形图。

（5）对于带宽为 4 kHz 的通信信道，如果采用 16 种不同的物理状态来表示数据，信道的信噪比为 30 dB，按照奈奎斯特定理，信道的最大传输速率是多少？按照香农定理，信道的最大传输速率是多少？

（6）现在需要在一条光纤上发送一系列计算机屏幕图像。屏幕的分辨率为 480×640 像素，每个像素为 24 位。每秒有 60 幅屏幕图像。请问：需要多少带宽？在 1.30μm 波长上，这段带宽需要多少 μm 的波长？

（7）在最初的 IEEE 802.3 标准中，一个比特如果以 m 来衡量长度，长为多少 m？假设 IEEE 802.3 网络的数据传输速率为 10 Mbps，电磁波在同轴电缆中的传播速度为 200 000 000 m/s。

（8）如果要在 50 kHz 的信道线路上以 1.544 Mbps 的速率传输 T1 载波，则至少需要多少 dB 的信噪比？

第8章　网络安全与管理

电子教案：
第8章　网络安全与管理

网络安全（cyber security）是指网络系统的硬件、软件及其系统中的数据受到保护，不因偶然的或者恶意的原因而遭受到破坏、更改、泄露，系统连续可靠正常地运行，网络服务不中断。

网络安全是事关国家安全和国家发展、事关广大人民群众工作生活的重大战略问题。当今世界，信息技术革命日新月异，对国际政治、经济、文化、社会、军事等领域发展产生了深刻影响。随着信息化和经济全球化的相互促进，互联网已经融入社会生活方方面面，深刻改变了人们的生产和生活方式。与此同时，大家也要认识到，计算机网络和信息系统因其复杂性而导致自身存在安全漏洞的客观事实是不可避免的，要想防止这些安全漏洞被心怀恶意的入侵者利用以避免网络安全事故的发生，网络安全技术、意识、责任及法律规范都需要同步发展，其中至关重要的就是网络安全技术环节。

网络安全是一门涉及计算机科学、通信技术、网络技术、密码技术和信息论等多个学科的综合性学科。本章主要关注的是因特网安全，包括因特网网络环境下计算机系统和因特网自身的安全保护以及基于因特网的通信和分布式应用系统的安全保护。维护网络安全是全社会的责任，不仅需要政府、企业、社会组织，更需要广大网络用户的参与，只有守住网络安全防线，才能让互联网更好地服务于当今社会和大众。

8.1　网络安全基础

8.1.1　网络安全风险

网络安全要保护的对象实际上是指网络中的资产，即网络中的信息、信息传输和处理系统等相关资源，如计算机系统中的硬件、软件和外设；网络中的路由器、交换机、拓扑结构信息、信道和带宽以及应用中的各种信息资源，如业务数据、商业计划、工资表和私人信息等。事实上，网络一直面临多方面的威胁，包括电源故障、硬件故障和软件故障等网络自身的威胁以及风雨雷电、地震、火灾和战争等自然灾害；而最具破坏力的则是人为的威胁，包括误操作、泄密、窃密、篡改数据、盗用资源、拒绝服务攻击、僵尸网络的侵袭等，人为威胁产生的主要原因在于计算机系统和网络自身存在的脆弱性，如计算机网络在设计、实现和管理等不同阶段存在诸多的漏洞和不合理的配置。

互联网在设计之初仅面向可信的、少量的用户群体，它的目的只是提供研究应用的学术环境，因此并未考虑安全性问题。互联网早期的数据传输都是基于明码的，不提供任何保密性的服务，大多数互联网协议的早期版本也没有提供必要的安全机制。随着互联网的发展，网络安全问题逐渐受到人们的重视，但由于互联网的应用越来越丰富，软件越来越复杂、庞大，许多代码并没有经过严格的质量控制，无意或有意的后门和管理漏洞等因素都为攻击者们提供了机会。

攻击者可以通过多种手段达到自己的非法目的。从攻击的方式来看，可以分为被动攻击和主动攻击两种类型。被动攻击的主要目标是进行信息收集并从通信流量的特征中寻找有用的、有利可图的信息，如攻击者通过 sniffer、wiretapping 和 interception 等工具进行窃听，然后进行流量分析来达到自己的目的。主动攻击与被动攻击不同，它包含攻击者的主动访问行为，主要包括以下 7 种。

① 阻断（interruption）：切断通信路径或端系统，破坏网络和系统的可用性。

② 篡改（modification）：未经授权修改信息，破坏系统或数据的完整性。

③ 重放（replay）：捕获通信路径中的数据单元，在以后的某个时机重传。

④ 伪造（fabrication）：假冒一个实体发送信息。

⑤ 拒绝服务（denial of service）：通过耗尽目标系统的资源以危害目标系统的正常使用。

⑥ 恶意代码（malicious code）：如病毒（virus）、蠕虫（worm）、特洛伊木马（Trojan）、恶意脚本（Java Script、Java Applet、ActiveX）等。

⑦ 抵赖（repudiation）：包括源发抵赖和交付抵赖。

8.1.2 网络安全目标、服务和机制

微视频 8-1：
网络安全目标

如图 8-1 所示，网络通过各种安全服务实现网络的保密性、完整性和可用性等安全目标。安全服务是安全系统的功能体现，而安全机制则是实现安全服务的技术手段。一种安全服务可以由多种安全机制实现，同时，一种安全机制也可用于实现多种安全服务。

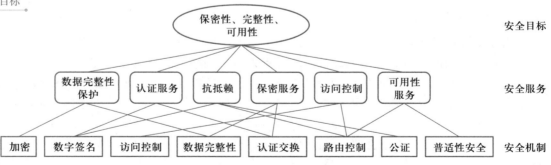

图 8-1 网络安全目标、安全服务和安全机制关系图

（1）网络安全目标

网络安全的本质目的就是保护网络信息的保密性、完整性和可用性。

① 保密性（confidentiality）：也称为机密性，是指阻止非授权的被动攻击，保护网络中的信息内容，如业务数据、网络拓扑、流量特征等不会被泄露给未授权的用户。

② 完整性（integrity）：主要针对主动攻击而言，保证信息不被未经授权的篡改，或者能够保证检测出被修改的内容。

③ 可用性（availability）：是指防止对计算机系统可用性的攻击（拒绝服务攻击），保证资源的授权用户能够访问到应得资源或服务，如路由交换设备的分组处理能力、缓冲区、链路带宽等。

（2）网络安全服务

网络安全服务是指计算机网络提供的安全防护功能。国际标准化组织（ISO）定义了以下几种基本的安全服务：认证服务、保密服务、数据完整性服务、访问控制、可用性服务及抗抵赖服务。

① 认证服务：包括对等实体认证和数据源认证。前者是面向连接的应用，目的是确保参与通信的实体身份真实。后者是面向无连接的应用，目的是验证收到的信息的确来自它所宣称的来源。

② 保密服务：分为面向连接保密服务与无连接保密服务。保密服务主要进行信息流的保密，保密粒度可以为流、消息和选择字段等。

③ 数据完整性保护：与保密服务类似，分为面向连接和无连接的完整性保护。保护粒度也分为流、消息和选择字段等。数据完整性包括以下两种实现方式：访问控制方式，即未授权用户无法修改信息；验证码方式，即被未授权用户修改的消息可以被检查出来。

④ 访问控制：指通过不同的授权限制用户的访问权限，实现访问控制的前提是标识与认证。

⑤ 可用性服务：指通过资源冗余（备份）防止针对计算机系统可用性的攻击，同时也可用于灾难恢复。

⑥ 抗抵赖：指通过有效的措施和机制（如数字签名）防止用户否认其行为（如已发送的消息），包括发送抗抵赖和交付抗抵赖。

（3）网络安全机制

网络安全机制是用于实现安全服务的技术手段。安全机制既可以是具体的、特定的，也可以是通用的。常见的安全机制有加密机制、数字签名机制、访问控制机制、数据完整性机制、认证交换机制、路由控制机制和公证机制等。

① 加密机制：又称为密码机制，用于支持数据保密性、完整性等安全服务。加密机制的算法可以是可逆的，也可以是不可逆的。

② 数字签名机制：包括签名和验证。签名应采用签名者独有的私有信息。验证则应使用公开的信息和规程。

③ 访问控制机制：根据事先确定的访问规则检测主体访问客体的合法性及权限。访问控制可以基于多种手段进行，例如集中的授权信息库、主体的权限表、客体的访问控制表、主

体和客体的安全标签或安全级别等。访问控制的位置可以在源端、中间位置或目标端。

④ 数据完整性机制：包括单个数据单元的完整性以及数据单元序列的完整性。前者主要通过添加标记进行检测，后者主要通过添加序列号和时间戳进行检测。

⑤ 认证交换机制：用交换信息的方式来确定用户身份的技术。交换的内容包括认证信息，如口令、密码技术、被认证实体的特征等。为防止重放攻击，常与时间戳、两次或三次握手、数字签名等机制结合使用。

⑥ 路由控制机制：动态地或根据事先预设的方式选择路由，以确保只使用物理安全的子网、中继或链路。例如，在检测到持续的攻击时，端系统可指示网络服务提供者经不同的路由建立连接；带有某些安全标记的数据可能被安全策略禁止通过某些子网、中继或链路，此时，连接的发起者（或无连接数据单元的发送者）可以指定路由选择，请求回避这些特定的子网、中继或链路。

⑦ 公证机制：确保在两个或多个实体之间的可靠身份。公证机制由通信实体都信任的第三方实体——公证机构提供，公证机构须掌握必要信息以确保提供所需的公证服务。

⑧ 普适性安全机制：包括安全标签、事件检测、审计跟踪和安全恢复等。

*8.2　密码学基础及应用

8.2.1　密码学的发展

密码学是研究信息系统安全的基础学科，它分为两个分支，即密码编码学和密码分析学。密码编码学是密码体制的设计学，而密码分析学则是在未知密码的情况下从密文推演出明文或密钥的技术。密码学作为保护信息的手段，经历了从古典密码学到现代密码学的转变。古典密码学的算法主要是通过字符之间代替或易位实现的，包括单表代替密码、多表代替密码等。尽管这些密码算法大都十分简单，破解也相对容易，但对于现代密码学的发展和进步也有很大的参考意义。

现代密码学与计算机、通信网络的广泛应用密切相关，它不仅要提供古典密码学所解决的机密性的手段，而且要提供信源、数据的真实性和完整性的方法。1949 年 C. E. Shannon 发表的 "communication Theory of Secrecy Systems"（保密系统的通信理论）和 1976 年 W. Diffie 与 M. E. Hellman 发表的 "New Directions in Cryptography"（密码学的新方向）这两篇重要论文标志着密码学的理论与技术的革命性变革。Shannon 利用信息论方法研究加密问题，提出了完善加密的概念，这是近现代密码学发展的一个里程碑。

根据密钥的特点，Simmons 将密码体制分为对称密钥加密算法和公开密钥（简称公钥）加密算法两种。公钥密码体制是建立在单向陷门函数（qne-way trapdoor function）上的，其安全性多是基于一些复杂的数学难题。经过二十多年的发展，公钥密码学在加密、数字签名、身份认证等诸多方面都有很大的发展。Simmons 在 20 世纪 80 年代利用信息论方法研究了信息认证问题，并提出了完善认证码的概念。他提出的认证模型中包括三方：信息的发送方、接收方和入侵者，后来在此基础上又扩展为增加仲裁者的四方认证模型。对称密钥加密算法又称为传统密钥、秘密密钥、单钥密钥加密算法，与公开密钥加密算法最主要的区别是加密和解密采用相同的密钥，需要通信双方必须选择和保存他们共同的密钥，并彼此信任对方不会将密钥泄露出去，这样才可以实现数据的机密性和完整性。

从年代划分来看，密码学的发展经历了三个阶段。20世纪70年代之前密码学的研究主要用于军事用途，密码学的真正蓬勃发展和广泛的应用是从20世纪70年代中期开始的。典型算法包括1977年美国国家标准局颁布的商用数据加密标准DES（data encryptiorn standard）、1977年由美国麻省理工学院提出的RSA算法等。

进入20世纪80年代之后，密码学研究进入了全面发展阶段。随着互联网上对于密码应用需求越来越多，提出了一系列的密码协议和密码算法，比如密钥的产生、分配、认证协议，密钥托管和密钥恢复协议，数字签名标准，分组密码和流密码的各种分析方法，用于安全认证的Kerberos认证系统，椭圆曲线密码体制等。到了20世纪90年代以后，随着电子商务的兴起，又提出了一系列的安全协议，如SSL协议、Visa的SET协议和IPSec协议等。可以说，密码学是一门即古老又年轻的学科，它的历史源远流长，技术又在不断地推陈革新，以适应不断发展的安全需求。

> 拓展阅读8-1：
> 国家商用密码
> 算法

8.2.2 对称密钥体制

对称加密算法的加密和解密如图8-2所示，可以表示如下：

$$E_K（P）=C$$

$$D_K（C）=P$$

说明如下。

明文（plaintext，记为P）：信息的原始形式。

密文（ciphertext，记为C）：明文经过变换加密后的形式。

加密（encryption，记为E）：由明文变成密文的过程，由加密算法来实现。

解密（decryption，记为D）：由密文还原成明文的过程，由解密算法来实现。

密钥（key，记为K）：为了有效地控制加密和解密算法的实现，在其处理过程中要有通信双方掌握的专门信息参与，这种专门信息称为密钥。

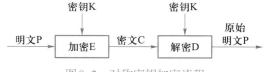

图8-2　对称密钥加密流程

对称密钥加密算法可分为两类：一类是一次只对明文中的单个位（有时对字节）进行加

动画资源 8-1:
DES 加密过程

密运算的算法，称为序列算法、序列密码或流密码（stream cipher）。另一类算法是对明文的一组数据位进行加密运算，称为分组算法或分组密码（block cipher）。分组密码将输入的明文分组当作一个整体处理，通常以大于等于64位的数据块为单位，输出一个等长的密文分组。在密码学历史上产生深远影响的数据加密标准 DES（data encryption standard）就是一种典型的分组算法。

多数分组加密算法都采用了 Feistel 密码结构。Feistel 是由 Horst Feistel 在设计 Lucifer 分组密码时发明的，并因 DES 的使用而流行，DES 密码实际上是 Lucifer 密码的进一步发展。Feistel 提出可以使用乘积密码的概念来表示理想分组密码系统，乘积密码是由一些简单的密码分量多次迭代后构成的，使得最终的加密结果比单独任意一个分组密码都强。简单的密码分量包括转置操作 P 盒（P-box）和置换操作 S 盒（S-box），迭代的次数称为轮次。

Feistel 技术将输入分组分成左右两部分，先对左半部数据实施多回合的 S 盒替代操作（substitution），再对右半部数据和子密钥应用轮函数 F，将其输出与左半部分数据进行异或运算，接着交换数据的左右部分完成 P 盒置换操作（permutation swapping），如此经过 n 轮迭代后组合成密文组。

对称密钥加密技术中最具有代表性的是 DES 及其变种 Triple DES（三重 DES）、GDES（广义 DES）和高级加密标准 AES（advanced encryption standard）算法，其他的还有欧洲的 IDEA（international data encryption algorithm）、日本的 FEALN 算法、RC5 分组密码算法等。

8.2.3　公开密钥体制

微视频 8-2:
公开密钥体制

通常对称密钥加密使用的加解密算法比较简单高效，在用户群不是很大的情况下，对称加密算法是有效的。但是对于大型网络，当用户群很大，分布很广时，密钥的分配和保存就成了问题。1976 年，美国学者 Diffe 和 Hellman 为解决信息公开传送和管理密钥问题，提出一种新的密钥交换协议，这就是"公开密钥体制"。相对于对称加密算法，这种方法也称为非对称加密算法。非对称加密算法需要两个密钥：公开密钥（public key）和私有密钥（private key）。公开密钥和非对称加密解密算法是公开的，但私有密钥是保密的，是各自通信方在本地产生的，由密钥的持有者妥善保管。

使用公开密钥对文件进行加密传输，首先发送方使用接收方的公钥和公开的加密算法对消息进行加密，通过网络将消息传给接收方；然后，接收方用自己的私有密钥对消息进行解密得到其明文形式，如图 8-3 所示。因为只有接收方才拥有对应的私有密钥，所以即使其他人得到了经过加密的信息，也因为无法进行解密，从而保证了所传消息的安全性。但是这种模式下，接收方无法验证消息的发送方身份，因为所有获得接收方公钥的一端都可以对消息进行加密。

公开密钥体制中最著名的是 RSA 算法，此外还有背包密码、Diffe-Hellman、Rabin、椭圆曲线、EIGamal 算法等。RSA 算法是 1977 年由美国麻省理工学院（MIT）的 Ronal Rivest、Adi Shamir 和 Len Adleman 提出的第一个既能用于数据加密也能用于数字签名的算法。RSA 算法利用了数论领域的一个事实，即把两个大质数相乘生成一个合数是一件十分容易的事情，但要把一个合数分解为两个质数却十分困难。合数分解问题目前仍然是数学领域尚未解决的一大难题，至今没有十分有效的分解方法。

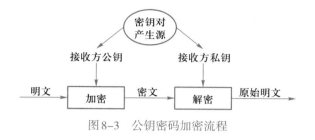

图8-3 公钥密码加密流程

8.2.4 消息认证和数字签名

在信息安全领域中，常见的信息保护手段大致可以分为保密和认证两大类。前面所介绍的对称密钥体制和公开密钥体制都是围绕着如何确保信息的保密性而展开，其主要思想是通过不同的加密策略和算法将明文转变为密文再进行传输。除了信息的保密之外，如何保证信息的来源是真实的，保证收到的信息是可靠的而没有被非法篡改，也是非常重要的，这就是认证。认证包括对用户身份的认证和对消息正确性的认证两种方式。用户认证用于鉴别用户的身份是否合法，可以利用数字签名技术来实现。而消息认证（又称报文鉴别）主要用于验证所收到的消息确实是来自真正的发送方且未被修改，也可以验证消息的顺序和及时性。

1. 消息认证

消息认证最常用的是消息认证码（message authentication code，MAC）。消息认证码（或称密码检验和）是在一个密钥的控制下将任意长的消息映射到一个简短的定长数据，并将它附加在原始消息后。接收方通过重新计算MAC来对消息进行认证，如果收到的MAC与计算得出的MAC相同，则接收方可以认为消息未被篡改过；否则认为消息被篡改过。消息认证码对于要保护的信息来说是唯一的且一一对应，因此可以在一定程度上有效地保护消息的完整性。MAC函数与对称加密算法类似，发送方与接收方都需要使用同一密钥，但两者还是不同的，MAC函数不要求可逆性，而加密算法必须是可逆的。

消息认证码需要对待发送的完整消息执行加密运算，执行代价较大。为此，可以先通过报文摘要算法计算整个消息的摘要，再对摘要计算消息认证码，从而可以大大减少计算量，且消息认证的效果不会降低。

报文摘要算法可以通过散列函数（又称哈希函数、杂凑函数）来实现，它是对不定长输入产生定长输出的一种特殊函数，记为 $H(M)$。其中 M 是变长的输入消息，$H(M)$ 是定长的输出散列值，称为密码散列值、密码校验和、密码指纹或消息摘要。散列函数 H 是公开的，散列值在信源处被附加在消息上，接收方通过重新计算散列值来保证消息未被篡改。由于散列函数本身公开，不需要密钥作为参数，所以在传送过程中对散列值需要另外的加密保护，因为如果没有对散列值的保护，篡改者可以在修改消息的同时修改散列值，从而使散列值的认证功能失效。散列函数与 MAC 函数并非孤立，有些 MAC 函数是基于散列函数实现的，如 HMAC，这类 MAC 函数内部包含了散列函数作为其中的组成部分；另外，一个散列函数和对称加密算法的二重组合实际上也可以视为是一个 MAC 函数。

为了对不定长输入产生定长输出，并且最后的结果要与所有的字节相关，大多数安全的散列函数都采用了分块填充链接的模式，这种散列函数模型最早由 Merkle 于 1989 年提出，在 Ron Rivest 于 1990 年提出的 MD4 算法中也采用了这种模型。为了增强安全性和克服 MD4 的缺陷，Rivest 于 1991 年对 MD4 算法提出了改进，提出了新的算法，称为 MD5。后来由美国国家标准和技术协会 NIST 于 1993 年公布的安全散列算法 SHA（secure Hash algorithm）被认为是对 MD5 的改进算法。MD5 曾经是使用最普遍的安全散列算法，但自从 2004 年 9 月国际密码年会 MD5 算法被破解以后，SHA 也面临被攻陷的危险，消息认证码实现的传统途径也将会改变，因此寻找一种足够安全的单向散列算法来代替原有 SHA 算法已经成为当务之急。

2. 数字签名

消息认证是通过收发双方共享的密钥产生的验证码，如果发送方对多个接收方发送相同的消息，则需要为每个接收方产生一个消息验证码。这种情况对于公钥密码体制而言就不会存在，因为公钥密码体制是采用私钥进行签名，而采用公钥进行验证，发送方的公钥可以被任何人知道，私钥签名只要生成一次就可以被多方采用公钥验证。

20 世纪 70 年代，公开密钥体制的诞生是现代密码学形成的一个重要标志。不久，基于公开密钥体制的数字签名技术也随之产生。1991 年 8 月 NIST 公布了数字签名标准 DSS，此标准采用的算法称为 DSA（digital signature algorithm）。另外，还有很多组织也制定了数字签名标准，例如 RSA Data Security 公司的公钥加密标准（public key cryptography standards，PKCS），Internet 工程任务组（IETF）的加密消息语法标准（cryptographic message syntax standards，CMSS）和 Hash 签名等，这些标准的建立大大促进了数字签名技术的推广与发展。

所谓数字签名就是由发送方通过一个单向函数对要传送的消息进行处理，产生别人无法伪造的一段数字串，这个数字串用以认证消息的来源并核实报文是否发生了变化。当通信双方发生下列情况时，数字签名技术能够解决引发的争端。

① 否认：发送方不承认自己发送过某一报文。
② 伪造：接收方自己伪造一份消息，并声称它来自发送方。
③ 冒充：网络上的某个用户冒充另一个用户接收或发送消息。
④ 篡改：接收方对收到的消息进行篡改。

目前应用最为广泛的数字签名包括 Hash 签名、DSS 签名、RSA 签名和 EIGamal 签名等，这几种签名算法可单独使用，也可综合在一起使用。

Hash 签名也称为数字摘要法（digital digest）或数字指纹法（digital finger print），它将数字签名与要发送的信息紧密联系在一起，适合于电子商务交易活动。Hash 签名的主要局限是接收方必须持有用户密钥的副本以检验签名，因为双方都知道生成签名的密钥，所以攻破较容易，存在伪造签名的可能。

目前，数字签名技术已广泛应用于商业、金融、军事等领域，特别是电子邮件、电子资金转账（electronic funds transfer，EFT）、电子数据交换（electronic data interchange，EDI）、软件分发数据存储和数据完整性检验的应用，更让人们看到了数字签名的重要性。

8.2.5　密钥的分发和管理

就像对称密钥密码学一样，密钥管理和分发也是公钥密码面临的问题。除了保密性之外，公钥密码学的一个重要的问题就是公钥的真实性和所有权问题。为此，人们提出了一种很好的解决办法——公钥证书（public key certificate，PKC），公钥证书可以证实一个公钥与某一用户身份之间的绑定。为了提供这种绑定关系，需要一个可信第三方实体来担保用户的身份，该第三方实体称为认证机构（certification authority，CA），它向用户颁发证书，证书中含有用户名、公钥以及用户的其他身份信息。

利用公钥证书进行密钥管理的最初方法是基于CCITT的X.500目录服务协议和X.509目录服务的认证框架，X.509提供了基于X.509公钥证书的目录存取认证协议。1993年ITU公布X.509版本2，该版本引入了主体和签发人唯一标识符的概念，以解决主体和/或签发人名称在一段时间后可能重复使用的问题。1997年，ISO/IEC和ANSI X9提出了X.509版本v3——基于公钥证书的目录认证协议，v3定义的公钥证书协议比v2证书协议增加了14项预留扩展域。X.509 v4于2000年推出，v4在扩展v3的同时，利用属性证书定义了授权管理基础设施（privilege management infrastructure，PMI）模型，即如何利用公钥基础设施（public key infrastructure，PKI）技术对用户访问进行授权管理。

PKI技术采用证书管理公钥，通过认证中心CA把用户的公钥和用户的其他标识信息（如名称、E-mail、身份证号等）捆绑在一起，在Internet上验证用户的身份。PKI的核心是公钥证书PKC，而核心的实施者则是认证中心CA。尽管两个交互主体互不认识或互不相信，但只要两者都通过同一个CA的审核并获得该CA签发的证书，则两者通过成功地验证彼此证书的正确性、有效性，就可以建立信任关系。PKI在功能上主要有以下几个组成部分。

① CA（certification authority）：签发证书和证书撤销列表，对证书和密钥进行管理。

② RA（registration authority）：对用户身份的真实性进行核对，处理用户的注册请求。

③ 证书持有者：CA为其签发证书。证书持有者可用证书进行数字签名或加密。

④ 依赖证书的实体/证书使用者（certificate-relying party/certificate user）：通过可信CA的公钥验证对PKC的签名和PKC的可信路径。

⑤ 仓库（repository）：存储和发布证书、证书撤销列表等信息。

PKI发展的一个重要方面就是标准化问题，它也是建立互操作性的基础。目前，PKI标准化主要有两个方面：一是RSA公司的公钥加密标准PKCS（public key cryptography standards）；二是由IETF和PKI工作组PKIX（public key infrastructure working group）定义的一组具有互操作性的公钥基础设施协议。

与此同时，还有许多依赖于PKI的安全标准，称为PKI的应用标准，如SSL、TLS、

S/MIME 和 IPSec 等。SSL/TLS 是互联网中访问 Web 服务器最重要的安全协议，利用 PKI 的数字证书来认证客户机和服务器的身份。S/MIME 是一个用于发送安全消息的 IETF 标准，它采用了 PKI 数字签名技术并支持消息和附件的加密，无须收发双方共享相同密钥。IPSec 是 IETF 制定的 IP 层加密协议，PKI 技术为其提供了加密和认证过程的密钥管理功能。

拓展阅读 8-2：
网络安全技术
的新趋势探讨

*8.3　网络安全技术

8.3.1　防火墙

1. 防火墙概念

　　网络防火墙用来加强网络之间访问控制，防止 Internet 网络用户以非法手段进入内部网络并访问内部网络资源。它按照一定的安全策略对两个或多个网络之间传输的数据包实施检查，以决定网络之间的通信是否被允许，并监视网络运行状态。在逻辑上，防火墙既是一个分离器，也是一个分析器，能有效地监控内部网络和 Internet 之间的任何活动，保证了内部网络的安全。防火墙在网络拓扑中的部署位置如图 8-4 所示。

　　防火墙的本义是指古代在构筑和使用木质结构房屋时，为防止火灾的发生和蔓延，人们将坚固的石块堆砌在房屋周围作为屏障，这种防护性构筑物就被称为"防火墙"。其实与防火墙一起起作用的还有"门"。通过门，人们可以出入房间并在火灾发生时能够逃离现场。这个门就相当于配

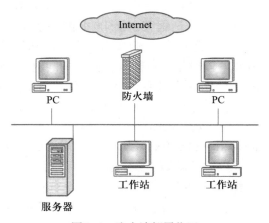

图 8-4　防火墙部署位置

置在防火墙上的"安全策略"。诚然，网络安全中的防火墙并不是一堵实心墙，而是带有一些小孔的墙。这些小孔就是用来留给那些允许进行的通信，但必须在这些小孔中安装必要的过滤机制以屏蔽那些非法通信。

　　对于网络安全而言，防火墙有如下作用。

　　① 防火墙是网络安全的屏障。防火墙作为阻塞点或控制点能极大地提高内部网络的安全性，并通过过滤非法通信而降低网络风险。

　　② 防火墙可以强化网络安全策略。通过以防火墙为中心的安全方案配置，能将所有安全软件（如口令、加密、身份认证、审计等）配置在防火墙上。与将网络安全机制分散部署到各个主机上相比，防火墙这种集中化的安全机制使得网络管理变得更为经济。

　　③ 对网络存取和访问进行监控审计。如果所有的网络访问都经过防火墙，那么，防火墙就能记录下这些访问并做出日志记录，同时也能提供网络使用情况的统计数据。当发生可疑动作时，防火墙能进行适当的报警，并提供网络是否受到攻击的详细信息。

④ 防止内部信息的外泄。通过防火墙对内部网络的划分，可实现内部网中重点网段的隔离，从而限制了局部的重点或敏感网段安全问题对全局网络造成的影响，使用防火墙可以屏蔽那些可能泄漏内部细节的网络服务，如 Finger、DNS 等。

2. 防火墙分类

为了更有效地对付网络上各种不同的攻击手段，防火墙也派生出几种不同的防御架构。根据防火墙的实现方式可以将其分为两大类：软件防火墙和硬件防火墙。

微视频 8-3：
防火墙分类

软件防火墙是一种安装在负责内外网络转换的网关服务器或者独立的计算机上的特殊程序，它是以逻辑形式存在的，防火墙程序伴随系统同时启动，通过运行在内核级别的特殊驱动模块把防御机制插入到系统网络处理部件与网络接口设备驱动之间，形成一种逻辑上的防御体系。在没有软件防火墙之前，系统和网络接口设备之间的通道是直接的，网络接口设备通过网络驱动程序接口（network driver interface specification，NDIS）把网络上传来的各种报文都如实地交给系统处理，例如，一台计算机接收到请求列出机器上所有共享资源的请求报文，NDIS 直接把这个报文提交给系统，系统在处理后就会返回相应数据，而这种交互在某些情况下会造成信息泄漏。使用软件防火墙后，尽管 NDIS 接收到的仍然是原封不动的请求报文，但是在提交到系统的通道上多了一层防御机制，该机制根据一定的规则判断和处理待提交的报文，只有那些符合安全策略的报文才能提交给系统，而其他报文则被丢弃。

软件防火墙工作于系统接口与 NDIS 之间，用于检查并过滤由 NDIS 发送过来的数据，在无须改动硬件的前提下能够实现一定强度的安全保障，但是由于软件防火墙自身还是属于运行于系统上的程序，不可避免地需要占用一部分 CPU 资源，且由于报文的判断处理也需要消耗一定的时间，在一些数据流量较大的网络中，软件防火墙会使整个系统的工作效率和数据吞吐率下降，甚至有些软件防火墙自身可能存在漏洞，导致恶意报文可以绕过它的防御体系，给内部网络的安全带来损失。因此，企业级应用通常不会考虑采用软件防火墙作为网络安全的防御措施，而是使用看得见摸得着的硬件防火墙。

硬件防火墙是一种以物理形式存在的专用设备，通常架设于内外网络的连接处，直接从网络设备上检查过滤有害的数据报文，位于防火墙设备后端的内部网络或者服务器接收到的是经过防火墙处理后的相对安全的数据报文，不必另外消耗 CPU 资源去进行基于软件架构的 NDIS 数据检测，可以大大提高工作效率。

硬件防火墙又可以派分出两种结构，一种是普通硬件级别防火墙，它拥有标准计算机的硬件平台，在经过简化处理的 UNIX 操作系统上部署专门的防火墙软件，这种防火墙相当于专门拿出一台计算机设备安装了软件防火墙，只是不再处理其他事务，由于它运行的仍然是一般的操作系统，因此有可能存在漏洞和不稳定因素，安全性并不能做到最好。另一种硬件防火墙就是所谓的"芯片"级防火墙，它采用专门设计的硬件平台，其上的操作系统也是专门开发的，并非流行的操作系统，因而可以达到较好的安全性能保障。无论是哪种硬件防火墙，管理员都可以通过计算机连接到专门的管理端口进行工作参数设置。

防火墙分类的方法很多，除了从逻辑形式上把它分为软件防火墙和硬件防火墙以外，还可以从不同视角进行分类划分。

① 技术上分为"包过滤型""应用代理型"和"状态监视型"。

② 从结构上分为单一主机防火墙、路由集成式防火墙和分布式防火墙。

③ 按工作位置分为边界防火墙、个人防火墙和混合防火墙。

④ 按吞吐量可分为百兆级防火墙和千兆级防火墙。

这些分类结果看似名目繁多，实质上只是因为业界分类方法不同罢了，例如，一台硬件防火墙就可能由于结构、数据吞吐量和工作位置而被称为"百兆级状态监视型边界防火墙"。

3. 防火墙技术

传统意义上的防火墙技术主要分为三大类："包过滤"（packet filtering）、"应用代理"（application proxy）和"状态监视"（stateful inspection），无论一个防火墙的实现过程多么复杂，归根结底都是在这三种技术的基础上进行扩展而来的。

（1）包过滤技术

包过滤是最早使用的一种防火墙技术，它的第一代模型是"静态包过滤"，工作在 OSI 模型中的网络层上，后来发展更新的"动态包过滤"增加了传输层内容。简而言之，包过滤技术作用的位置就是各种基于 TCP/IP 的数据报文进出的通道，防火墙把经过通道的数据包作为监控对象，对每个数据包的头部、协议、地址、端口、类型等信息进行分析，并与预先设定好的防火墙过滤规则（filtering rule）进行核对，一旦发现某个包的某个或多个部分与过滤规则匹配并且执行动作为"阻止"时，这个包就会被丢弃。适当的过滤规则可以让防火墙工作得更安全有效，但是这种技术只能根据预设的过滤规则进行判断，一旦出现一个落在规则之外的有害数据包请求，整个防火墙的保护就会失效。

为了避免上述情况发生，人们对静态包过滤技术进行了改进，这种改进后的技术称为"动态包过滤"，动态包过滤技术在保持静态包过滤技术和过滤规则的基础上，对已经成功与计算机连接的报文传输进行跟踪，并且判断在该连接发送的数据包是否会对系统构成威胁，一旦触发其判断机制，防火墙就会自动产生新的临时过滤规则或者把已经存在的过滤规则进行修改，从而阻止该有害数据包的继续传输，但是由于动态包过滤需要消耗额外的资源和时间来提取数据包内容进行判断处理，所以与静态包过滤相比，它会降低运行效率。

基于包过滤技术的防火墙尽管实现简单，但其缺点也很明显。首先，包过滤防火墙能够正常运行依赖于过滤规则的实施，但在实际应用中网络管理人员往往难以建立满足各种需求的精确过滤规则；其次过滤规则的数量与防火墙性能成反比，规则越多越有助于过滤质量的提升，但也会降低过滤速率；最后一点就是该技术只能工作在网络层和传输层，不能判断应用层协议中的数据是否存在恶意。

（2）应用代理技术

由于包过滤技术无法提供完善的数据保护措施，而一些特殊的报文攻击仅仅使用过滤方法并不能消除安全威胁（如 SYN 攻击、ICMP 洪泛等），因此需要一种更全面的防火墙保护技术。在这样的需求背景下，"应用代理"技术的防火墙诞生了，这种防火墙实际上就是一台小型的带有数据检测过滤功能的透明代理服务器（transparent proxy），但是它并不是单纯地在一个代理设备中嵌入包过滤技术，而是采用了一种被称为"应用协议分析"（application protocol analysis）的新技术。

"应用协议分析"技术工作在OSI模型的最高层——应用层上，在这一层中能接触到的所有数据都是最终形式（支持HTTP、HTTPS/SSL、SMTP、POP3、IMAP、NNTP、Telnet、FTP、IRC等常用应用协议），也就是说，防火墙"看到"的数据和最终用户看到的是一样的，而不是一个个带着地址端口协议等原始属性信息的数据包，因而它可以实现更高级的数据检测目标。代理防火墙把自身映射为一条透明通路，在用户和外界看来，它们之间的连接并没有任何阻碍，但是这个连接的数据收发实际上是经过了代理防火墙的中转。当外界数据进入代理防火墙时，"应用协议分析"模块便根据应用层协议处理这个数据，通过预置的处理规则判断这个数据是否带有危害，由于这一层面对的已经不再是组合有限的报文协议，甚至可以识别类似于"GET /sql.asp？ id=1 and 1"这样的应用内容，所以防火墙不仅能根据应用层提供的信息判断数据，更能像管理员分析服务器日志那样观察内容、分辨危害。另外，由于代理防火墙工作在应用层，它可以实现双向限制，在过滤外部网络有害数据的同时也可以监控内部网络的信息，管理员可以配置防火墙实现身份验证和网络连接时限的功能，进一步防止内部网络信息泄漏的隐患。最后，由于代理防火墙采取应用代理工作机制，内外部网络之间的通信都需要先经过代理服务器审核，通过审核后再由代理服务器连接对端，断绝了分隔在内外部网络的计算机直接进行连接会话的机会，有效地避免了入侵者使用"数据驱动"攻击方式渗透到内部网络中，可以说，"应用代理"技术是比包过滤技术更完善的防火墙技术。

（3）状态监视技术

这是继"包过滤"技术和"应用代理"技术之后发展的新一代防火墙技术，"状态监视"技术在对每个数据包的头部、协议、地址、端口、类型等信息进行分析的基础上，进一步挖掘了"会话过滤"（session filtering）功能。在每个网络连接建立时，防火墙会为这个连接构造一个会话状态，其中包含了该连接上数据包的所有信息，以后的检测都要基于该连接所构造的状态信息进行。状态监视技术的高明之处在于能对每个数据包的内容进行监视，一旦建立了会话状态，则此后的数据传输都要以此会话状态作为依据，例如，一个连接的数据包源端口是8000号，那么在以后的数据传输过程中防火墙都会审核这个包的源端口是否还是8000号，若不是，则这个数据包就会被拦截。诚然，会话状态的保留是有时间限制的，在超时的范围内如果没有再进行数据传输，则这个会话状态就会被清除。状态监视还可以对包内容进行分析，从而摆脱了传统防火墙仅局限于几个包头部信息检测的弱点，而且这种防火墙不必开放过多的端口，进一步杜绝了因开放端口过多而带来的安全隐患。

由于状态监视技术相当于融合了包过滤技术和应用代理技术，因此是最先进的，但是由于实现技术复杂，在实际应用中还不能做到真正的、完全有效的数据安全检测，而且在一般的计算机硬件系统上很难设计出基于此技术的完善防御措施。

8.3.2　虚拟专用网络

1. 虚拟专用网络概述

虚拟专用网络（virtual private network，VPN）是指在公共数据网络上建立自己的专用私有数据网络，从而实现外部用户对企业内部网络的访问和资源的共享。VPN有两层含义，首先它不再使用专线建立专用网络，而是通过使用像Internet这样分布广泛的公共网络建立专用网络，它是虚拟存在的；其次，VPN是一种"专网"，每个用户都可以通过VPN访问公共网络中配置给自己的资源。VPN既可以让用户连接到公网的任何地方，也可以解决安全性、数据保密性、灵活管理等问题，降低了网络的使用成本。

通常用户业务数据都具有保密性，为保证数据安全，VPN服务器和客户机之间的通信数据都要进行严格的加密处理。有了数据加密，就可以认为数据是在一条用户专用的数据链路上进行安全传输，就像是专门架设了一个专用网络一样。实际上，由于VPN使用的是公共网络上的数据链路，因此它必须在公共数据网络通信隧道中建立一条加密隧道才能保障数据传输的安全性。通过VPN技术，用户无论是外地商务工作还是家庭办公，只要能够接入公共网络就可以通过VPN访问公司网络资源，就像在企业内部一样，这些技术优势使得VPN能在企业中得到广泛的应用。

具体而言，VPN存在下述功能特点。

（1）使用安全

VPN网络面向需要搭建专有网络的企业，使用逻辑隔离的公共网络资源，保障企业与用户可以在安全的网络环境下交互数据，VPN上传送的数据不会被攻击者窥视和篡改，而且能够阻止非法用户对网络资源或私有信息的访问。

（2）成本较低

VPN使用的是公共网络资源，除了搭建VPN服务器外，无须建设线路，而用户端只需要安装VPN客户端即可。因此，对于要求数据传输安全性高的中小型企业而言，VPN是建设企业专网最低廉的技术选型。

（3）管理简单

建设传统企业专用网络需要敷设大量线缆，同时还要根据企业需求安装配置不同类型的路由器和安全服务器，整个建设过程中需要大量的专业人员参与，且在后续的使用过程中维护工作量非常庞大。VPN网络物理链路结构简单，只需对VPN服务器进行定期的维护与权限更新即可，极大地简化了网络管理任务。

（4）服务质量保障

VPN能够为企业专用网络提供不同等级的服务质量保证，如对移动办公用户需要提供广泛的连接和覆盖性保障，而对于拥有众多分支机构的专线VPN网络，则需要能提供良好的网络稳定性。QoS通过流量预测与流量控制策略，可以按照优先级分配带宽资源，实现带宽管理，使得各类数据能够合理地先后发送，并预防拥塞的发生。

（5）扩展性强

VPN能够支持通过Intranet和Extranet的任何类型的数据流，方便增加新的节点，支持多种类型的传输媒介，可以满足同时传输语音、图像和数据等新应用对高质量传输以及带宽增加的需求。

2. VPN相关技术

VPN可以方便、低成本地将企业的内部私有网络通过公共网络资源实现互联，需要使用多种网络安全技术，其中最为重要的有4种，即隧道技术、加解密技术、用户认证技术与访问控制技术，通过合理组合这4种技术，可以构建出面向不同需求的安全、稳定的VPN网络。

（1）隧道技术

VPN中的隧道协议主要针对VPN在因特网中构建隧道所需要的技术。当用户将数据包通过VPN网络发送时，数据包首先被加入含有隧道协议的数据报头，也就是数据在进入VPN隧道前进行封装，接收数据时，首先将数据包根据相应隧道协议进行拆分，然后获取数据包。VPN隧道可以在链路层与网络层构建，链路层隧道协议主要有PPTP、L2TP等，网络层隧道协议主要有IPSec等。由于使用隧道协议将数据包进行了封装，该数据包在公共网络传输过程中对于其他非VPN用户来说是无效的，只有拥有同样隧道协议的对方才能正常接收到。

（2）加解密技术

VPN加解密技术使用主要针对用户在公共网络信道中传输数据时对数据包进行加密与解密的技术。除了使用隧道协议对数据包进行封装外，VPN保障数据安全性的另一个重要手段就是加解密技术，没有解密算法的用户截获数据包也无法使用。VPN加解密技术分为两种，即对称性加密与非对称性加密，有关加密算法的具体内容可以参见8.2节。

（3）认证技术

VPN认证技术主要目的是验证用户数据在传输过程中是否被更改。尽管隧道协议与加解密技术提供了一定的安全功能，但是为了保证数据传输更加的稳定和可靠，还必须实施认证技术，关于认证技术的具体内容可以参见8.2.4小节。

（4）访问控制技术

VPN访问控制技术主要针对如何合理应用VPN服务器中的资源而设立。服务器面临的用户可能过多，服务器资源并不能实时满足每个用户的需求，这时可以使用访问控制技术优先满足VPN用户访问。当服务器进入繁忙状态时，服务器将通过电子用户认证发布系统向VPN用户发布电子证书，VPN用户访问VPN服务器网络资源之前必须先发送电子证书，服务器验证电子证书并通过后才授权该用户能够获取网络资源。

3. VPN工作原理

VPN可由分布在不同地理位置的多个专用网络和远程用户构成，相互之间利用公共网络进行安全通信。在公共网络上传输的数据通过密码算法保证VPN的数据安全传输。图8-5给出了常规VPN结构，这是企业内部专用网络及远程用户通过公共网络连接起来的VPN，图8-5中的各个内部网络及远程用户都位于VPN设备后面并通过路由器接入公共网络。图8-5

中的隧道是指专网数据加密后在公共网络中通过的虚拟通道，隧道从一个 VPN 设备开始，通过路由器横跨整个公网到达其他 VPN 设备。

在 VPN 中，用户要通过公共网络向其他专网发送数据，一般要经过如下过程。

① 主机发送明文信息到连接公共网络的 VPN 设备。

② VPN 设备根据网络管理员设置的安全规则确定是否需要对数据进行加密或让数据直接通过。对需要加密的数据，VPN 设备对整个数据包（包括要传送的数据、源 IP 地址和目标 IP 地址）进行加密和附上数字签名。

③ VPN 设备加上新的数据包头，其中包括目标 VPN 设备需要的安全信息和一些初始化参数，重新封装后数据包通过隧道在公网上传输。

④ 当数据包到达目标 VPN 设备时，数据包被解封，数字签名验证无误后则解密数据包。

在上述 VPN 结构中，数据通过加解密算法在公共网络中利用隧道从一端 VPN 设备到达另一端 VPN 设备，通过数字证书来标记整个隧道并以此来鉴别属于此 VPN 的隧道。VPN 根据系统设置的安全规则完成数据安全通信，整个过程对用户是完全透明的。

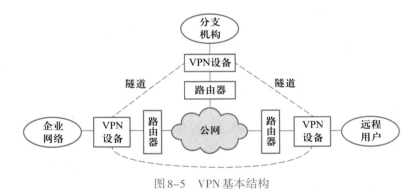

图 8-5 VPN 基本结构

4. VPN 种类

构建 VPN 的基础网络平台可以是 IP 网络，也可以是 ATM/FR 网络等。基于 ATM/FR 网络构建的 VPN 属于传统的数据专网范畴，目前逐渐淡出实际应用；基于 IP 网络构建的 VPN 成为实际应用主体。根据构建 VPN 依赖的基础网络平台的层次不同，可以将 VPN 划分为二层 VPN，如利用 VLAN 在以太网络上实现多个虚拟网络；三层 VPN，如利用 IPSec 实现 VPN 等；四层 VPN，如利用 SSL 技术构建 VPN。下面介绍几种当今常用的 VPN。

（1）基于 IPSec 的 VPN

基于 IPSec 的 VPN 主要目的是解决网络通信的安全性和利用开放的 Internet 实现异地局域网之间的虚拟连接，IPSec VPN 既可以在 IPv4 网络也可以在 IPv6 网络中部署。基于 IPSec 的 VPN 不依赖于网络接入方式，它可以在任意基础网络上部署，而且可以实现端到端的安全保护，即两个异地局域网的出口上只要部署了基于 IPSec 的网关设备，那么不管采用何种广域网都能够保证两个局域网安全地互联在一起。

（2）基于SSL的VPN

基于SSL也可以构建VPN，它可以针对具体的应用实施安全保护，目前应用最多的就是利用SSL实现对Web应用的保护，为此，需要在Web应用服务器前面部署一台SSL服务器，它负责接入各个分布的SSL客户端。这种应用模式类似于IPSec VPN中的AccessVPN模式，如果企业分布的网络环境下只有这种基于C/S或B/S架构的应用，不要求各分支机构之间的计算机能够相互访问，则可以利用SSL构建简单的VPN，基于SSL的VPN部署非常简单，只需要一台服务器和若干客户端软件即可。

（3）基于MPLS的VPN

多协议标签交换（multi protocol label switch，MPLS）协议是利用三层以太网交换机"一次路由，多次转发"的思想，用来提高路由器的转发性能，其基本的原理则是在报文中增加一个TAG字段，在数据报文经过的路径上的设备根据该标签决定下一步的转发方向。这是完全不同于传统路由器通过查路由表确定数据报文下一步转发方向的方法，路径上的路由转发设备需要运行LDP标签分发协议，来相互通知对不同TAG的处理办法。利用MPLS协议，可以在纯IP网络上实现虚拟专用网络，但是此虚拟专用网络不能保证用户数据的安全性。

利用MPLS构建的VPN网络需要全网的设备都支持MPLS协议，而IPSec VPN则仅仅需要部署在网络边缘上的设备支持IPSec协议即可，由此可以看出，IPSec VPN非常适合企业用户在公共IP网络上构建自己的虚拟专用网络，而MPLS则只能由运营商进行统一部署。这种VPN类似于利用IP网络模拟传统的DDN/FR等专线网络，因为在用户使用MPLS VPN之前，需要网络运营商根据用户需求在全局的MPLS网络中为用户设定通道。MPLS VPN隧道划分的原理是MPLS路由器利用数据包自身携带的通道信息来对数据进行转发，不像传统路由器要根据IP包的地址信息来匹配路由表查找转发路径，这样可以减少路由器寻址时间，而且能够实现资源预留以保证指定VPN通道的服务质量。

（4）基于L2TP的VPN

二层隧道协议（layer2 tunneling protocol，L2TP）由IETF起草，融合了点对点隧道协议（point to point tunneling protocol，PPTP）和二层转发协议（layer2 forwarding，L2F）的优点，很快就成为IETF有关二层隧道协议的工业标准。L2TP作为更优更新的标准，得到了包括微软、Ascend、思科、3Com、北方电信在内的诸多厂商的支持，成为使用最广泛的VPN协议。

在L2TP VPN中，用户端的感觉就像是利用PPP直接接到了企业总部的PPP端接设备上一样，其地址可以由企业通过DHCP来分配，认证方式可以沿用PPP一直使用的各种认证方式，并且L2TP是IETF定义的，其MIB库定义可以使其纳入全局标准化的网络管理。

8.3.3 网络入侵检测

1. 入侵检测概念

随着网络规模的不断扩大，网络环境变得越来越复杂，网络攻击方式不断翻新，对于网络安全来说，单纯的防火墙技术暴露出明显的不足和弱点，许多攻击（例如，DoS攻击会伪装成合法数据流）可以绕过通用防火墙；另外，防火墙不具备实时入侵检测能力且对于病毒也是束手无策。在这种情况下，网络的入侵检测系统（intrusion detection system，IDS）在网络安全整体解决方案中就显示出极大的作用，它可以弥补防火墙的不足，为网络安全提供实时的入侵检测及采取相应的防护手段。入侵检测系统是对防火墙的必要补充，作为重要的网络安全工具，它不仅可以对系统或网络资源进行实时检测，及时发现闯入系统或网络的入侵者，还能够预防合法用户的误操作。

入侵是指试图破坏计算机机密性、完整性、可用性或可控性的活动集合，入侵行为包括非授权用户试图存取数据、处理数据或者妨碍计算机的正常运行。入侵检测就是对企图入侵、正在进行的入侵或已经发生的入侵进行识别的过程，那些从网络或计算机系统中收集信息进行入侵检测的系统被称为入侵检测系统，其基本工作原理是，从不同环节收集信息并分析这些信息，试图寻找或挖掘出入侵活动的特征，并对自动检测到的行为做出响应，记录并报告检测结果。典型的入侵检测系统主要包括三个功能部件，即数据提取、数据分析和事件处理，如图8-6所示。

图8-6　入侵检测系统基本框架

2. 入侵检测系统的分类

根据数据源的不同，入侵检测系统可以分为基于主机的入侵检测系统（HIDS）、基于网络的入侵检系统（NIDS）及混合入侵检测系统。HIDS检测和保护的目标是主机，它通过监视主机端的用户行为、系统日志、应用程序日志及系统调用方式来收集信息，HIDS的优点在于信息来源准确且分布广泛，能够充分利用操作系统提供的功能，通过定义正常行为，再结合异常分析可以获得较好的检测效果。缺点在于HIDS需要为不同操作系统平台各自开发检测程序，对所在主机的运行性能有一定影响，需要在数量众多的主机上安装部署检测程序等。NIDS检测和保护的目标是其所在整个网段，它的数据源就是网段上的数据包，通过对截获数据包的分析来发现是否有恶意入侵行为发生。NIDS的优点是独立于平台，不会给网络造成额外负担，容易部署等。但是由于NIDS采用被动监听的工作原理使得入侵者有可能绕过或欺骗检测系统，同时在入侵响应方面也处于被动状态；另外，对加密数据的分析也是NIDS的一个薄弱环节。混合型入侵检测系统综合了上述两类入侵检测系统的优势特点，既监视主机数据也监视网络数据，它通常是基于分布式部署，一部分传感器（或称为代理）驻留在主机上收集信息，另一部分则部署在网络中收集流量信息，它们都由中央控制台管理，将收集到的各种信息发往控制台进行集中处理。

根据检测方式的不同，入侵检测系统可以分为基于异常的入侵检测（anomaly detection）

和基于误用的入侵检测（misuse detection）。基于异常的入侵检测技术需要一个前提，即入侵、滥用等恶意行为不同于一般用户或者系统的正常行为。异常检测先在用户、系统或者网络处于正常操作的一段时间里收集大量相关事件和行为的信息，再根据这些信息建立正常或者有效行为的模式。在检测时，通过某种度量来计算事件行为偏离正常行为的程度。把当前行为和正常模式进行行为比较，如果偏离程度超过设置的范围，则发出入侵报警异常。异常检测的本质就是查找那些被认为是异常的行为。换句话说，所有不符合于正常模式的行为都被认为是入侵。这里的"模式"通常是使用一组系统度量来定义，所谓的"度量"就是系统/用户行为在特定方面的量化。由于每个度量都对应一个限值或相关的变动范围，这使得异常检测系统经常会出现误报警行为。

基于误用的入侵检测方式的基本工作原理是先尽可能收集各种入侵行为的特征并建立相关的特征库，在后续的检测过程中，将现场收集到的特征数据与已有特征库中的特征代码进行比较（即模式匹配），进而得出是否入侵的结论。可以看出，基于误用的入侵检测方式与主流的病毒检测方式基本一致。当前主流的入侵检测系统基本上采用的是基于误用的检测方式，其优点是误报少，缺点是只能检测出特征库中已知的入侵，且其复杂性将随着入侵数量的增加而增加。

3. 入侵检测技术

基于异常入侵检测和基于误用入侵检测因工作机理不同而采用了不同的检测技术。前者是通过对系统异常行为的检测来发现入侵，其关键问题在于正常使用模式的建立以及如何利用该模式对当前系统或用户行为进行比较，从而判断出与正常模式的偏离程度。常用的基于异常的入侵检测技术有统计分析和神经网络。

（1）统计分析

最早的异常检测系统采用的是统计分析技术。首先，检测器根据用户对象的动作为每个用户建立一个用户特征表，通过比较当前特征与已存储定型的以前特征，从而判断是否为异常行为。统计分析的优点：有成熟的概率统计理论支持、维护方便，不需要像误用检测系统那样不断地对规则库进行更新和维护等。统计分析的缺点：大多数统计分析系统是以批处理的方式对审计记录进行分析的，不能提供对入侵行为的实时检测、统计分析不能反映事件在时间顺序上的前后相关性，而不少入侵行为都有明显的前后相关性、门限值的确定非常棘手等。

（2）神经网络

这种方法对用户行为具有学习和自适应能力，能够根据实际检测到的信息有效地加以处理并做出入侵可能性的判断。利用神经网络所具有的识别、分类和归纳能力，可以使入侵检测系统适应用户行为特征的可变性。从模式识别的角度来看，入侵检测系统可以使用神经网络来提取用户行为的模式特征，并以此创建用户的行为特征轮廓。

利用神经网络检测入侵的基本思想是用一系列信息单元（命令）训练神经单元，这样在给定一组输入后，就可能预测输出。与统计分析相比，神经网络更好地表达了变量间的非线性关系，并且能自动学习并更新。当然，神经网络也存在一些问题：在不少情况下，系统会趋向于形成某种不稳定的网络结构，不能从训练数据中学习特定的知识；另外，神经网络对判断为异常的事件不会提供任何解释或说明信息，这导致了用户无法确认入侵的责任人，也无法判断究竟是系统哪方面存在的问题导致攻击者得以成功入侵。

基于误用的入侵检测首先对表示特定入侵的行为模式进行编码，建立误用模式库；然后对实际检测过程中得到的审计事件数据进行过滤，检查是否包含入侵特征串。常见的基于误用的入侵检测技术有模式匹配、专家系统和状态迁移法。

（1）模式匹配

模式匹配是最常用的误用检测技术，其优点是实现简单、扩展性好、检测效率高、可以实时检测；但是只能适用于比较简单的攻击方式。其基本原理就是将收集到的信息与已知的网络入侵和系统误用模式进行比较，从而发现违背安全策略的行为。著名的轻量级开放源代码入侵检测系统 Snort 采用的就是这种技术。

（2）专家系统

专家系统根据安全专家对可疑行为的分析经验来形成一套推理规则，然后在此基础上建立相应的专家系统自动对所涉及的入侵行为进行分析。该系统随着经验的积累能够利用其自学习能力进行规则的扩充和修正。专家系统的不足也很明显：处理海量数据时存在效率低下问题，这是由于专家系统的推理和决策模块通常使用解释型语言来实现，所以执行速度比编译型语言要慢；专家系统的性能完全取决于设计者的知识和技能，受专家主观意识影响强烈；规则库维护难度较大，更改规则时必须考虑对知识库中现有其他规则的影响；等等。

（3）状态迁移法

状态迁移法利用状态迁移图描述系统所处的状态和状态之间可能的迁移。状态迁移图用于入侵检测时，表示了入侵者从合法状态迁移到最终的危害状态所采取的一系列入侵行为。在检测未知脆弱性时，因为状态迁移图强调的是系统处于易受损的状态而不是未知入侵的审计特征，因此这种方法具有更好的健壮性，但它潜在的弱点就是太拘泥于预先定义的状态迁移序列。

8.3.4　入侵容忍

第一代安全系统依靠密码学、可信的计算基础、认证、访问控制等技术来抵御入侵行为。第二代安全系统依赖防火墙、入侵检测、公钥基础设施（public key infrastructure，PKI）等技术来弥补普遍存在的安全漏洞。可以说，传统的安全目标主要归结为两个方面：一是阻止攻击的发生；二是不断解决系统存在的安全漏洞。

事实上，由于不可能预知所有未知形式的攻击，相应地，也就不可能完全杜绝未发现的安全漏洞，完全避免攻击的良好愿望注定无法实现，所以有必要研究即使在遭到攻击时仍能运行的计算机网络系统。入侵容忍就是针对这一背景而提出的，它允许系统存在一定程度的安全漏洞，并且假设一些针对系统组件的攻击能够取得成功。在面对攻击的情况下，入侵容忍系统不是想办法阻止每一次单个入侵，而是设法恢复系统因受攻击而失效的核心功能，从而能够以可预测的概率保证系统的安全性和可用性。

1. 系统故障模型

在面临攻击的情况下，一个系统或系统组件被成功入侵的根本原因有两个。

① 安全漏洞：本质上是需求、规范、设计或配置方面存在的缺陷，如不安全的口令、使得堆栈溢出的编码故障等，安全漏洞是系统被入侵的内部原因。

② 攻击者的攻击：这是系统被入侵的外部原因，是攻击者针对安全漏洞的恶意操作，如端口扫描、DoS等攻击。

攻击者对系统或系统组件的一次成功入侵，能够使系统运行状态产生错误（error），进而会引起系统的失效（failure）。为了把传统容错技术应用到入侵容忍上面来，可以把任何攻击者的攻击、入侵和系统组件的安全漏洞抽象成系统故障（fault）。一个系统从面临攻击到系统失效的过程中，通常会出现以下事件序列：故障（fault）→错误（error）→失效（failure）。常用的故障模型是如图8-7所示的AVI混合故障模型（attack，vulnerability,intrusion composite fault model），在该模型中，故障是引起系统产生错误的根本原因，错误是故障对系统状态影响的表现，而失效是一个错误在系统为用户提供服务时的表现，即系统不能为用户提供预期的服务。为了实现入侵容忍，防止系统失效，可以对事件序列的各个环节进行阻断，如图8-8所示。

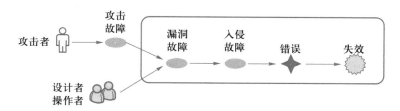

图8-7　AVI故障模型

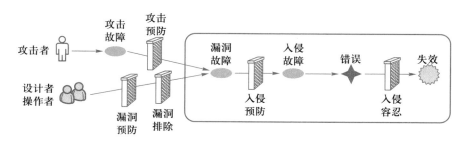

图8-8　入侵容忍模型

由图8-8可见，综合应用多种安全技术可以防止系统失效，这些安全技术包括以下几种。

① 攻击预防：包括信息过滤、禁止JavaScript等可能含有恶意的脚本运行、对入侵进行

预测等技术。

②漏洞预防：包括完善的软件开发、预防配置和操作中的故障。

③漏洞排除：针对程序堆栈溢出的编码错误、弱口令、未加保护的 TCP/IP 端口等漏洞，采用漏洞排除方法，从数量和严重程度上减少安全漏洞的存在，然而要完全排除系统安全漏洞并不可行。

④入侵预防：针对已知形式的攻击，采取防火墙、入侵检测系统、认证和加密等手段，可以对这些攻击进行预防和阻止。

⑤入侵容忍：作为阻止系统失效发生的最后一道防线，入侵容忍意味着能检测到入侵引起的系统错误，并采用相应机制进行错误处理。

2. 入侵容忍机制

入侵容忍技术从本质上讲是一种使系统保持生存性（survivability）的技术。根据安全需求，一个入侵容忍系统应达到三个目标：能够阻止和预防攻击的发生；能够检测攻击和评估攻击造成的破坏；在遭受到攻击后，能够维护和恢复关键数据和关键服务。

为了实现入侵容忍系统的目标，需要相应的安全机制来支撑和保证，具体保障措施包括以下几个方面。

（1）安全通信机制

在网络环境中，为了保证通信者之间安全可靠的通信，预防和阻止攻击者窃听、伪装和拒绝服务等攻击，安全通信机制是必需的。入侵容忍的安全通信机制通常采用加密、认证、消息过滤和经典的容错通信等技术。

（2）入侵检测机制

入侵检测通过监控并分析计算机系统或网络上发生的事件，对可能发生的攻击、入侵和系统存在的安全漏洞进行检测和响应。通过对入侵检测、漏洞分析和攻击预报技术的融合，能预测错误的发生，并找出造成攻击或带来安全漏洞的原因。入侵检测也可结合审计机制，记录系统行为和安全事件，对产生的安全问题及原因进行后验分析。

（3）入侵遏制机制

通过资源冗余和设计的多样性增加攻击者入侵的难度和成本，还可通过安全分隔、结构重配等措施来隔离已遭破坏的系统功能组件，限制入侵并阻止入侵的进一步扩散。

（4）错误处理机制

错误处理旨在阻止产生灾难性失效，包括错误检测和错误恢复。

错误检测又包括完整性检测和日志审计等内容，错误检测的目的在于：限制错误的进一步传播；触发错误恢复机制；触发故障处理机制，以阻止错误的发生。

错误恢复的目的在于使系统从入侵所造成的错误状态中恢复过来，以维护或恢复关键数据和关键服务。错误恢复的具体种类包括前向恢复（forward recovery），系统向前继续执行到某一特点状态，该状态能够保证提供正确的服务；后向恢复（backward recovery），系统回到以前被认为是正确的状态并重新运行；错误屏蔽（error masking），系统应用冗余来屏蔽错误以提供正确的服务，如组件冗余、门限密码、系统投票以及拜占庭协商等。

由于错误检测方法不可靠或有较大的延迟，从而会影响错误恢复的有效性，因此，错误屏蔽是优先考虑的机制。

3. 入侵容忍策略

入侵容忍系统的建立必须使用相应的入侵容忍策略，即当系统面临入侵时，系统采取何种策略来容忍入侵，避免系统失效的发生。入侵容忍策略来自经典的容错和安全策略的融合，策略以操作类型、性能、可得到的技术等因素为条件，在衡量入侵的成本和受保护系统的价值的基础上制订。一旦入侵容忍策略定义好了，就可根据确定的入侵容忍机制设计并构建入侵容忍系统。具体而言，入侵容忍策略包括以下内容。

（1）故障避免和容错

故障避免策略指在系统设计、配置和操作过程中尽可能排除故障发生的策略，由于完全排除系统组件的安全漏洞并不现实，而且通过容错的方法来抵消系统故障的负面影响有时比故障避免更为经济；因此，在设计入侵容忍系统时，应将故障避免和容错策略折中考虑。只有在一些特殊情况下，故障避免才是绝对追求的目标。

（2）机密性操作

当策略目标是保持数据的机密时，入侵容忍要求在部分未授权数据泄露的情况下，不会暴露任何有用的信息。入侵容忍系统的机密性服务可以通过错误屏蔽机制来实现。

（3）可重配操作

可重配操作策略是指在系统遭受攻击时，系统根据功能组件或子系统的受破坏程度来评估入侵者成功的程度，进而对系统资源或服务进行重新配置的策略。可重配操作基于入侵检测技术，在检测到系统功能组件错误时能够自动调用正确的组件来替代错误组件，或者用适当的配置来代替不适当的配置。可重配操作策略用于处理面向可用性或完整性服务，比如事务数据库、Web 服务等。由于可重配策略需要对资源或服务进行重配，系统提供的某些非核心服务可能会临时无效而造成一些性能上的降级。

（4）可恢复操作

对于一个系统，若其进入失效状态需要的时间与从失效状态恢复到正常状态需要的时间之和大于攻击的持续时间，则系统在遭受攻击并失效时，可以采用可恢复操作来恢复系统。在分布式环境中，可恢复操作往往需要借助安全的协商协议才能实现。

（5）防失败

当攻击者成功入侵系统的部分功能组件时，系统功能或性能受到破坏，若系统不能容忍这些攻击后果，就应该提供紧急措施（如停止系统的运行）以避免系统受到不期望的破坏。这种策略常用于任务至关重要的系统，是其他策略的补充。

入侵容忍系统的设计需要结合入侵阻止和入侵检测技术，但是，入侵容忍是一种主动防护能力，不是简单的阻止和检测。入侵阻止和入侵检测是一种被动防御能力，前者通过静态部署防火墙、防病毒软件和其他防御措施来阻止已知漏洞的利用；后者是一种检测入侵和报警的机制，其工作集中在发现攻击者意图和攻击手段上。因此，入侵容忍主要以入侵产生的结果作为出发点，重点在于检查当前行为是否偏离了预期的行为，而不是建立在识别具体攻击类型上，所以，入侵容忍非常适用于未知安全漏洞和新型攻击存在的场合。

**8.4　网络安全威胁

8.4.1　分布式拒绝服务攻击

拓展阅读 8-3：常用网络攻击种类

　　拒绝服务攻击（denial-of-service，DoS）与分布式拒绝服务攻击（distributed DoS，DDoS）是破坏网络服务的常见形式，它们通过发送具有虚假源地址的数据包请求或其他非法请求，消耗受害主机或网络的资源，使其不能正常工作。由于这种攻击容易实现且效果明显，很受攻击者青睐，给网络带来了巨大的安全威胁和经济损失。

　　拒绝服务的攻击方式有很多种，广义地说，任何通过合法方式使服务器不能提供正常服务的攻击手段都属于 DoS 攻击的范畴。最基本的 DoS 攻击手段就是利用合理的服务请求来占用过多的服务器资源，从而使合法用户无法及时获得服务器的响应；被攻击的受害者可以是联网主机、路由器甚至整个网络。DDoS 与 DoS 有所不同，它不依赖于任何特定的网络协议，攻击者首先利用系统的管理漏洞逐渐掌握一批傀儡主机的控制权，当时机成熟时，攻击者控制这些傀儡主机同时向被攻击主机发送大量攻击分组，这些分组要么耗尽被攻击主机的 CPU 或内存资源，要么耗尽其可用的连接带宽，甚至两者都耗尽，导致被攻击主机不能接受或响应正常的服务请求，从而出现服务拒绝现象。

　　DDoS 攻击大致可以分成两大类：直接攻击（direct attacks）和反射攻击（reflector attacks），如图 8-9 所示。

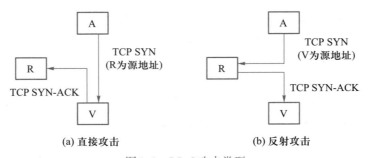

(a) 直接攻击　　　　　　　　(b) 反射攻击

图 8-9　DDoS 攻击类型

1. 直接攻击

　　直接攻击是攻击者直接向被攻击主机发送大量攻击分组。攻击分组可以是各种类型，比如 TCP、ICMP 和 UDP，也可以是这些分组的混合。在使用 TCP 作为攻击分组时，最常见的攻击方式是 TCP SYN 洪泛（SYN flooding），这种攻击利用了 TCP 建立连接的三次握手机制。攻击者向被攻击主机的TCP服务器端口发送大量的TCP SYN分组，如果该端口正在监听连接请求，那么被攻击主机将会发送TCP SYN-ACK分组对每个TCP SYN分组进行应答。由于攻击者发送的分组的源地址往往是随机生成的，因此，TCP SYN-ACK分组将被发往对应随机源地址的主机R，如此的交互当然不可能建立正常的TCP连接。直接攻击如图8-9（a）所示，其中A表示攻击者，V表示被攻击主机，R表示攻击者分组源地址对应的主机。为了完成三次握手，在上述攻击情形下服务器一般会再次发送SYN-ACK给客户机并等待一段时间后丢弃这个未完成的连接，这段时间的长度称为SYN超时周期（SYN timeout），一般来说这个时间大约为30秒到2分钟。一次攻击导致服务器的一个线程等待1分钟并不是什么大的问题，但攻击者可以大量模拟这种情况，服务器为了维护半打开连接（half-open connections）列表而需要消耗大量资源，甚至于不再响应新到的TCP SYN分组，于是就出现了服务拒绝攻击。

另一种基于TCP的攻击是用大量分组消耗被攻击主机的输入链路带宽，这时被攻击主机只会对RST分组做出响应，也发出RST分组并导致某个正常连接被切断，正常连接的客户机将再次发起连接，导致情况进一步恶化。ICMP分组（echo requests和timestamp requests）和UDP分组也可以用来进行这种带宽攻击，这时被攻击主机通常会发回ICMP应答、错误消息和相应的UDP分组作为响应。

相对于DoS而言，DDoS的攻击威力更大。在进行直接攻击之前，攻击者首先会建立一个DDoS攻击网络，攻击网络由一台或者多台攻击主机、一些控制傀儡机和大量的攻击傀儡机组成，如图8-10（a）所示。攻击主机是攻击者实际控制的主机，攻击者通过攻击主机运行扫描程序来寻找有安全漏洞的主机并植入DDoS的傀儡程序（例如Trinoo、Tribe Flood Network 2000）。每台攻击主机控制一台或者多台控制傀儡机，每台控制傀儡机又和一组攻击傀儡机相连。当攻击网络准备就绪后，攻击主机就可以向控制傀儡机下达攻击命令了，攻击命令包括被攻击主机的IP地址、攻击的周期和攻击的方法等内容。

2. 反射攻击

反射攻击是一种间接攻击，在反射攻击中，攻击者利用中间节点（包括路由器和主机，又称为反射节点）进行攻击。攻击者向反射节点发送大量需要响应的分组，并将这些分组的源地址设置为被攻击主机的地址。由于反射节点并不知道这些分组的源地址是经过伪装的，反射节点将把响应分组发往被攻击主机。如图8-9（b）所示，真正发往被攻击主机的攻击分组都是经过反射节点反射的分组，如果反射节点数量足够多，那么反射分组将淹没被攻击主机的链路。

反射攻击并不是一种全新的攻击方法，传统的Smurf就是一种反射攻击。Smurf攻击通过向被攻击主机所在的子网的广播地址发送ICMP的echo request分组（也就是ping包）来触发攻击。该ICMP分组的源地址被设置为被攻击主机的源地址。这样，子网中的每台主机都会向被攻击主机发回响应分组导致被攻击主机被拥塞。严格地说，Smurf并不是DDoS攻击，因为攻击源（反射节点）位于攻击者所在的子网。基于Smurf的攻击原理，可以通过过滤发向子网广播地址的分组来进行防范。

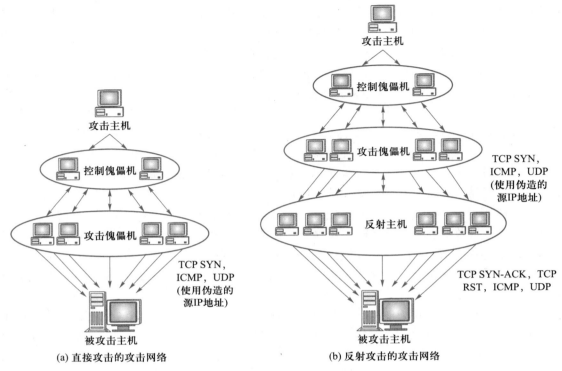

图 8-10 DDoS 攻击网络

反射攻击是基于反射节点为了响应收到的分组而生成新的分组的能力来进行的。因此，任何可以自动生成分组的协议都可以用来进行反射攻击。这样的协议包括 TCP、UDP、ICMP 和某些应用层协议。当使用 TCP 分组进行攻击时，反射节点将对 SYN 分组响应 SYN-ACK 分组或者 RST 分组（当收到不正确的 TCP 分组时也响应 RST 分组）。当反射节点发出大量的 SYN-ACK 分组时，它实际上也是一个 SYN 洪泛攻击的被攻击主机，因为它也维护了大量的半打开连接。当然，反射节点的情况比直接攻击中的被攻击主机要好一点，因为每个反射节点只对整个攻击做出部分贡献。另外，和 SYN 洪泛攻击相比，这种 SYN-ACK 洪泛攻击并不会耗尽被攻击主机接受新连接的能力，因为通过检查 ACK 标志位，很容易检查出是 SYN-ACK 分组，从而将该分组丢弃。因此，反射攻击的目标主要是耗尽被攻击主机网络链路的带宽。

与直接攻击一样，反射攻击也有 DDoS 方式。如图 8-10（b）所示，大量的攻击傀儡机向反射主机发送分组，而反射主机的响应分组全部发送到真正的被攻击主机，导致其链路带宽很快被消耗殆尽。

8.4.2 僵尸网络

僵尸网络（botnet）是通过入侵网络空间内若干非合作用户终端构建的、可被攻击者远程控制的通用计算平台。其中，非合作是指被入侵的用户终端没有感知到被控制；攻击者指的是对所形成的僵尸网络具有操控权力的控制者（botmaster）；远程控制指的是攻击者可以通过命令与控制（command and control，C&C）信道一对多地控制非合作用户终端。一个被控制的受害用户终端就成为僵尸网络的一个节点，称为僵尸主机（俗称"肉鸡"）。一个僵尸网络可以控制大量的用户终端，由此可以获得强大的分布式计算能力和丰富的信息资源储备能力。利用僵尸网络，攻击者更易于发起更多的增值网络攻击，如分布式拒绝服务攻击、在线身份窃取、垃圾邮件、木马和间谍软件批量分发等，可以说，僵尸网络已成为当今互联网最大的安全威胁之一。

僵尸网络是一种控制命令驱动的系统，它的行为取决于控制者的命令输入。因此，一个具体的僵尸网络可能造成的危害通常难以预测。从已有的僵尸网络来看，其危害已影响到政治、经济和国家安全等多个重要领域。

1. 僵尸网络分类

按照拓扑结构可以将僵尸网络分为3种类型：中心结构、P2P结构及组合结构。

中心结构采用客户机/服务器（C/S）模式，即所有僵尸程序直接连接到中心控制服务器以获取控制命令。根据僵尸程序定位中心控制服务器的方法，又可将中心结构分为静态中心结构和动态中心结构。前者指的是中心控制服务器的域名或IP地址是固定的，硬编码在僵尸程序体内，如图8-11（a）所示；后者指的是控制服务器地址需要根据特定算法动态生成，寻址算法是固定的，硬编码在僵尸程序体内，如图8-11（b）所示。当前，静态中心结构的僵尸网络可以基于IRC和HTTP；而动态中心结构的僵尸网络通常基于域名系统。中心结构具有通信速度快的优点，但需要具有公网可达服务器（具有静态的标准IP地址，且可接受远程客户机主动发起的连接并与之通信）的支持。

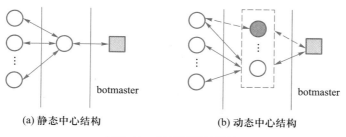

(a) 静态中心结构　　　　(b) 动态中心结构

图8-11　僵尸网络的结构

P2P结构采用Peer to Peer模式，即每个僵尸程序既充当客户机又充当服务器，不存在专用的服务器，不需要公网可达服务器的支持，从而消除了单点失效问题。典型的P2P结构的僵尸网络基于分布式哈希表（distributed Hash table，DHT）和Random结构，并通过随机访问来寻找peer。基于DHT思想的结构具有良好的分布性，但容易受到索引污染和Sybil攻击，Random结构是最健壮的P2P模式，但会造成网络流量明显异常，且寻址和通信速度很慢。只有当僵尸网络规模变得足够大时，如千万级或更多，Random结构才会体现出优势。

组合结构包括两种情况：以C/S为主的组合结构和以P2P为主的组合结构，如图8-12所示。

以C/S为主的组合结构，逻辑上是C/S结构，但服务器部分在物理实现上又是P2P结构，如图8-12（a）所示。在这种组合结构中，一部分公网可达僵尸主机同时作为客户机和服务器，其他僵尸主机仅作为客户机。这样，公网可达僵尸主机群构成一个开放的P2P网络，形成了一个动态控制服务器池。

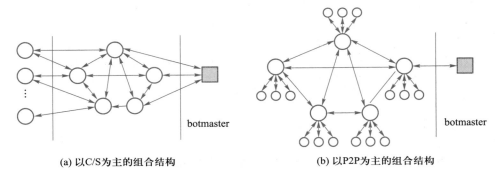

(a) 以C/S为主的组合结构　　　　　　　　　(b) 以P2P为主的组合结构

图 8-12　组合结构

以P2P为主的组合结构，逻辑上是P2P结构，但每个peer在物理实现上又是C/S结构，如图8-12（b）所示。在这种组合结构中，一部分公网可达僵尸主机作为服务器，管理一定数量的非公网可达僵尸主机，公网可达僵尸主机又通过P2P连接起来形成P2P网络。这样，就可以将一个大规模僵尸网络分裂为多个隐秘的僵尸子网，僵尸子网之间又通过稳健的P2P连接起来。

2. 僵尸网络防范

僵尸网络的防范内容包括检测（detection）、追踪（tracking）、测量（measurement）、预测（prediction）和对抗（countermeasure）5个部分，其中，检测的目的是为了发现新的僵尸网络；追踪的目的是获知僵尸网络的内部活动；测量的目的是掌握僵尸网络的拓扑结构、活跃规模、完全规模和变化轨迹；预测的目的是考虑未来可能出现的攻击技术并预先研究防御方法；对抗的目的是接管僵尸网络控制权或降低其可用性。

僵尸网络检测的目的是为了发现新出现的僵尸网络，通常包括3个方面的含义：① 在单机上发现了僵尸程序样本并监测到C&C通信；② 通过网络边界流量监测或单点探测发现控制服务器的存在；③ 在网络安全事件日志或网络应用数据中发现若干主机或账号的行为疑似由僵尸网络产生。

僵尸网络追踪的目的是发现控制者的攻击意图和僵尸网络的内部活动，掌握控制者发布的控制命令及其触发的僵尸程序动作。僵尸网络追踪的前提是需要掌握C&C协议，基于所掌握的C&C协议，可以采用的追踪方法可以灵活变化，例如，以渗透的方式加入僵尸网络中以获取僵尸网络内部活动情况；在可控环境中运行Sandbot，并对其通信内容进行审计，从而获取僵尸网络的活动。

僵尸网络测量的目的是为了刻画僵尸网络拓扑结构、活跃规模（active size，处于在线状态的僵尸主机数量）以及完全规模（total size，全部被控制的主机，无论在线与否）等可度量属性及其动态变化轨迹，展现出僵尸网络的轮廓和特征。事实上，针对同一僵尸网络采用不同的测量方法，产生的结果可能相差悬殊，所以，测量结果必须辅之以特定环境、特定策略、特定方法的上下文说明才有参考意义。

僵尸网络预测的目的就是获悉命令控制信道可能的设计方法。当前的预测方法包括两个方面，一是以个人计算机为攻击目标的高级僵尸网络构建技术；二是以智能手机为主要攻击目标的移动僵尸网络构建技术。前者旨在消除已存在的僵尸网络具有的脆弱性，设计出具有尽可能多属性的高级僵尸网络；后者缺乏大量实际移动僵尸网络作为参照物，所以偏重于针对智能手机和计算机的差别提出移动僵尸网络可能的设计方法。

3. 僵尸网络对抗

僵尸网络对抗的目的是利用技术手段对抗僵尸网络并将其危害降至最低，这是研究僵尸网络的最终目标，根据对抗效果可以把僵尸网络对抗的方法归纳为4种，即劫持僵尸网络、僵尸程序漏洞攻击、僵尸网络污染及关键节点拒绝服务攻击。

**8.5 Internet 安全协议

与TCP/IP参考模型相对应，因特网在网际层、传输层和应用层都提出了相应的安全协议以支持合适的安全功能。

8.5.1 网际层安全协议

因特网网际层安全协议IPSec（Internet protocol security）是由IETF IPSec工作组于1998年定义的安全标准框架，用以提供公用和专用网络的端对端传输的加密和验证服务，它工作在传输层之下，对应用程序和终端用户来说是透明的。

1. IPSec组成

IPSec不是一个单独的协议，它是应用于IP层上保障数据安全的一整套体系结构，包括网络认证协议AH（authentication header，认证头）、ESP（encapsulating security payload，封装安全载荷）、IKE（Internet key exchange，因特网密钥交换）以及用于网络认证及加密的相关算法等，这些协议间的关联如图8-13所示。

拓展阅读8-4：RFC 4301：IP Security Protocol

IPsec提供了两种安全机制：认证和加密。认证机制使IP通信的数据接收方能够确认数据发送方的真实身份以及数据在传输过程中是否被篡改。加密机制通过对数据进行加密运算来保证数据的机密性，以防数据在传输过程中被非法窃听。IPSec中的AH协议定义了认证的应用方法，提供数据源认证和完整性保证；ESP定义了加密和可选认证的应用方法，提供数据机密性保证。

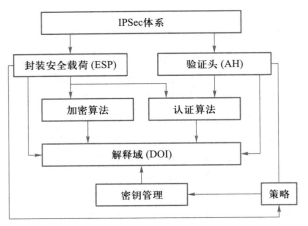

图 8-13　IPSec 体系结构

2. IPSec 工作模式

基于不同的应用需求和场景，IPSec 有如下两种工作模式。

（1）传输（transport）模式

基于用户传输层数据计算 AH 或 ESP 头，AH 或 ESP 头以及 ESP 加密的用户数据被放置在原 IP 包头后面，如图 8-14 所示。通常，传输模式应用在两台主机之间的通信，或一台主机和一个安全网关之间的通信。

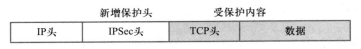

图 8-14　IPSec 传输模式

（2）隧道（tunnel）模式

基于用户整个 IP 数据包计算 AH 或 ESP 头，AH 或 ESP 头以及 ESP 加密的用户数据被封装在一个新的 IP 数据包中，如图 8-15 所示。通常，隧道模式应用在两个安全网关之间的通信。

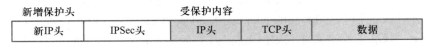

图 8-15　IPSec 隧道模式

3. IPSec 核心协议

（1）AH 协议

AH 协议（IP 的协议号为 51）为整个数据包提供身份验证、数据完整性校验和防报文重放功能。因为不加密数据，所以不提供机密性。AH 可选择的认证算法有 MD5、SHA-1 等，完整性和身份验证通过在 IP 报头和传输协议报头（TCP 或 UDP）之间放置 AH 报头来提供，如图8-16所示，其中的SPI（security parameter index）表示安全参数索引，它与源/目的IP地址、IPSec协议一起组成的三元组可以为传输的IP数据包唯一地确定一个SA。

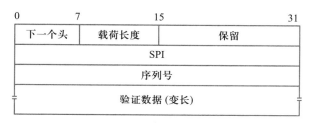

图8-16　AH封装格式

　　AH为IP数据报提供强大的完整性服务，即可用于为IP数据报承载内容验证数据；同时，AH可用于将实体与数据报内容相链接，为IP数据报提供身份验证。如果在完整性服务中使用了公共密钥数字签名算法，AH还可以为IP数据报提供不可抵赖服务。

　　（2）ESP

　　ESP（IP的协议号为50）提供加密、数据源认证、数据完整性校验和防报文重放功能。ESP的工作原理是在每一个数据包的标准IP包头后面添加一个ESP报文头，并在数据包后面追加一个ESP尾，其格式如图8-17所示。与AH协议不同的是，ESP将需要保护的用户数据进行加密后再封装到IP包中，以保证数据的机密性。常见的加密算法有AES、3DES、DES等，其中安全性最高的是AES算法，最低的是DES算法。安全性高的加密算法实现机制复杂，运算速度慢。对于普通的安全要求，DES算法就可以满足需要。另外，作为可选项，用户可以选择MD5、SHA-1算法保证报文的完整性和真实性。

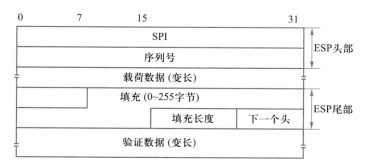

图8-17　ESP封装格式

　　在实际通信中，根据安全需求可以同时使用AH和ESP这两种协议，也可以仅选择使用其中的一种。尽管AH和ESP都可以提供认证服务，但AH提供的认证服务要强于ESP。在同时使用AH和ESP情形时，需要先对报文进行ESP封装，再进行AH封装，封装之后的报文从内到外依次是原始IP报文、ESP头、AH头和外部IP头。

（3）安全关联

除了 IPSec 报头之外，在安全的数据被传输之前，两台计算机之间还必须先建立一个契约，该契约称为安全关联（security association，SA），SA 可以看成是两个 IPSec 对等端之间的一条安全隧道。一台计算机可以与另一台计算机之间建立多个 SA，在这种情况下，接收端计算机使用安全参数索引（SPI）来决定将使用哪个 SA 处理传入的数据包。SPI 是一个分配给每个 SA 的字串，用于区分多个存在于接收端计算机上的安全关联。

4. IPSec 数据传输

在介绍完 AH、ESP 及数据封装模式之后，接下来解释 IPSec 如何实现数据的安全传输。

IPSec 的两个端点被称为是 IPSec 对等体，要在两个对等体之间实现数据的安全传输首先就要在两者之间建立安全关联 SA。SA 是 IPSec 的基础，也是 IPSec 的本质功能反映，它描述了 IPSec 对等体间对某些安全要素的约定，如使用哪种安全协议（AH、ESP 还是两者结合使用）、协议的封装模式（传输模式和隧道模式）、加密算法（DES、3DES 和 AES）选择、特定流中受保护数据的共享密钥以及密钥的生存周期等。

SA 是单向的，若 IPSec 对等体之间需要双向通信，最少需要两个 SA 分别对两个方向的数据流进行安全保护。同时，如果两个对等体希望同时使用 AH 和 ESP 进行安全通信，则每个对等体都会针对每一种安全协议来构建独立的 SA。SA 是具有生存周期的，且只对通过 IKE 协商建立的 SA 有效，手工方式建立的 SA 永不失效。IKE 协商建立的 SA 的生存周期有两种定义方式：基于时间的生存周期，定义了一个 SA 从建立到失效的最大时间；基于流量的生存周期，定义了一个 SA 允许处理的最大数据流量。

生存周期到达指定的时间或流量上限时，SA 就会失效。SA 失效前，IKE 将为 IPSec 协商建立新的 SA，这样，在旧的 SA 失效前新的 SA 就已经准备好。在新的 SA 开始协商但尚未完成之前，继续使用旧的 SA 保护通信。在新的 SA 协商好之后，则立即采用新的 SA 保护通信。

在上述 IPSec 的工作过程中，IKE 究竟起到什么作用呢？简单地讲，IKE 就是一种安全机制，它提供端到端之间的动态认证。IKE 为 IPSec 提供了自动协商完成交换密钥与建立 SA 的服务，从而简化 IPSec 的使用和管理，大大降低 IPSec 的配置和维护工作。IKE 不是在网络上直接传输密钥，而是通过一系列的数据交换，最终计算出双方共享的密钥，有了 IKE，IPSec 的很多安全参数（如密钥）都可以自动建立，大大降低了手工配置的复杂度。

8.5.2 传输层安全协议

网际层的 IPSec 可以提供端到端的网络层安全传输，但是它无法处理位于同一端系统之中的不同的用户安全需求，因此需要在传输层向更高层提供安全传输服务，即基于两个传输进程间的端到端安全服务，保证两个应用之间的保密性和安全性，为应用层提供安全服务。

在传输层中使用的安全协议主要有 SSL、SSH 和 SOCKS。

1. SSL

安全套接字层协议（secure socket layer，SSL）是由网景公司（Netscape）设计的一种开放协议，其最新版本为 TLS（安全传输层协议）。它指定了一种在应用程序协议和 TCP/IP 之间提供数据安全性子层的机制，它为 TCP/IP 连接提供数据加密、服务器认证、消息完整性以及可选的客户机认证。

SSL 的主要目的是在两个通信应用程序之间提供私密信和可靠性，它包括 3 个元素。

① 握手协议，负责协商被用于客户机和服务器之间会话的加密参数。当一个 SSL 客户机和服务器第一次开始通信时，它们在一个协议版本上达成一致，选择加密算法，选择相互认证，并使用公钥技术来生成共享密钥。

② 记录协议，用于交换应用层数据。应用程序消息被分割成可管理的数据块，压缩并应用 MAC（消息认证代码），结果被加密并传输。接收方接收数据并对它解密、校验 MAC，解压缩并重新组合它，并把结果提交给应用程序协议。

③ 警告协议，用于指示在什么时候发生了错误或两个主机之间的会话在什么时候终止。

下面给出一个使用 Web 客户机和服务器的范例。Web 客户机通过连接到一个支持 SSL 的服务器，启动一次 SSL 会话。支持 SSL 的典型 Web 服务器在一个与标准 HTTP 请求（默认为端口 80 号）不同的端口（默认为 443 号）上接受 SSL 连接请求。当客户机连接到这个端口上时，它将启动一次建立 SSL 会话的握手。当握手完成之后，通信内容被加密，并且执行消息完整性检查，直到 SSL 会话过期。SSL 创建一个会话，在此期间，握手必须只发生过一次。

基于 SSL 的成功，IETF 定义了一种新的协议，称为传输层安全协议（transport layer security，TLS）。它建立在 SSL 3.0 协议规范基础上，是用于传输层安全性的标准协议，整个因特网应用都在朝着 TLS 的方向发展。需要指明的是，在 TLS 和 SSL 3.0 之间存在着显著的差别，主要是它们所支持的加密算法不同。这样，TLS 1.0 和 SSL 3.0 不能直接互操作。

2. SSH

安全外壳协议 SSH 是一种在不安全网络上用于安全远程登录和其他安全网络服务的协议。它提供了对安全远程登录、安全文件传输和安全 TCP/IP 和 X-Window 系统通信量进行转发的支持。它可以自动加密、认证并压缩所传输的数据。正在进行的定义 SSH 协议的工作确保 SSH 协议可以提供强健的安全性，防止密码分析和协议攻击，可以在没有全球密钥管理或证书基础设施的情况下工作得非常好，并且在可用时可以使用自己已有的证书基础设施（例如 DNSSEC 和 X.509）。

拓展阅读 8-5：RFC 5246：Secure Socket Layer Protocol

SSH 协议由 3 个主要组件组成。

① 传输层协议，提供服务器认证、保密性和完整性，并具有完善的转发保密性。有时，它还可能提供压缩功能。

② 用户认证协议，负责从服务器对客户机的身份认证。

③ 连接协议，把加密通道多路复用组成几个逻辑通道。

SSH 传输层是一种安全的低层传输协议，被设计成相当简单而灵活，以允许参数协商并最小化来回传输的次数，密钥交互方法、公钥算法、对称加密算法、消息认证算法以及哈希算法等都需要协商。它提供了强健的加密、加密主机认证和完整性保护。SSH 中的认证是基于主机的，不执行用户认证。可以在 SSH 的上层为用户认证设计一种高级协议。

在 UNIX、Windows 和 macOS 上都可以找到 SSH 实现，它是一种广为接受的协议，使用常规的加密、完整性和公钥算法。

3. SOCKS

套接字安全（socket security，SOCKS）是一种基于传输层的网络代理协议。它设计用于在 TCP 和 UDP 领域为客户机/服务器应用程序提供一个框架，以便安全地使用网络防火墙服务。当防火墙后的客户机要访问外部的服务器时，就跟 SOCKS 代理服务器连接。该协议设计之初是为了让有权限的用户可以穿过防火墙的限制，使得高权限用户可以访问外部资源。经过 10 余年的时间，大量的网络应用程序都支持 SOCKS 代理。

SOCKS 最初是由 David 和 Michelle Koblas 开发的，而后由 NEC 的 Ying-Da Lee 将其扩展到版本 4，为基于 TCP 的客户机/服务器应用程序提供一种不安全的穿越防火墙机制。SOCKS 最新协议是版本 5（在 RFC 1928 中定义），与前一版本相比，SOCKS5 做了以下增强。

① 增加对 UDP 的支持。

② 支持多种用户身份验证方式和通信加密方式。

③ 修改了 SOCKS 服务器进行域名解析的方法，使其更加完备。

8.5.3　应用层安全协议

在网际层和传输层安全传输基础上，应用层实现安全比较简单，多数情况下只需要直接使用低层提供的安全服务即可，但有些应用基于自己的应用特点也定义了专门的安全协议，如 SET 协议和 PGP 等。

1. HTTPS

HTTP 在因特网上得到了最广泛的应用，但由于缺乏必要的安全机制，协议存在下述安全风险。

① 通信使用明文（不加密），内容可能被窃听。

② 无法证明报文的完整性，所以可能遭篡改。

③ 不验证通信方的身份，因此有可能遭遇伪装。

为了规避上述安全风险，HTTPS（hypertext transfer protocol over secure socket layer）应运而生，该协议是在 HTTP 上建立 SSL 加密层，并对传输数据进行加密，是 HTTP 的安全版，现在已被广泛用于万维网上安全敏感的通信，例如交易支付方面、敏感信息访问等。相比于 HTTP，HTTPS 增加以下安全功能。

① 数据隐私性：内容经过对称加密，每个连接生成一个唯一的加密密钥。

② 数据完整性：内容传输经过完整性校验。

③ 身份认证：第三方无法伪造服务端（客户端）身份。

HTTPS 并非是应用层的一种新协议，实质上就是身披 SSL/TLS 安全协议外壳的 HTTP，拥有加密、证书和完整性保护功能。遵照TCP/IP网络体系架构，HTTP直接和TCP通信。当使用SSL/TLS时，则HTTP需要先和SSL/TLS通信，再由SSL/TLS和TCP通信。

图8-18给出了HTTPS的工作流程，具体包括如下步骤。

① 客户端发起HTTPS请求https://www.domain.com，根据RFC 2818的规定，客户端知道需要连接服务端的443默认端口，而HTTP的默认端口是80。

② 服务端把事先配置好的公钥证书返回给客户端。

③ 客户端验证公钥证书，如果验证通过则继续后面步骤，不通过则显示警告信息。

④ 客户端使用伪随机数生成器生成加密数据所使用的对称会话密钥，然后用证书的公钥加密这个对称会话密钥，发给服务端。

⑤ 服务端使用自己的私钥解密接收的消息，得到对称会话密钥。至此，客户端和服务端都持有了相同的对称会话密钥。

⑥ 服务端使用对称会话密钥加密"明文内容A"，发送给客户机；客户端使用对称会话密钥解密密文，得到"明文内容A"。

⑦ 客户端使用对称会话密钥加密请求的"明文内容B"，然后服务端使用对称会话密钥解密密文，得到"明文内容B"。

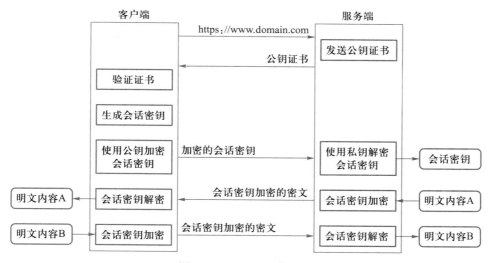

图8-18　HTTPS工作流程

2. SET

1997年6月，两大信用卡组织Visa和MasterCard联合发布了安全电子交易协议（secure electronic transaction，SET），该协议在开发过程中得到GTE、IBM、Microsoft、Netscape、RSA等公司的支持与协助。SET是一种基于消息流的协议，制定了银行卡在线支付的安全规范，用来保障开放网络环境下电子支付卡交易的安全进行。它结合了强大的加密功能及保证支付过程中每一步保密性和可靠性的一系列认证过程，包含了信息的保密性、确认能力、数据的完整性和多方操作性等安全特性。

SET 协议的设计遵循了国际组织制定的一系列标准，如 IEFT、PKCS 和 ANSI 等。基于 SET 协议构造的电子商务系统主要包括六方参与者：持卡人（cardholder），指在网上使用银行支付卡进行支付的消费者。发卡银行（issuer），指为持卡人建立账号并发给支付卡的金融机构。发卡银行保证按照支付卡品牌规定和地方法规对使用支付卡授权的交易进行付费。商家（merchant），指在网络上出售商品或提供服务的个人或机构。商家必须与收单银行建立业务联系以接受支付卡这种付款方式。收单银行（acquirer），与商家建立了业务联系的金融机构，可以处理支付卡授权与付款。对于给定的支付卡账号，收单银行可以向商家提供账号是否有效及是否有足够的支付能力的信息。支付网关（payment gateway），由收单银行或特定的第三方运作，用于处理商家转发的持卡人支付信息。支付网关作用于 SET 和现有的银行卡网络之间。证书授权当局（certificate authority），是一个可信任的实体，负责以上几方数字证书的签发与数字证书的管理。系统主要业务处理分为商家登记、持卡人登记、购买请求、支付认证和付费获得等几个部分。

3. PGP

现代信息社会里，当电子邮件广受欢迎的同时，其安全性问题也很突出。实际上，电子邮件的传递过程是邮件在网络上反复复制的过程，其网络传输路径不确定，很容易遭到不明身份者的窃取、篡改、冒用甚至恶意破坏，给收发双方带来麻烦。进行信息加密，保障电子邮件的传输安全已经成为广大电子邮件用户的迫切要求。PGP（pretty good privacy）的出现与应用很好地解决了电子邮件的安全传输问题。PGP 将传统的对称性加密与公开密钥方法结合起来，兼备了两者的优点。PGP 提供了一种机密性和鉴别的服务，支持 1 024 位的公开密钥与 128 位的传统加密算法，可以用于军事目的，完全能够满足电子邮件对于安全性能的要求。

PGP 在安全上的业务有认证、加密、压缩、同 E-mail 的兼容性、分段和重组。

（1）PGP 认证

PGP 可以只签名而不加密，这适用于公开发表声明时使用。发件人为了证实自己的身份，可以用自己的私钥签名。这样就可以让收件人能确认发件人的身份，也可以防止发件人抵赖自己的声明。

PGP 认证流程如图 8-19 所示。发件人对待发送的消息 M 用 MD5 算法产生一个 128 位的杂凑值 H，用发件人的 RSA 密钥对 H 签名；将 M‖H 经压缩 Z 后发送。收件人对收到的数据进行 Z^{-1} 变换，并以发件人公钥解出 H；用接收的 M 计算杂凑值 H，将计算出的 H 值与解密获得的 H 值进行比对，若两者一致则表明认证正确。

（2）PGP 加密

PGP 的加密流程如图 8-20 所示。发件人产生消息和 128 bit 会话密钥，以会话密钥对压缩的邮件数据按 IDEA 体制加密；接着使用收件人的公钥按 RSA 体制对会话密钥加密并将它链接在加密的邮件数据之后。收件人以自己的私钥按RSA体制对会话密钥解密，获得会话密钥；接着收件人以会话密钥按IDEA体制解密邮件数据并解压缩，从而获得原文M。

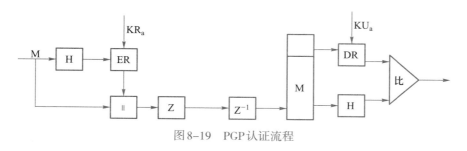

图8-19 PGP认证流程

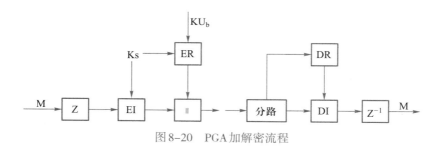

图8-20 PGA加解密流程

（3）PGP压缩

压缩可以节省通信时间和存储空间，而且在加密前进行压缩可以降低明文的冗余度，增强机密效果。PGP采用ZIP算法进行压缩。

（4）PGP兼容性

PGP通过认证、加密和压缩处理后，其输出中的一部分或全体可能为任意的8 bit串。而许多早期的E-mail系统只允许使用ASCII文本，为此PGP采用Base-64编码技术，将8 bit串变换为可以打印的ASCII码字符串。

（5）PGP分段和重组

E-mail对消息长度都有限制。当消息大于长度限度时，PGP将对其自动分段。分段是在所有处理之后进行的，故会话密钥和签名只在第一段开始部分出现。在接收方，PGP将各段自动重组为原来的消息。

*8.6 网络管理

网络管理是指控制一个复杂的计算机网络，使得它具有最高效率和生产力的过程。网络管理一般包括性能管理、故障管理、配置管理、计费管理和安全管理五大管理功能域，即通常说的FCAPS。因特网使用最普遍的网络管理协议是简单网络管理协议（simple network

拓展阅读8-6：
RFC 1067：
Simple Network
Management
Protocol

management protocol，SNMP）。

SNMP的第一个版本SNMPv1于1988年公布，由于它的简单性和有效性，该协议得到了广泛的应用。与此同时，它的缺陷也日益明显，例如，不能实现管理者之间的通信，不能进行大容量数据的传输，缺乏安全管理机制，等等。1993年正式发表的SNMPv2对SNMPv1进行了完善，后来IETF SNMPv3工作组于1998年1月提出了互联网建议RFC 2271～RFC 2275，正式形成了SNMPv3。这一系列文件定义了不仅包含SNMPv1、SNMPv2所有功能在内的体系框架，而且包含了验证服务和加密服务在内的全新安全机制；另外还制定了一套专门的网络安全和访问控制规则。

SNMP采用如图8-21所示的管理者/代理模型，在这个模型中网络管理员通过管理系统（例如运行于某台主机上的管理软件）管理各种被管系统，也叫被管设备（例如路由器等）。

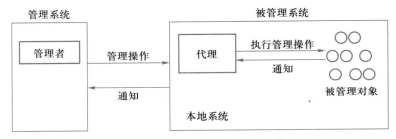

图8-21　管理者/代理之间的通信

基于SNMP网络管理协议的网络包括三个关键的组成部分，分别如下。

① 管理信息结构（structure of management information，SMI）：定义了SNMP所用信息的组织和标识，为MIB定义管理对象及使用管理对象提供模板。

② 管理信息库（management information base，MIB）：定义了通过SNMP进行管理的被管设备的信息集合。

③ SNMP：定义了网络管理者如何对被管设备的MIB对象进行访问和控制。

8.6.1　管理信息结构SMI

SMI定义了SNMP框架所用信息的组织、组成和标识，它还为描述MIB对象和描述协议怎样交换信息奠定了基础。

SMI使用了ASN.1（abstract syntax notation 1）来描述对象的语法结构，ASN.1是一种对数据进行表示、编码、传输和解码的数据格式。SMI定义了如下的数据类型。

① 简单类型（simple），包括Integer、octet string、OBJECT IDENTIFIER等。

② 简单结构类型（simple-constructed），包括SEQUENCE、SEQUENCE OF type等。

③ 应用类型（application-wide），包括IpAddress、counter、Gauge、time ticks等。

SMI还使用ASN.1指定的基本编码规则（basic encoding rule，BER）来进行数据的编码，

BER指明了每种数据的类型和值。在传输各类管理信息时，发送端的SNMP实体首先要把内部数据转换成ASN.1语法表示，然后通过BER编码转换成比特序列再发送出去；相应地，接收端的SNMP实体在收到此比特序列后通过解码还原成ASN.1语法表示，然后才能执行其他操作。通过ASN.1这种中间数据表示，就可以实现不同系统之间的透明通信。

8.6.2 管理信息库MIB

在网络管理中，代理需要保存管理者能够访问的控制和状态信息。以被管设备为例，被管设备要保存其网络接口的有关统计信息，包括输入/输出速率、丢包率、产生的出错消息数等。因此，需要定义一组变量来表示被管设备的有关状态信息，由此就产生了管理信息库的概念。

管理信息库MIB使用层次结构化形式，定义了通过网络管理协议可以获得的网络管理信息。MIB是一个树状结构，提供了被管信息分级的数据库组织模型，如图8-22所示。被管信息记录在被管变量之中，并存储在静态树的树叶上。树的节点用一个名字或数字串加以标识。对于MIB树中的被管变量，其命名规则可用图8-22中的变量sysDescr为例予以说明：该被管变量的名字为.iso.org.dod.internet.mgmt.mib.system.sysDesc，其相应的数字表示为.1.3.6.1.2.1.1.1。

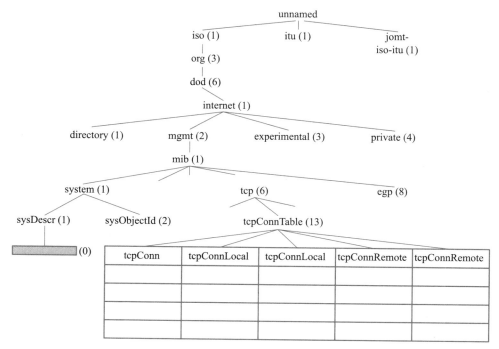

图8-22 MIB树

8.6.3　SNMP

拓展阅读 8-7：
Snmputil 工具
使用

　　　　SNMP 中管理者收集信息的方式有两种：轮询和事件报告。轮询方式下，管理者周期性地向代理发出查询请求，代理收到查询请求后，从 MIB 库中取出需要查询的值并返回给管理者。管理者收到数据并经过分析之后，就可以知道网络各性能参数的变动情况。

　　网络中被管设备经过相应的参数配置后，运行于其上的代理进程即可向某一特定的管理者发送事件报告，即 Trap 信息。事件报告用以阶段性地说明被管对象的当前状态，指明有重要事件或故障发生。

　　SNMP 规定了 5 种协议操作，用于管理者和代理之间进行数据交换，图 8-23 描述了这 5 种协议操作的执行位置。

　　① GetRequest 操作：向代理请求一个或多个参数值。

　　② GetNextRequest 操作：向代理请求紧跟当前参数值的下一个参数值。

　　③ SetRequest 操作：设置代理的一个或多个参数值。

　　④ GetResponse 操作：由代理返回一个或多个参数值，该操作是代理对前面三种操作的响应操作。

　　⑤ Trap 操作：代理主动发出的报文，通知管理者有某些事件发生。

　　代理采用端口 161 接收 GetRequest、GetNextRequest 和 SetRequest 请求报文，而管理者则使用端口 162 接收 GetResponse 和 Trap 报文。

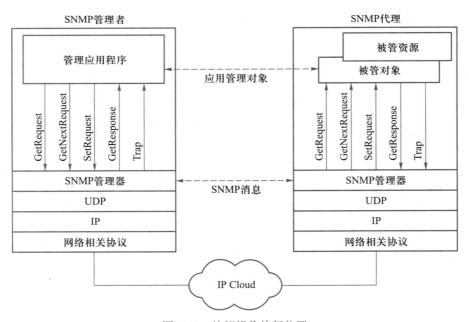

图 8-23　协议操作执行位置

图8-24是封装成UDP数据报的5种协议操作的SNMP报文格式。一个SNMP报文有4个部分组成，即公共SNMP首部、get/set首部、trap首部和变量绑定。

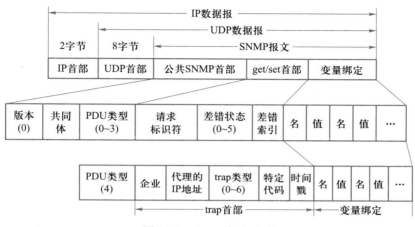

图8-24   SNMP报文格式

（1）公共SNMP首部

版本：写入版本字段的是版本号减1，对于SNMP（即SNMPv1）则应写入0。

共同体：共同体就是一个字符串，作为管理进程和代理进程之间的明文口令，常用的是6个字符"public"。

PDU类型：根据PDU的类型，填入0 ~ 4中的一个数字，对应于某一协议操作。

（2）get/set首部

请求标识符（request ID）：这是由管理进程设置的一个整数值。代理进程在发送get-response报文时也要返回此请求标识符。管理进程可同时向许多代理发出get报文，这些报文都使用UDP传送，先发送的有可能后到达。设置了请求标识符可使管理进程能够识别返回的响应报文对应于哪一个请求报文。

差错状态（error status）：由代理进程回答时填入0 ~ 5中的一个数字，分别代表正常、出错、无法找到变量等6种状态。

差错索引（error index）：当出现noSuchName、badValue或readOnly的差错时，由代理进程在回答时设置的一个整数，它指明有差错的变量在变量列表中的偏移。

（3）trap首部

企业（enterprise）：填入trap报文的网络设备的对象标识符。

trap类型：此字段正式的名称是generic-trap，共分为7种。

特定代码（specific-code）：指明代理自定义的时间（若trap类型为6），否则为0。

时间戳（timestamp）：指明自代理进程初始化到trap报告的事件发生所经历的时间，单位为10 ms。

（4）变量绑定（variable-bindings）

指明一个或多个变量的名和对应的值。在 get 或 get-next 报文中，变量的值应忽略。

**8.7　区　块　链

8.7.1　区块链概述

拓展阅读 8-8：
区块链技术原
理与应用综述

区块链概念自 2008 年在比特币白皮书 "Bitcoin: A Peer-to-Peer Electronic Cash System" 中被提出以来，引起全世界广泛关注。作为一个新生体，区块链可以从多个视角进行看待。从记账的角度出发，区块链是一种分布式账本技术或账本系统；从协议的角度出发，区块链是一种解决数据信任问题的互联网协议；从经济学的角度出发，区块链是一个提升合作效率的价值互联网。正是区块链的这些不同视角属性，吸引了包括金融、计算机、数学等不同学科领域的关注。

近年来，区块链逐渐从加密数字货币演变为一种提供可信区块链即服务（blockchain as a service，BaaS）的平台，能够在多个利益主体参与的场景下以低成本的方式构建信任基础，旨在重塑社会信用体系。近年来，各行各业均对区块链青睐有加，积极探索 "区块链+" 的行业应用创新模式，逐渐应用于金融、教育、医疗、物流等领域。区块链包含社会学、经济学和计算机科学的一般理论和规律，就计算机技术而言，包含分布式存储、点对点网络、密码学、智能合约、拜占庭容错（Byzantine fault tolerant，BFT）和共识算法等一系列复杂技术，使区块链具有去中心化、不可篡改、可溯源、多方维护、公开透明等特点。

随着区块链技术的深入研究，不断衍生出了很多相关的术语，例如 "中心化" "去中心化" "公链" "联盟链" 等。为了全面地了解区块链技术，并对区块链技术涉及的关键术语有系统的认知，下面给出区块链相关概念的定义以及相互间的联系，以便更好地区分那些容易使人混淆的术语。

1. 中心化与去中心化

中心化（centralization）与去中心化（decentralization）最早用来描述社会治理权力的分布特征。从区块链应用角度出发，中心化是指以单个组织为枢纽构建信任关系的场景特点。例如，电子支付场景下用户必须通过银行的信息系统完成身份验证、信用审查和交易追溯等；电子商务场景下对端身份的验证必须依靠权威机构下发的数字证书完成。相反，去中心化是指不依靠单一组织进行信任构建的场景特点，该场景下每个组织的重要性基本相同。

2. 加密货币

加密货币（cryptocurrency）是一种数字货币（digital currency）技术，它利用多种密码学方法处理货币数据，保证用户的匿名性、价值的有效性；利用可信设施发放和核对货币数据，保证货币数量的可控性、资产记录的可审核性，从而使货币数据成为具备流通属性的价值交换媒介，同时保护使用者的隐私。

加密货币的概念起源于一种基于盲签名的匿名交易技术，最早的加密货币构想将银行作为构建信任的基础，呈现中心化特点。此后，加密货币朝着去中心化方向发展，并试图用工作量证明或其改进方法定义价值。比特币在此基础上，采用新型分布式账本技术保证被所有节点维护的数据不可篡改，从而成功构建信任基础，成为真正意义上的去中心化加密货币。区块链从去中心化加密货币发展而来，随着区块链的进一步发展，去中心化加密货币已经成为区块链的主要应用之一。

3. 区块链工作流程

传统数据库实现了数据的单方维护，而区块链则实现了多方维护相同数据，保证数据的安全性和业务的公平性。区块链的工作流程主要包含生成区块、共识验证、账本维护三个步骤。

① 生成区块。区块链节点收集广播在网络中的交易，然后将这些交易打包成区块。

② 共识验证。节点将区块广播至网络中，全网节点接收大量区块后进行顺序的共识和内容的验证，形成账本。

③ 账本维护。节点长期存储验证通过的账本数据并提供回溯检验等功能，为上层应用提供账本访问接口。

4. 区块链类型

根据不同场景下的信任构建方式，可将区块链分为两类：非许可链和许可链。

非许可链也称为公链/公有链，是一种完全开放的区块链，即任何人都可以加入网络并参与完整的共识记账过程，彼此之间不需要信任。公链以消耗算力等方式建立全网节点间的信任关系，具备完全去中心化特点的同时也带来资源浪费、效率低下等问题。公链多应用于比特币等去监管、匿名化、自由的加密货币场景。

许可链是一种半开放式的区块链，只有指定的成员可以加入网络，且每个成员的参与权各有不同。许可链往往通过颁发身份证书的方式事先建立信任关系，具备部分去中心化特点，相比于非许可链拥有更高的效率。许可链进一步可分为联盟链和私链/私有链，联盟链由多个机构组成的联盟构建，账本的生成、共识、维护分别由联盟指定的成员参与完成。在融合区块链与其他技术进行场景创新时，公链的完全开放与去中心化特性并非必需，且其低效率更无法满足需求，因此联盟链在某些场景中成为适用性更强的区块链选型。私链相较联盟链而言中心化程度更高，其数据的产生、共识、维护过程完全由单个组织掌握，被该组织指定的成员仅具有账本的读取权限。

5. 区块链历程

自比特币问世以来，比特币依赖的底层技术——区块链技术在不断地发展，目前区块链的发展可分为3个阶段。

（1）区块链1.0

区块链1.0阶段也被称为可编程货币阶段，区块链使互不信任的成员在没有权威机构介入的情况下，可以直接使用比特币进行支付。比特币以及随后出现的莱特币、狗狗币、以太币等电子货币的出现，使得价值得以在互联网上流通，而去中心化、跨国支付、随时交易等特点使数字货币对传统金融造成了强烈的冲击。

（2）区块链 2.0

区块链 2.0 阶段也被称为可编程金融阶段。受比特币交易的启发，人们开始尝试将区块链应用到包括股票、清算、私募股权等其他的金融领域，这些应用促使金融行业有希望摆脱人工清算、复杂流程、标准不统一等带来的低效和高成本，使传统金融行业发生颠覆性改变。

（3）区块链 3.0

区块链 3.0 阶段也被称为可编程社会阶段。随着区块链的发展，人们根据其特点将区块链应用到各种有需求的领域。例如应用区块链匿名性特点的匿名投票，利用区块链溯源特点的供应链、物流等领域，区块链将不可避免地对未来的互联网以及社会产生巨大的影响。

6. 区块链特性

根据区块链场景的应用方式以及区块链技术特点，可将区块链特性概括如下。

① 去中心化，节点基于对等网络建立通信和信任背书，单一节点的破坏不会对全局产生影响。

② 不可篡改，账本由全体节点维护，群体协作的共识过程和强关联的数据结构保证节点数据一致且基本无法被篡改，进一步使数据可验证和追溯。

③ 公开透明，除私有数据外，链上数据对每个节点公开，便于验证数据的存在性和真实性。

④ 匿名性，多种隐私保护机制使用户身份得以隐匿，即便如此也能建立信任基础。

⑤ 合约自治，预先定义的业务逻辑使节点可以基于高可信的账本数据实现自治，在人—人、人—机、机—机交互间自动化执行业务。

8.7.2 区块链平台架构

随着区块链的发展，不同实现目的的区块链平台相继出现，虽然它们的体系架构并不完全相同，但依然存在着诸多共性。一般而言，区块链平台自底向上可以分为 5 层，即数据层、网络层、共识层、智能合约层和应用层，如图 8-25 所示。

（1）数据层

数据层通过封装的链式结构、非对称加密、共识算法等技术手段完成数据的存储和交易的安全实现，通常选择 LevelDB 数据库来存储索引数据。

不同区块链平台的区块结构略有不同，但基本结构是一致的，图 8-26 给出了比特币平台的区块结构，每个区块都是由区块头和区块体两部分组成，区块头

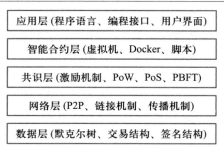

图 8-25 区块链平台架构

中通常存放着前块哈希、时间戳、Merkle根、版本号、随机值、难度目标等数据，区块体中存放着Merkle树和交易集合。

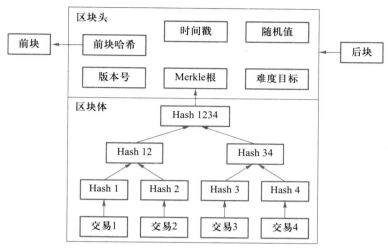

图8-26 区块结构

区块链使用哈希指针来完成区块之间的链接，如图8-26所示，每个区块头中包含的前块哈希（除创世区块外）使当前区块能够指向前一区块，从而将一个个孤立的区块在逻辑上连接起来，形成一条链状结构。区块内使用Merkle树来组织块内交易，每个叶子节点为块内交易数据的哈希值，交易数据两两哈希形成它们的父节点，父节点再两两哈希形成它们的上一层节点，如此重复执行直到生成最终的Merkle根，这样保证了任何对交易数据的更改都可以通过对比Merkle根而被察觉，从而为交易查询提供了快捷可靠的保障。

（2）网络层

区块链使用对等网络作为基础通信方式，主要包括组网结构、通信机制和安全机制。

根据节点的逻辑拓扑关系，区块链网络的组网结构划分为无结构对等网络、结构化对等网络和混合式对等网络3种，它们的详细介绍参见本书第3章。通信机制是指区块链网络中各节点间采用的应用层对等通信协议普遍是基于Gossip协议实现洪泛传播。安全机制包括身份安全和传输安全两方面，身份安全是许可链的主要安全需求，保证端到端的可信，一般采用数字签名技术实现。传输安全防止数据在传输过程中遭到篡改或监听，通常采用基于TLS的点对点传输和基于Hash算法的数据验证技术。

（3）共识层

区块链网络中每个节点必须维护完全相同的账本数据，然而各节点产生数据的时间不同、获取数据的来源未知，且存在节点故意广播错误数据的可能性，这将导致女巫攻击、双花攻击等安全风险；除此之外，节点故障、网络拥塞带来的数据异常也无法预测。因此，如何在不可信的环境下实现账本数据的全网统一是共识层解决的关键问题。实际上，上述错误是拜占庭将军问题（the Byzantine general，s problem）在区块链中的具体表现，即拜占庭错误——相互独立的组件可以做出任意或恶意的行为，并可能与其他错误组件产生协作。

（4）智能合约层

区块链2.0在区块链1.0的基础上引入了智能合约，智能合约从本质上来说是通过算法、程序编码等技术手段将传统合约内容编码成一段可以在区块链上自动执行的程序，是传统合约的数字化形式。智能合约使区块链在保留去中心化、不可篡改等特性的基础上增加了可编程的特点。实际上，智能合约不一定需要使用区块链技术，只是因为区块链技术能够较好地支持智能合约。与传统程序一样，区块链智能合约拥有相应的接口，这些接口可以接收和响应外部消息，并处理和存储外部消息。

（5）应用层

区块链技术有助于降低金融机构间的审计成本，显著提高支付业务的处理速度及效率，可应用于跨境支付等金融场景。除此之外，区块链还应用于产权保护、信用体系建设、教育生态优化、食品安全监管、网络安全保障等非金融场景。应用层除了根据具体的应用业务独立开发一些专用的应用之外，还可以通过对下层数据和业务的集成来提供服务，构建适应性较强的区块链通用服务平台，如微软公司的AzureBaaS以及IBM的Hyperledger。

8.7.3　共识算法

区块链中的共识就是每个节点必须让自己的账本跟其他节点的账本保持一致。

节点账本一致性需求在传统软件结构中几乎不是问题，因为有一个代表主库的中心服务器存在，其他从库只需要保持与主库一致即可。由于区块链是一个分布式的对等网络结构，没有中心节点，因此，如何让每个区块链节点通过规则将各自的数据保持一致就成为一个很核心的问题，该问题的解决方案就是制定合适的共识算法。

共识算法实质上就是一个规则，每个节点都按照这个规则去确认各自的数据，进而实现不同账本节点上的账本数据的一致性和正确性。下面就几种常用的区块链共识算法进行描述，即PoW、PoS、DPoS和PBFT。

（1）PoW

工作量证明机制（proof of work，PoW）即对于工作量的证明，是生成要加入区块链中的新区块时必须满足的要求。区块链节点（俗称矿工）通过计算随机哈希散列的数值解争夺记账权，求得正确数值解以生成区块的能力是节点算力的具体表现（俗称挖矿）。以工作量证明机制为共识的区块链节点可以自由进出，具有完全去中心化的优点；但该机制造成了大量的资源浪费，且达成共识所需要的周期也较长，因此并不适合商业领域应用。

比特币应用了工作量证明机制来生产新的区块。然而，由于工作量证明机制在比特币网络中的应用已经吸引了全球大部分的计算机算力，其他想尝试使用该机制的区块链网络很难获得同样规模的算力来维持自身的安全。

（2）PoS

加密货币Peercoin采用工作量证明机制发行新币，并采用权益证明机制（proof of stake，PoS）维护网络安全，这是权益证明机制在加密货币中的首次应用。与要求节点执行一定量的计算工作不同，权益证明要求节点提供一定数量加密货币的所有权即可。PoS机制的运作方式是，当创造一个新区块时，矿工需要创建一个"币权"交易，交易会按照预先设定的比例把一些币发送给矿工本身。PoS机制根据每个节点拥有代币的比例和时间，依据算法等比例地降低节点的挖矿难度，从而加快了寻找随机数的速度。PoS机制可以缩短达成共识所需的时间，但本质上仍然需要节点进行挖矿运算；因此，该机制并没有从根本上解决PoW机制难以应用于商业领域的问题。

（3）DPoS

股份授权证明机制（delegated proof of stake，DPoS）是一种新的保障网络安全的共识机制，它在尝试解决传统的PoW机制和PoS机制问题的同时，还能通过实施科技式的民主抵消中心化所带来的负面效应。

股份授权证明机制与董事会投票类似，该机制拥有一个内置的实时股权人投票系统，好比系统时刻都在召开一个永不散场的股东大会，所有股东都在这里投票决定公司决策。基于DPoS机制建立的区块链的去中心化依赖于一定数量的代表，而非全体节点。在这样的区块链中，全体节点投票选举出一定数量的节点代表，由他们来代理全体节点确认区块、维持系统有序运行。同时，区块链中的全体节点具有随时罢免和任命代表的权力，例如，全体节点可以通过投票让现任节点代表失去代表资格，重新选举新的代表，实现实时的民主。

（4）PBFT

传统分布式数据库一致性算法有Paxos、Raft等，但这些共识算法均是默认节点诚实可靠的非拜占庭容错算法，不能直接应用在无法保证节点诚实性的区块链网络中。为了解决"拜占庭将军问题"，拜占庭容错算法BFT及实用拜占庭容错算法（practical Byzantine fault tolerance，PBFT）得以提出，尤其是PBFT算法将BFT算法的复杂度从指数级别降到了多项式级别，使PBFT算法能够真正地在实际中应用。

PBFT是一种状态机副本复制算法，即服务作为状态机进行建模，状态机在分布式系统的不同节点进行副本复制。每个状态机的副本都保存了服务的状态，同时也实现了服务的操作。将所有的副本组成的集合使用大写字母R表示，使用0到$|R|-1$的整数表示每一个副本，副本包含一个主节点和其余的从节点。假设系统中故障节点数最多为m个，则整个服务节点数满足$|R|=3m+1$即可。尽管可以存在多于$3m+1$个副本，但是额外的副本除了降低性能之外并不能提高可靠性。PBFT需要支持三类基本协议，即一致性协议、检查点协议和视图更换协议。

表8-1列出了上述4种共识算法的性能对比。

表8-1　常用共识算法性能对比

共识算法	PBFT	PoW	PoS	DPoS
去中心化程度	低	高	高	低
容错能力	$N \geqslant 3f+1$	$N \geqslant 2f+1$	$N \geqslant 2f+1$	$N \geqslant 2f+1$
吞吐量（tx/s）	$\leqslant 3\,000$	$\leqslant 10$	$\leqslant 1\,000$	$\leqslant 1\,000$
时延（s）	$\leqslant 10$	600	60	—

8.7.4　主流区块链平台

区别于其他技术，区块链发展过程中最显著的特点是与产业界紧密结合，伴随着加密货币和分布式应用的兴起，业界出现了多个区块链平台。这些平台是区块链技术的具体实现，既有相似之处又各具特点，下面简要介绍比特币、以太坊和超级账本Fabric这三个主流的区块链平台。

比特币（Bitcoin）是目前规模最大、影响范围最广的非许可链开源项目，也是世界上第一个加密货币系统，依赖于区块链技术，从发布以来一直稳定运行。作为公有链，比特币允许任何用户申请加入，吸引了众多开发者，具有分布式、去中心化、不可篡改等特征，区块链上的交易通过比特币的转移来实现，交易个体之间无须进行金融活动。不过比特币平台没有智能合约模块，只是单纯的加密数字货币系统，不适合多企业联合使用或做其他深度开发。

以太坊（Ethereum）是第一个以智能合约为基础的可编程非许可链开源项目，支持使用区块链网络构建分布式应用，包括金融、音乐、游戏等类型；当满足某些条件时，这些应用将触发智能合约与区块链网络产生交互，以此实现其网络和存储功能。以太坊是图灵完备的，开发者主要使用Solidity语言在以太坊虚拟机上进行业务逻辑开发。与比特币一样，以太坊也是分布式的点对点网络，以太坊用户也必须向网络支付交易费用；与比特币不同的是，以太坊不仅能够支持公有链，也能支持私有链或联盟链。

超级账本是 Linux 基金会旗下的开源区块链项目，旨在提供跨行业区块链解决方案。Fabric是超级账本子项目之一，由多个参与者共享，每个参与者都在系统中拥有权益，账本只有在参与者达成共识的情况下才能更新，信息一旦记录就不能修改。与比特币、以太坊不同是，Fabric不是一个完全开放的平台，所有参与成员必须是已确认身份的组织，成员通过一个成员服务提供者来注册和管理；此外，Fabric还提供了创建多通道的能力，允许联盟中某一组参与者创建一个单独的共同维护的交易账本，这对于有些参与者可能是竞争对手的情况来说非常重要，因此它特别适合联盟链的形式。Fabric 使用智能合约进行交易，能够支持业务逻辑编程，是影响最广的企业级可编程许可链平台，被广泛应用于供应链、医疗和金融服务等多种场景。

表8-2给出了比特币、以太坊和超级账本这三个区块链平台的功能对比。

表8-2 主流区块链平台功能对比

对比内容	比特币	以太坊	超级账本
技术成熟度	成熟	成熟	成熟
开源情况	开源	开源	开源
共识算法	PoW	PoW/PoS	Kafka/Solo/PBFT
智能合约	不支持	支持	支持
发放代币	比特币	以太币	—
区块链形态	公有链	公有链为主，支持联盟链、私有链	联盟链为主，支持私有链

小　　结

网络安全目前已经成为国家的一项基础设施，在国家经济建设、社会治理以及国家战略安全等领域有着重要影响，只有维护好网络安全，才能够保障因特网及其他计算机网络的顺利运行并提供正常的网络服务。

本章主要介绍了网络安全基础、密码学基础、网络安全技术、网络安全威胁、因特网安全协议及网络管理等内容。网络安全基础包括网络安全目标、网络安全服务以及网络安全机制；密码学基础涵盖的内容有密码学发展过程、对称密钥体制、公开密钥体制以及密钥管理与分发；网络安全技术涉及的主要内容有消息认证和数字签名、防火墙、虚拟专用网、网络入侵检测及入侵容忍等；网络安全威胁主要介绍了常见的分布式拒绝服务攻击及僵尸网络；因特网安全协议重点介绍了网际层安全协议IPSec、传输层安全协议及应用层安全协议；网络管理以因特网为基础，介绍了管理信息结构、管理信息库及SNMP协议。

最后，针对网络安全技术的应用场景，介绍了区块链及其相关内容，包括区块链概述起源、区块链平台架构、共识算法及主流区块链平台。

习　　题

1. 填空题
（1）网络安全的目的是保护网络信息＿＿＿＿＿＿＿、＿＿＿＿＿＿＿和＿＿＿＿＿＿＿。
（2）网络安全技术经常使用散列函数，其用途在于＿＿＿＿＿＿＿＿。
（3）因特网的传输层常用的安全协议有＿＿＿＿＿＿＿、＿＿＿＿＿＿＿和＿＿＿＿＿＿＿。
（4）硬件防火墙相对于软件防火墙的优势在于＿＿＿＿＿＿＿＿。
（5）IPSec安全框架中，能够实现数据源认证的协议是＿＿＿＿＿＿＿＿。
（6）入侵容忍的初衷是＿＿＿＿＿＿＿＿。

（7）根据检测原理，入侵检测技术分为_____和_____两种类型。

（8）应用层常用安全协议有_____。

（9）区块链大致划分成两种类型，即_____和_____。

（10）SNMP的中英文全名分别是_____和_____。

2. 选择题

（1）在下列网络威胁中，不属于信息泄露的是（　　　）。

    A. 数据窃听   B. 流量分析

    C. 拒绝服务攻击   D. 偷窃用户账号

（2）下列不是实现防火墙的主流技术的是（　　　）。

    A. 包过滤技术   B. 应用级网关技术

    C. 代理服务器技术   D. NAT 技术

（3）下面描述正确的是（　　　）。

    A. 公钥加密比常规加密的安全性更好

    B. 公钥加密是一种通用机制

    C. 公钥加密比常规加密先进，必须用公钥加密替代常规加密

    D. 公钥加密的算法和公钥都是公开的

（4）下述对称密钥加密算法中，最经典的是（　　　）。

    A. DES   B. AES   C. RC5   D. DEA

（5）非对称加密算法中，能够被公开的密钥是（　　　）。

    A. 公钥   B. 私钥   C. 公钥与私钥   D. 无

（6）下列关于PGP的说法中不正确的是（　　　）。

    A. PGP可用于电子邮件，也可以用于文件存储

    B. PGP可选用MD5和SHA两种Hash算法

    C. PGP采用了ZIP压缩算法

    D. PGP不可使用IDEA加密算法

（7）下述协议中，不能支持VPN的是（　　　）。

    A. SSL   B. MPLS   C. SLIP   D. L2TP

（8）下述目标中，（　　　）不是入侵容忍系统应达到的。

    A. 阻止和预防攻击的发生

    B. 检测攻击和评估攻击造成的破坏

    C. 修复被攻击破坏的功能部件

    D. 遭受攻击能够恢复关键数据

（9）下述层次中，（　　　）不是区块链平台架构内容。

    A. 数据层   B. 共识层   C. 应用层   D. 安全层

（10）IPSec包含的核心协议有 AH 协议与（　　　）。

A. ETP   B. ESP   C. EEP   D. ERP

3. 简答题

（1）威胁网络安全的因素有哪些？

（2）比较对称密钥体制和公开密钥体制的主要异同点。

（3）消息认证有何用途？

（4）数字签名是如何实现的？

（5）防火墙的主要功能有哪些？具体有哪些类型？

（6）简述入侵检测系统的构成和功能。

（7）DDoS是什么？列举常见的DDoS攻击方式。

（8）什么是网络病毒？网络病毒的来源有哪些？如何防止网络病毒？

（9）IPSec支持几种工作模式？各自是如何工作的？

（10）什么是VPN？其有何优点？

（11）为何要提出网络管理？描述SNMP基本工作流程。

（12）什么是区块链？使用区块链有何优势？

参 考 文 献

[1] 王志文，陈妍，夏秦，等. 计算机网络原理[M].2 版. 北京：机械工业出版社，2019.

[2] Andrew S. Tanenbaum，David J. Wetherall. 计算机网络[M].5 版. 严伟，潘爱民，译. 北京：清华大学出版社，2012.

[3] James F. Kurose，Keith W.Ross. 计算机网络 自顶向下的方法[M]. 陈鸣，译. 北京：机械工业出版社，2020.

[4] 谢希仁. 计算机网络[M].8 版. 北京：电子工业出版社，2021.

[5] Behrouz A. Forouzan. TCP/IP 协议族[M].4 版. 王海，张娟，朱晓阳，译. 北京：清华大学出版社，2011.

[6] Kevin R.Fall，W.Richard Stevens. TCP/IP 详解[M]. 吴英，张玉，许昱玮，译. 北京：机械工业出版社，2017.

[7] Douglas E.Comer. 计算机网络与因特网[M]. 徐明伟，译. 北京：人民邮电出版社，2019.

[8] Larry L.Peterson，Bruce S. DaviE. 计算机网络 系统方法[M].王勇，张龙飞，李明，等，译.北京：机械工业出版社，2018.

[9] Thomas D. Nadeau, Ken Gray. 软件定义网络[M]. 毕军，单业，张绍宇，等，译. 北京：人民邮电出版社，2014.

[10] 黄韬，刘江，魏亮，等.软件定义网络核心原理与应用实践[M].3 版.北京：人民邮电出版社，2018.

[11] 崔勇，吴建平.下一代互联网与IPv6过渡[M].清华大学出版社,2014.

[12] 吴功宜，吴英.计算机网络[M].5 版.北京：清华大学出版社，2021.

[13] Rick Graziani. IPv6 技术精要[M].2 版.北京：人民邮电出版社,2020.

[14] 闵海钊.网络安全攻防技术实战[M].北京：电子工业出版社，2020.

[15] 刘化君.网络安全与管理[M].北京：电子工业出版社，2019.